U0376789

高职高专土建教材编审委员会

高职高专规划教材

市政工程施工组织与管理

曹永先　孟　丽　主　编
李　丰　张海芳　副主编

·北京·

本书以市政工程施工组织设计为核心，以项目管理为重点，依据现行市政工程施工及验收规范，全面阐述了市政工程施工组织设计及项目管理的全过程及要点。全书共分八章，主要内容有：市政工程施工组织设计与项目管理概论，市政工程施工准备工作，流水施工组织，工程网络计划技术，市政工程施工组织设计的编制，市政工程施工管理，市政工程竣工验收以及市政工程施工组织设计实例。

本书可作为高职高专市政工程技术专业及相关专业教材，也可作为成人教育土建类及相关专业的教材，也可供从事建筑工程等技术工作的人员参考。

图书在版编目（CIP）数据

市政工程施工组织与管理/曹永先，孟丽主编．—北京：化学工业出版社，2010.8（2024.11重印）
高职高专规划教材
ISBN 978-7-122-08878-9

Ⅰ．市…　Ⅱ．①曹…②孟…　Ⅲ．①市政工程-工程施工-施工组织-高等学校：技术学院-教材②市政工程-工程施工-施工管理-高等学校：技术学院-教材　Ⅳ．TU99

中国版本图书馆 CIP 数据核字（2010）第 117603 号

责任编辑：王文峡　李仙华　卓　丽　　文字编辑：王新辉
责任校对：战河红　　装帧设计：刘丽华

出版发行：化学工业出版社（北京市东城区青年湖南街 13 号　邮政编码 100011）
印　　刷：北京云浩印刷有限责任公司
装　　订：三河市振勇印装有限公司
787mm×1092mm　1/16　印张 16¼　字数 398 千字　2024 年 11 月北京第 1 版第 14 次印刷

购书咨询：010-64518888　　售后服务：010-64518899
网　　址：http：//www. cip. com. cn
凡购买本书，如有缺损质量问题，本社销售中心负责调换。

定　　价：38.00 元

前　言

本书是根据国务院《关于大力发展职业教育的决定》以及教育部《关于全面提高高等职业教育教学质量的若干意见》的指示精神，结合教育部、住建部联合颁发的《关于实施职业院校建设行业技能型紧缺人才培养方案》中关于教学内容及教材建设的要求，并参照有关国家职业资格标准和行业岗位要求编写的建设行业高素质技能型专门人才培养培训系列教材之一。

本书体系结构新颖，结合生产实际，以就业为导向，以施工过程为主线，从提高学生的实践操作能力和推行“双证书”制度出发，紧紧围绕培养学生具有编制施工组织设计及施工项目管理的知识目标和能力目标而组织编写，符合学生的认知规律，适用于项目教学等先进职业教育教学模式。同时，还注重实际应用和技能培训，突出了市政施工企业技术员、施工员、质检员、材料员等岗位实际工作的内容需要。

本书适用的教学学时数为60学时，另外配合一周技能实训。教师可根据教学内容合理安排。实训项目可根据当地工程实际情况及相关校企合作项目安排，可安排在施工现场、学校实验室或校内实训基地进行。观摩教学可采用现场参观或多媒体教学。本书有配套的PPT电子教案，可发邮件至cipedu@163.com免费获取。

本书由曹永先、孟丽主编，李丰、张海芳为副主编，张正磊主审。全书共分八章，其中，第1、第3章由山东城市建设职业学院孟丽编写，第2章由济南城建工程公司齐宜伟编写，第4章由山东城市建设职业学院张海芳编写，第5、第6章及附录由山东城市建设职业学院曹永先编写，第7、第8章由河南工程学院李丰编写。全书由山东城市建设职业学院曹永先统稿。

山东城市建设职业学院张正磊审阅了本书，他对书稿提出了许多宝贵意见，在此表示衷心感谢。

本书在编写过程中，参阅了许多相关教材和技术文献，在此一并对有关专家和作者致以诚挚的谢意。

由于编写人员水平有限，不妥之处在所难免，敬请使用本书的教师和读者给予批评指正。

编　者

2010年4月

目　录

第一章　概论 …… 1

第一节　基本建设项目的基础知识 …… 1

一、基本建设项目概念 …… 1

二、基本建设项目分类 …… 2

三、基本建设项目的组成 …… 4

第二节　市政工程项目建设 …… 5

一、市政工程项目建设内容 …… 5

二、市政工程项目建设程序 …… 5

第三节　市政工程施工程序 …… 8

一、签订工程承包合同 …… 8

二、施工准备工作 …… 9

三、工程施工 …… 10

四、竣工验收 …… 13

本章小结 …… 14

复习思考题 …… 14

第二章　施工组织设计概述 …… 15

第一节　施工组织设计的基础知识 …… 15

一、施工组织设计的概念 …… 15

二、施工组织设计在建设工程中的重要性和作用 …… 15

三、编制施工组织设计的原则 …… 17

第二节　施工组织设计的分类及内容 …… 18

一、施工组织设计的分类 …… 18

二、施工组织设计的内容 …… 21

三、施工组织设计的评价 …… 22

第三节　组织施工的基本原则与方法 …… 22

一、组织施工的基本原则 …… 22

二、组织施工的方法及特点 …… 23

本章小结 …… 25

复习思考题 …… 25

第三章　市政工程施工准备工作 …… 26

第一节　施工准备工作概述 …… 26

一、施工准备工作的概念 …… 26

二、施工准备工作的意义 …… 26

三、施工准备工作的分类 …… 27

第二节　技术准备 …… 28

一、图纸会审、技术交底 …… 28

二、调查研究、收集资料 …… 28

三、编制施工组织设计 …… 28

第三节　组织准备 …… 29

一、组建项目经理部 …… 29

二、组建专业施工班组 …… 30

第四节　其他准备工作 …… 30

一、施工现场准备 …… 30

二、施工物资准备 …… 30

三、施工准备工作的实施 …… 31

本章小结 …… 32

复习思考题 …… 32

第四章　流水施工组织 …… 33

第一节　流水施工基本原理 …… 33

一、流水施工基本概念 …… 33

二、流水施工组织的主要参数 …… 35

第二节　流水施工的组织方法 …… 37

一、全等节拍流水 …… 37

二、成倍节拍流水 …… 38

三、无节拍流水 …… 39

四、流水参数及其相互关系 …… 42

五、无节拍流水作业施工顺序的确定 …… 44

六、流水作业的作图 …… 45

第三节　流水施工工程应用 …… 49

一、确定流水线 …… 50

二、划分施工段（m） …… 51

三、组织施工过程（n） …… 51

四、确定流水节拍（t_i） …… 51

五、确定流水步距（K） …… 52

六、计算流水施工总工期 …… 52

本章小结 …… 53

复习思考题 …… 53

第五章　工程网络计划技术 …… 55

第一节　基本概念 …… 55

一、网络计划技术的发展 …… 55

二、网络计划技术的特点 …… 56

三、网络计划的分类 …… 57

四、网络计划技术在工程计划管理中应用的一般程序 …… 58

第二节　双代号网络计划 …… 60

一、双代号网络图的组成 …… 60

二、双代号网络图绘制的基本规则 …… 61

三、双代号网络图的绘制方法与步骤 …… 64
四、双代号网络图的绘制技巧 ………… 66
五、时间参数的计算及关键线路 ……… 69
第三节 单代号网络计划 ………………… 72
一、单代号网络图的表达 ……………… 72
二、单代号网络图的绘制原则和绘制
方法 ……………………………… 73
三、单代号网络图时间参数的计算 …… 73
第四节 双代号时标网络计划 …………… 75
一、时标网络计划的间接绘制法 ……… 75
二、时标网络计划的直接绘制法 ……… 75
第五节 网络计划的优化 ………………… 76
一、网络计划优化的意义和内容 ……… 76
二、工期优化 …………………………… 77
三、费用优化 …………………………… 78
四、资源优化 …………………………… 82
本章小结 ……………………………………… 83
复习思考题 …………………………………… 83
第六章 市政工程施工组织设计的编制 ………………………………………… 86
第一节 施工组织设计编制概述 ………… 86
一、施工组织设计编制的要求 ………… 86
二、编制施工组织设计的资料准备 …… 86
三、施工组织设计的内容 ……………… 87
四、施工组织设计编制程序和步骤 …… 89
五、有关注意事项 ……………………… 90
第二节 施工方案的制定 ………………… 91
一、选择施工方案的原则 ……………… 91
二、施工方法的选择 …………………… 92
三、施工机械的选择和优化 …………… 92
四、施工顺序的选择 …………………… 93
五、技术组织措施的设计 ……………… 94
六、施工方案选择实例 ………………… 97
第三节 施工进度计划的编制 …………… 99
一、施工进度的编制目的和基本要求 … 99
二、施工进度计划的编制依据 ………… 99
三、施工进度计划的种类 ……………… 100
四、施工进度计划的编制程序和步骤 …… 100
五、注意事项 …………………………… 104
第四节 资源调配计划的编制 …………… 105
一、劳动力需要量计划 ………………… 105
二、施工机具需求量计划 ……………… 106
三、主要材料需求量计划 ……………… 106
第五节 施工平面图设计 ………………… 107
一、施工平面图的分类 ………………… 107
二、施工平面图布置的原则 …………… 107
三、施工平面图设计的内容 …………… 107
四、临时设施的规划和布置 …………… 108
第六节 施工组织设计的贯彻与评价 …… 116
一、施工组织设计的审批 ……………… 116
二、施工组织设计的贯彻 ……………… 117
三、施工组织设计的检查 ……………… 117
四、施工组织设计的调整 ……………… 118
五、施工组织设计的评价 ……………… 118
本章小结 ……………………………………… 120
复习思考题 …………………………………… 120
第七章 市政工程施工管理 ……………… 121
第一节 施工项目管理概述 ……………… 121
一、施工项目管理的概念 ……………… 121
二、施工项目管理的内容和方法 ……… 122
第二节 施工技术管理 …………………… 125
一、施工技术管理的重要性 …………… 125
二、施工技术管理工作的内容 ………… 126
三、建立技术岗位责任制 ……………… 126
四、施工技术管理的基本制度 ………… 128
第三节 施工进度控制 …………………… 130
一、施工进度控制 ……………………… 130
二、施工进度计划的实施与检查 ……… 132
三、施工进度比较与计划调整 ………… 133
第四节 施工质量管理 …………………… 135
一、在工程施工管理中推行全面质量
管理 ……………………………… 135
二、建立健全质量责任制 ……………… 137
三、市政工程施工过程中的质量控制 … 137
四、如何处理质量缺陷 ………………… 138
五、如何避免质量缺陷 ………………… 139
第五节 施工成本管理 …………………… 142
一、工程成本概念 ……………………… 142
二、工程成本分解 ……………………… 143
三、工程成本控制 ……………………… 145
四、工程成本考核与分析 ……………… 148
第六节 施工安全管理 …………………… 149
一、施工安全管理的基本原则和控制
程序 ……………………………… 149
二、安全施工管理措施（安全生产
责任制） ………………………… 150
三、市政工程施工中常见的安全事故与
原因分析 ………………………… 151
四、市政施工安全事故的预防 ………… 152
第七节 施工项目生产要素管理 ………… 152
一、施工项目生产要素的管理 ………… 152
二、生产要素管理的重要性和复杂性 … 153
三、施工项目生产要素管理的基本
工作 ……………………………… 154

四、现代施工项目生产要素的管理内容 …… 154
本章小结 …… 156
复习思考题 …… 156
第八章 市政工程竣工验收 …… 158
第一节 竣工验收概述 …… 158
一、市政工程质量验收 …… 158
二、市政工程项目施工竣工验收的依据 …… 159
三、市政工程项目施工质量验收标准 …… 159
四、市政工程施工质量检查评定验收的基本内容及方法 …… 159
五、竣工验收的准备工作 …… 159
六、当工程质量不符合要求时的处理 …… 160
第二节 竣工验收程序 …… 160
一、施工单位竣工预验 …… 160
二、施工单位提交验收申请报告 …… 161
三、根据申请报告作现场初验 …… 161
四、正式验收的人员组成 …… 161
五、竣工验收的步骤 …… 161
六、竣工验收质量核定 …… 162
第三节 竣工验收组织与内容 …… 163
一、竣工验收组织 …… 163
二、竣工验收的内容 …… 163
第四节 工程移交与保修 …… 164
一、工程项目的移交 …… 164
二、工程项目的保修 …… 164
本章小结 …… 166
复习思考题 …… 166
附录 某城市道路桥梁施工组织设计实例 …… 167
第 1 章 编制依据、原则、范围及说明 …… 167
第 2 章 工程概况及特点分析 …… 169
第 3 章 施工组织与总体部署 …… 174
第 4 章 施工准备 …… 187
第 5 章 施工总体平面布置 …… 188
第 6 章 主要施工方案及工艺 …… 189
第 7 章 交通疏导方案 …… 216
第 8 章 地上、地下障碍物、管线保护措施 …… 220
第 9 章 季节性施工措施 …… 222
第 10 章 施工进度计划安排及工期保证措施 …… 226
第 11 章 质量保证体系及主要质量保证措施 …… 228
第 12 章 安全保证体系及安全保证措施 …… 236
第 13 章 文明施工、环境保护体系及措施 …… 238
第 14 章 消防、保卫、健康体系及措施 …… 241
第 15 章 与业主、监理、设计及其他相关单位的协调配合措施 …… 244
第 16 章 技术资料目标设计及管理措施 …… 245
第 17 章 突发事件的应急预案及措施 …… 246
第 18 章 履约、廉政保证措施 …… 247
第 19 章 计量支付及确保民工工资措施 …… 248
参考文献 …… 249

第一章　概　　论

【知识目标】

- 了解基本建设项目的概念、分类和组成。
- 理解市政工程项目建设内容及建设程序。
- 掌握市政工程项目施工程序。

【能力目标】

- 能够准确划分建设项目的类别与组成。
- 能够进行市政工程项目建设与施工的程序控制与管理。

第一节　基本建设项目的基础知识

一、基本建设项目概念

（一）基本建设含义

基本建设是指固定资产建设，即投资进行建设、购置和安装固定资产以及与此相联系的其他经济活动。建国以来，我国关于基本建设的概念，存在着一些不同认识，基本建设工作内容也或多或少发生了一些变化，但基本建设的实质内涵并没有大的改变。即：

① 基本建设是形成新的固定资产，或者说，是以扩大生产能力或新增工程效益为主要目的，以建设或购置固定资产为主要内容的经济活动。

② 基本建设的形式包括新建、改建、扩建、恢复工程及与之相联系的其他经济活动，它不是零星的、少量的固定资产建设，而是具有整体性的、需要一定量投资额以上的固定资产建设。

（二）基本建设项目及其特点

1. 基本建设项目与固定资产投资

基本建设项目，是指在一个总体设计或初步设计范围内，由一个或若干个互有内在联系的单项工程（指建成后能独立发挥效益的工程）所组成，建成后在经济上可以独立经营、在行政上可以统一管理的建设单位。

基本建设项目与技术改造项目一起，构成固定资产投资项目。由此可见固定资产投资与基本建设的关系：首先，固定资产投资从资金的形成到实物形态的转化，即增加新的固定资产，必须通过基本建设活动（而基本建设经济活动的主体是基本建设项目），通过建成基本建设项目来完成；其次，基本建设项目的建设投资，是固定资产投资的重要组成部分。

2. 基本建设项目与技术改造项目的范围划分

按照国家规定，在实际工程中划分基本建设项目和技术改造项目，主要有以下几个方面。

(1) 以工程建设的内容、主要目的来划分　一般把以扩大生产能力（或新增工程效益）为主要建设内容和目的的作为基本建设项目；把以节约、增加产品品种、提高质量、治理“三废”、劳保安全为主要目的的作为技术改造项目。

(2) 以投资来源划分　以利用国家预算内拨款（基本建设基金）、银行基本建设贷款为主的作为基本建设；以利用企业基本折旧基金、企业自有资金和银行技术改造贷款为主的作为技术改造项目。

(3) 以土建工作量划分　凡是项目土建工作量投资占整个项目投资30%以上的作为基本建设项目。

(4) 按项目所列的计划划分　凡列入基本建设计划的项目，一律按基本建设项目处理；凡列入更新改造计划的项目，按技术改造项目处理。

需要说明的是，划分基本建设项目和技术改造项目，只限于全民所有制企业单位的建设项目，对于所有非全民所有制单位、所有非生产性部门的建设项目，一般不作这种划分。

3. 基本建设项目的特点

(1) 一次性　基本建设是一次性项目，就其成果来看是单件性，投资额特别大，所以在建设中，只能成功。如达不到要求，将产生深远的影响，甚至直接关系到国民经济的发展。

(2) 建设周期长　在很长时间内，基本建设只消耗人力、物力、财力，而不提供任何产品，风险比较大。

(3) 整体性强　基本建设每一个项目都有独立的设计文件，在总体设计范围内，各单项工程具有不可分割的联系，一些大的项目还有许多配套工程，缺一不可。

(4) 产品具有固定性　基本建设产品的固定性，使得其设计单一，不能成批生产（建设），也给实施带来复杂性，且受环境影响大，管理复杂。

(5) 协作要求高　基本建设项目比一般工业产品大得多，协作要求高，涉及行业多，协调控制难度大。

二、基本建设项目分类

为了适应科学管理的需要，从不同角度反映基本建设项目的地位、作用、性质、投资方向及有关比例关系，在基本建设管理工作中，对项目要进行不同组合的分类。

（一）按行业投资用途分类

1. 生产性基本建设项目

指直接用于物质生产或满足物质生产需要的建设项目。

2. 非生产性基本建设项目

指用于满足人民物质和文化生活需要的建设项目以及其他非物质生产的建设项目。

3. 按三次产业划分

分为第一产业（农业）项目、第二产业（工业、建筑业和地质勘探）项目和第三产业项目。

（二）按建设性质分类

1. 新建项目

指从无到有、“平地起家”的建设项目。

2. 扩建项目

指现有企业为扩大原有产品的生产能力或效益和为增加新的品种生产能力而增加的主要

生产车间或工程项目、事业和行政单位增建业务用房等。

3. 改建项目

指现有企业、事业单位对原有厂房、设备、工艺流程进行技术改造或固定资产更新的项目，有些是为提高综合能力，增建一些附属或辅助车间或非生产性工程，从建筑性质来看都属于基本建设中的改建项目。

4. 恢复项目

指企业、事业和行政单位的原有固定资产因自然灾害、战争和人为灾害等原因已全部或部分报废，而投资重新建设的项目。

5. 迁建项目

指原有固定资产，因某种需要，搬迁到另外的地方进行建设的项目。移地建设，不论其建设规模，都属迁建项目。

（三）按建设规模分类

按国家规定的标准，基本建设项目划分为大型、中型和小型三类。

按建设项目投资额标准划分，基本建设生产性建设项目中能源、交通、原材料部门投资额在5000万元以上、其他部门和非生产性建设项目投资额在3000万元以上的为大中型基本建设项目，在此限额以下的为小型建设项目。

按建设项目生产能力或使用效益标准划分，国家对各行各业都有具体规定。

（四）按投资主体分类

按投资主体分类的基本建设项目主要有：

① 国家投资建设项目；

② 各级地方政府投资的建设项目；

③ 企业投资的建设项目；

④“三资”企业的建设项目；

⑤ 各类投资主体联合投资的建设项目。

（五）按管理体制分类

1. 按隶属关系分类

这类项目有部直属单位的建设项目；地方领导和管理的建设项目；部直供项目，指经国务院有关部门和地方协商后，由国务院有关部门下达基本建设计划并安排解决统配物资的部分地方建设项目。

2. 按管理系统分类

指按国务院归口部门对建设项目分类。按管理系统划分与按行业划分不同，建设单位不论属哪个行业，都要按管理部门划分。

（六）按工作阶段分类

处于建设不同阶段的基本建设项目有：

① 预备项目（或探讨项目）；

② 筹建项目（或前期工作项目）；

③ 施工项目（包括新开工和续建项目）；

④ 建成投产项目；

⑤ 收尾项目。

三、基本建设项目的组成

1. 建设项目

一般指符合国家总体建设计划，能独立发挥生产能力或满足生活需要，其项目建议书经批准立项和可行性研究报告经批准的建设任务。如：工业建设中的一座工厂、一座矿山，民用建设中的一个居民区、一幢住宅、一所学校为一个建设项目。

市政工程建设项目，一般指建成后可以发挥其使用价值和投资效益的一条道路、一座独立大、中型桥梁或一座隧道。

按国家计划及建设主管部门的规定，一个建设项目应有一个总体设计，在总体设计的范围内可以由若干个单项工程组成（如一个建设项目划分为几个标段），经济上实行统一核算，行政上实行统一管理；也可以分批分期进行修建。

一个建设项目可以由一个单项工程或几个单项工程组成。

2. 单项工程

单项工程又称工程项目，它具有独立的设计文件，在竣工后能独立发挥设计规定的生产能力或效益的工程。如：工业建筑中的生产车间、办公楼，民用建筑中的教学楼、图书馆、宿舍楼等。

市政工程建设的单项工程一般指独立的桥梁工程、隧道工程，这些工程一般包括与已有公路的接线，建成后可以独立发挥交通功能。但一条路线中的桥梁或隧道，在整个路线未修通前，并不能发挥交通功能，也就不能作为一个单项工程。

一个单项工程可以由几个单位工程组成。

3. 单位工程

单位工程是单项工程的组成部分，是指在单项工程中具有单独设计文件和独立施工条件，并可单独作为成本计算对象的部分。如：单项工程中的生产车间的厂房修建、设备安装等；市政工程中同一合同段内的路线、桥涵等。由此可见，单位工程一般不能独立发挥生产能力和使用效益。

一个单位工程可以包含若干分部工程。

4. 分部工程

分部工程是单位工程的组成部分，一般是按单位工程中的主要结构、主要部位来划分的。如：工业与民用建筑中的房屋的基础、墙体等。

在市政建设工程中，按工程部位划分为路基工程、路面工程、桥涵工程等；按工程结构和施工工艺划分为土石方工程、混凝土工程和砌筑工程等。

一个分部工程包含若干分项工程。

5. 分项工程

分项工程是分部工程的组成部分，是根据分部工程划分的原则，再进一步将分部工程分成若干个分项工程。分项工程是按照不同的施工方法、不同的施工部位、不同的材料、不同的质量要求和工作难易程度来划分的，它是概预算定额的基本计量单位，故也称为工程定额子目或工程细目。如：$10m^3$ 浆砌块石、$100m^3$ 沥青混凝土路面等。

一般来说，分项工程只是建筑或安装工程的一种基本构成要素，是为了确定建筑或安装工程费用而划分出来的一种假定产品，以便作为分部工程的组成部分。因此，分项工程的独立存在是没有意义的。

第二节 市政工程项目建设

一、市政工程项目建设内容

市政工程项目建设是指市政工程建设项目从规划立项到竣工验收的整个建设过程中的各项工作。包括市政道路、桥涵、管网工程等固定资产的建筑、购置、安装等活动，以及与其相关的如勘察设计、征用土地等工作。

市政工程项目建设内容包括以下几方面。

(1) 建筑安装工程

① 建筑工程：路基、路面、桥涵、市政管网等的建设。

② 设备安装工程：高速公路、大型桥梁所需各机械、设备、仪器的安装及测试等工作。

(2) 设备、工具、器具的购置。

(3) 其他基本建设工作 勘察、设计、征地、拆迁等。

二、市政工程项目建设程序

市政工程项目建设受自然条件（地质、气候、水文）、技术条件（技术人员水平、机械化程度等）、物资条件（各种原材料供应、运输等）以及环境等的制约，需要各个部门、各个环节密切配合，并且要求按照既定的需要和科学的总体设计进行建设。基本建设是一项内容比较复杂的工作，建设过程中任何计划不周或安排不当，都会造成经济损失，带来不良后果。所以，一切基本建设，都必须严格按照规定的程序进行。对于小型项目，可视具体情况，简化程序。

市政工程项目基本建设程序应当是：根据国民经济长远规划以及城市市政建设规划，提出项目建议书；进行可行性研究，编制可行性研究报告；经批准后进行初步设计；再经批准后列入国家年度基本建设计划，并进行技术设计和施工图设计；设计文件经审批后组织施工；施工完成后，进行竣工验收，然后交付使用。这一程序必须依次进行，一步一步地实施。其具体内容如下。

1. 项目建议书

根据发展国民经济的长远规划和城市市政建设规划，提出项目建议书。项目建议书应对拟建项目的建设目的和要求、主要技术标准、原材料及资金来源等提出文字说明。项目建议书是进行各项前期准备工作和进行可行性研究的依据。

2. 可行性研究

可行性研究是基本建设前期工作的重要组成部分，是建设项目立项、决策的主要依据。大中型工程、高等级公路及重点工程建设项目（含国防、边防公路）均应进行可行性研究，小型项目可适当简化。市政建设项目可行性研究的任务是：在对拟建工程地区的社会、经济发展和市政路网状况进行充分的调查研究、评价、预测和必要的勘察工作的基础上，对项目建设的必要性、经济合理性、技术可行性、实施可能性，提出综合性研究论证报告。

按可行性研究的工作深度，可行性研究划分为预可行性研究和工程可行性研究两个阶段。预可行性研究，应重点阐明建设项目的必要性，通过踏勘和调查研究，提出建设项目的规模、技术标准，进行简要的经济效益分析。工程可行性研究，应通过必要的测量（高速公路、一级公路必须做）、地质勘探（大桥、隧道及不良地质地段等），在认真调查研究，拥有必要资料的基础上，对不同建设方案从经济上、技术上进行综合论证，提出推荐建设方案。工程可行性研究报告经审批后作为初步测量及编制初步设计文件的依据。工程可行性研究的投资估算与初步设计概算之差，应控制在10%以内。

市政工程建设项目可行性研究报告的主要内容有：①建设项目依据、历史背景；②建设地区综合运输网的交通运输现状和建设项目在交通运输网中的地位及作用；③原有市政道路的技术状况及适应程度；④论述建设项目所在地区的经济状况，研究建设项目与经济发展的内在联系，预测交通量、运输量的发展水平；⑤建设项目的地理位置、地形、地质、地震、气候、水文等自然特征；⑥筑路材料来源及运输条件；⑦论证不同建设方案的路线起讫点和主要控制点、建设规模、标准，提出推荐意见；⑧评价建设项目对环境的影响；⑨测算主要工程数量、征地拆迁数量，估算投资，提出资金筹措方式；⑩提出勘测设计、施工计划安排；⑪确定运输成本及有关经济参数，进行经济评价、敏感性分析，收费公路、桥梁、隧道还要做财务分析；⑫评价推荐方案，提出存在的问题和有关建议。编制可行性研究报告，应严格执行国家的各项政策、规定和住房和城乡建设部（以下简称住建部）颁布的技术标准、规范等。

3. 设计文件

市政工程基本建设项目一般采用两阶段设计，即初步设计和施工图设计。对于技术简单、方案明确的小型建设项目，也可采用一阶段设计，即一阶段施工图设计。对于技术上复杂、基础资料缺乏和不足的建设项目，或建设项目中的特大桥、互通式立体交叉、隧道、高速公路和一级公路的交通工程及沿线设施中的机电设备工程等，必要时采用三阶段设计，即初步设计、技术设计和施工图设计。市政工程项目基本建设程序的流程如图1-1所示。

(1) 初步设计　初步设计应根据批复的可行性研究报告、测设合同及勘测资料进行编制。初步设计的目的是确定设计方案，必须进行多设计方案比选，才能确定最合理的设计方案。

选定设计方案时，一般先进行纸上定线，大致确定路线布置方案。然后到现场核对，对路线的走向、控制点、里程和方案的合理性进行实地复查，征求沿线地方政府和建设单位的意见，基本确定路线布置方案。对难以取舍、投资大、地形特殊的路线、复杂特大桥、隧道、立体交叉等大型工程项目一般应选择两个以上的方案进行同深度、同精度的测设工作并通过多方面论证比较，提出最合理的设计方案。

设计方案确定后，拟定修建原则，计算工程数量和主要材料数量，提出初步施工方案，编制设计概算，提供文字说明和有关的图表资料。初步设计文件经审查批复后，即作为订购主要材料、机具、设备等及联系征用土地、拆迁等事宜，进行施工准备，编制施工图设计文件和控制建设项目投资等的依据。

(2) 技术设计　按三阶段设计的项目，要进行技术设计。技术设计应根据初步设计的批复意见、勘测设计合同要求，进一步勘测调查，分析比较，解决初步设计中尚未解决的问题，落实技术方案，计算工程数量，提出修正的施工方案，编制修正设计概算，批准后即作为施工图设计的依据。

(3) 施工图设计　不论几阶段设计，都要进行施工图设计。

两阶段（或三阶段）施工图设计应根据初步设计（或技术设计）的批复意见、勘测设计合同，到现场进行详细勘查测量，确定路中线及各种结构物的具体位置和设计尺寸，确定各项工程数量，提出文字说明和有关图表资料，作出施工组织计划，并编制施工图预算。向建

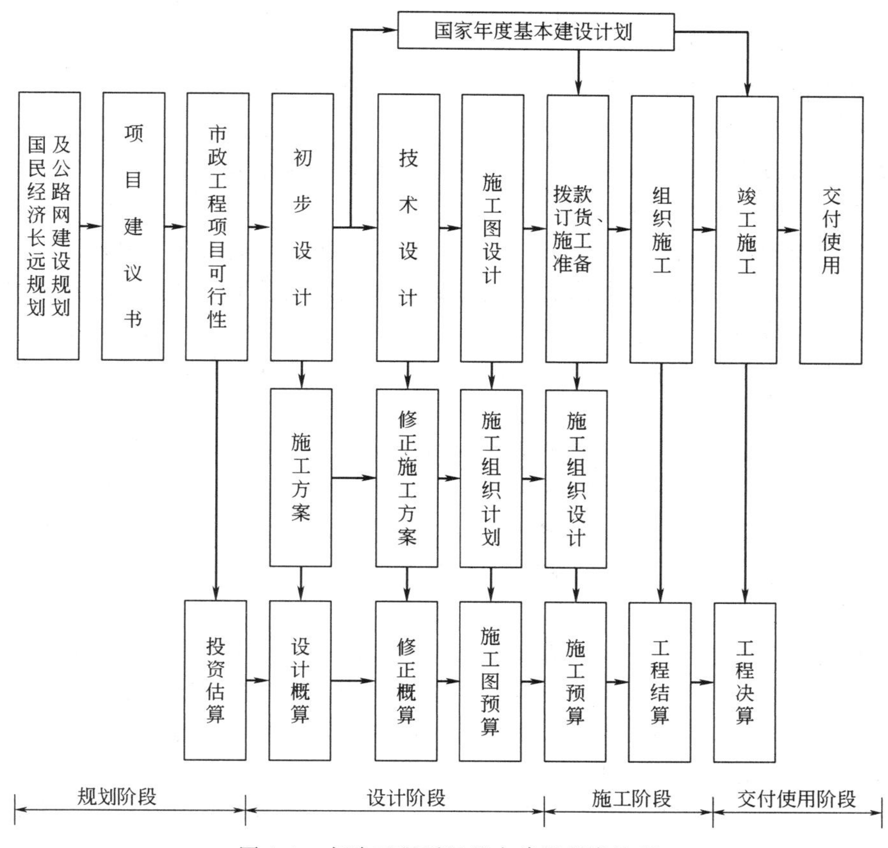

图 1-1　市政工程项目基本建设程序流程

设单位提供完整的施工图设计文件。

施工图设计文件一般由以下十三篇及附件组成：①总说明书；②总体设计（只用于高速公路和一级公路）；③路线；④路基、路面及排水；⑤桥梁涵洞；⑥隧道；⑦路线交叉；⑧交通工程及沿线设施；⑨环境保护；⑩渡口码头及其他工程；⑪筑路材料；⑫施工组织计划；⑬施工图预算；⑭附件。

4. 列入年度基本建设计划

当建设项目的初步设计和概算报上级审查批准后，才能列入国家基本建设年度计划，这是国家对基本建设实行统一管理的手段。年度计划是年度建设工作的指令性文件，一经确定后，如果需要增加投资额或调整项目时，必须上报原审批机关批准。

项目列入国家基本建设年度计划后，建设单位根据国家发展计划委员会颁发的年度基本建设计划控制数字，按照初步设计文件编制本单位的年度基本建设计划。建设单位年度基本建设计划报经上级批准后，再编制物资、劳动力、财务计划。这些计划分别经过主管机关审查平衡后，作为国家安排生产、物资分配、劳动力调配和财政拨款（或贷款）的依据，并通过招投标或其他方式落实施工单位。

5. 施工准备

市政工程施工涉及面广，为了保证施工的顺利进行，建设单位、勘测设计单位、施工单位和建设银行等都应在施工准备阶段充分作好各自的准备工作。

建设单位，应根据计划要求的建设进度组建专门的管理机构，办理登记及征地、拆迁等工作，作好施工沿线各有关单位和部门的协调工作，抓紧配套工程项目的落实，提供技术资料、建筑材料、机具设备的供应。

勘测设计单位，应按照技术资料供应协议，按时提供各种图纸资料，做好施工图纸的会审及移交工作。

施工单位，应首先熟悉图纸并进行现场核对，编制实施性施工组织设计和施工预算，同时组织先遣人员、部分机具、材料进场。进行施工测量、修筑便道及生产、生活用临时设施，组织材料及技术物资的采购、加工、运输、供应、储备。提出开工报告。

工程监理单位，组织监理机构或建立监理组织体系，熟悉施工设计文件和合同文件；组织工程监理人员和设备进入施工现场；根据工程监理制度规定的程序和合同条款，对施工单位的各项施工准备工作进行审批、验收、检查，合格后，使其按合同规定要求如期开工。

6. 工程施工

施工准备工作完成后，施工单位必须按上级下达的开工日期或工程承包合同规定的日期开始施工。在建设项目的整个施工过程中，应严格执行有关的施工技术规程，按照设计要求，确保工程质量，安全施工。坚持施工过程组织原则，加强施工管理，大力推广应用新技术、新工艺，尽量缩短工期，降低工程造价，作好施工记录，建立技术档案。

7. 竣工验收、交付使用

建设项目的竣工验收是公路工程基本建设全过程的最后一个程序。工程验收是一项十分细致而又严肃的工作，必须严格按照国家住建部颁发的《关于基本建设项目竣工验收暂行规定》和交通部颁发的《公路工程竣工验收办法》的要求，认真负责地对全部基本建设工程进行总验收。竣工验收包括对工程质量、数量、工期、生产能力、建设规模和使用条件的审查。对建设单位和施工企业编报的固定资产移交、清单、隐蔽工程说明和竣工决算（竣工验收时，建设单位必须及时编制竣工决算，核定新增固定资产的价值，考核分析投资效果）等进行细致检查。

当全部基本建设工程经过验收合格，完全符合设计要求后，应立即移交给生产部门正式使用。对存在问题要明确责任、确定处理措施和期限。

第三节　市政工程施工程序

为了编制合理的施工组织设计，必须了解市政施工程序。市政工程施工程序是指施工单位从接受施工任务到工程竣工验收阶段必须遵守的工作顺序。

市政工程施工程序主要包括接受施工任务即签订工程承包合同、施工准备工作、工程施工和竣工验收。

一、签订工程承包合同

施工单位接受施工任务通常有三种方式：一是上级主管部门统一布置任务，下达计划安排；二是经主管部门同意，自行对外接受的任务；三是参加投标，中标而获得任务。现在，施工任务主要通过参加投标，通过建筑市场中的平等竞争而取得。

接受施工项目时，首先应该查证核实工程项目是否列入国家计划，必须有批准的可行性研究、初步设计（或施工图设计）及概（预）算文件方可签订施工承包合同，进行施工准备工作。

接受施工任务，以签订施工承包合同为准。施工单位，凡接受工程项目，都必须同建设单位签订工程承包合同，明确各自的权利和义务即明确双方的经济、技术责任，互相制约，共同保证按质、按量、按期完成建设项目的建设任务。合同一经签订，即具有法律效力，双方要严格履行合同。

施工承包合同内容一般包括：①简要说明；②工程概况；③承包方式；④工程质量；⑤开（竣）工日期；⑥工程造价；⑦物资供应与管理；⑧工程拨款与结算办法；⑨违约责任；⑩奖惩条款；⑪双方的配合协作关系等。

二、施工准备工作

施工单位接受施工任务后，即可着手进行施工准备工作。施工准备工作涉及面广，必须有计划、按步骤、分阶段地进行，才能在较短的时间内为工程开工创造必要的条件。

准备工作的基本任务是：了解施工的客观条件，根据工程的特点、进度要求，合理安排施工力量，从人力、物资、技术和施工组织等方面为工程施工创造一切必要的条件。施工准备工作的内容可以归纳如下。

（一）技术准备

1. 熟悉和核对设计文件及有关资料

设计文件是工程施工最重要的依据，组织技术人员熟悉和了解设计文件，是为了明确设计者的设计意图，掌握图纸、资料的主要内容及有关的原始资料。此外，从设计到施工通常都要间隔几年时间，勘测设计时的原始自然状况由于各种原因已经发生变化，因此，必须对设计文件和图纸进行现场核对。其主要内容有以下几方面。

（1）各项计划的布置、安排是否符合国家有关方针、政策和规定以及国家的整体布局；设计图纸、技术资料是否齐全，有无错误和相互矛盾。

（2）设计文件所依据的水文、气象、地质、岩土等资料是否准确、可靠、齐全。

（3）掌握整个工程的设计内容和技术条件，弄清设计规模、结构特点和型式。

（4）核对路线中线、主要控制点、转角点、水准点、三角点、基线等是否准确无误；重点地段的路基横断面是否合理；构造物的位置、结构型式、尺寸大小、孔径等是否适当，能否采用更先进的技术或使用新材料。

（5）路线或构造物与农用、水利、航道、公路、铁路、电信、管道及其他建筑物的相互干扰情况及其解决办法是否适当，干扰可否避免（对历史文物纪念地尤为重要）。

（6）对地质不良地段采取的处理措施是否先进合理，对防止水土流失和保护环境采取的措施是否适当、有效。

（7）施工方法、料场分布、运输工具、道路条件等是否符合工程现场实际情况。

（8）临时便桥、便道、房屋、电力设施、电信设施、临时供水、施工场地布置等是否合理。

（9）各项纪要、协议等文件是否齐全、完善。

（10）明确建设期限。

现场核对时，如发现设计有错误或不合理之处，应提出修改意见报上级机关审批，待核准批复后再进行现场测量、修改设计、补充图纸等工作。

2. 补充调查资料

进行现场补充调查，是为了优化和修改设计、编制实施性施工组织设计、因地制宜地布置施工场地等收集资料。调查的内容主要有：工程地点的地形、地质、水文、气候条件；自采加工材料场储量、地方材料供应情况、施工期间可供利用的房屋数量；当地劳动力情况、工业生产加工能力、运输条件和运输工具；施工场地的水源、水质、电源，以及生活物质供应情况；当地民俗风情、生活习惯等。

3. 编制实施性施工组织设计和施工预算

实施性施工组织设计是指导施工的重要技术文件。公路施工是野外作业，又是线型工程，各地自然地理状况和施工条件差异很大，不可能采用一种定型的、一成不变的施工方案和施工方法，每项工程的施工都需要通过深入细致的工作，个别确定施工方案和施工方法，因此，施工阶段必须编制实施性施工组织设计，并编制相应的施工预算。

4. 组织先遣人员进场

公路施工需要调用大量人工、材料和机具，施工先遣人员的任务是：结合施工现场的实际情况，具体落实施工人员进场开工后在生产、生活等方面必须解决的问题。对施工中涉及其他部门的问题，做好联系、协调工作。及时与当地政府部门取得联系，争取地方政府对工程施工的支持。

（二）施工现场准备

经过现场核对后，依据设计文件和实施性施工组织设计，认真做好施工现场准备工作。

1. 征地及拆迁

划定工程建设用地，开始征用土地、拆迁房屋、电信及管线设施等各种障碍物（包括施工临时用地）。

2. 技术准备工作

进行施工测量，平整场地；建立工地实验室，进行各种建筑材料试验和土质试验，为施工提供可靠数据；落实各施工点的施工方案以及供水、供电设施；各种施工物资（包括建筑材料、机具设备、工具等）的调查与准备，进场后的堆放、保管及安全工作等。

3. 建立临时生活、生产设施

修建便道、便桥，搭盖工棚，选址修建构件预制场、沥青拌和基地、混凝土搅拌站等大型临时设施；临时供水、供电、供热及通信设备的安装、架设与试运行。

4. 人员、材料、机具陆续进场

施工准备工作基本完成后，即可组建施工机构，集结施工队伍，运送材料、机具并按计划存放和妥善保管等。当施工队伍进场后，应及时作好开工前的政治思想教育、技术学习和安全教育工作。

5. 提出开工被告

上述各项具体准备工作完成后，即可向建设单位或施工监理部门提出开工报告。开工报告必须按规定的格式填写，并按上级要求或合同规定的最后日期之前提出。

三、工程施工

组织施工应有以下基本文件：设计图纸、资料；施工规范和技术操作规程；各种定额；施工图预算；实施性施工组织设计；工程质量检验评定标准和施工验收规范；施工安全操作规程。

在开工报告批准后，才能开始正式施工。施工应严格按照设计图纸进行，如需要变更，必须事先按规定程序报经监理工程师或建设单位批准。按照施工组织设计确定的施工方法、施工顺序及进度要求进行施工。为了确保质量、安全操作，施工要严格按照设计要求和施工技术规范、验收规程进行。发现问题，及时解决。

市政工程施工是一项复杂的系统工程，必须科学合理地组织，建立正常、文明的施工秩序，有效地使用劳动力、材料、机具、设备、资金等。施工方案要因地制宜、结合实际，施工方法要先进合理、切实可行。施工中既要保证工程质量和施工进度，又要注意保护环境、安全生产。

（一）市政工程施工过程的概念

施工过程就是生产建筑产品的过程，是由一系列相联系的施工生产活动所组成，是劳动者利用劳动工具作用于劳动对象的过程。为了更有效地组织施工生产，必须首先研究施工生产过程的内容，施工生产过程的内容是相互联系的劳动过程和自然过程的结合。市政工程施工过程含有两方面的含义：①劳动过程，离不开人、材料、机械等；②自然过程，如水泥混凝土硬化过程养生，乳化沥青分裂过程等。

按施工过程所需劳动性质及在基本建设中所起作用的不同，可将施工过程划分为以下几部分。

1. 施工准备过程

施工准备过程指建筑产品在投入生产前所进行的全部生产技术准备工作，如可行性研究、勘察设计、施工准备等。

2. 基本施工过程

基本施工过程指为完成产品而进行的生产活动即施工现场所发生的活动，如路基、路面、桥涵等的施工。

3. 辅助施工过程

辅助施工过程指为保证基本施工过程的正常进行所需的各种辅助生产活动，如机械设备维修、动力的生产、材料加工等。

4. 服务施工过程

服务施工过程指为基本施工过程和辅助施工过程服务的各种服务过程，如原材料、半成品、机具、燃料等的供应与运输等。

（二）市政工程施工过程的要素

组织市政工程施工，必须研究施工过程的最小要素，以适应施工组织、计划、管理等工作。

现行的市政工程设计概（预）算文件编制办法及清单计价办法，将市政工程划分为土石方工程、道路工程、桥涵护岸工程、隧道工程、市政管网工程、地铁工程、钢筋工程、拆除工程、路灯工程九个项目。每个项目又细分为若干个分部、分项工程。如道路工程划分为路基处理、道路基层、道路面层、人行道及其他、交通管理设施五个分部工程。

市政工程施工过程是按照上述分部、分项工程按结构顺序施工。为了更好地管理施工过程，使施工组织设计做得更科学、合理、详细，将施工过程依次划分为以下几部分。

1. 动作与操作

动作是指工人在劳动时一次完成的最基本的活动，如筛分试验中的取筛子，向1号筛中放料等。

操作由若干个相互关联的动作组成，如消化生石灰这个操作是由拿工具—走向化灰池—向池中放水—将生石灰投入池中—搅拌等若干个相互关联的动作所组成。完成一个动作所耗用的时间长短与占用空间大小等，是制定劳动定额最重要的基础资料。

2. 工序

工序由若干个操作组成。工序是指施工技术相同，在劳动组织上不可分割的施工过程，是一个工人或一组工人，在一个工作地上，对同一种劳动对象连续进行的施工生产活动。工作地是工人们进行生产活动的场所，也叫施工现场。如：当劳动对象（石砌挡墙）不动，而由若干个工人按顺序对它进行施工生产活动，即挖基坑—砌基础—砌墙身，每一种生产活动就叫一道工序。再如，“现浇水泥混凝土基础”这一工程项目可分解成以下几道工序：挖基坑—安装钢筋—支模板—制备混合料—浇注混凝土—自然养生—拆除模板。从上述施工工艺流程看出，各工序由不同的工种或使用不同的机具依次地或平行地完成，工序在工人数量、施工地点、施工工具及材料等方面均不发生变化。如果上述因素中某个因素发生改变，就意味着从一道工序转入另一道工序。

工序作为《市政工程预算定额》的最小子目。

3. 操作过程

操作过程是由几个在技术上相互关联的工序所组成的，可以相对独立完成某一分部、分项工程。

在施工组织设计时，一般把工序作为最小的施工过程要素。

（三）市政工程施工过程的组织原则

影响施工过程组织的因素有很多，如施工地点、施工性质、建筑产品结构、材料、机械设备条件、自然条件等。施工过程组织灵活多样，没有完全相同的模式。但是不管施工过程组织怎样变化，为了降低工程成本，缩短施工工期，保证工程质量，都应遵守以下基本原则。

1. 施工过程的连续性

施工过程的连续性是指建筑产品施工过程中各阶段、各工序的进行，在时间上是紧密衔接的，不发生各种不合理的中断现象，即在施工过程中，劳动对象始终处于被加工、检验状态，或处于自然过程中（如水泥混凝土的硬化）。

保持和提高施工过程的连续性，可以降低成本。施工过程的连续性要求凡是能平行进行的不同工序活动（在不同的施工段上），必须组织平行作业，平行性是连续性的必然要求（流水作业法即可体现这一特性）。施工过程的连续性，与施工技术水平有关，同时也与施工组织工作的水平有关。

2. 施工过程的协调性

施工过程的协调性（也叫比例性）是指建筑产品施工过程中各阶段、各工序之间，在生产能力上要保持一定的比例关系，不发生脱节和比例失调的现象（如某专业队人数多、生产能力强，造成产品过剩；而另一专业队人数少，生产能力较差，产品供应跟不上，这就属于比例失调，施工过程中应当避免）。协调性在很大程度上取决于施工组织设计的正确性。在施工过程中，由于材料原因（如品种变化、货源改变等）、采用新工艺、自然因素的变化等的影响，都会使实际生产能力发生变化，造成产品比例失调。因此，施工组织工作必须根据变化了的情况，采取措施，及时调整各种比例关系，保证施工过程的协调性。协调性是保证施工生产顺利进行的前提，使施工生产过程中的人力和设备得到充分利用，避免产品在各个施工阶段和工序之间的停顿、等待，从而缩短施工工期。施工生产过程的协调性在很大程度上取决于施工组织设计的正确性。

3. 施工过程的均衡性

施工过程的均衡性（也叫节奏性）是指施工过程的各个环节，都要按照施工计划的要求，在一定时间内，生产出相等或递增数量的产品，使各生产班组或设备的任务量保持相对稳定（即各施工段劳动量大致相等），不发生时松时紧现象（即使用同一种材料、机械或半成品的项目不要安排在同一时间施工）。均衡性能充分利用工时，有利于保证生产质量、降低成本，有利于劳动力和机械设备的调配。实现生产的均衡性，必须保持生产的比例性，加强计划管理，强化生产指挥系统，搞好施工技术和物资准备。

4. 施工过程的经济性

施工过程的经济性是指施工过程除了满足技术要求外，必须讲求经济效益，要用最小的劳动消耗尽量取得较大的生产成果。连续性、协调性和均衡性最终都要通过经济效果集中反映出来。

通过以上几点可以看出：连续性、协调性和均衡性是相互制约的，是相互关联的，施工组织过程中，连续性、协调性和均衡性使用得好，施工过程的经济性自然就能保证。

四、竣工验收

市政工程基本建设项目的竣工验收是全面考核市政工程设计成果，检验设计和施工质量的重要环节。作好竣工验收工作，总结建设经验，对今后提高建设质量和管理水平有重要作用。市政工程施工单位在竣工验收阶段应作好以下几项工作。

1. 竣工验收准备

工程项目按设计要求建成后，施工单位应自行初检。初检时，要进行竣工测量，编制竣工图表；认真检查各分部工程，发现有不符合设计要求和验收标准之处应及时修改；整理好原始记录、工程变更设计记录、材料试验记录等施工资料；提出初检报告，按投资隶属关系上报。初检报告一般包括如下内容：①初检工作的组织情况；②工程概况及竣工工程数量；③各单项工程检查情况和工程质量情况；④检查中发现的重大质量问题及处理意见；⑤遗留问题的处理意见和提交竣工验收时讨论的问题。

2. 竣工验收工作

施工单位所承担的工程全部完成后，经初检符合设计要求，并具备相应的施工文件资料，应及时报请上级领导单位组织竣工验收。

竣工验收的具体工作，由验收委员会负责完成。验收委员会在听取施工单位的施工情况和初检情况汇报并审查各项施工资料之后，采取全面检查、重点复查的方法进行验收。对初检时有争议的工程及确定返工或补做的工程，应全面检查和复测。对高填、深挖、急弯、陡坡路段，应重点抽查。小桥涵及一般构造物，一般路段路基、路面及排水和安全设施等，可采取随机抽查的方式进行检查。检查过程中，必要时可采用挖探、取样试验等手段。

验收工作以设计文件为依据，按照国家有关规定，分析检查结果，评定工程质量等级，并经监理工程师签认。对需要返工的工程，应查明原因，提出处理意见，由施工单位负责按期修复。目前市政工程主要验收规范有《城镇道路工程施工与质量验收规范》(CJJ 1—2008)、《城市桥梁工程施工与质量验收规范》(CJJ 2—2008)、《给水排水管道工程施工及验收规范》(GB 50268—2008) 等。

3. 技术总结

竣工验收通过后，施工单位应认真做好工程施工的技术总结，以利于不断提高施工技术水平和管理水平。对于施工中采用的新技术和重大技术革新项目，以及施工组织、技术管理、工程质量、安全工作等方面的成绩，应进行专题总结并在公司内推广。

4. 建立技术档案

技术档案包括设计文件、施工图表、原始记录、竣工文件、验收资料、专题施工技术总结等。在工程竣工验收后，由施工单位汇集整理、装订成册，按管理等级建档保存，以备今后查用。

本章小结

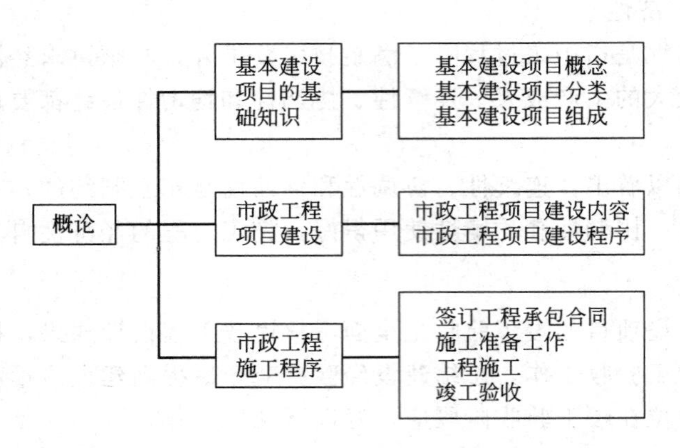

1. 什么是基本建设项目？基本建设项目分类有哪些？
2. 基本建设项目的组成有哪些？
3. 市政工程项目建设包括哪些内容？
4. 简述市政工程项目建设程序。
5. 市政工程施工包括哪些基本内容？

第二章　施工组织设计概述

【知识目标】

- 了解施工组织设计的概念、作用和组织原则。
- 理解施工组织设计的分类。
- 掌握施工组织设计的内容及组织施工的方法。

【能力目标】

- 能够准确划分施工组织设计的类别与组成。
- 具有在不同建设阶段正确选择相应施工组织设计方案的能力。

第一节　施工组织设计的基础知识

一、施工组织设计的概念

施工组织设计是从工程的全局出发，按照客观的施工规律和当时、当地的具体条件（自然、环境、地质等），统筹考虑施工活动中的人力、资金、材料、机械和施工方法这五个主要因素后，对整个工程的施工进度和资源消耗等作出的科学而合理的安排。施工组织设计的目的是使工程建设在一定的时间和空间内实现有组织、有计划、有秩序的施工，以达到工期尽量短、质量上精度高、资金省、施工安全的效果。施工组织设计可以是对整个基本建设项目起控制作用的总体战略部署，也可以是对某一单位工程的具体施工作业起指导作用的战术安排。

施工组织设计是建设项目施工组织管理工作的核心和灵魂，是指导一个拟建工程进行施工准备和组织实施施工的基本的技术经济文件。它的任务是对具体的拟建工程的施工准备工作和整个的施工过程，在人力和物力、时间和空间、技术和组织上，做出一个全面而合理且符合好、快、省、安全要求的计划安排。

市政工程施工组织设计，是市政工程基本建设项目在设计、招投标、施工阶段必须提交的技术文件，它是准备、组织、指导施工和编制施工作业计划的基本依据。因此，市政工程施工组织设计是市政工程基本建设管理的主要手段之一。

二、施工组织设计在建设工程中的重要性和作用

工程施工需要时间（工期）、占用空间（场地）、消耗资源（人工、材料、机具等）、需要资金（造价）、选择施工方法、确定施工方案等。

工程施工应遵循工程建设的客观规律，充分考虑工程施工的特点，运用先进的科学方法和手段组织施工，合理安排施工中的各种要素，使工程建设费用低、效率高、质量好，保证按期完成施工任务，实现有组织、有计划、有秩序的施工，以期达到整个工程施工的最佳效果。即根据工程特点、自然条件、资源供应情况、工期要求等，做出切实可行的施工组织计

划，并提出确保工程质量和安全施工的有效技术措施，这就是施工组织设计的任务。编制施工组织设计，本身就是施工准备工作的一项重要内容。也就是说，市政工程施工从准备工作开始，施工组织设计起着指导施工准备工作、全面布置施工活动、控制施工进度、进行劳动力和机械调配的作用，同时对施工活动内部各环节的相互关系和与外部的联系，确保正常的施工秩序起着有效的协调作用。总之市政工程施工组织设计对于能否优质、高效、按时、低耗地完成安装工程施工任务起着决定性的作用。

施工组织设计是指导项目投标、施工准备和组织施工的全面性的技术经济文件，是指导现场施工的纲领。编制和实施施工组织设计是我国建筑施工企业一项重要的技术管理制度，它使施工项目的准备和施工管理具有合理性和科学性。它有以下作用。

(1) 对于投标施工组织设计　它既是投标文件的重要组成部分，又是组织施工的一个纲领性文件。其作用：一为投标服务，为工程预算的编制提供依据，向业主提供对要投标项目的整体策划及技术组织工作，为最终中标打下基础；二为施工服务，为工程项目最终能达到预期目标提供可靠的施工保障。

(2) 统一规划和协调复杂的施工活动　做任何事情之前都不能没有通盘的考虑，不能没有计划，否则不可能达到预定目的。施工的特点综合表现为复杂性，如果施工前不对施工活动的各种条件、各种生产要素和施工过程进行精心安排，周密计划，那么复杂的施工活动就没有统一行动的依据，就必然会陷入毫无头绪的混乱状态，所以要完成施工任务，达到预定的目的，一定要预先制订好相应的计划，并且切实执行。对于施工单位来说，就是要编制生产计划；对于一个拟建工程来说，就是要进行施工组织设计。有了施工组织设计这种计划安排，复杂的施工活动就有了统一行动的依据，就可以据此统筹全局，协调方方面面的工作，保证施工活动有条不紊的进行，顺利完成合同规定的施工任务。

(3) 对拟建工程施工全过程进行科学管理　施工全过程是在施工组织设计的指导下进行的。首先，在接受施工任务并得到初步设计以后，就可以开始编制建设项目的施工组织规划设计。施工组织规划设计经主管部门批准以后，再进行全场性施工的具体实施准备。随着施工图的出图，按照各工程项目的施工顺序，逐一制定各单位工程的施工组织设计，然后根据各个单位工程施工组织设计，指导实施具体施工的各项准备工作和施工活动。在施工工程的实施过程中，要根据施工组织设计的计划安排，组织现场施工活动，进行各种施工生产要素的落实与管理，进行施工进度、质量、成本、技术与安全的管理等，所以施工组织设计是对拟建工程施工全过程进行科学管理的重要手段。

(4) 使施工人员心中有数，工作处于主动地位　施工组织设计根据工程特点和施工的各种具体条件科学地拟订了施工方案，确定了施工顺序、施工方法和技术组织措施，拟定了施工的进度；施工人员可以根据相应的施工方法，在进度计划的控制下，有条不紊地组织施工，保证拟建工程按照合同要求完成。

通过施工组织设计，可以使我们对每一拟建工程，在开工之前就了解它们所需要的材料、机具和人力，并根据进度计划拟订先后使用的顺序，确定合理的劳动组织和施工材料、机具等在施工现场的合理布置，使施工得以顺利地进行，还可以合理地安排临时设施，保证物资保管和生产与生活的需要。根据施工方案大体估计到施工中可能发生的各种情况，从而预先做好各项准备工作，清除施工中的障碍，并充分利用各种有利的条件，对施工的各项问题予以最合理、最经济的解决。通过施工组织设计，还可以把工程的设计和施工、技术和经济、前方和后方有机地结合起来，把整个施工单位的施工安排和具体工程的施工组织得更好，使施工中的各单位、各部门、各阶段、各建筑物之间的关系更明确和协调。

总之，通过施工组织设计，就把施工生产合理地组织起来，规定了有关施工活动的基本内容，保证了具体工程的施工得以顺利进行和完成施工任务。因此，施工组织设计的编制是具体工程施工准备阶段中各项工作的核心，在施工组织与管理工作中占有十分重要的地位。

一个工程如果施工组织设计编制得好，能反映客观实际，符合国家的全面要求，并且认真地贯彻执行，施工就可以有条不紊地进行，使施工组织与管理工作经常处于主动地位，取得好、快、省、安全的效果。若没有施工组织设计或者施工组织设计脱离实际或者虽有质量优良的施工组织设计而未得到很好的贯彻执行，就很难正确地组织具体工程的施工，使工作经常处于被动状态，造成不良后果，难以完成施工任务及其预定目标。

三、编制施工组织设计的原则

为保证施工组织设计符合建设工程的实际情况，充分达到指导施工的目的，施工组织设计一般应遵循以下基本原则。

1. 严格执行基本建设程序

由于工程建设的投资巨大，耗用的人力、物力等各种资源多，组织施工应严格按基本建设程序办事，认真做好施工组织设计，建立和健全各项施工的技术保障措施和相应的施工管理制度，确保正常的施工秩序。

2. 根据施工合同的要求，统筹安排施工进度

工程施工的目的，在于保质保量地把拟建项目迅速建成，尽早交付使用，早日发挥工程的社会经济效益。因此，保证工期是施工组织设计中需要考虑的首要问题。根据规定的建设期限，按轻重缓急进行工程排队，全面考虑、统筹安排施工进度，做到保证重点，让控制工期的关键项目早日完工。在施工部署方面，既要集中力量保证重点工程的施工，又要兼顾全面，避免过分集中而导致人力、物力的浪费，同时还需要注意协调各专业间的相互关系，按期完成施工任务。

3. 采用先进技术，提高工业化、机械化施工水平

严格执行建筑安装工程施工验收规范、施工操作规程，积极采用先进施工技术，确保工程质量和施工安全。努力贯彻建筑安装工业化的方针，加强系统管理，不断提高施工机械化和预制装配化程度，努力提高劳动生产率。先进的科学技术是提高劳动生产率、加快施工进度、提高工程质量、降低工程成本的重要源泉。同时，积极运用和推广新技术、新工艺、新材料、新设备，减轻施工人员的劳动强度，是现代化文明施工的标志。施工机械化是安装工程实现优质、快速的根本途径，扩大预制装配化程度和采用标准构件是安装施工的发展方向。只有这样，才能从根本上改变安装施工手工操作的落后面貌，实施快速施工。在组织施工时，应结合当时机具的实际配备情况、工程特点和工期要求，作出切实可行的布置和安排，注意机械的配套使用，提高综合机械化水平，充分发挥机具设备的效能。

4. 实现连续、均衡而紧凑的施工

安装工程施工受外界的干扰很大，要实现连续、均衡而紧凑的施工就必须科学、合理地安排施工计划。计划的科学性，就是对施工项目作出总体的综合判断，采用现代数学的方法，使施工活动在时间上、空间上得到最优的统筹安排，也就是施工优化。计划的合理性，是指对各个项目相互关系的合理安排，如施工程序和工序的合理确定等。要做到这些，就必须采用系统分析、流水作业、统筹方法、电子计算机辅助系统和先进的施工工艺等现代化科学技术成果。施工的连续性和均衡性，对于施工物资的供应、减少临时设施、生产和生活的

安排等而言，都是十分必要的。安排工程计划时，尽量利用正式工程、原有建筑和设施作为施工临时设施，尽量减少大型临时设施的规模，在保证重点工程施工的同时，可以将一些辅助的或附属的工程项目作适当穿插。还应考虑季节特点，积极推行项目法施工，努力提高施工生产力水平；一切从实际出发，做好人力、物力的综合平衡，组织均衡施工。只有采取这些措施，才能使各专业机构、各工种工人和施工机械能够不间断地、有秩序地进行施工，尽快地由一个项目转移到另一个项目，从而实现在全年中能够连续、均衡而又紧凑地组织施工。

5. 确保工程质量和安全施工

"百年大计，质量第一"，工程质量的好坏不但影响施工效果，而且直接影响到经济的发展和使用的安全，严肃认真地按设计要求组织施工，确保工程质量，这是每个施工组织者应有的态度。如果施工中发生质量、安全事故，不但会耽误工期、造成浪费，有时甚至引起施工工人思想情绪波动，造成难以弥补的损失。为此，在进行施工组织设计时，要有确保工程质量和安全施工的措施。在组织施工时，要经常进行质量、安全教育，遵守有关规范、规程和制度。实行预防为主的方针，质量和安全保障措施具体可靠，认真贯彻执行，把质量事故和安全事故消灭在萌芽之中。

6. 采取措施降低工程成本

安装工程建设耗费巨额资金和大量的物资，在编制施工组织设计时，应明确降低施工成本的措施，如充分利用施工场地原有的设施（如房屋、场地等），以减少临时设施费用；采用先进的施工技术及施工手段，节约施工费用；合理选用当地资源，尽量减少货源运输、储存等费用；降低一切非生产性开支和管理费用等。施工企业只有不断降低工程成本，才能增强企业自身的经济实力和社会竞争力。

第二节　施工组织设计的分类及内容

一、施工组织设计的分类

（一）根据编制的时间和目的分类

工程项目施工组织设计是根据合同文件来编制的，根据编制的时间和目的，划分为指导性施工组织设计、实施性施工组织设计和特殊工程施工组织设计。

1. 指导性施工组织设计

指导性施工组织设计是指施工单位在参加工程投标时，根据工程招标文件的要求，结合本单位的具体情况，编制的施工组织设计。中标后，在施工开始之前，施工单位还要进行重新审查、修订或重新编制施工组织设计，这个阶段的施工组织设计称为指导性施工组织设计。

（1）指导性施工组织设计的任务

① 确定最合适的施工方法和施工程序，以保证在合同工期内完成或提前完成施工任务。

② 及时而周密地做好施工准备工作、供应工作和服务工作。

③ 合理地组织劳动力和施工机具，使其需要量没有骤增骤减的现象，同时尽量发挥其工作效率。

④ 在施工场地内最合理地布置生产、生活、交通等一切设施，最大限度地节约临时用

地，节省生产时间，同时方便生活。

⑤ 施工进度计划及劳动力、机具、材料供应计划，要详细到按月安排，以便于具体进行组织供应工作。

指导性施工组织设计是编制施工预算的主要依据，是组织施工的总计划，所以，应使其尽可能符合客观实际，并随时根据客观情况的变化进行不断调整和修改。

(2) 指导性施工组织设计编制的要求

① 编制指导性施工组织设计要做到四个一致。投标人的施工组织设计必须满足业主的要求。工程招标文件对编制施工组织设计一般都有很细致的规定，不符合规定的、违背业主意图的投标书，被视为严重错误，作为废标处理。为了避免这种情况的出现，编制指导性施工组织设计必须做到四个一致，即与招标文件的要求一致，与设计文件的要求一致，与现场实际情况一致，与评标办法一致。

② 施工组织设计要能反映企业的综合实力，施工方案应科学、合理、先进、可行，措施得力可靠。投标施工组织设计的目的就是要让业主了解企业的组织和管理水平，反映企业的综合实力。施工组织设计中的施工方案、施工方法及各项保证措施，反映了一个企业施工能力的强弱，施工经验丰富与否，能否让业主放心。为此，参加编制人员应掌握技术、管理方面的信息，了解施工现场情况，熟悉和了解当今国内外的先进施工机械、施工方法、施工工艺和新材料等，掌握施工程序及施工方法，科学合理地编制施工进度、安排施工顺序、优化配置劳动力和机械设备，做到在保证合同工期的前提下，充分发挥资源作用。

③ 指导性施工组织设计要注重表达方式的选择，做到图文并茂。在标书中的施工组织设计一定要有其独到的表达方式。如果太冗长、重点不突出，提纲紊乱、不一致，逻辑性不强，那么施工方法再先进，方案再科学，评委也不会给高分。

④ 施工组织设计按程序审核和校对，消除低级错误（不应该出现的错误）。指导性施工组织设计的编制是一个紧张的过程，人们的注意力容易偏重在自己工作的狭窄方面，形成定式思维，对低级错误视而不见。消除低级错误的方法之一是依靠编制人员的细心和经验，按照程序自行检查校对。方法之二是要坚持换手检查和校对，很多低级错误换人检查很容易发现，换手检查效果非常明显。一般容易犯的低级错误有：关键名词采用口语化、简略化，不按招标文件写；开工、竣工时间与招标文件有差异，施工进度前后不一致（尤其是修改工期后，总有一部分工期遗漏改正）；摘抄其他标书时地名、工程名称，不能完全改过来，多人编写的标书前后不一致。

2. 实施性施工组织设计

工程中标后，对于单位工程和分部工程，应在指导性施工组织设计的基础上分别编制实施性施工组织设计。

实施性施工组织设计的任务包括以下几方面。

(1) 它是用来直接指挥施工的计划，因此应具体制订出按工作日程安排的施工进度计划，这是它的核心内容。

(2) 根据施工进度计划，具体计算出劳动力、机具、材料等的日程需要量，并规定工作班组及机械在作业过程中的移动路线及日程。

(3) 在施工方法上，要结合具体情况考虑到工程细目的施工细节，具体到能按所定施工方法确定工序、劳动组织及机具配备。

(4) 工序的划分、劳动力的组织及机具的配备，既要适应施工方法的需要，还要考虑工作班组的组织结构和设备情况，要最有效地发挥班组的工作效率，便于实行分项承包和结算，还要切实保证工程质量和施工安全。

（5）要考虑到当发生意外情况时留有调节计划的余地。如因故中途必须停止计划项目的施工时，要准备机动工程，调动原计划安排的班组继续工作，避免窝工。

实施性施工组织设计，必须具体、详细，以达到指导施工的目的，但应避免过于复杂、繁琐。

3. 特殊工程施工组织设计

在某些特定情况下，针对工程的具体情况有时还需要编制特殊的施工组织设计。

（1）某些特别重要和复杂，或者缺乏施工经验的分部、分项工程。为了保证其施工的工期和质量，有必要编制专门的施工组织设计。但是，编制这种特殊的施工组织设计，其开工与竣工的工期，要与总体施工组织设计一致。

（2）对一些特殊条件下的施工，如严寒、雨季、沼泽地带和危险地区等，需要采取一些特殊的技术措施，有必要为之专门编制施工组织设计，以保证施工的顺利进行，以及质量要求和人员的安全。

（3）某些施工时间较长的项目，即跨越几个年度的项目，在编制指导性施工组织设计或实施性施工组织设计时，不可能准确地预见到以后年度各种施工条件的变化，因而也不可能完全切实或详尽地进行施工安排。因此，需要对原定项目施工总设计在某一年进行进一步具体化或做相应的调整与修正。这时，就有必要编制年度的项目施工组织总设计，用以指导施工。

指导性项目施工组织设计是整个项目施工的龙头，是总体的规划。在这个指导文件规划下，再深入研究各个单位工程，从而制定实施性施工组织设计和特殊工程施工组织设计。在编制指导性施工组织设计时，可能对某些因素和条件未预见到，而这些因素或条件却是影响整个部署的。这就需要在编制了局部的施工设计组织后，有时还要对全局性的指导性施工组织设计作出必要的修正和调整。

（二）施工阶段的施工组织设计类型

施工组织设计是一个总的概念，根据拟建工程的设计施工阶段和规模的大小、结构特点和技术复杂程度及施工条件，应该相应地编制不同范围和深度的施工组织设计，由此，市政工程的施工组织设计可分为施工组织总设计、单位工程施工组织设计和分部分项工程施工组织设计三种。

1. 施工组织总设计

施工组织总设计（也可称为总体施工组织设计）是针对一个整体的建筑安装工程项目而编制的，用以指导这个工程项目施工全过程的技术、经济和组织活动。编制总体施工组织设计一般在工程中标之后开工之前，在重新评价投标阶段施工组织设计、获得进一步的原始调查资料的基础上，由总承包单位的项目总工程师主持进行编制。

2. 单位工程施工组织设计

单位工程施工组织设计是针对一个单位工程而编制的，用以指导或实施该单位工程施工全过程的技术、经济和组织活动。编制单位工程施工组织设计一般在拟建工程开工之前，由该单位工程的技术负责人组织人员进行编制。

3. 分部分项工程施工组织设计

分部分项工程施工组织设计是针对某个分部或分项工程而编制的，用于具体实施施工全过程的各项施工活动。分部分项工程施工组织设计一般与单位工程施工组织设计的编制同时进行，并由单位工程的技术人员进行编制。

三种施工组织设计之间存在以下关系：

施工组织总设计是对整个工程项目的全局性战略部署，其内容和范围比较概括；单位工程施工组织设计是在总体施工组织设计的控制下，以施工组织总设计为依据编制的，它针对具体的单位工程，将施工组织总设计的有关内容具体化；分部分项工程施工组织设计是以总体施工组织设计和单位工程施工组织设计为依据编制的，它针对具体的分部分项工程，将单位工程施工组织设计的有关内容进一步具体化，是某一专项工程的施工组织设计。

如果要对以上三种施工组织设计作另外一种区分，则根据工程项目规模大小的不同，有时可将施工组织总设计称为指导性施工组织设计，而将单位工程施工组织设计和分部分项工程施工组织设计称为实施性施工组织设计；或将总体施工组织设计和单位工程施工组织设计称为指导性施工组织设计，而将分部分项工程施工组织设计称为实施性施工组织设计。

二、施工组织设计的内容

施工组织设计编制的内容，应根据具体工程的施工范围、复杂程度和管理要求进行确定。原则上应使所编成的施工组织设计文件，能起到指导施工部署和各项作业技术活动的作用，对施工过程可能遇到的问题和难点，又有缜密的分析和相应的对策措施，体现其针对性、可行性、实用性和经济合理性。

1. 施工组织总设计的内容

(1) 工程概况及施工条件分析　施工条件分析主要包括：①施工合同条件；②现场条件；③法规条件。

(2) 施工总体部署　施工总体部署是一种战略性的施工程序及施工展开方式的总体构想策划。通过施工总体部署的描述，阐明施工条件的创造和施工展开的战略运筹思路，使之成为全部施工活动的基本纲领。

(3) 施工总进度计划　施工总进度计划是指施工组织设计范围内全部工程项目的施工顺序及其进程的时间计划。它包括工程交工或动用的计划日期，各主要项目施工的先后顺序及其相互交叉搭接关系；建设总工期和主要单位工程施工工期。

(4) 主要施工机械设备及设施配置计划　根据工程的特点、实物工程量和施工进度的要求，做好主要施工机械设备及各类设施配置的计划安排；施工现场供电、供水、供热等需要量的测算及配置方案；工地材料物资堆场及仓库面积的确定与安排；现场办公、生活等所需临时房屋的数量及配置、搭设方案，甚至还包括施工现场临时道路及围墙的修建等。

(5) 施工总平面图　在施工总平面图上，用规定或定义的专用图例，标志出一切地上、地下的已有和拟建的建筑物、构筑物以及其他设施的位置和尺寸；标志出施工机械设备、施工临时道路、临时供水供电供热供气管线；仓库堆场、现场行政办公及生产和生活服务设施，永久性测量放线标桩等的位置。

2. 单位工程施工组织设计的内容

从承包单位施工项目管理的角度看，单位工程施工组织设计，是施工项目管理实施规划的重要组成内容；也是用于指导具体施工项目作业技术活动和管理，实施质量、工期、成本和安全目标控制的直接依据。

(1) 工程概况及施工条件分析　工程概况应包括工程特点、建设地点特征、施工条件等方面。

(2) 施工方案　施工方案的内容包括确定施工程序和施工流向，划分施工段，主要分部分项工程施工方法的选择和施工机械的选择，技术组织措施。

(3) 施工进度计划　包括确定施工顺序，划分施工项目，计算工程量，确定各施工过程的持续时间并绘制进度计划图，通常用横道图、网络图等形式来表现整个单位工程的施工展开、各作业活动的相互关系、时间进程及计划施工工期。

(4) 资源计划　包括劳动力、主要建筑材料、构配件、施工机械设备、模板、脚手架等需用量计划。

(5) 施工平面图　根据其所需布置的全部内容看，大致可以分为两大类：一类是在整个施工期间为生产服务，位置是固定的，不宜多次搬移的设施。如施工临时道路、供水供电管线、仓库加工棚、临时办公房屋等。另一类是随着各阶段施工内容的不同采取相应动态变化的布置方案，如土方堆放、混凝土构件预制、主要装修材料、进场待安装的建筑设备等。

(6) 技术经济指标。

以上单位工程施工组织设计内容中，以施工方案、施工进度计划和施工平面图三项最为关键，它们为单位工程施工的技术、时间、空间三大要素。

3. 分部分项工程施工组织设计

分部分项工程施工组织设计的编制对象是难度较大、技术复杂的分部（分工种）工程或新技术项目，用来具体指导这些工程的施工。主要内容包括施工方案、进度计划、技术组织措施等。

三、施工组织设计的评价

施工组织设计的评价内容主要有如下两类。

(1) 施工组织总设计，评价内容主要包括以下几个方面：施工总体部署和施工程序的合理性；建设工期及施工均衡性；主要工程施工方案的可行性、经济性；质量、安全措施的针对性与有效性；施工总平面布置的合理性及施工用地情况。

(2) 单位工程施工组织设计，评价内容主要包括以下几个方面：计划施工工期是否满足合同工期要求；施工方案的可行性、可靠性与经济性；施工质量和安全管理的重点是否明确，保证措施的针对性与有效性；冬雨季施工措施的有效性等。

第三节　组织施工的基本原则与方法

市政工程产品的生产，同其他工业产品一样，其生产过程一般分为四个部分：一是技术准备过程；二是基本生产过程；三是辅助生产过程；四是生产服务过程。在这些生产过程的内部还要划分若干生产阶段，每个生产阶段又可分为很多工序。为了取得最好的经济效果，应合理地组织施工。

一、组织施工的基本原则

1. 连续性

连续性是指施工过程中，各个工艺阶段、工序之间在时间上紧密衔接，整个施工过程中，没有或很少有不必要的停顿、间隔。

2. 比例性

比例性是指生产过程的各个生产阶段、各道工序的生产能力（人和机械）要保持一定的比例关系。也就是说，各个生产环节的工人人数、生产效率、机械数量等，都应互相协调。

3. 均衡性

均衡性是指在规定的一段时间间隔内（如年、月、旬），完成大致相等或稳定递增的产量或工作量，使施工生产过程不致出现前松后紧和经常突击赶工的现象，保证均衡地完成生产任务。

二、组织施工的方法及特点

（一）组织施工的方法

为了满足上述要求，在组织施工的方法上，通常可归纳为三种：顺序施工法、平行施工法和流水施工法。

这三种组织施工方法各具有不同的优缺点。为了清楚地说明这三种方法的特点，现以某排水管道工程为例，比较它们在施工期限和劳动力数量之间的关系。

某排水管道工程分为甲、乙、丙、丁四段施工，各段管道型式相同，工程量相等，它们所包含的施工项目（过程）和劳动组织如表 2-1 所示。

表 2-1 施工项目和劳动组织

施工项目	工作队的劳动组织	工作队的工作天数	施工项目	工作队的劳动组织	工作队的工作天数
挖沟槽	6 人	4 天	安管道	10 人	4 天
砌基础	5 人	4 天	回填土	3 人	4 天

1. 顺序施工法

四段管道按照先后顺序，依次进入施工，后一段施工必须在前一段完工后才能开始，如图 2-1 所示，甲段经过 16 天完工后，乙段开始施工，以下各段按先后顺序依次施工直至完成全部管道工程。

2. 平行施工法

四段管道分别组织如表 2-1 所列的施工力量，同时进行施工，同样以 16 天的时间完成各段管道工程。

3. 流水施工法

按各段管道施工内容，划分成几个相同的施工项目（即挖沟槽、砌基础、安管道、回填土），分别由几个固定的专业工作组，依次在四段管道上执行同一内容的施工，在操作上四个专业组是按照一定的流水方向循序前进，从图 2-1 中可知，挖基槽工作由 6 人组成，最先在甲段施工，甲段完成后，依次在乙、丙、丁段进行，同样以 16 个工作日完成。

（二）三种施工组织方法的特点

从图 2-1 中可以看出，相同的工程量用不同的方法组织施工，将会产生不同的结果。

1. 顺序施工法

使用劳动力少，但周期性起伏大，工期较长，对劳动力调配和管理以及服务性设施的投资都不利，尤其是按照专业分工，每个工种的劳动力将造成严重的窝工。

2. 平行施工法

工期最短，但所需劳动力很集中，且劳动起伏更不平衡，这对施工管理和建筑成本都有不利影响。

3. 流水施工法

所需劳动力基本上是随着各专业工作组相继投入施工而逐渐增长，直到全面进入流水后

管段编号	施工过程	施工进度/工作日																施工进度/工作日				施工进度/工作日						
		4	8	12	16	20	24	28	32	36	40	44	48	52	56	60	64	4	8	12	16	4	8	12	16	20	24	28
I	1.挖管槽	—																—				—						
	2.砌基础		—																—				—					
	3.安管道			—																—				—				
	4.填土				—																—				—			
II	1.挖管槽					—												—					—					
	2.砌基础						—												—					—				
	3.安管道							—												—					—			
	4.填土								—												—					—		
III	1.挖管槽									—								—						—				
	2.砌基础										—								—						—			
	3.安管道											—								—						—		
	4.填土												—								—						—	
IV	1.挖管槽													—				—							—			
	2.砌基础														—				—							—		
	3.安管道															—				—							—	
	4.填土																—				—							—
施工工人数统计图(工日)		6	5	10	3	6	5	10	3	6	5	10	3	6	5	10	3	24	20	40	12	6	11	21	24	18	13	3
施工组织方法		顺序施工																平行施工				流水作业						

图 2-1 三种施工组织方法的进度与劳动量消耗

劳动力趋于稳定，最后从第一个专业组施工结束起，直到最后一个专业工作组完工，劳动力逐渐减少。工期虽比平行施工法略长，但保证了工程的进行和各工作组施工的连续性和均衡性，使劳动力得到合理有效的使用，克服了窝工和劳动力过分集中的缺点。

从三种施工组织方式的对比中，可以发现，流水施工组织方式是一种先进的、科学的施工组织方式。流水施工在工艺划分、时间安排和空间布置上的统筹计划，必然会带来显著的技术经济效果，具体可归纳为以下几点。

(1) 施工工期比较理想　由于流水施工的连续性，加快了各专业施工队的施工进度，减少了施工间歇，充分地利用了工作面，因而可以缩短工期（一般能缩短 1/3 左右），使拟建工程尽早竣工。

(2) 有利于提高劳动生产率　由于流水施工实现了专业化的生产，为工人提高技术水平、改进操作方法以及革新生产工具创造了有利条件，因而改善了工人的劳动条件，促进了劳动生产率的不断提高（一般能提高 30%～50%）。

(3) 有利于提高工程质量　专业化的施工提高了工人的专业技术水平和熟练程度，为全面推行质量管理创造了条件，有利于保证和提高工程质量。

(4) 有利于施工现场的科学管理　由于流水施工是有节奏的、连续的施工组织方式，单位时间内投入的劳动力、机具和材料等资源较为均衡，有利于资源供应的组织工作，从而为实现施工现场的科学管理提供了必要条件。

（5）能有效降低工程成本　由于工期缩短、劳动生产率提高、资源供应均衡，各专业施工队连续均衡作业，减少了临时设施数量，从而可以节约人工费、机械使用费、材料费和施工管理等相关费用，有效地降低了工程成本（一般能降低6%～12%），取得良好的技术经济效益。

本章小结

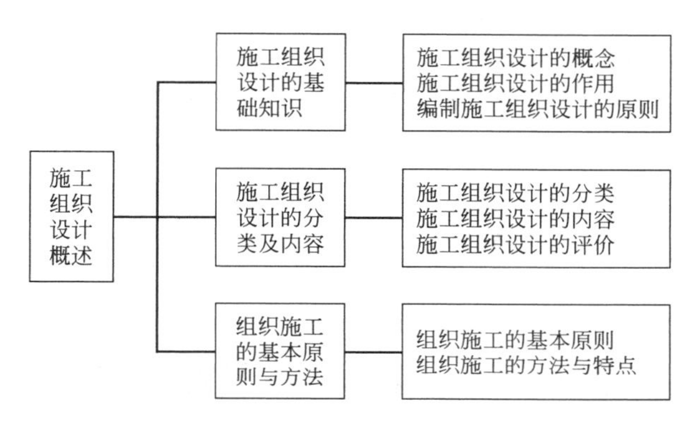

1. 什么是施工组织设计？施工组织设计的作用及编制原则有哪些？
2. 施工组织设计的分类有哪些？
3. 施工组织设计包括哪些内容？
4. 组织施工的方法有哪些？
5. 组织施工的基本原则是什么？

第三章　市政工程施工准备工作

【知识目标】

● 了解施工准备工作的概念，熟悉施工准备工作的分类。

● 理解施工准备工作的意义。

● 掌握施工准备工作中技术准备、组织准备的内容及要求，施工准备工作的实施步骤。

【能力目标】

● 具有图纸会审，技术交底的能力。

● 具有编制施工组织设计的能力。

第一节　施工准备工作概述

施工准备工作是组织施工的首要工作，是施工组织的一个重要阶段，是对拟建工程生产要素的供应、施工方案的选择，以及其空间布置和时间安排等诸多方面进行的施工决策。准备工作的好坏直接关系到各项建设工作能否顺利进行，能否按预期的目的使施工生产达到高产、优质、低耗的要求，能否保质保量地如期完成各项施工任务，因此，施工准备工作对于充分调动人的积极因素，合理地组织人力、物力，加速工程进度，提高工程质量，降低工程成本，节约投资和原材料等，都起着重要的作用。

没有做好必要的准备就贸然施工，必然会造成现场混乱、交通阻塞、停工窝工，不仅浪费人力、物力、时间，而且还可能酿成重大的质量事故和安全事故。因此，开工前必须做好必要的施工准备工作，有合理的施工准备期，研究和掌握工程特点、工程施工的进度要求，摸清工程施工的客观条件，合理地部署施工力量，从技术、组织和人力、物力等各方面为施工创造必要的条件。

一、施工准备工作的概念

建设工程项目总的程序是按照决策、设计、施工和竣工验收四大阶段进行。其中施工阶段又分为施工准备、路基施工、路面施工和附属工程施工阶段。

施工准备工作是指施工前为了保证整个工程能够按计划顺利施工，在事先必须做好的各项准备工作，具体内容包括为施工创造必要的技术、物资、人力、现场和外部组织条件，统筹安排施工现场，以便施工得以好、快、省、安全地进行，是施工程序中的重要环节。

二、施工准备工作的意义

施工准备工作是企业搞好目标管理、推行技术经济责任制的重要依据，同时又是土建施工和设备安装顺利进行的根本保证。因此，认真做好施工准备工作，对于发挥企业优势、合理供应资源、加快施工速度、提高工程质量、降低工程成本、增加企业经济效益、赢得社会信誉、实现企业管理现代化等具有重要意义。

不管是整个的建设项目，或单项工程，或者是其中的任何一个单位工程，甚至单位工程中的分部、分项工程，在开工之前，都必须进行施工准备。施工准备工作是施工阶段的一个重要环节，是施工项目管理的重要内容。施工准备的根本任务是为正式施工创造良好的条件。

施工准备工作不只限于开工前的准备，而应贯穿于整个施工过程中，随着施工生产活动的进展，在每一个施工阶段，都要根据各阶段的特点及工期等要求，做好各项施工准备工作，才能确保整个施工任务的顺利完成。

施工准备工作的进行，需要花费一定的时间，似乎推迟了建设进度，但实践证明，施工准备工作做好了，施工不但不会慢，反而会更快，而且也可以避免浪费，有利于保证工程质量和施工安全，对提高经济效益，亦具有十分重要的作用。

三、施工准备工作的分类

（一）按施工项目施工准备工作的范围不同分类

施工项目的施工准备工作按其范围的不同，一般可分为全场性施工准备、单位工程施工条件准备和分部分项工程作业条件准备三种。

1. 全场性施工准备

全场性施工准备是以整个建设项目或一个施工工地为对象而进行的各项施工准备工作。其特点是施工准备工作的目的、内容都是为全场性施工服务的，不仅要为全场性施工活动创造有利条件，而且要兼顾单位工程的施工条件准备。

2. 单位工程施工条件准备

单位工程施工条件准备是以单位工程为对象而进行的施工条件准备工作。其特点是施工准备工作的目的、内容都是为单位工程施工服务的，但它不仅要为该单位工程在开工前做好一切准备，而且还要为分部分项工程做好施工准备工作。

3. 分部分项工程作业条件准备

分部分项工程作业条件的准备是以一个分部分项工程或冬雨期施工项目为对象而进行的作业条件准备，是基础的施工准备工作。

（二）按施工阶段分类

施工准备工作按拟建工程所处的不同施工阶段，一般可分为开工前的施工准备和各分部分项工程施工前的准备两种。

1. 开工前施工准备

开工前施工准备是在拟建工程正式开工之前所进行的一切施工准备工作。其目的是为拟建工程正式开工创造必要的施工条件。它既可能是全场性的施工准备，也可能是单位工程施工条件准备。

2. 各分部分项工程施工前的准备

各分部分项工程施工前的准备是在拟建工程正式开工之后，在每一个分部分项工程施工之前所进行的一切施工准备工作。其目的是为各分部分项工程的顺利施工创造必要的施工条件。又称为施工期间的经常性施工准备工作，也称为作业条件的施工准备。它带有局部性和短期性，又带有经常性。

综上所述，施工准备工作不仅在开工前的准备期进行，还贯穿于整个过程中，随着工程的进展，在各个分部分项工程施工之前，都要做好施工准备工作。施工准备工作既要有阶段性，又要有连贯性。因此，施工准备工作必须有计划、有步骤、分阶段进行，它贯穿于整个工程项目建设的始终。因此，在项目施工过程中，首先，要求准备工作一定要达到开工所必备的条件方能开工，其次，随着施工的进程和技术资料的逐渐齐备，应不断增加施工准备工作的内容和深度。

第二节 技术准备

施工技术准备工作是工程开工前期的一项重要工作，其主要工作内容有以下几方面。

一、图纸会审、技术交底

图纸会审、技术交底是基本建设技术管理制度的重要内容。工程开工前，在总工程师的带领下集中有关技术人员仔细审阅图纸，将不清楚或不明白的问题汇总通知业主、监理及设计单位及时解决。图纸会审由建设单位负责召集，是一次正式会议，各方可先审阅图纸，汇总问题，在会议上由设计单位解答或各方共同确定。测量复核成果：对所有控制点、水准点进行复核，与图纸有出入的地方及时与设计人员联系解决。

技术交底一般分为设计技术交底、施工组织设计交底、试验专用数据交底、分部分项或工序安全技术交底等几个层次。工程开工后，对每一工序由总工程师组织技术人员向施工人员及作业班组交底。

二、调查研究、收集资料

市政工程涉及面广，工程量大，影响因素多，所以施工前必须对所在地区的特征和技术经济条件，进行调查研究，并向设计单位、勘测单位及当地气象部门收集必要的资料。主要包括以下几方面。

（1）有关拟建工程的设计资料　技术设计资料和设计意图；测量记录和水准点位置；原有各种地下管线位置等。

（2）各项自然条件的资料　气象资料和水文地质资料等。

（3）当地施工条件资料　当地材料价格及供应情况；当地机具设备的供应情况；当地劳动力的组织形式、技术水平；交通运输情况及能力等资料。

三、编制施工组织设计

施工组织设计是施工前准备工作的重要组成部分，又是指导现场准备工作，全面部署生产活动的依据。对于能否全面完成施工生产任务，起着决定性作用，因此在施工前必须收集有关资料，编制施工组织设计。

1．道路施工组织设计的特点

（1）道路工程要用许多材料混合加工，因此道路的施工必须和采掘、加工与储存这些材料的基地工作密切联系。组织路面施工时，也应考虑混合料拌和站的情况，包括拌和站的规模、位置等。

（2）在设计路面施工进度时必须考虑路面施工的特殊要求。例如，沥青类路面不宜在气温过低时施工，这就需安排在温度相对适宜的时期内施工。

（3）路面施工的工序较多，合理安排工序间的衔接是关键。垫层、基层、面层以及隔离带、路缘石等工序的安排，在确保养生期要求的条件下，应按照自下而上，先主体后附属的顺序进行。

2. 道路施工组织设计的编制程序

(1) 根据设计路面的类型，进行现场勘察与选择，确定材料供应范围及加工方法。

(2) 选择施工方法和施工工序。

(3) 计算工程量。

(4) 编制流水作业图，布置任务，组织工作班组。

(5) 编制工程进度计划。

(6) 编制人、材、机供应计划。

(7) 质量保证体系、文明施工及环境保护措施。

3. 编制施工预算

施工预算是施工单位内部编制的预算，是单位工程在施工时所需人工、材料、施工机械台班消耗数量和直接费用的标准，以便有计划、有组织的进行施工，从而达到节约人力、物力和财力的目的。其内容主要包括以下两方面。

(1) 编制说明书　包括编制的依据、方法、各项经济技术指标分析，以及对新技术、新工艺在工程中应用等。

(2) 工程预算书　主要包括工程量汇总表、主要材料汇总表、机械台班明细表、费用计算表、工程预算汇总表等。

第三节　组织准备

一、组建项目经理部

施工项目经理部是指在施工项目经理领导下的施工项目经营管理层，其职能是对施工项目实行全过程的综合管理。施工项目经理部是施工项目管理的中枢，是施工企业内部相对独立的一个综合性的责任单位。

1. 项目经理部的设置原则

项目经理部的机构设置要根据项目的任务特点、规模、施工进度、规划等方面的条件确定，其中要特别遵循三个原则。

(1) 项目经理部功能必须完备。

(2) 项目经理部的机构设置必须根据施工项目的需要实行弹性建制，一方面要根据施工任务的特点确定设立什么部门，另一方面要根据施工进度和规划安排调节机构的人数。

(3) 项目经理部的机构设置要坚持现代组织设计的原则，首先要反映出施工项目目标的要求，其次要体现精简、效率、统一的原则，分工协作的原则和责任权利统一原则。

2. 项目经理部的机构设置

施工项目经理部的设置和人员配备，要根据项目的具体情况而定，一般应设置以下几个部门（如图 3-1 所示）。

(1) 施工管理部门　负责施工现场管理、安排施工计划、调度施工机械，协调各部门间以及与外部单位间的关系。

(2) 工程技术部门　负责施工组织设计与实施、技术管理、计算统计，并负责解决和处理工程进展中随时出现的技术问题。

(3) 安全质检部门　负责施工过程中安全质量的检查、监督和控制工作，以及安全文明

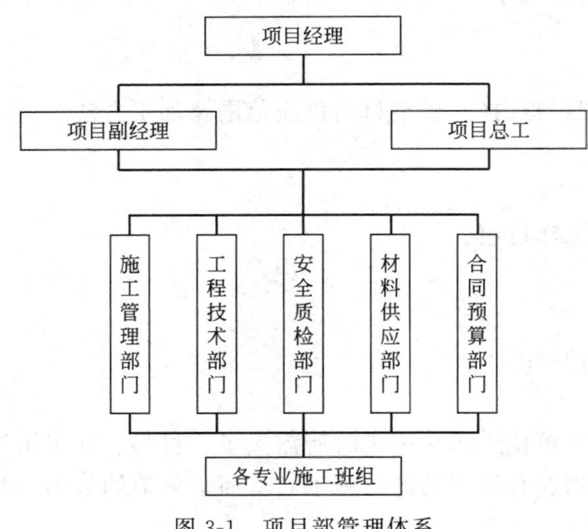

图 3-1 项目部管理体系

施工、消防保卫和环境保护等工作。

(4) 材料供应部门 要在开工前就提出材料、机具供应计划，包括材料、机具计划量和供应渠道，在施工过程中，要负责施工现场各施工作业层间的材料协调，以保证施工进度。

(5) 合同预算部门 主要负责合同管理、工程结算、索赔、资金收支、成本核算、财务管理和劳动分配等工作。

二、组建专业施工班组

1. 选择施工班组

路面施工中，面层、基层和垫层除构造有变化外，工程量基本相同。因此，我们便可以根据不同的面层、基层、垫层，不同的工作内容选择不同的施工队伍，按均衡的流水作业施工。

2. 劳动力的调配

劳动力的调配一般应遵循这样的规律：开始时调少量工人进入工地做准备工作，随着工程的开展，陆续增加工作人员；工程全面展开时，可将工人人数增加到计划需要量的最高额，然后尽可能保持人数稳定，直到工程部分完成后，逐步分批减少人员，最后由少量工人完成收尾工作。尽可能避免工人数量骤增、骤减现象的发生。

第四节 其他准备工作

一、施工现场准备

施工现场是参加建筑施工的全体人员为优质、安全、低成本和高速度完成施工任务而进行工作的活动空间；施工现场准备工作是为拟建工程施工创造有利的施工条件和物质保证的基础。其主要内容包括：

① 拆除障碍物，搞好三通一平；

② 做好施工场地的控制网测量与放线；

③ 搭设临时设施；

④ 安装调试施工机具，做好建筑材料、构配件等的存放工作；

⑤ 做好冬、雨季施工安排；

⑥ 设置消防、保安设施和机构。

另外，路基、路面的施工均为长距离线形工程，受季节变化的影响很大，为使工程施工能保证质量、按期开工，必须做好线路复测、查桩、认桩工作；高温季节要做好降温防暑等工作。

二、施工物资准备

1. 物资准备工作的内容

(1) 材料的准备。

（2）配件和制品的加工准备。

（3）安装机具的准备。

（4）生产工艺设备的准备。

2. 物资准备的注意事项

（1）无出厂合格证明或没有按规定进行复验的原材料、不合格的配件，一律不得进场和使用。严格执行施工物资的进场检查验收制度，杜绝假冒伪劣产品进入施工现场。

（2）施工过程中要注意查验各种材料、构配件的质量和使用情况，对不符合质量要求、与原试验检测品种不符或有怀疑的，应提出复试或化学检验的要求。

（3）进场的机械设备必须进行开箱检查验收，产品的规格、型号、生产厂家和地点、出厂日期等，必须与设计要求完全一致。

三、施工准备工作的实施

1. 施工准备中各种关系的协调

项目施工涉及许多单位、企业、工程的协作和配合，因此施工准备工作也必须将各专业、各工种的准备工作统筹安排，协调配合起来，取得建设单位、设计单位、监理单位以及有关单位的大力支持，分工协作，才能顺利有效的实施。

2. 编制施工准备工作计划

为较好地落实各项施工准备工作，应根据各项准备工作的内容、时间和人员，编制施工准备工作计划，责任落实到人，并加强对计划的检查和监督，保证准备工作如期完成。施工准备工作计划可参考表 3-1。

表 3-1 施工准备工作计划

序号	项目	施工准备的工作内容	要求	负责单位/人	涉及单位	要求完成日期	备 注

各项准备工作之间有相互依存的关系，有时用表 3-1 难以表达明白，故应编制条形计划或网络计划。提倡编制网络计划，以明确各项施工准备工作之间的相互依赖、相互制约的关系，找出关键的施工准备工作，便于检查和调整。

3. 建立严格的施工准备工作责任制

由于施工准备工作范围广、项目多、时间长，故必须有严格的责任制，使施工准备工作得以真正落实。在编制了施工准备工作计划以后，就要按计划将责任明确到有关部门甚至个人，以便按计划要求的内容及完成时间进行工作。各级技术负责人在施工准备工作中应负的领导责任应予以明确，以便推动和促进各级领导认真做好施工准备工作。现场施工准备工作应由项目经理部全权负责。

4. 建立施工准备工作检查制度

在施工准备工作实施的过程中，应定期进行检查，可按周、半月、月度进行检查。检查的目的是观察施工准备工作计划的执行情况。如果没有完成计划要求，应进行分析，找出原因，排除障碍，协调施工准备工作进度或调整施工准备工作计划。检查的方法可用实际与计划进行对比，即“对比法”；还可采用会议法，即相关单位或人员在一起开会，检查施工准备工作情况，当场分析产生问题的原因，提出解决问题的办法。后一种方法见效快，解决问题及时，应在制度中规定，多予采用。

5．坚持按建设程序办事，实行开工报告和审批制度

当施工准备工作完成，且具备开工条件后，项目经理部应及时向监理工程师提出开工申请，经监理工程师审批，并下达开工令后，及时组织开工，不得拖延。

本章小结

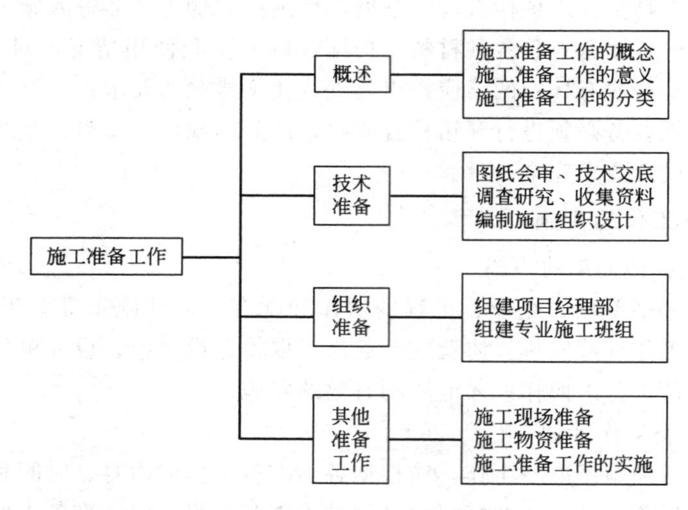

复习思考题

1．施工准备工作的意义有哪些？
2．施工技术准备包括哪些内容？
3．施工组织准备包括哪些内容？
4．施工准备工作的实施步骤有哪些？

第四章　流水施工组织

【知识目标】

- 了解三种作业组织形式的特点及区别。
- 理解流水施工的概念及特点。
- 掌握流水作业的组织方法并会解决相应工程问题。

【能力目标】

- 能够准确计算流水组织施工的各项参数。
- 能够根据工程实际合理选择流水施工组织形式。
- 具有确定工程流水施工顺序并计算工期的能力。

第一节　流水施工基本原理

一、流水施工基本概念

市政工程施工是一种复杂的生产过程，由于工程类型多、体积大、产品固定、露天作业、生产流动性大以及客观条件多变等特点，使施工组织增加不少困难，要使工程能保证质量、缩短工期、降低成本、提高效益，就必须科学地组织施工，因此施工组织是一项十分重要的工作。流水施工是指所有的施工过程按一定的时间间隔依次投入施工，各个施工过程陆续开工，陆续竣工，使同一施工过程的施工班组保持连续、均衡，不同施工过程尽可能平行搭接施工的组织方式。它能使生产过程具有连续性和均衡性，能合理地组织施工，取得较好的经济效果，在市政工程施工组织中常被广泛应用。

（一）组织施工的方法

1. 顺序作业法

顺序作业法是各施工段或各施工工程依次开工、依次完成的一种施工组织方式，即按次序一段段地或一个个施工过程进行施工。这种方法的优点是单位时间内投入的人力和物资资源较少，施工现场管理简单。但专业工作队的工作有间歇，工地物资资源消耗也有间断性，工期显然拉得很长。它适用于工作面有限、规模小、工期要求不紧的工程。

2. 平行作业法

平行作业法是全部工程的各施工段同时开工、同时完成的一种施工组织方式。这种方法的优点是工期短，充分利用工作面。但专业工作队数目成倍增加，现场临时设施增加，物资资源消耗集中，这些情况都会带来不良的经济效果。平行作业法适用于工期紧、工作面允许且资源充分的施工任务。

3. 流水作业法

流水作业法是各个施工段相隔一定时间依次投入生产，相同的工序依次进行，不同的工序则平行作业的一种形式。它是一种以分工为基础的协作，通过分工提高了每个工人的熟练程度，提高了劳动生产率。

现以四座小桥的下部建筑施工为例，阐明每种施工组织方式的特点，比较范围仅限于施工时间的长短与所需劳动力的数量间的相互关系。施工进度计划图如图 4-1 所示。

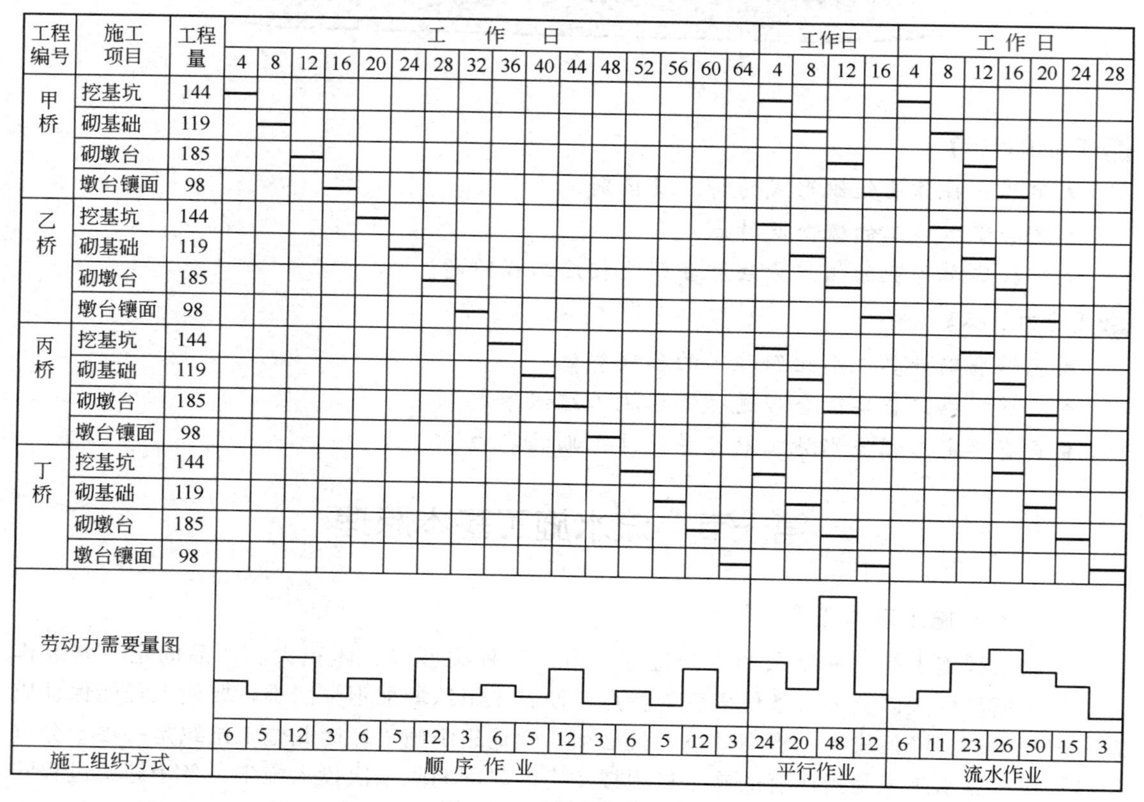

图 4-1 工程进度横道图

通过图 4-1 可看出，流水作业综合了顺序作业和平行作业的优点，客服了它们的缺点，流水作业有以下优点。

（1）科学地利用了工作面，工期比较合理；

（2）工作队实现了专业化施工，可使工人的操作技术水平更加熟练，更好地保证工程质量；

（3）专业工作队能连续作业，相邻的工作队之间实现了最大限度的、合理的搭接；

（4）单位时间内投入施工的资源量较为均衡，有利于资源供应的组织工作；

（5）为文明施工和现场的科学管理创造了条件。

（二）流水施工的组织条件

（1）把整幢建筑物建造过程分解成若干个施工过程。每个施工过程由固定的专业工作队负责实施完成。

施工过程划分的目的，是为了对施工对象的建造过程进行分解，以明确具体专业工作，便于根据建造过程组织各专业施工队依次进入工程施工。

（2）把建筑物尽可能地划分成劳动量或工作量大致相等的施工段（区），也可称流水段（区）。施工段（区）的划分目的是为了形成流水作业的空间。每一个段（区）类似于工业产品生产中的产品，它是通过若干专业生产来完成。工程施工与工业产品的生产流水作业的区别在于，工程施工的产品（施工段）是固定的，专业队是流动的；而工业生产的产品是流动的，专业队是固定的。

（3）确定各施工专业队在各施工段（区）内的工作持续时间。这个持续时间又称“流水节拍”，代表施工的节奏性。

（4）各工作队按一定的施工工艺，配备必要的机具，依次、连续地由一个施工段（区）转移到另一个施工段（区），反复地完成同类工作。

（5）不同工作队完成各施工过程的时间适当地搭接起来。不同专业工作队之间的关系，表现在工作空间上的交接和工作时间上的搭接。搭接的目的是缩短工期，也是连续作业或工艺上的要求。

二、流水施工组织的主要参数

（一）工艺参数

1. 施工过程数（n）

施工过程数是指一组流水的施工过程个数，以符号“n”表示。它可以是一道工序，也可以是一个分项或分部工程。施工过程划分的数目多少、粗细程度与下列几个因素有关。

（1）施工进度计划的作用不同，施工过程数目也不同；

（2）施工方案不同，施工过程数目也不同；

（3）工程量大小不同，施工过程数目也不同。

注意：一个工程需要确定多少施工过程数目前没有统一规定，一般以能表达一个工程的完整施工过程，又能做到简单明了进行安排为原则。

2. 流水强度（v）

流水强度是每一个施工过程在单位时间内所完成的工程量。

（1）机械施工时的流水强度计算

$$v_i = \sum_{i=1}^{x} R_i C_i \tag{4-1}$$

式中　v_i——工序 i 的机械作业流水强度；

R_i——某种施工机械的台数；

C_i——该种施工机械台班产量定额；

x——投入同一施工过程的施工机械种类。

（2）人工操作过程的流水强度计算

$$v_i = R_i C_i \tag{4-2}$$

式中　v_i——工序 i 的人工作业流水强度；

R_i——每一专业班组人数；

C_i——平均每个工人每班产量即产量定额。

【例 4-1】 某铲运机铲运土方工程，推土机 1 台，$C=1562.5\text{m}^3$/台班，铲运机 3 台，$C=223.2\text{m}^3$/台班。

解：　$v_i = \sum_{i=1}^{x} R_i C_i = 1\times1562.5 + 3\times223.2 = 2232.1$（$\text{m}^3$/ 台班）

【例 4-2】 人工开挖土阶工程：$C=22.2m^3/$工日，$R=5$人。

解：
$$v_i=R_iC_i=5\times22.2=111(m^3)$$

（二）空间参数

1. 工作面

工作面表明施工对象上可能安置多少工人操作或布置施工机械场所的大小。分为完整工作面和部分工作面。不论是哪一种工作面，通常前一施工过程的结束就为后一个（或几个）施工过程提供了工作面。

2. 施工段数（m）

施工段是组织流水施工时将施工对象在平面上划分为若干个劳动量大致相等的施工区段，其的数目以 m 表示。每个施工段在某一段时间内只供一个施工过程的工作队使用。

施工段的作用是为了组织流水施工，保证不同的施工班组在不同的施工段上同时进行施工，并使各个施工班组能按一定的时间间隔转移到另一个施工段进行连续施工，既消除等待、停歇现象，又互不干扰。

划分施工段的基本原则：①考虑结构的整体性；②有足够的工作面；③尽量使主导施工过程的工作队能连续施工；④各段劳动量大致相等；⑤对于多层的拟建工程项目，既要划分施工段又要划分施工层；⑥对于多层或高层建筑物，要求 $m\geqslant n$。

（三）时间参数

每个施工过程的完成，都需要消耗时间。在组织流水作业时，用流水参数来表达流水作业在时间排列上所处的状态。

1. 流水节拍

在组织流水施工时，每个专业施工队在各个施工段上完成相应的施工任务所需的工作延续时间，称为流水节拍。通常以 t_i 来表示。流水节拍的大小，可以反映流水施工速度的快慢、节奏感的强弱和资源消耗量的多少。

其数值的确定，可按以下各种方法进行。

（1）定额计算法　根据各施工段的工程量、能够投入的资源量（工人数、机械台班数和材料数量），按下式计算：

$$t_i=\frac{Q_i}{S_iR_iN_i} \tag{4-3}$$

式中　t_i——某专业施工队在第 i 施工段的流水节拍；

Q_i——某专业施工队在 i 施工段要完成的工程量；

S_i——某专业施工队的计划产量定额；

R_i——某专业施工队投入的工作人数或机械台数；

N_i——某专业施工队的工作班次。

（2）工期倒排计算法　这种方法适用于采用新工艺、新方法和新材料等没有定额可循的工程。具体步骤如下：

① 根据工期倒排进度，确定某施工过程的工作延续时间。

② 确定某施工过程在某施工段上的流水节拍。

$$t=\frac{T}{m} \tag{4-4}$$

2. 流水步距

在组织流水施工时，相邻两个专业工作队之间在保证施工顺序、满足连续施工、最大限度搭接和保证工程质量要求的条件下，相继投入施工的最小时间间隔，称为流水步距。流水步距以 $K_{j,j+1}$ 表示。

确定流水步距的原则如下：

(1) 应保证相邻两个施工过程之间工艺上有合理的顺序，不发生前一个施工过程尚未全部完成，后一个施工过程便提前介入的现象；

(2) 应使各个施工过程的专业工作队连续施工，不发生停工现象；

(3) 要保证工程质量，考虑各个施工过程之间必需的技术和组织间歇时间，并满足安全生产的要求。

3. 流水间歇时间

(1) 技术间歇时间　指在同一施工段的相邻两个施工过程之间必需的工艺技术间隔时间，如混凝土浇注后的养护时间和砂浆抹面的干燥时间等，技术间歇时间以 $Z_{j,j+1}$ 表示。

(2) 组织间歇时间　是指由于施工组织上的需要，同一段相邻两个施工过程在规定流水步距之外所增加的必要的时间间隔，如施工人员、机械的转移，回填土前地下管道检查验收等组织间歇时间以 $G_{j,j+1}$ 表示。

第二节　流水施工的组织方法

为了组织流水作业，必须确定施工流水线。所谓施工流水线，是指为了生产出某种产品，不同工种的施工队组按照施工过程的先后顺序，沿着工程产品的一定方向相继对其进行加工而形成的一条工作路线。由于工程构造物的复杂程度不同，受地理环境影响不同，以及工程性质各异等因素，使流水施工组织分为全等节拍流水、成倍节拍流水和无节拍流水方式。

一、全等节拍流水

1. 定义

在组织流水施工时，如果所有的施工过程在各个施工段上的流水节拍彼此相等，这种流水施工组织方式称为全等节拍流水，也称为固定节拍流水或等节拍流水或同步距流水。

2. 基本特点

(1) 流水节拍彼此相等　如有 n 个施工过程，流水节拍为 t_i，则

$$t_1=t_2=\cdots=t_{n-1}=t_n=t \quad (\text{常数})$$

(2) 流水步距彼此相等，而且等于流水节拍，即 $K=t_i$（常数）。

(3) 每个专业工作队都能够连续施工，施工段没有空闲。

(4) 专业工作队数等于施工过程数 (n)。

3. 组织方法

(1) 确定项目施工起点流向，分解施工过程。

(2) 确定施工顺序，划分施工段。

(3) 根据等节拍专业流水要求，计算流水节拍数值。

(4) 确定流水步距，$K=t_i$。

（5）计算流水施工的工期：

$$T=(m+n-1)K+\sum Z_{j,j+1}+\sum G_{j,j+1}-\sum C_{j,j+1} \tag{4-5}$$

式中 T——流水施工总工期；

m——施工段数；

n——施工过程数；

K——流水步距；

j——施工过程编号，$1\leqslant j\leqslant n$；

$Z_{j,j+1}$——j 与 $j+1$ 两施工过程间的技术间歇时间；

$G_{j,j+1}$——j 与 $j+1$ 两施工过程间的组织间歇时间；

$C_{j,j+1}$——j 与 $j+1$ 两施工过程间的平行搭接时间。

（6）绘制流水施工进度图。

【例 4-3】 某项目由Ⅰ、Ⅱ、Ⅲ、Ⅳ四个施工过程组成，分 a、b、c 三个施工段组织流水施工，施工过程Ⅱ完成后养护 1 天下一个施工过程才能施工，流水节拍均为 1 天。为了保证工作队连续作业，试计算总工期并绘制流水施工进度图。

解：（1）确定流水步距因为 $t_i=1$ 天，所以 $K=t_i=1$ 天。

（2）计算总工期 $T=(m+n-1)K+\sum Z_{j,j+1}=(3+4-1)\times1+1=7$（天）。

（3）绘制流水施工进度图（见图 4-2）。

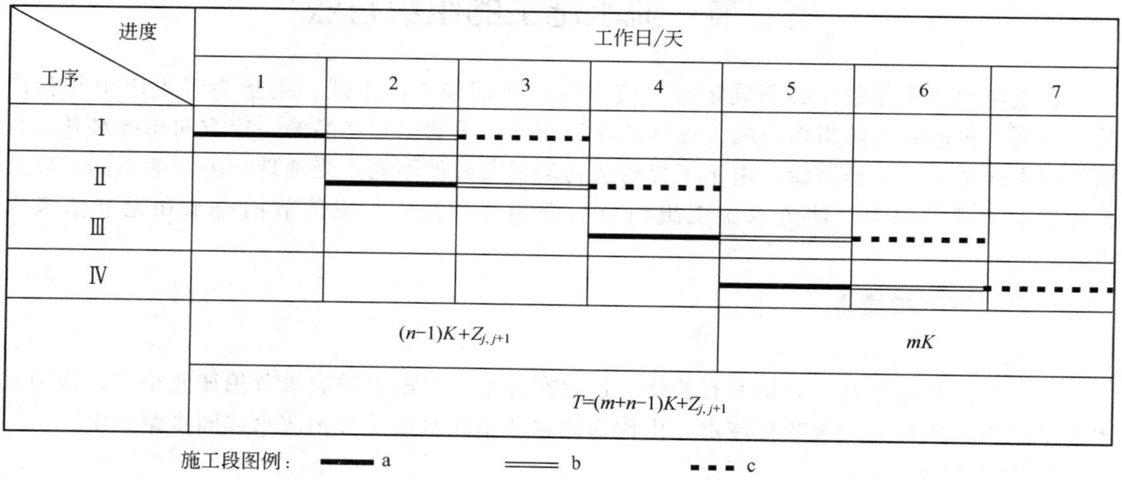

工序 \ 进度	工作日/天						
	1	2	3	4	5	6	7
Ⅰ	a	b	c				
Ⅱ		a	b	c			
Ⅲ				a	b	c	
Ⅳ					a	b	c
	$(n-1)K+Z_{j,j+1}$				mK		
	$T=(m+n-1)K+Z_{j,j+1}$						

施工段图例：━━ a　═══ b　■■■ c

图 4-2 全等节拍流水施工进度图

二、成倍节拍流水

1．定义

在组织流水施工时如果同一施工过程在各施工段上的流水节拍彼此相等，不同施工过程在同一施工段上的流水节拍彼此不等而互为倍数的流水施工方式称为成倍节拍流水。

2．基本特点

（1）同一施工过程在各施工段上的流水节拍彼此相等，不同的施工过程在同一施工段上的流水节拍彼此不同，但互为倍数关系，这也是组织成倍流水作业的条件。

（2）流水步距彼此相等，且等于流水节拍的最大公约数。

（3）各专业工作队都能够保证连续施工，施工段没有空闲。

（4）专业工作队数大于施工过程数。

3. 组织方法

如果仍按全等节拍流水组织施工，则会造成专业队窝工或作业面空闲，从而导致总工期延长。为了使各专业队能够连续、均衡地依次在各施工段上施工，应按成倍流水组织施工。其步骤如下。

（1）求各工序流水节拍的最大公约数 K_k。相当于各施工过程共同遵守的“公共流水步距”，仍称流水步距。

（2）求各施工过程的施工队伍数目 B_i。每个施工过程流水节拍 t_i 是 k 的几倍，就组织几个专业队 $B_i=t_i/K_k$。

（3）将专业队数总和 $\sum B_i$ 看成施工过程数 n，将 K_k 看成流水步距，按全等节拍流水法组织施工。

（4）计算总工期并绘制施工进度图。

$$T=(m+n-1)K=(m+\sum B_i-1)K_k \tag{4-6}$$

【例 4-4】 有 6 座类型相同的涵洞，每座涵洞包括四道工序。每个专业队由 4 人组成，工作时间为：挖槽 2 天，砌基 4 天，安管 6 天，洞口 2 天。求：总工期 T，绘制施工进度图。

解：（1）由 $t_1=2$，$t_2=4$，$t_3=6$，$t_4=2$，得 $K_k=2$。

（2）由 $B_i=t_i/K_k$ 计算可得，挖槽需要 1 个专业施工队；砌基需要 2 个施工队；安管需要 3 个施工队；洞口需要 1 个施工队。

（3）按 7 个专业队，流水步距为 2 组织施工。

（4）总工期 $T=(m+\sum B_i-1)K_k=(7+6-1)\times 2=24$（天）。

（5）绘制施工进度图（见图 4-3）。

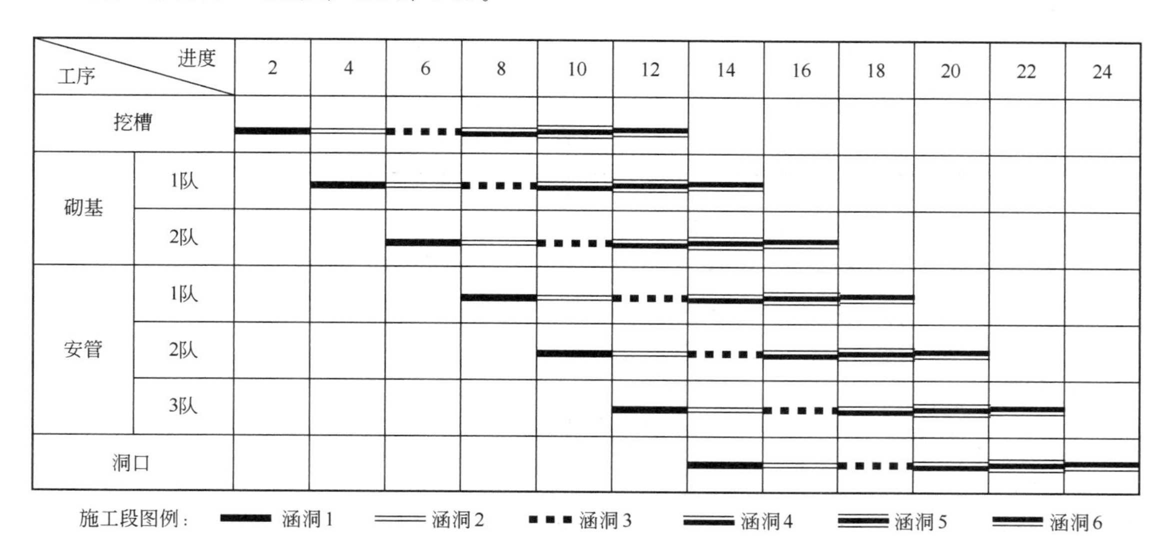

图 4-3　成倍节拍流水施工进度图

三、无节拍流水

1. 定义

同类工序的流水节拍在各施工段上不相同，不同类工序的流水节拍也不相同的流水作业。

2. 基本特点

(1) 每个施工过程在各个施工段上的流水节拍，不尽相等。

(2) 在多数情况下，流水步距彼此不相等，而且流水步距与流水节拍二者之间存在着某种函数关系。

(3) 各专业工作队都能连续施工，个别施工段可能有空闲。

(4) 专业工作队数等于施工过程数，即 $n_1=n$。

3. 组织方法

(1) 确定施工流水线，分解施工过程。

(2) 确定施工顺序，划分施工段。

(3) 计算各施工过程在各个施工段上的流水节拍。

(4) 确定相邻两个专业工作队之间的流水步距。

无节拍流水步距的计算是采用“累加数列错位相减取大差法”，即：

第一步，将每个施工过程的流水节拍逐段累加。

第二步，错位相减，即根据施工顺序对所求的累加数列相邻斜减，得到一组差数。

第三步，取上一步斜减差数中最大值作为相邻两专业工作队之间的流水步距。

【例 4-5】 某项目由四个施工过程组成，分别由 A、B、C、D 四个专业工作队完成，在平面上划分成四个施工段，每个专业工作队在各施工段上的流水节拍如表 4-1 所示，试确定相邻专业工作队之间的流水步距。

表 4-1 某项目流水节拍表

施工段 / 工作队	①	②	③	④
A	4	2	3	2
B	3	4	3	4
C	3	2	2	3
D	2	2	1	2

解： ① 求各专业工作队的累加数列

A：4，6，9，11　　　　B：3，7，10，14

C：3，5，7，10　　　　D：2，4，5，7

② 错位相减

A 与 B：

	4	6	9	1	0
−)	0	3	7	10	14
	4	3	2	1	−14

B 与 C：

	3	7	10	14	0
−)	0	3	5	7	10
	3	4	5	7	−10

C 与 D：

	3	5	7	10	0
−)	0	2	4	5	7
	3	3	3	5	−7

③ 求流水步距

$$K_{A,B}=\max\{4,3,2,1,-14\}=4(\text{天})$$

$$K_{B,C}=\max\{3,4,5,7,-10\}=7(\text{天})$$

$$K_{C,D}=\max\{3,3,3,5,-7\}=5(\text{天})$$

(5) 计算总工期和绘制流水进度图

① 总工期

$$T=\sum_{j=1}^{n-1}K_{j,j+1}+\sum_{i=1}^{m}t_i^{zh}+\sum Z_{j,j+1}+\sum G_{j,j+1}-\sum C_{j,j+1} \tag{4-7}$$

式中 T——流水施工的计划工期；

$K_{j,j+1}$——j 与 $j+1$ 两专业工作队之间的流水步距；

t_i^{zh}——最后一个施工过程在第 i 个施工段上的流水节拍；

$\sum Z_{j,j+1}$——技术间歇时间总和；

$G_{j,j+1}$——j 与 $j+1$ 两施工过程间的组织间歇时间；

$C_{j,j+1}$——j 与 $j+1$ 两施工过程间的平行搭接时间（$1\leqslant j\leqslant n-1$）。

在组织流水施工时，有时为了缩短工期，如果前一个专业工作队完成部分施工任务后，能够为后一个专业工作队提供工作面，使后者提前进入前一个施工段，这样两个相邻的工作队在同一施工段上搭接施工，这个搭接时间称为平行搭接时间。

② 绘制流水施工进度图

【例 4-6】 某项目经理部拟建一工程，该工程有Ⅰ、Ⅱ、Ⅲ、Ⅳ、Ⅴ五个施工过程。施工时在平面上划分成四个施工段，每个施工过程在各个施工段上的流水节拍如表 4-2 所示。规定施工过程Ⅱ完成后，其相应施工段至少要养护 2 天，施工过程Ⅳ完成后，其相应施工段要留有 1 天的准备时间。为了尽早完工，允许施工过程Ⅰ与Ⅱ之间搭接施工 1 天，试编制流水施工方案。

表 4-2 某工程有关资料表

施工过程	劳动定额	各施工段的工程量					专业队人数
		单位	第 1 段	第 2 段	第 3 段	第 4 段	
Ⅰ	$8m^2$/工日	m^2	238	160	164	315	10
Ⅱ	$1.5m^3$/工日	m^3	23	68	118	66	15
Ⅲ	0.4t/工日	t	6.5	3.3	9.5	16.1	8
Ⅳ	$1.3m^3$/工日	m^3	51	27	40	38	10
Ⅴ	$5m^3$/工日	m^3	148	203	97	53	10

解：（1）根据图 4-2 所述资料，计算流水节拍。

利用式(4-3）可知

$$t_{i1}=\frac{Q_i}{S_iR_iN_i}=\frac{238}{8\times10}=3$$

$$t_{i2}=\frac{Q_i}{S_iR_iN_i}=\frac{160}{8\times10}=2$$

$$t_{i3}=\frac{Q_i}{S_iR_iN_i}=\frac{164}{8\times10}=2$$

$$t_{i4}=\frac{Q_i}{S_iR_iN_i}=\frac{315}{8\times10}=4$$

同理可求出所有的流水节拍，整理如表 4-3。

表 4-3 流水节拍汇总

流水节拍/工作队 \ 施工段	①	②	③	④
Ⅰ	3	2	2	4
Ⅱ	1	3	5	3
Ⅲ	2	1	3	5
Ⅳ	4	2	3	3
Ⅴ	3	4	2	1

(2) 由题设该工程只能组织无节拍专业流水。

Ⅰ：3，5，7，11

Ⅱ：1，4，9，12

Ⅲ：2，3，6，11

Ⅳ：4，6，9，12

Ⅴ：3，7，9，10

利用累加数列错位相减取大差法确定流水步距

得：$K_{\text{Ⅰ},\text{Ⅱ}}=4$ 天；$K_{\text{Ⅱ},\text{Ⅲ}}=6$ 天；$K_{\text{Ⅲ},\text{Ⅳ}}=2$ 天；$K_{\text{Ⅳ},\text{Ⅴ}}=4$ 天。

(3) 确定计划工期。

由式(4-7) 得，

$$T=\sum_{j=1}^{n-1}K_{j,j+1}+\sum_{i=1}^{m}t_i^{zh}+\sum Z_{j,j+1}+\sum G_{j,j+1}-\sum C_{j,j+1}$$
$$=(4+6+2+4)+(3+4+2+1)+2+1-1=28(\text{天})$$

(4) 绘制流水施工进度图（见图 4-4）。

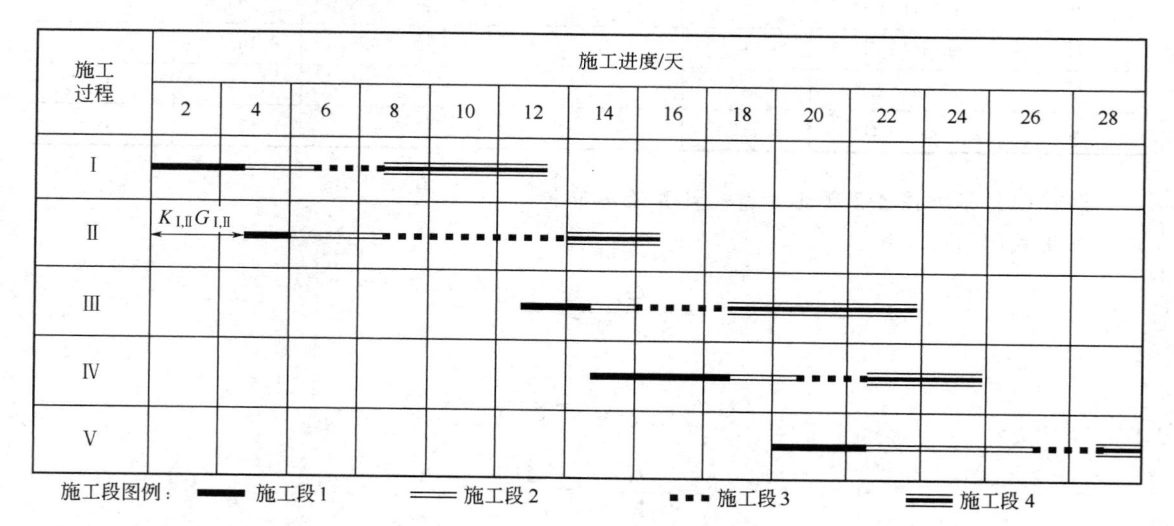

图 4-4 流水施工进度图

四、流水参数及其相互关系

1. 关于总工期

由式(4-7) 可以看出，总工期是由两部分组成：各段流水步距之和和最后投入施工的队组流水节拍之和。而且施工队组的总数和施工段的数目对总工期也有影响。所以要想缩短工期，必须从这几个方面入手。

2. 关于流水步距

当随后投入的施工队组和前面一个施工队所需工作面并不完全相同时，随后投入的施工队可以提前插入，利用可以利用的不同工作面，与前一施工队在同一施工段内平行施工，互不干扰。

当最小的施工段有多余的工作面时，则说明每段的作业时间还有可能进一步缩小。如果条件允许，就可以增加施工队组的人数或增加施工段的数目，以使施工段的大小和所容纳的工人数相适应，从而使每段的作业时间缩至最小，这样流水步距也就缩小了。

例如，由甲乙两个工序，其劳动量都为 24 个工日，现各有 4 人，分三段流水施工，则施工进度如图 4-5，工期为 8 天。

如果工作面允许，各增加劳动力 1 倍，即 8 人，则如图 4-6，工期即缩短为 4 天。

工序	1	2	3	4	5	6	7	8
甲								
乙								

图 4-5 某工程工序一

如无人力可增，那么将原来的三个施工段改为 6 段，则每段作业时间缩短为 1 天，如图 4-7 所示，由于流水步距缩小，总工期缩短为 7 天。但因段数增加，与图 4-6 比较，工期却延长了。

工序	1	2	3	4
甲				
乙				

图 4-6 某工程工序二

工序	1	2	3	4	5	6	7
甲							
乙							

图 4-7 某工程工序三

3. 关于每段作业时间之和

要缩短每段作业时间之和，只有靠提高效率或增加工人来达到。

因为效率提高或施工队人数提高，则每段作业时间绝对缩短了，因而每段作业时间之和也就自然缩短了。但是，如果仅仅是增加施工段数以使每段作业时间有所缩短，而其和仍然不变。

例如，图 4-5 和图 4-6，后者增加人数，每段作业时间缩短为 1 天，每段作业时间之和为 1+1+1=3（天）；如图 4-7，施工段增加为 6 段，则每段作业时间虽缩短为 1 天，但其每段作业时间仍为 1+1+1+1+1+1=6（天），不发生任何变化。所以在劳动力固定的情况下，每段作业时间的缩短只有助于流水步距的缩短，对每段作业时间之和则没有影响。

增加人数也有不同的增法，如最小施工段的工作面富余，则可以单纯增加人数，以缩短每段的作业时间，从而缩短每段时间之和或流水步距；如无多余的工作面，则应设法减少施工段数以扩大每段的工作面而相应地增加人力，或者在作业长的工序上采用双班或三班施工。

4. 关于施工段数

当工程本身允许任意分段时，特别如道路等线性工程，则可使每段的劳动量做到大致相等，并使其满足事先确定的最合理的每段作业时间的流水步距，组织等步距流水（全等节拍流水）。

5. 关于施工队组总数

流水线上的施工队组一般情况下也就是流水线中所包含的工序数。但在特定的情况下，两者也可能不一致。可能同一个施工队组在同一条流水线中承担两个或多个施工过程的施工任务，比如在基础工程流水线中，挖土的工人队组可能在完成挖土任务后再接着进行回填土的工作，遇到这样的情况，为了计算参数的方便，仍然将它们算作两个施工队组。这时施工队组总数仍然和工序数相等。

五、无节拍流水作业施工顺序的确定

1. 完成多个工程项目上的两个工种情况

假设有 n 个工程，每个工程都需要两个工种工程：A 和 B 的施工，A 是 B 的紧前工序。t_{Ai} 和 t_{Bi} 分别表示在第 i 个工程项目（$i=1, 2, \cdots, n$）上完成每一工种工程的工作延续时间。

欲求工程的最优施工顺序，应使拟建工程总工期为最短。确定步骤如下。

(1) 从所有工程中取一个工种工程延续时间最小的工程，若得到的工程种类属于第一个工种工程 t_{Ai}，则将该工程项目放在最先施工；若得到的工程种类属于 t_{Bi}，则该工程放在最后施工。

(2) 删除已排定工程项目相应行的数字。

(3) 其余数值进行相应 (1)、(2) 步的计算，直到排完为止。

以上各步中如果出现同一工种在不同工程上工作延续时间最小值相同的情况，则该工程放在最先或最后施工均可，其结果相同。

【例 4-7】 五座小桥基础工程，工序工作时间如表 4-4 所示。

表 4-4 作业延续时间

工序＼桥	1#	2#	3#	4#	5#
挖基坑 A	4	4	8	6	2
砌基础 B	5	1	4	8	3

解：(1) 表中 2# 任务 $t_{B2}=1$ 为最小，是后续工序，2# 任务放在最后施工。

(2) 表中 5# 任务 $t_{A5}=2$ 为最小，是先行工序，5# 任务放在最前施工。

(3) 表中 1# 任务 $t_{A1}=4$ 为最小，是先行工序，1# 任务放在第二施工。

(4) 表中 3# 任务 $t_{B3}=4$ 为最小，是后续工序，3# 任务放在第四施工。

(5) 表中 4# 任务放在第三施工。

因此五座小桥的施工顺序为：5#，1#，4#，3#，2#。

绘制施工进度图，确定总工期（见图 4-8）。按 5#，1#，4#，3#，2# 顺序绘制。总工期：$T=25$ 天。

2. 完成多个工程项目上的三个工种情况

若有 n 个工程，每个工程都需要三个连续施工的组合工种工程：A、B 和 C，t_{Ai}、t_{Bi} 和 t_{Ci} 分别表示在第 i 个工程项目（$i=1, 2, \cdots, n$）上完成每一工种工程的工作延续时间。

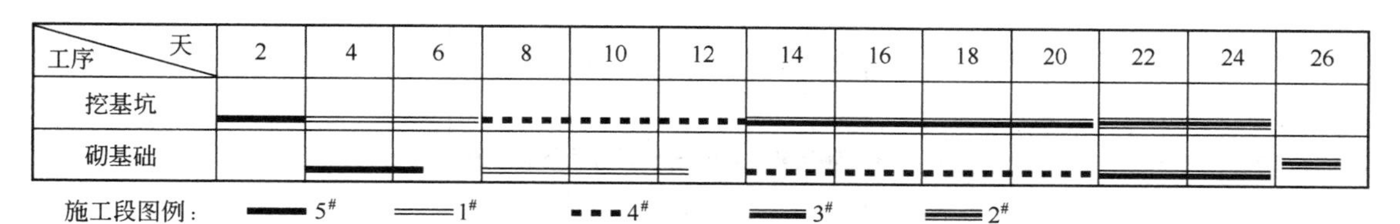

图 4-8 某工程横道进度计划图

如果满足下列两个条件之一者，则可把三个工种简化为两个工种后按前述两工种方法确定最优施工顺序。

$$\min\{t_{Ai}\} \geqslant \max\{t_{Bi}\}$$

或

$$\min\{t_{Ci}\} \geqslant \max\{t_{Bi}\} \tag{4-8}$$

即，两者具备一条均可。此时，我们令：

$$t'_{Ai}=t_{Ai}+t_{Bi} \tag{4-9}$$

$$t'_{Bi}=t_{Bi}+t_{Ci}$$

将 t'_{Ai} 和 t'_{Bi} 看作 A′和 B′两工序在第 i 个工程项目（$i=1, 2, \cdots, n$）上的工作延续时间，然后按上述步骤进行。

【例 4-8】 现有一工程项目，包括 5 个施工任务，每个任务有 3 道工序，每道工序的工作时间如表 4-5 所示，确定项目的最优施工顺序及总工期。

表 4-5 作业延续时间

任务＼工序	t_{Ai}	t_{Bi}	t_{Ci}	t'_{Ai}	t'_{Bi}
1#	4	5	5	9	10
2#	2	2	6	4	8
3#	8	3	9	11	12
4#	10	3	9	13	12
5#	5	4	7	9	11

解：（1）首先验证是否符合条件：$\min\{t_{Ci}\}=5 \geqslant \max\{t_{Bi}\}=5$，满足。

（2）工序合并

① 将第一道工序和第二道工序上各项任务的施工周期依次加在一起。

② 将第三道工序和第二道工序上各项任务的施工周期依次加在一起。

③ 将第①、②步得到的周期序列看做两道工序的施工周期。

④ 按两道工序多项任务的计算方法求出最优施工顺序。

（3）运用约翰逊-贝尔曼法则，进行最优排序：

最优施工顺序为：2#，5#，1#，3#，4#。

（4）绘制施工进度图（见图 4-9），确定总工期。

注意：第二道工序要在第一道工序完的基础上才能开始；第三道工序要在第二道工序完的基础上才能开始。总工期 $T=41$ 天。

六、流水作业的作图

（一）流水作业图的形式

按流水作业图中的图形和线条形态及其所表达的内容可分为以下几种。

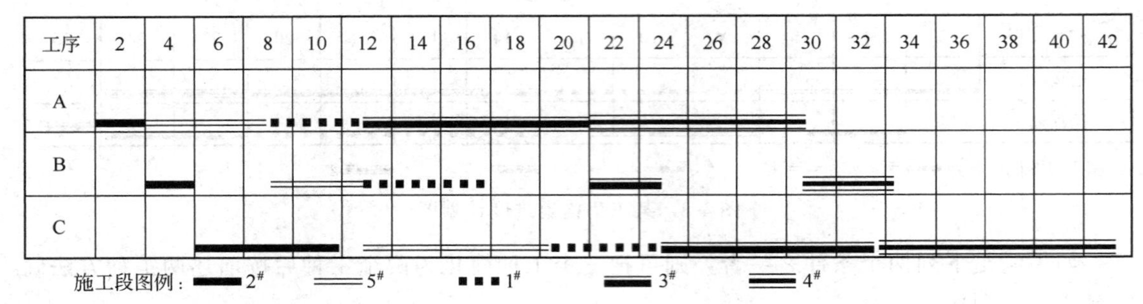

图 4-9 某工程横道进度计划图

1. 横线工段式

如图 4-10 所示。

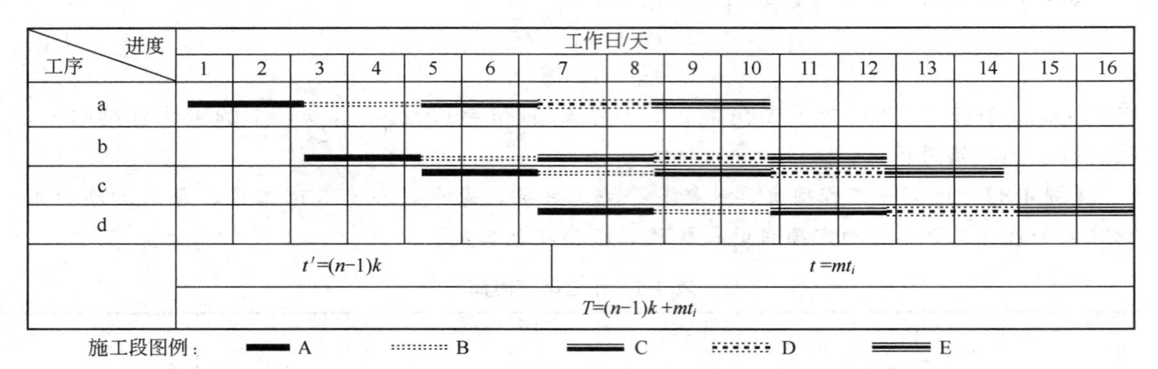

图 4-10 全等节拍流水施工进度图（横道图）

2. 横线工序式

如图 4-11 所示。

3. 斜线工段式

如图 4-12 所示。

4. 斜线工序式

如图 4-13 所示。

（二）流水作业的作图

流水作业法的施工组织意图和内容，通过流水作业图的形式表达出来。有关作图的要点介绍如下。

1. 开工要素

任何一道工序开工时，必须具备工作面和生产力（工人、机械、材料等资源）两个开工要素，两者中缺少任何一个，工序都不具备开工条件，也就是说，工序无法投入生产。如图 4-11(a) 中，b 工序在 C 施工段上，必须在第 8 天开工，因为在这之前，虽有工作面，但无生产力。

2. 工序衔接原则

① 相邻工序之间及工序本身，应尽可能衔接，以取得最短施工总工期。

② 工序衔接必须满足工艺要求和自然过程（混凝土的硬化等）的需要。

③ 尽量求得同工序在各施工段上能连续作业，并尽量求得相邻不同工序，在同一施工段上能连续作业。

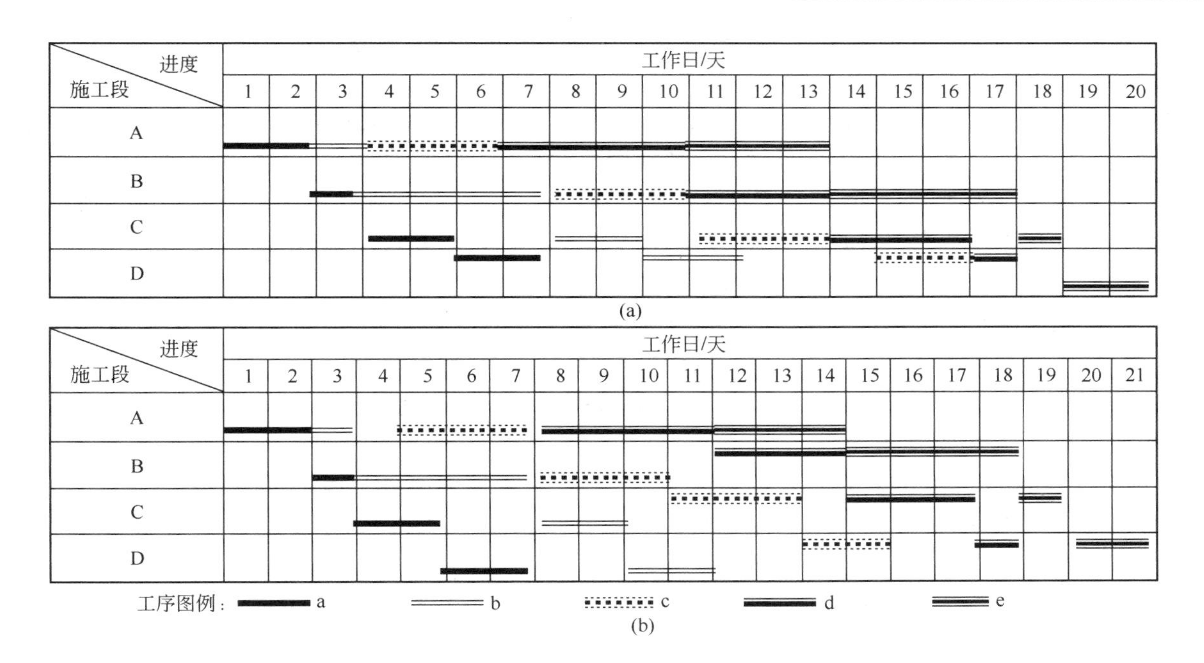

图 4-11 无节拍流水作业进度图

(a) 紧凑法；(b) 作业队连续作业

注：1. 紧凑法，只要具备开工要素就开工；2. 潘特考夫斯基法，各专业队连续作业。

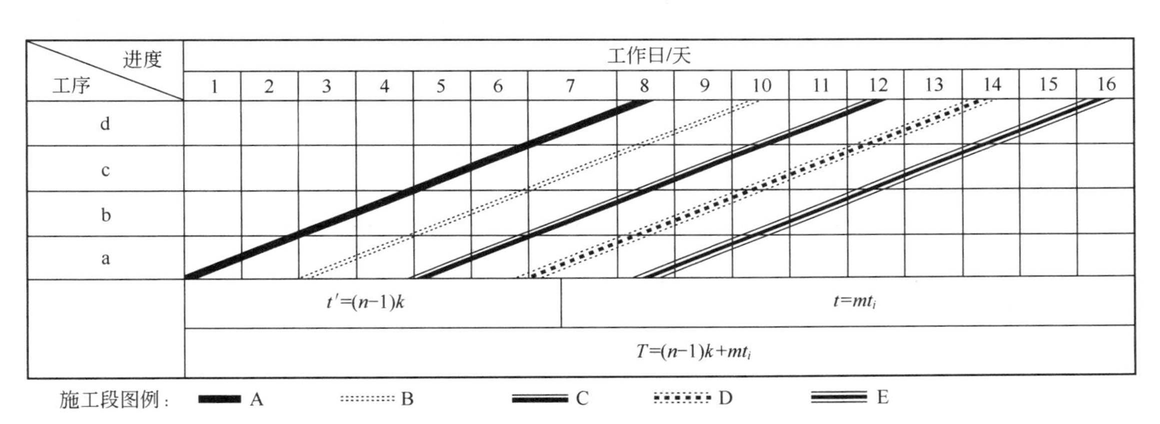

图 4-12 全等节拍流水施工进度图（斜线图）

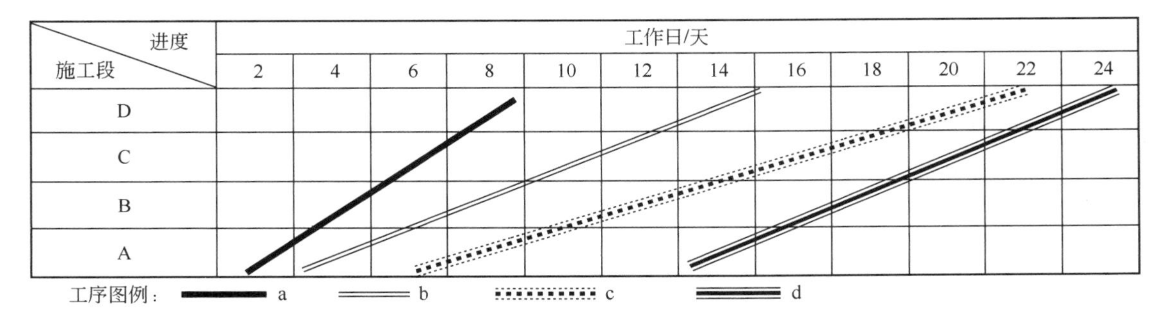

图 4-13 斜线工序式流水作业进度图

④ 图中的首工序和末工序，均可按需要与可能采取连续作业或间歇作业。

3. 工序紧凑法流水作业组织

为了使流水作业图取得最短总工期，在作图时，各相邻工序之间，尽量紧凑衔接。即尽量使所排工序向作业开始方向靠拢（一般向图的左端）。如图 4-11(a)，为按工序紧凑法组织的流水作业；如图 4-11(b)，为按专业队连续作业组织的流水作业。两种组织方法，工期相差 1 天，在实际生产中，若工期紧，应取图 4-11(a) 的组织方式。

4. 专业队在各施工段间连续作业的组织

在流水作业组织中，可使各个专业队在各施工段间连续作业，以避免“停工待面”和“干干停停”；这样，尽管不能保证工期最短，但经济效益是肯定的。

专业队的连续作业实现了，不等于总工期最短；但总工期最短，不等于不能实现连续作业。

为了组织在总工期尽可能短的条件下，各施工专业队能在各个施工段间进行连续作业，必须确定相邻各专业队（相邻工序）间最小流水步距 K_{min}。最小流水步距 K_{min} 可以用潘特考夫斯基法和“纸条串法”确定。

（1）潘特考夫斯基法　此法也叫“累加数列错位相减取大差法”。下面以具体示例介绍其具体步骤。

① 作表。按施工段和工艺顺序，将各工序（施工专业队）在各施工段上的流水节拍值列于表 4-6 中。

表 4-6　流水节拍表

单位：天

工序＼施工段	A	B	C	D
a	2	3	3	2
b	2	2	3	3
c	3	3	3	2

② 求首施工段上各最小流水步距 K。

a. 求 K_{ab}^{A}

将 a 工序的 t_a 依次累计叠加，可得数列：2，5，8，10。

将 b 工序的 t_b 依次累计叠加，可得数列：2，4，7，10。

将后一工序的数列向右错一位，进行两数列相减，即：

a：	2	5	8	10	0
b：　−）	0	2	4	7	10
	2	3	4	3	−10

则所得数列中的最大正数 4，即为 a、b 两工序的最小流水步距 $K_{ab}^{A}=4$。

b. 同理求 K_{bc}^{A}

b：	2	4	7	10	0
c：　−）	0	3	6	9	11
	2	1	1	1	−11

则所得数列中的最大正数 2，即为 b、c 两工序的最小流水步距 $K_{bc}^{A}=2$。

如果还有更多的工序，施工段也比此例多，那么最小流水步距的求法完全相同。

③ 绘制流水作业图。根据求得的最小流水步距和流水节拍表 4-6，绘制流水作业图，如图 4-14。

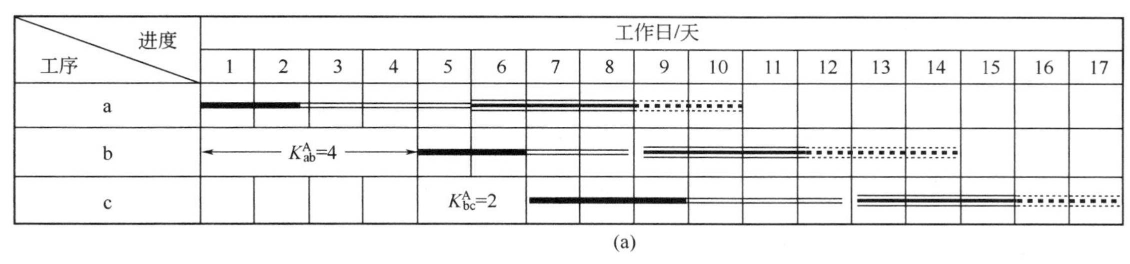

(a)

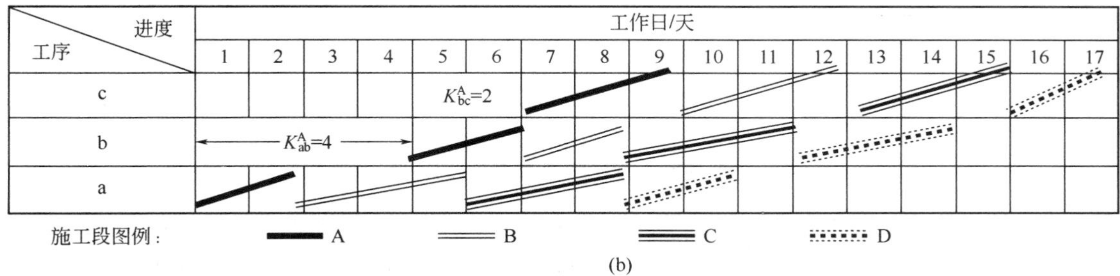

(b)

图 4-14 最小流水步距流水作业进度图

(a) 横道图；(b) 垂直图

④ 结论：由图 4-14 可得总工期 $T=17$ 天，若采用紧凑法组织施工，可得总工期 $T=16$ 天。在实际生产中，根据具体情况选取组织方法。

(2) 纸条串法 此法只适用于横线工段式。以图 4-14 为例来说明纸条串法求 $K_{\min}$ 的步骤如下。

① 作流水节拍表，同填列表 4-6 一样。

② 绘制"流水作业进度图"的图框，填好施工进度日历和工序名称（以下简称进度图）。

③ 将首工序即 a 工序，在各个施工段上的流水节拍直接连续地绘于进度图上，并标明施工段名称。

④ 将 b 工序在各施工段上的流水节拍连续地绘在纸条上，并标明施工段名称。然后，将纸条在"进度图"的 b 工序行内由左向右调整，调整的原则是：相同符号的施工段不能重叠（重叠说明两个不同的施工专业队进入了同一个施工段，也就是说：上一道工序还没有完工，还不具备工作面，下一道工序就进入了现场），但要做到衔接最紧凑。调整好后，将纸条固定。

⑤ 将 c 工序在各个施工段上的流水节拍连续地绘在纸条上，并重复上述方法，调整好后，将纸条固定。

若还有更多的工序，可以一直重复上述方法。实践证明，纸条串法简捷、直观、准确、不必计算。

第三节 流水施工工程应用

本实例如图 4-15 所示，是某道路排水工程系统中的新建路管道工程，由××市政公司

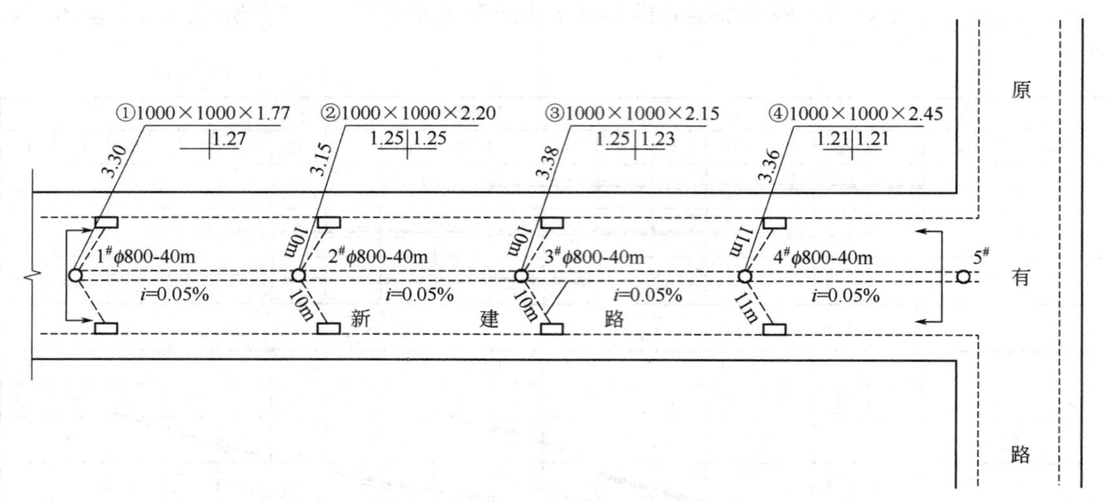

图 4-15 新建路管道工程设计图

第×施工队用流水施工法组织施工。其主要依据是该工程的设计图纸（包括工程设计图和各有关通用图纸）和施工预算中的人工用量分析及其他有关资料，其组织施工方法如下。

一、确定流水线

为了组织流水施工，首先必须确定流水线及其各项目之间的关系。所谓施工流水线，是指为组织施工时，不同工种的班组按照工序的先后顺序，沿着管道一定方向进行施工而形成的一条工作路线，如本工程虽然比较简单，只有一条管道 160m 长的流水线，主要决定其流水方向，是从检查 1# →4# 或是 4# →1# 方向进行。但是其中各工序之间的关系，却是比较复杂的，例如在施工图预算中是一个项目，但在施工中，由于施工先后顺序与操作方法等不同，必须分成几个项目，因此在组织流水施工时，要妥善安排其先后的顺序关系，不能混在一起，如挖土分抓斗机挖土（管道）和人工挖土（连管），挡土板分支撑与拆除，混凝土基础分基座和管座及混凝土拌和三项，砌砖墙，砂浆抹面等均分检查井和进水井两项，回填土分管道与连管等。因此在组织流水法施工时，为了协作配合，必须把一个专业班组分在几个流水施工组中协同工作，或者在可能的条件下，一个专业班组，在同一条流水线中，担任几个专业的施工任务。

本工程的流水线，根据施工预算中的人工用量分析表，主要由以下各施工项目组成，见表 4-7。

表 4-7 施工项目及工日数

施工项目及工日数		施工项目及工日数	
1. 抓斗机挖土	174.9	11. 砖砌检查井	33.7
2. 人工挖土	18.9	12. 砖砌进水井	6.3
3. 横板支撑(安装)	73.0	13. 检查井砂浆抹面	21.2
4. 横板支撑(拆除)	49.8	14. 进水井砂浆抹面	4.2
5. 碎石垫层	22.2	15. 检查井盖座安装	1.3
6. 浇捣混凝土基座	31.2	16. 沟槽回填土(沟管)	124.2
7. 浇捣混凝土管座	49.2	17. 沟槽回填土(连管)	15
8. 混凝土搅拌	44.4		
9. φ800 混凝土管铺设	39.5		
10. φ300 混凝土管铺设	4.8	以上共计	713.8

二、划分施工段（m）

流水线确定以后，就要划分施工段，对不同的流水线，可以采取不同的分段办法，但对一条流水线内的各个项目，只能采用统一的分段，否则就无法组成一条流水线，在一条流水线内的各个项目，如在统一分段时，不可能使各个项目工程量大致相等时，则应照顾主导的和劳动力较多的项目，首先使这些项目每段工程量能大致相等。本工程分段简单，以检查井划分为四段，其工程量每段也大致相等。

三、组织施工过程（n）

施工过程是根据施工项目，在流水线上先后施工的次序来组织施工，如本工程开始施工的是挖土及支撑，最后结束的是回填土及拆撑，所以必须把挖土及支撑、回填土及拆撑分别组成两个混合施工过程，浇捣混凝土必须要基座完成以后，再进行管道敷设，尚后才能浇捣混凝土管座。因此，必须把混凝土拌和、浇捣混凝土基座和碎石垫层等组合成一个施工过程，管道敷设和浇捣混凝土管座组成另一个施工过程，此外还有检查井、进水井的砌砖墙、砂浆抹面、盖座安装及连管埋设等零星工作，可合并为一个施工过程。这样本工程共有五个施工过程，主要内容及工日数见表 4-8。

表 4-8 施工过程工日数

项次	施工过程	施工项目及工日数		共计工日数	每段工日数
1	挖土及支撑	(1)抓斗机挖土	174.9	247.9	62
		(2)横板支撑	73.0		
2	碎石垫层及混凝土基座	(1)碎石垫层	22.2	116.7	29
		(2)浇捣混凝土基座	31.2		
		(3)混凝土拌和	44.4		
		(4)连管人工挖土	18.9		
3	混凝土管座及管道敷设	(1)浇捣混凝土管座	49.2	108.5	27
		(2)ϕ800 混凝土管敷设	39.5		
		(3)ϕ300 混凝土管敷设	4.8		
		(4)连管回填土	15.0		
4	砌砖墙及砂浆抹面	(1)砖砌检查井	33.7	66.7	17
		(2)砖砌进水井	6.3		
		(3)检查井砂浆抹面	21.2		
		(4)进水井砂浆抹面	4.2		
		(5)检查井盖座安装	1.3		
5	回填土及拆撑	(1)沟横回填土	124	173.8	43
		(2)横板拆撑	49.8		
	共　计			713.6	178

四、确定流水节拍（t_i）

施工过程确定之后，就可以确定该施工过程在每一段上的作业时间（即流水节拍 t_i）。流水节拍取决于两个方面，即每段工日数和班组的人数，其计算公式为：

$$流水节拍(t_i)=每段工日数/班组人数$$

或

$$每段工日数=流水节拍(t_i)\times班组人数$$

根据表 4-8 本工程施工过程共分 5 项，即 $n=5$，每项的工日数表中也已确定，因此确定流水节拍（t_i），主要是从两个方面考虑班组人数（即劳动组织），一是班组人数不能太多，一定要保证每一个工人所占有为充分发挥其劳动率所必要的最小工作面，所以流水节拍不能定得太短。二是班组人数不能太少，如果少到破坏合理劳动组织的程度，就会大大降低劳动效率，甚至根本无法工作，所以流水节拍也不能太长，因此必须从两个方面来考虑比较合适的流水节拍从本工程情况来看，流水节拍可以定为 4 天，则每个施工过程（或施工班组）的人数为：

① 挖土及支撑：62/4=16（人）。

② 碎石垫层及混凝土基座：29/4≈7（人）。

③ 混凝土管座及管道敷设：27/4≈7（人）。

④ 砌砖墙及砂浆抹面：17/4≈5（人）。

⑤ 回填土及拆撑：43/4≈11（人）。

五、确定流水步距（K）

流水步距的大小，对工期起着很大的影响，在施工段不变的条件下，流水步距大，工期长，流水步距小，工期短，因此流水步距应该与流水节拍保持一定的关系，当固定节拍时，流水步距即等于流水节拍，但当为成倍节拍流水时，流水步距应为各流水节拍 t_i 的最大公约数。确定流水步距时，还应考虑各施工过程之间，是否要有必需的技术性间隔，如有的，应予考虑。

本工程可以确定为固定节拍进行流水施工，因此流水步距=流水节拍=4 天。

六、计算流水施工总工期

施工段数 $m=4$，施工过程 $n=5$，流水节拍 $t_i=4$，流水步距 $K=4$。

因此，施工总工期 $T=(n-1)K+mt$

$$=(5-1)\times4+4\times4=16+16=32(天)$$

用流水施工法组织施工如图 4-16 所示。

施工过程	人数	施工进度															
		2	4	6	8	10	12	14	16	18	20	22	24	26	28	30	32
1.挖土及支撑	16	4		3	16人	2		1									
2.碎石垫层及混凝土基座	7			4		3	7人	2		1							
3.混凝土管座及管道敷设	7					4		3	7人	2		1					
4.砌砖墙及砂浆抹面	5							4		3	7人	2		1			
5.回填土及拆撑	11									4		3	11人	2		1	
新建路管道工程流水施工图	劳动力移动图	16人		23人		30人		35人		30人		23人		16人		11人	

图 4-16 新建路管道工程流水施工图

本章小结

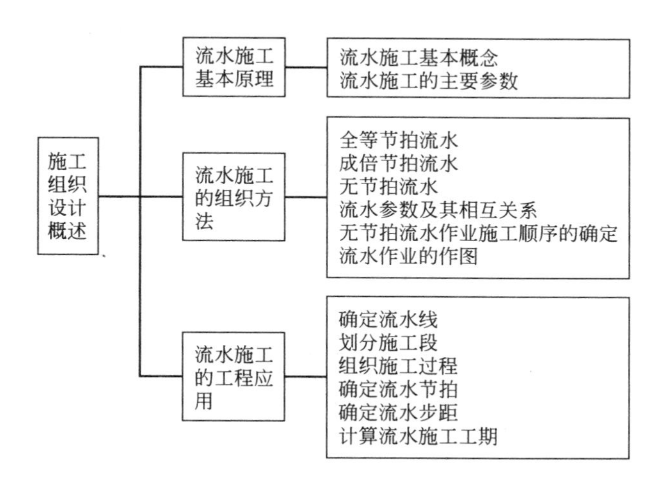

复习思考题

1. 组织施工的方法有哪些？各有何特点？

2. 流水施工组织的主要参数有哪些？

3. 什么是全等节拍流水？有何特点？

4. 什么是成倍节拍流水？有何特点？

5. 什么是无节拍流水？有何特点？

6. 下表给出的是一个流水节拍表，请同学们分别用紧凑法和潘特考夫斯基法绘制横道图和相应的斜线图，并对工期进行比较，说明实际工程中用哪一种组织方式更科学合理。

流水节拍表 单位：天

工序＼施工段	A	B	C	D
a	2	2	2	1
b	1	2	2	4
c	3	3	2	3
d	4	3	1	3
e	3	1	2	4

7. 如下表所示，采用流水作业施工，计算计划总工期，并画出流水作业的横道图及垂直图。

施工过程＼施工段	作业时间				
	①	②	③	④	⑤
A	5	3	4	5	5
B	4	5	4	3	3
C	4	3	4	4	3
D	6	5	6	5	3

8. 如下表所示，采用流水作业施工，试考虑最短工期方案，计算计划总工期，并画出流水作业的横道图及垂直图。

施工段 施工过程	作业时间				
	①	②	③	④	⑤
A	8	6	3	5	6
B	3	4	1	2	3
C	3	4	1	3	2
D	3	5	4	4	6

9. 已知下表中所示工程的工段施工次序为D、B、C、A，采用工序连续施工流水作业法，试用作图法求首工段各工序的流水步距，并确定该工程的最短工期。

工段 工序	D	B	C	A
a	4	3	5	7
b	3	6	1	2
c	5	9	2	8
d	7	4	5	1

第五章　工程网络计划技术

【知识目标】

- 了解工程网络计划技术的概念及特点。
- 理解工程网络计划技术的分类及在工程进度计划管理中的应用程序，双代号网络计划、单代号网络计划及双代号时标网络计划之间的联系与区别。
- 掌握双代号网络技术的绘制步骤与技巧，时间参数的计算与关键线路的选择，单代号网络计划的绘制，双代号时标网络计划的绘制，网络计划的优化。

【能力目标】

- 能够绘制双代号网络计划图。
- 能够进行时间参数的计算并选择关键线路。
- 能够绘制单代号网络计划图。
- 能够绘制双代号时标网络计划图。
- 能够进行网络计划的工期优化、费用优化、资源优化。

第一节　基本概念

网络计划技术，是利用网络计划进行生产管理的一种方法，它是通过网络的形式，反映和表达计划安排，选择最优方案，组织、协调和控制生产（施工）的进度和费用（成本）使其达到预定目标的科学管理方法。这种方法的应用范围很广，特别适用于一次性生产的工程项目，因此在建筑施工中有其更高的使用价值，在按工期组织施工中，应用网络计划技术，是提高施工管理水平的有效途径。

一、网络计划技术的发展

网络计划技术是一种科学的计划管理方法，它是随着现代科学技术和工业生产的发展而产生的。20世纪50年代，为了适应科学研究和新的生产组织管理的需要，国外陆续出现了一些计划管理的新方法。1956年，美国杜邦公司研究创立了网络计划技术的关键线路方法（缩写为CPM），并试用于一个化学工程上，取得了良好的经济效果。1958年美国海军武器部在研制“北极星”导弹计划时，应用了计划评审方法（缩写为PERT）进行项目的计划安排、评价、审查和控制，获得了巨大成功。20世纪60年代初期，网络计划技术在美国得到了推广，一切新建工程全面采用这种计划管理新方法，并开始将该方法引入日本和西欧其他国家。随着现代科学技术的迅猛发展、管理水平的不断提高，网络计划技术也在不断发展和完善。目前，它已广泛地应用于世界各国的工业、国防、建筑、运输和科研等领域，已成为发达国家盛行的一种现代生产管理的科学方法。

我国对网络计划技术的研究与应用起步较早，1965年，著名数学家华罗庚教授首先在我国的生产管理中推广和应用这些新的计划管理方法，并根据网络计划统筹兼顾、全面规划的特点，将其称为统筹法。30 多年来，网络计划技术作为一门现代管理技术已逐渐被各级领导和广大科技人员所重视。改革开放以后，网络计划技术在我国的工程建设领域也得到迅速推广和应用，尤其是在大中型工程项目的建设中，对其资源的合理安排及进度计划的编制、优化和控制等应用效果显著。目前，网络计划技术已成为我国工程建设领域中正在推行的项目法施工、工程建设监理、工程项目管理和工程造价管理等方面必不可少的现代化管理方法。

1992 年，国家技术监督局和原国家建设部先后颁布了中华人民共和国国家标准《网络计划技术》(GB 13400.1—92、GB 13400.2—92、GB 13400.3—92) 三个标准，以及中华人民共和国行业标准《工程网络计划技术规程》(JGJ T-121－99)，使工程网络计划技术在计划的编制与控制管理的实际应用中有了一个可遵循的、统一的技术标准，保证了计划的科学性，对提高工程项目的管理水平发挥了重大作用。

二、网络计划技术的特点

网络计划技术的基本模型是网络图。网络图是用箭线和节点组成的，用来表示工作流程的有向、有序的网状图形。所谓网络计划，是用网络图表达任务构成、工作顺序，并加注时间参数的进度计划。同样是反映和表达生产（施工）计划的安排，网络计划与前一章所学的水平横道图表法有很大区别。

某储油罐施工进度计划横道图见图 5-1 所示。图 5-2 使用网络图表示，网络计划技术（或称统筹法）的基本原理，首先是把所要做的工作，哪项工作先做，哪些工作后做，各占用多少时间，以及各项工作之间的相互关系等运用网络图的形式表达出来。其次是通过简单的计算，找出哪些工作是关键的，哪些工作不是关键的，并在原来计划方案的基础上，进行计划的优化。例如，在劳动力或其他资源有限制的条件下，寻求工期最短；或者在工期规定的条件下，寻求工程的成本最低等。最后是组织计划的实施，并且根据变化了的情况，搜集有关资料，对计划及时进行调整，重新计算和优化，以保证计划执行过程中自始至终能够最合理地使用人力、物力，保证多快好省地完成任务。

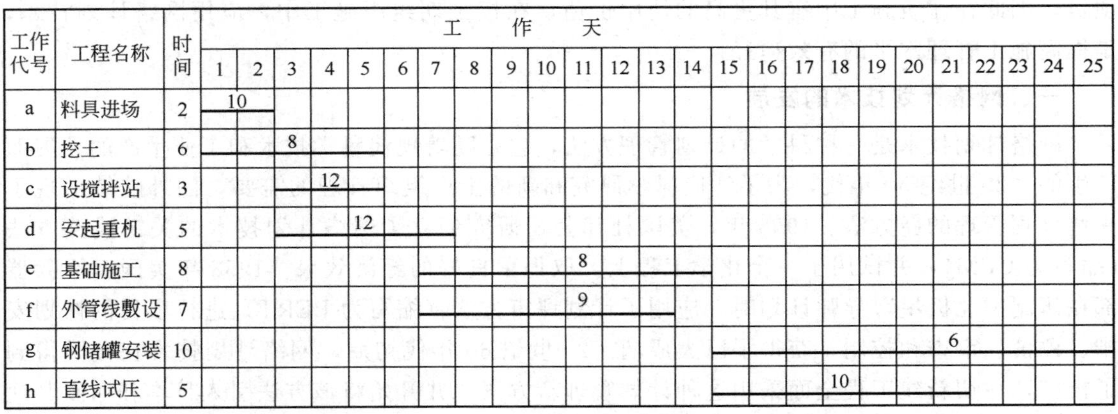

工作代号	工程名称	时间	工作天																								
			1	2	3	4	5	6	7	8	9	10	11	12	13	14	15	16	17	18	19	20	21	22	23	24	25
a	料具进场	2	10																								
b	挖土	6			8																						
c	设搅拌站	3				12																					
d	安起重机	5					12																				
e	基础施工	8											8														
f	外管线敷设	7											9														
g	钢储罐安装	10																					6				
h	直线试压	5																		10							

图 5-1 储油罐工程施工计划横道图

实践证明，网络计划有以下主要优点。

(1) 能充分反映工作之间的相互联系和相互制约关系，也就是说，工作之间的逻辑关系

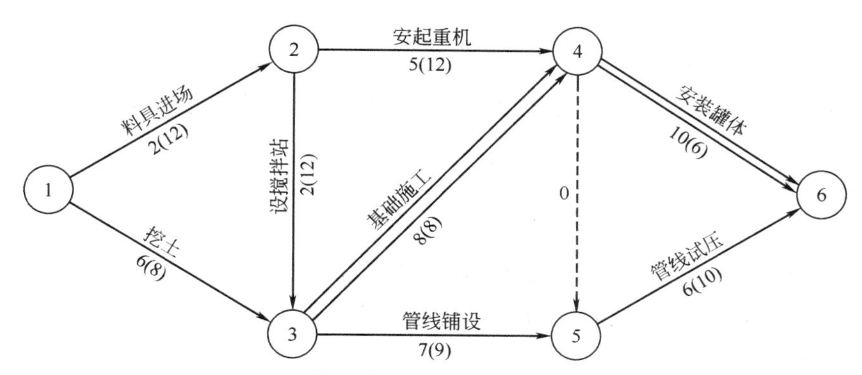

图 5-2 储油罐工程施工网络计划示意图

非常严格。

(2) 它能告诉我们各项工作的最早可能开始时间、最早可能结束时间、最迟必须开始时间、最迟必须结束时间、总时差、局部(自由)时差等时间参数，它所提供的是动态的计划概念；而横道图只能表示工作的开始时间和结束时间，只提供一种静态的计划概念。

(3) 应用网络计划技术，可以区分关键工作和非关键工作。在通常的情况下，当计划内有 10 项工作时，关键工作只有 3～4 项，占 30%～40%；有 100 项工作时，关键工作只有 12～15 项，占 12%～15%；有 1000 项工作时，关键工作只有 70～80 项，占 7%～8%；有 5000 项工作时，关键工作也只不过 150～160 项，占 3%～4%；据说世界上曾经有过 10000 项工作的计划，其中关键工作只占 1%～2%。因此，工程管理人员只要集中精力抓住关键工作，就能对计划的实施进行有效控制和监督。

(4) 应用网络计划技术可以对计划方案进行优化，即根据所要追求的目标，得到最优的计划方案。

(5) 网络计划技术是控制工期的有效工具。建筑安装施工条件是千变万化的。网络计划技术能适应这种变化。采用网络计划，在不改变工作之间的逻辑关系，也不必重新绘图的情况下，只要收集有关变化的情报，修改原有的数据，经过重新计算和优化，就可以得到变化以后的新计划方案。这就改变了使用横道图计划遇到施工条件变化就束手无策、无法控制进度的状况。

(6) 随着经济管理改革的发展，建设工程实行投资包干和招标承包制，在施工过程中对进度管理、工期控制和成本监督的要求也愈加严格。网络计划在这些方面将成为有效的手段。同时，网络计划可作为预付工程价款的依据。

(7) 网络计划还能够和先进的电子计算机技术结合起来，从计划的编制、优化到执行过程中的调整和控制，都可借助电子计算机来进行，从而为计划管理现代化提供基础。

目前，世界上各先进工业国家，都在推广应用网络计划技术。经统计，应用网络计划，工期可以缩短 20%，工程成本可以降低 10%(编制网络计划的费用约占工程成本的 0.1%)。随着管理的进一步现代化，网络计划技术的应用将进一步得到发展。

三、网络计划的分类

(一) 按性质分类

1. 肯定型网络计划

肯定型网络计划指工作与工作之间的逻辑关系以及工作的工期(在各施工段的流水节

拍）都是确定的。

2. 非肯定型网络计划

与肯定型网络计划相反，非肯定型网络计划工作之间的逻辑关系不肯定或工作的工期不确定。

（二）按表示方法分类

1. 单代号网络计划

单代号网络计划指用单代号表示法绘制的网络图。在网络图中，每个节点表示一项工作，箭杆仅用来表示各项工作之间相互制约、相互依赖的关系。

2. 双代号网络计划

双代号网络计划指用双代号表示法绘制的网络图。在网络图中，箭杆用来表示各项工作（工作名称、工作时间及工作之间的逻辑关系）。

（三）按有无时间坐标分类

1. 时标网络计划

时标网络计划指以时间坐标为尺度绘制的时标网络计划。

2. 非时标网络计划

非时标网络计划指不按时间坐标绘制的网络计划图。

（四）按层次分类

1. 总网络计划

总网络计划指以整个建设项目或单项工程为对象编制的网络计划。

2. 局部网络计划

局部网络计划指以建设项目或单项工程的某一部分为对象编制的网络计划。

四、网络计划技术在工程计划管理中应用的一般程序

网络计划技术在工程计划管理中起着重要作用，其应用程序如下。

（一）准备阶段

1. 确定网络计划目标

在编制网络计划时，首先应根据需要确定网络计划的目标。如：

① 时间目标；

② 时间-资源目标；

③ 时间-成本目标。

2. 调查研究

为了使网络计划科学而切合实际，计划编制人员应通过调查研究，拥有足够的、准确的各种资料。其调查研究的内容主要包括：

① 项目有关的工作任务、实施条件、设计数据资料；

② 有关定额、规程、标准、制度等；

③ 资源需求和供求情况；

④ 有关经验、统计资料和历史资料；

⑤ 其他有关技术、经济资料。

调查研究可使用以下几种方法，即实际观察、测量与询问、会议调查、查阅资料、计算机检索、信息传递、分析预测等，通过对调查的资料进行综合分析研究，就可掌握项目全貌及其间的相互关系，从而预测项目的发展及其变化规律。

3. 工作方案设计

在计划目标已确定并做了调查研究的基础上，就可进行工作方案的设计，其主要内容包括：

① 确定施工顺序；

② 确定施工方法；

③ 选择需用的机械设备；

④ 确定重要的技术政策和组织原则；

⑤ 制定施工中的关键问题的技术和组织措施；

⑥ 确定采用网络图的类型。

在进行工作方案设计时，应遵循以下几项基本要求：

① 尽可能减少不必要的步骤，在工序分析基础上，寻求最佳程序；

② 工艺应达到技术要求，并保证质量和安全；

③ 尽量采用先进技术和先进经验；

④ 组织管理分工合理、职责明确，充分调动全员积极性；

⑤ 有利于提高劳动生产率，缩短工期，减低成本和提高经济效益。

(二) 绘制网络图

1. 项目分解

根据网络计划的管理要求和编制需要，确定项目分解的粗细程度，将项目分解为网络计划的基本组成单元——工作。

2. 逻辑关系分析

逻辑关系分析就是确定各项工作开始的顺序、相互依赖和相互制约关系，它是绘制网络图的基础。

3. 绘制网络图

根据新选定的网络计划类型以及项目分解和逻辑关系表，就可进行网络图的绘制。

(三) 时间参数计算

按照网络计划的类型不同，根据相应的方法，即可计算出所绘网络图的各项时间参数值，并确定出关键线路。

(四) 编制可行网络计划

1. 检查与调查

对上述网络计划时间参数计算完后，应检查：工期是否符合要求；资源配置是否符合资源供应条件；成本控制是否符合要求。如果工期不符合要求，则应采取适当措施压缩关键的持续时间，如仍不能满足要求时，则需改变工作方案的组织关系进行调整；当资源强度超过供应可能时，则应调整非关键工作使资源强度降低。

2. 编制可行网络计划

对网络计划进行检查和调整之后，必须计算时间参数。根据调整后的网络图和时间参数，重新绘制可行网络计划。

(五) 网络计划优化

可行网络计划一般需要进行优化，方可编制正式网络计划。

1. 网络计划优化目标的确定

常见的优化目标有以下几种，可根据工程实际需要进行选择：

（1）工期优化；

（2）时间固定，资源均衡的优化；

（3）资源强度有限，时间最短的优化；

（4）时间-成本优化。

2. 编制正式网络计划

根据优化结果，即可绘制拟实施的正式网络计划，并编制网络计划说明书，其内容包括：

（1）编制说明；

（2）主要计划指标一览表；

（3）执行计划的关键的说明；

（4）需要解决的问题及主要措施；

（5）其他需要说明的问题。

（六）网络计划的实施

1. 网络计划的贯彻

正式网络计划报请有关部门审批后，即可组织实施。一般应组织宣讲，进行必要的培训，建立相应的组织保证体系，将网络计划中的每一项工作落实到责任单位。作业性网络计划要落实到责任者，并制定相应的保证计划实施的具体措施。

2. 计划执行中的检查和数据采集

为了对网络计划的执行进行控制，必须建立健全相应的检查制度和执行数据采集报告制度。检查和数据采集的主要内容有关键工作的进度，非关键工作的进度及时差利用，工作逻辑关系的变化情况等，资源状况，成本状况，存在的其他问题等。对检查的结果和收集反馈的有关数据进行分析，抓住关键，及时制定对策。对网络计划在执行中发生的偏差，应及时予以调整，从而保证计划的顺利实施。计划调整的内容常见的有工作持续时间的调整、工作项目的调整、资源强度的调整、成本控制。

（七）网络计划的总结分析

为了不断积累经验，提高计划管理水平，应在网络计划完成后，及时进行总结分析，并应形成制度。通常总结分析的内容包括：

（1）各项目的完成情况，包括时间目标、资源目标、成本目标等的完成情况；

（2）计划工作中的问题及原因分析；

（3）计划工作中的经验总结分析；

（4）提高计划工作水平的措施总结等。

第二节　双代号网络计划

一、双代号网络图的组成

双代号网络图是网络图的一种表达方式。由于它是用一条箭线表示一项工作，用箭头和箭尾两个圆（节点）中的编号作代号的，故称双代号网络图。可以将工作的名称写在箭线之上，持续时间写在箭线之下。双代号网络计划图由三个要素组成，即工作、结点和线路。双代号网络图中工作的表示方法如图 5-3 所示。

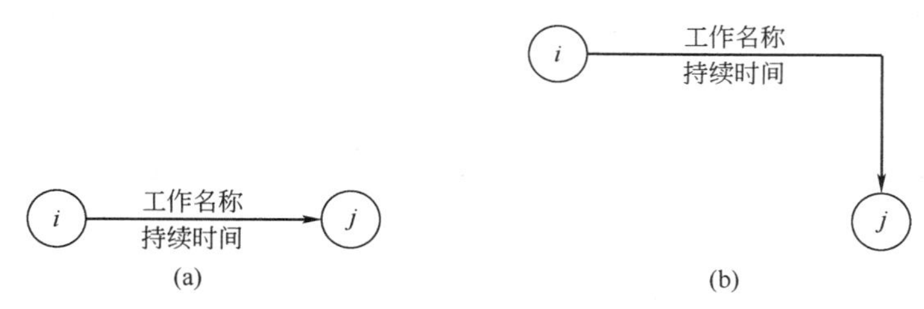

图 5-3 双代号网络图中工作的表示方法

双代号网络图的基本符号归纳表述如下。

1. 工作（活动、工序、施工过程、施工项目、任务）

任何一项计划，都包含许多项待完成的工作。在双代号网络图中，工作用矢箭表示。箭尾表示工作的开始，箭头表示工作的完成。箭头的方向表示工作的前进方向（从左向右）。工作的名称或内容写在矢箭上面，工作的持续时间写在矢箭的下面。

（1）工作之间的关系有以下三种：紧前工作、紧后工作和平行工作。紧排在本工作之前的工作称为本工作的紧前工作。紧排在本工作之后的工作称为本工作的紧后工作。可与本工作同时进行的工作称为平行工作。

（2）工作间相互制约或相互依赖的关系称为逻辑关系。工作之间的逻辑关系包括工艺关系和组织关系。所谓工艺关系，是工作与工作之间工艺上内在的先后关系。比如某一室外排水管道施工，必须在挖完沟槽后和做好垫层以后才能安装管道。而组织关系则是指在劳动组织确定的条件下，同一工作的开展顺序。它是由计划人员在研究施工方案的基础上作出的安排。比如，有 A 和 B 两段管道工程的土方开挖，如果施工方案确定使用一台反铲挖土机，那么开挖的顺序究竟先 A 后 B，还是先 B 后 A，也应随施工方案而定。

（3）虚工作。虚工作仅仅表示工作之间的先后顺序，用虚线矢箭表示，既不占用时间也不占用资源，所以它的持续时间为 0。虚工作主要是为了正确地表达各个工作之间的逻辑关系。另外，还有断路作用，即把没有关系的工作隔开。

2. 结点（节点、事件）

结点表示工作之间的联结。在时间上它表示指向某结点的工作全部完成后，该结点后面的工作才能开始。这意味着前后工作的交接，因此结点也称为事件。

结点用圆圈表示，圆圈中编上整数号码，称为事件编号。事件编号，一般应满足 $i<j$ 的要求，即箭尾号码要小于箭头号码。

3. 线路

线路又称路线。网络图中以起点节点开始，沿箭线方向连续通过一系列箭线与节点，最后到达终点节点的通路称为线路。

任何一个网络计划，从起点至终点会有一条或几条线路，其中持续时间最长的线路为关键线路，位于关键线路上的工作为关键工作。其他线路为非关键线路，位于非关键线路上的工作不是关键工作。关键工作没有机动时间，其完成的快慢直接影响整个工程项目的计划工期。

二、双代号网络图绘制的基本规则

绘制双代号网络图最基本的规则是明确地表达出工作的内容，准确地表达出工作间的逻辑关系，并且使所绘出的图易于识读和操作。具体绘制时应注意以下几方面的问题。

(1) 双代号网络图必须正确表达已定的逻辑关系　网络图常见的工作之间的逻辑关系模型见表5-1。

表5-1　工作间逻辑关系表示方法

序号	工作之间的逻辑关系	网络图中表示方法	说　明
1	有A、B两项工作按照依次施工方式进行	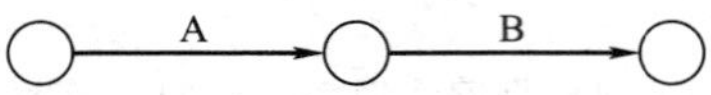 A B	B工作依赖着A工作，A工作约束着B工作的开始
2	有A、B、C三项工作同时开始工作	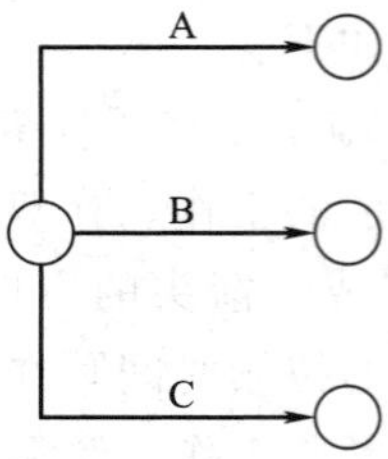 A B C	A、B、C三项工作称为平行工作
3	有A、B、C三项工作同时结束	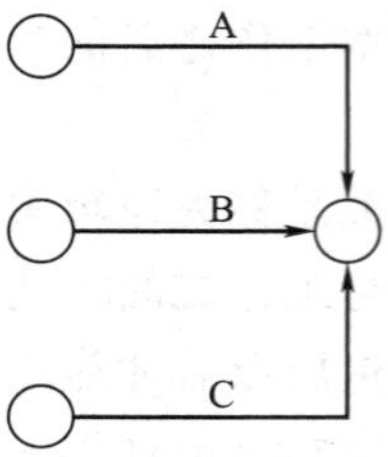 A B C	A、B、C三项工作称为平行工作
4	有A、B、C三项工作，只有在A完成后，B、C才开始	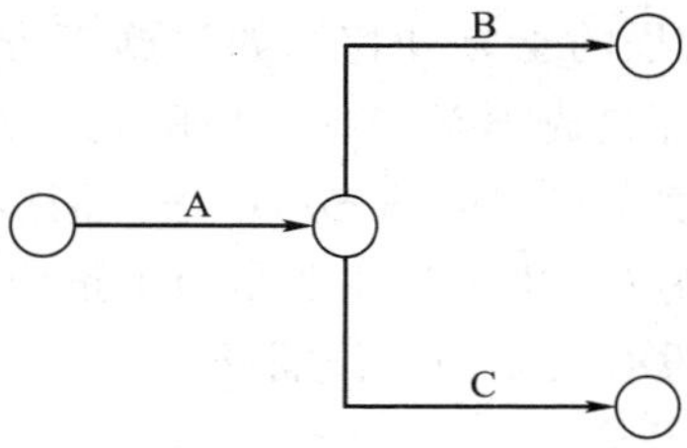 B A C	A约束着B、C两项工作的开始，B、C为平行工作
5	有A、B、C三项工作，C工作只有在A、B完成后才能开始	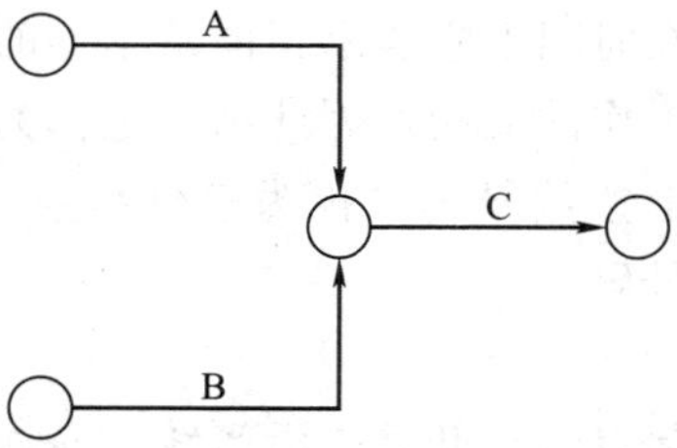 A C B	C依赖着A、B工作，A、B为平行工作
6	有A、B、C、D四项工作，只有在A、B完成后，C、D才能开始	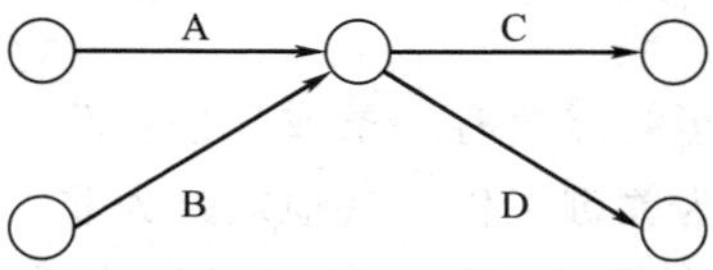 A C B D	A、B工作约束着C、D工作的开始
7	有A、B、C、D四项工作，A完成后C才能开始，A、B完成后D才能开始	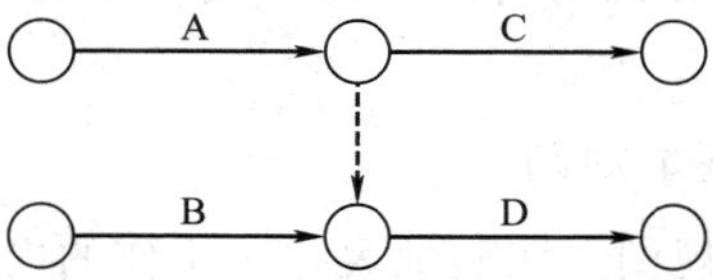 A C B D	D与A之间引入了虚工作，只有这样才能正确表达它们的逻辑关系

续表

序号	工作之间的逻辑关系	网络图中表示方法	说　明
8	有A、B、C、D、E五项工作，A、B完成后C开始，B、D完成后E开始	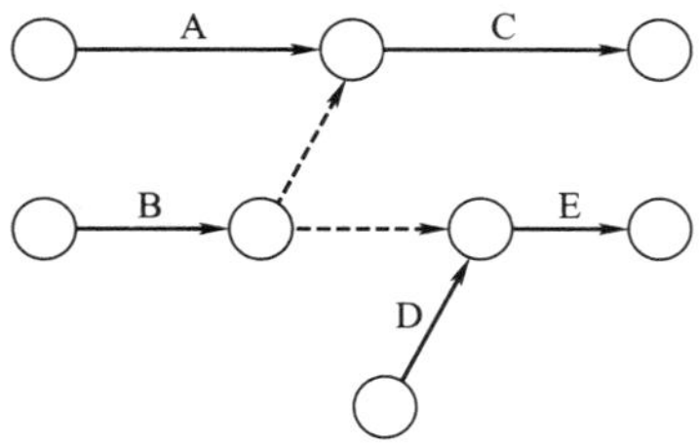	虚工作反映了C工作受到了B工作的约束，E工作受到B工作的约束
9	有A、B、C、D、E五项工作，A、B、C完成后D开始，B、C完成后E开始	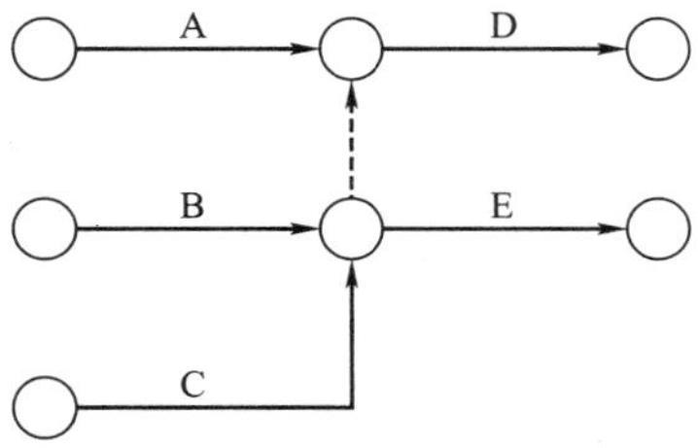	虚工作反映了工作D受到工作B、C的制约
10	A、B两项工作分三个施工段，平行施工	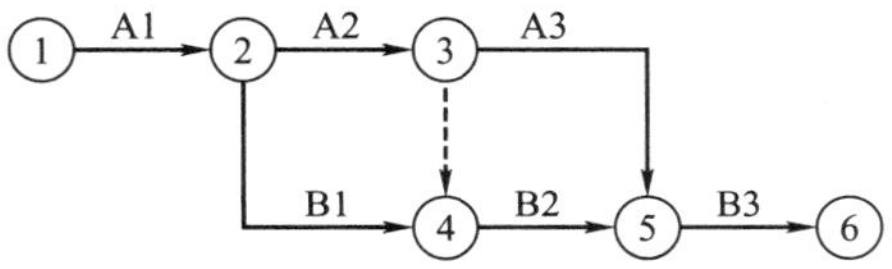	每个工种工程建立专业工作队，在每个施工段上进行流水作业，不同工种之间用逻辑搭接关系表示

(2) 双代号网络图中应只有一个起始节点；在不分期完成任务的网络图中，应只有一个终点节点。

图5-4中，(a) 是错的，(b) 是对的。

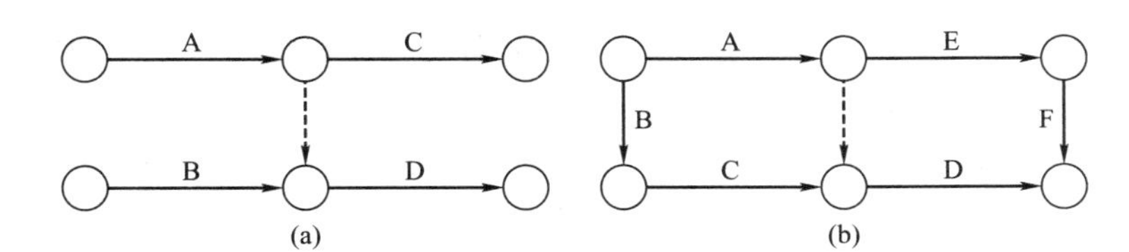

图5-4　起始与终点错误与正确画法

(3) 在网络图中严禁出现循环回路，如图5-5是错误的。

(4) 双代号网络图中，严禁出现双向箭头或没有箭头的连线，图5-6是错误的。

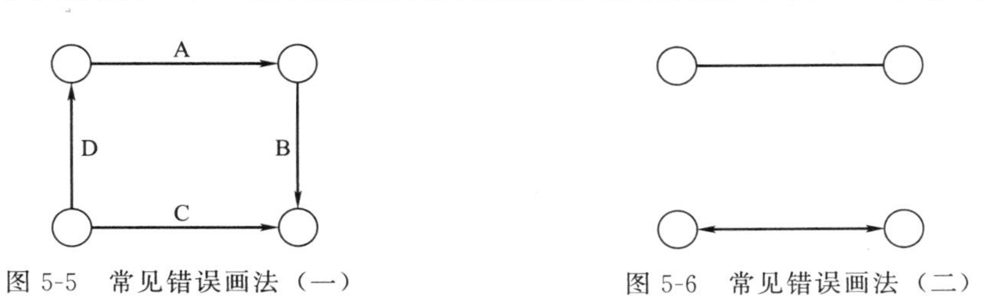

图5-5　常见错误画法（一）

图5-6　常见错误画法（二）

(5) 双代号网络图节点编号顺序应从小到大，可不连续，但严禁重复。

(6) 某些节点有多条外向箭线或多条内向箭线时，在不违反“一项工作应只有唯一的一条箭线和相应的一对节点编号”的前提下，可使用母线法绘图，如图5-7所示。

（7）绘制网络图时，宜避免箭线交叉。

（8）一项工作应只有唯一的一条箭线和相应的一对节点编号，箭尾的节点编号应小于箭头的节点编号，如图 5-8 所示，（a）正确，（b）错误。

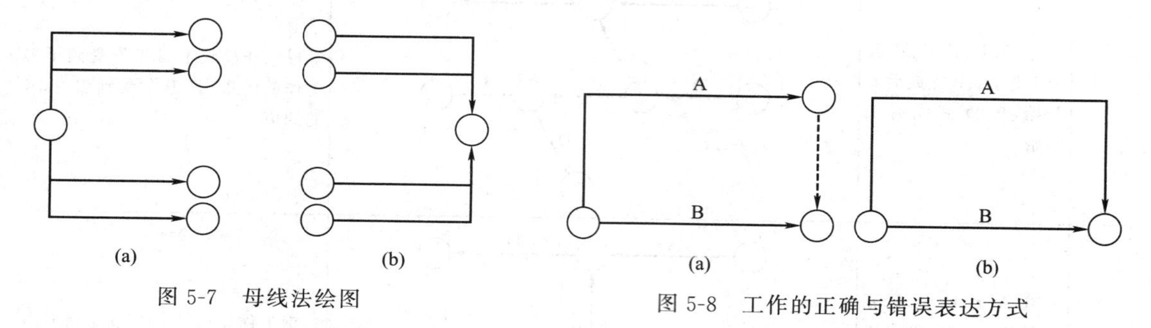

图 5-7　母线法绘图

图 5-8　工作的正确与错误表达方式

（9）对平行搭接进行的工作，在双代号网络图中，应分段表达网络图，且应条理清楚、布局合理。

（10）分段绘制。对于一些大的建设项目，由于工序多，施工周期长，网络图可能很大，为使绘图方便，可将网络图划分成几个部分分别绘制。

三、双代号网络图的绘制方法与步骤

（一）网络图表达的基本内容

网络图表达了施工计划的三个基本内容。

① 本工程由哪些工序（或项目）组成。

② 各个工序（或项目）之间的衔接关系。

③ 每个工序（或项目）所需的作业时间。

（二）双代号网络图的绘制方法

在绘制网络图时，应遵守绘制的基本规则，同时也应注意遵守工作之间的逻辑关系。绘制双代号网络图的方法如下。

（1）先绘制网络草图　绘制逻辑草图的任务，就是根据确定的工作明细表中的逻辑关系，将各项工作一次正确的连接起来。绘制逻辑草图的方法是顺推法，即以原始节点开始，首先确定由原始节点引出的工作，然后根据工作间的逻辑关系，确定各项工作的紧后工作。在这一连接过程中，为避免工作逻辑错误，应遵循以下要求。

① 当某项工作只存在一项紧前工作时，该工作可以直接从紧前工作的结束节点连出。

② 当某项工作存在多余一项以上的紧前工作时，可以从其紧前工作的结束节点分别画虚工作并汇交到一个新节点，然后从这一新节点把该项工作连出。

③ 在连接某工作时，若该工作的紧前工作没有全部绘出，则该项工作不应该绘出。

（2）去掉多余的虚工作，对网络进行整理。

（3）对节点进行编号。

现以表 5-2 所示的网络图工作逻辑关系绘制双代号网络图（见图 5-9）。

表 5-2　工作逻辑关系表

工作名称	A1	A2	A3	B1	B2	B3
紧前工作	—	A1	A2	A1	A2、B1	A3、B2

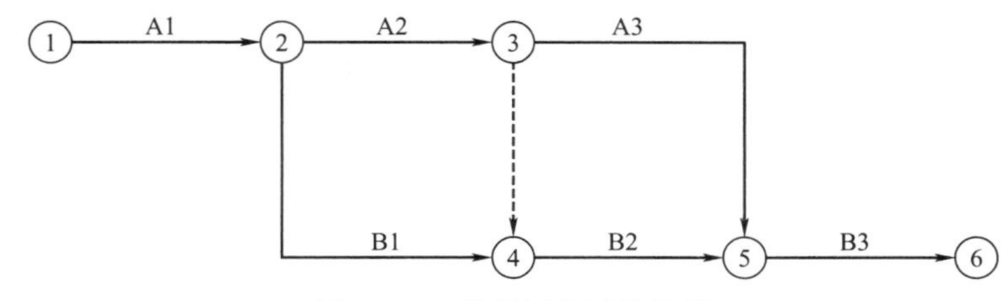

图 5-9 双代号网络图的绘制

(三) 双代号网络图的绘制步骤

市政工程施工网络图的绘制步骤如下。

1. 熟悉工程图纸和施工条件

(1) 市政工程的设计要求和施工说明。

(2) 施工现场的地形、地质、土质和地下水情况。

(3) 施工临时供水、供电的解决办法。

(4) 施工机械、设备、模具的供应条件。

(5) 劳动力和主要建筑安装材料、构配件的供应条件。

(6) 施工用地和临时设施的条件。

2. 确定施工方法，选择施工机械

(1) 工程的开展顺序和流水方向。

(2) 施工段的划分和施工过程的组织。

(3) 施工机械的型号、性能和台数。

3. 编制工作（施工过程）一览表

(1) 确定施工作业内容或施工过程名称。

(2) 计算工程量。

(3) 确定主要工种和施工机械的产量定额。

(4) 确定各施工过程的持续时间。为此，应考虑以下因素：

① 作业的种类、工程量和施工环境、工作条件；

② 产量定额和劳动效率；

③ 施工现场、土质、地质条件；

④ 施工方法，工艺繁简；

⑤ 材料供应情况。

4. 绘制网络图

绘制网络图前，必须明确以下几点。

(1) 工作一览表中各施工过程的先后顺序和相互关系。

(2) 规定工期和合同所确定的提前奖励与延期罚款的办法。

(3) 计划的目标 一般应尽可能做到：

① 临时设施的规模与现场施工费用在合理的范围内最少；

② 施工机械、设备、周转材料和工具在合理的范围内最少；

③ 均衡施工，使施工人数在合理的范围内保持最小的一定值；

④ 减少停工待料所造成的人、机、时间损失。

5. 网络计划的计算和优化

绘制成网络图后，通过时间参数计算即可确定各项工作的进度安排。但这仅是初始方案，还必须根据一定的条件和目标，进行优化，然后才能付诸实施。

四、双代号网络图的绘制技巧

下面举例说明网络计划图的绘图技巧。

（一）工作关系为紧前工作

【例 5-1】 绘出表 5-3 工作关系的双代号网络计划图。

表 5-3　工作关系（一）

工作	A	B	C	E	F	D	G	H	I	J
紧前工作	—	A	A	A	A	B、C	F	D、E、G	D、E	H、I

1. 首先分析工作关系。

第一步，找出同时开始的工作（如：B、C、E、F 工作的紧前工作都是 A，所以 B、C、E、F 工作同时开始）；

第二步，找出有约束关系的工作（如：H 和 I 是半约束关系）；

第三步，再找出同时结束的工作（如：B 和 C 工作同时开始又同时结束，所以肯定要有虚箭线；H 和 I 工作同时结束，但不是同时开始，所以可以在一个节点结束）。

2. 分析工作完成后，开始动手画草图（见图 5-10）。

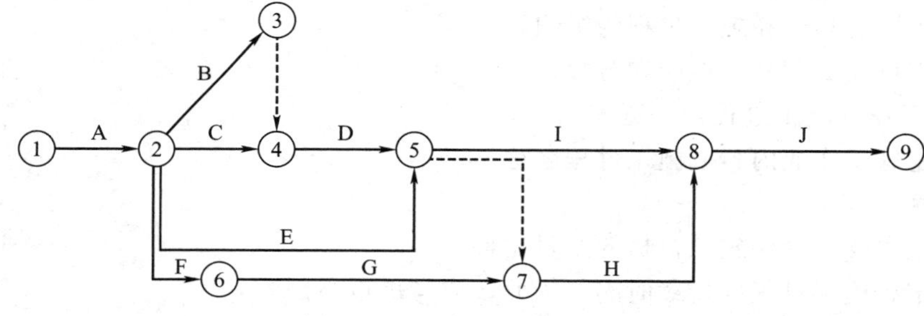

图 5-10　双代号网络图（一）

第一步，画出一个开始节点①，然后画出 A 工作，因为 A 工作的紧前工作没有，所以 A 工作是最前面的工作；

第二步，画出 B、C、E、F 工作，都从②节点开始；

第三步，由于 B 和 C 工作同时开始又同时结束，所以在 B 工作后面画出③节点，在 C 工作后面画出④节点，③和④之间画出虚箭线，如果 D 工作从④节点开始，则虚箭线的箭头指向④节点，如果 D 工作从③节点开始，则虚箭线的箭头指向③节点；

第四步，F 与 G 工作的关系是简单的，可以直接画出；

第五步，I 工作与 D、E 工作的关系比 H 与 D、E 工作的关系要简单，所以，先画出 I 工作与 D、E 工作的关系即 D、E 工作同时在⑤节点结束，I 工作从⑤节点开始；

第六步，由于 D、E 工作已出现，所以只画出 H 与 G 工作的关系，即 H 工作从⑦节点开始，再用虚箭线连接 H 与 D、E 工作的关系，虚箭线箭头指向⑦节点；

第七步，H 与 I 工作同时结束在⑧节点；

第八步，J 工作从⑧节点开始，在⑨节点结束；

第九步，按表 5-3 仔细检查各工序之间的逻辑关系，确定无误后整理草图。

按以上原理，画出了以下几个网络图，见例 5-2、例 5-3、例 5-4。

【例 5-2】 绘出表 5-4 工作关系的双代号网络计划图（见图 5-11）。

表 5-4 工作关系（二）

工作(工序)	A	B	C	D	E	F	H	G
紧前工作	—	—	A	A	B、C	B、C	D、E、F	D、E

总结：半约束的画法。

① 分析工作之间的逻辑关系，找出哪些工作关系是半约束关系。

② 先画相对简单的关系。如例 5-1 中 I 与 D、E 的关系比 H 与 D、E 的关系要简单，所以先画 I 与 D、E 的关系。

③ 再画另一半（未出现）关系。将“未出现关系”看做简单关系，直接在图中画出，如例 5-1 中 H 与 G 的关系直接画出，暂不考虑其他关系。

④ 用虚箭线连接约束关系工作（例 5-1 中 D、E 工作）。如例 5-1 中再用虚箭线连接 H 与 D、E 的关系。

【例 5-3】 绘出表 5-5 工作关系的双代号网络计划图（见图 5-12）。

表 5-5 工作关系（三）

工作(工序)	A	B	C	D	E	F
紧前工作	—	—	—	A、B	A、C	A、B、C

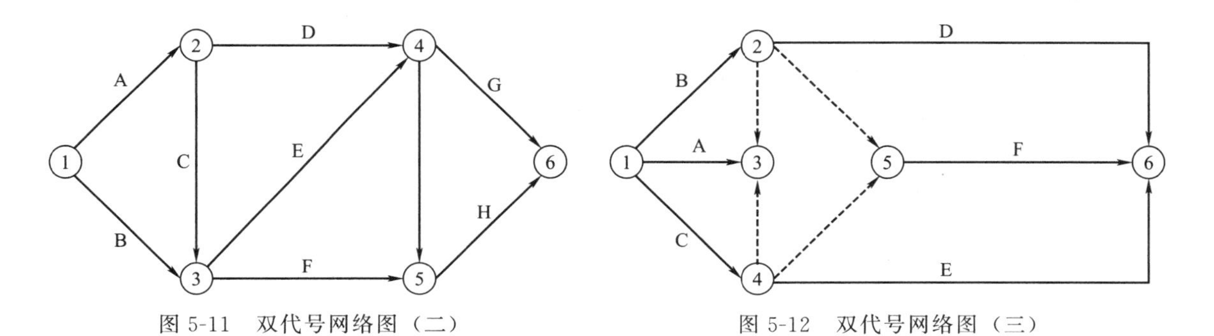

图 5-11 双代号网络图（二）　　图 5-12 双代号网络图（三）

【例 5-4】 绘出表 5-6 工作关系的双代号网络计划图（见图 5-13）。

表 5-6 工作关系（四）

工作(工序)	A	B	C	D	E
紧前工作	—	—	A	A、B	B

（二）工作关系为紧后工作

【例 5-5】 绘出表 5-7 工作关系的双代号网络计划图。

表 5-7 工作关系（五）

工作	A	B	C	D	E	F	G	H	I	J	K
紧后工作	B、C	D、E、F	D、E、F	H	G	J	H	I	—	K	—

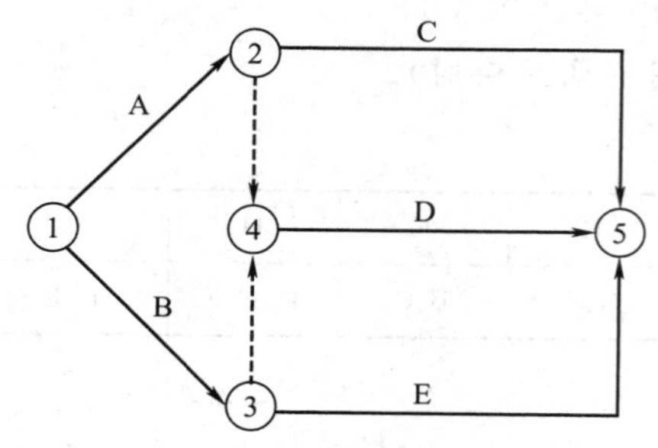

图 5-13 双代号网络图（四）

绘图步骤：

找出最前面的工作即找出开始的工作。紧后工作中没有出现的工作是最前面的工作。

1. 首先分析工作关系

第一步，找出同时开始的工作（如：A 工作的紧后工作是 B、C 工作，所以 B、C 工作同时开始，B、C 工作的紧后工作都是 D、E、F 工作，所以 D、E、F 工作同时开始）。

第二步，找出有约束关系的工作（如：B 和 C 的紧后工作完全相同，所以是全约束关系，又由于 B 和 C 工作同时开始又同时结束，所以肯定有虚箭线）。

第三步，再找出同时结束的工作（如：D 和 G 工作的紧后工作都是 H，所以 D 和 G 工作工作同时结束，但不是同时开始，所以可以在一个节点结束；又如 I 和 K 的紧后工作没有，所以为结束工作）。

2. 分析工作完成后，开始动手画草图

第一步，画出一个开始节点①，然后画出 A 工作，因为 A 工作在紧后工作中没有出现，所以 A 工作是最前面的工作。

第二步，画出 B、C 工作，都从②节点开始。

第三步，由于 B 和 C 工作同时开始又同时结束，所以在 B 工作后面画出④节点，在 C 工作后面画出③节点，③和④之间画出虚箭线，如果 D、E、F 工作从④节点开始，则虚箭线的箭头指向④节点，如果 D 工作从③节点开始，则虚箭线的箭头指向③节点。

第四步，E 与 G、F 与 J、J 与 K 的工作关系是简单的，可以直接画出。

第五步，D 与 G 工作的紧后工作都是 H，所以 D 与 G 工作同时结束在⑥节点，H 工作从⑥节点开始。

第六步，由于 H 与 I 的工作关系是简单的，可以直接画出。

第七步，K 与 I 工作同时结束在⑩节点，如图 5-14 所示。

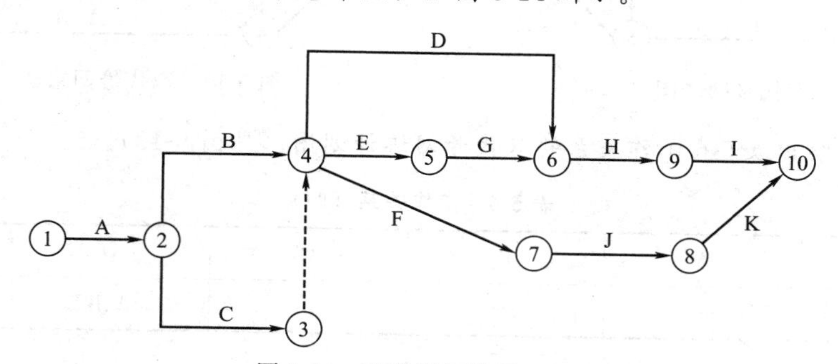

图 5-14 双代号网络图（五）

按以上原理，画出了以下两个网络图，见例 5-6、例 5-7。

注意：逻辑关系为紧后工作关系时，网络计划图的绘图步骤如下。

（1）怎样找开始工作？紧后工作中没有出现的工作是最前边的工作。

（2）先画简单的关系，后画复杂的关系。

（3）找共同约束关系。

【例 5-6】 绘出表 5-8 工作关系的双代号网络计划图（见图 5-15）。

表 5-8　工作关系（六）

工作	A	B	C	D	E	F	G	H	I
紧后工作	C、D、E、F	E、F	G	H	H	I	—	—	—

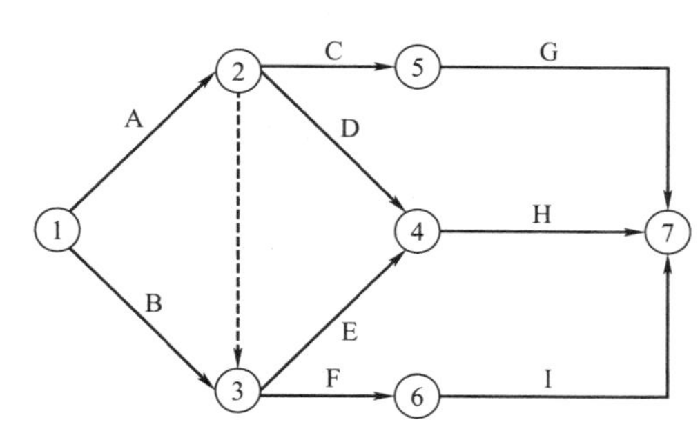

图 5-15　双代号网络图（六）

【例 5-7】 绘出表 5-9 工作关系的双代号网络计划图（见图 5-16）。

表 5-9　工作关系（七）

工作	E	F	G	H	I	J	K	L	M	N	P	Q	R	S
紧后工作	I、K	K	K、L、N	N	J	P	P、Q、R	M	R	R、S	—	—	—	—

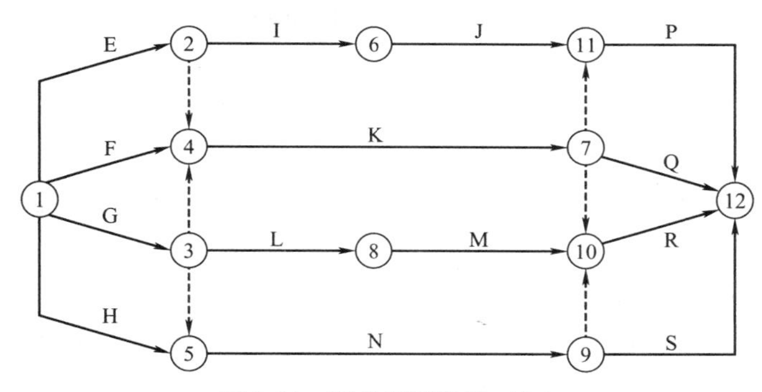

图 5-16　双代号网络图（七）

五、时间参数的计算及关键线路

网络图计算的目的是确定各项工作的最早可能开始时间和最早可能结束时间、最迟必须开始时间和最迟必须结束时间以及工作的各种时差，从而确定整个计划的完成日期；确定计划中的关键工作和关键线路，为网络计划的执行、调整和优化提供依据。

（一）网络计划时间参数的概念和符号

1. 工作持续时间

工作持续时间是指一项工作从开始到完成的时间，用“D”表示。

2. 工期

工期是指完成一项任务所需要的时间，一般有以下三种工期。

（1）计算工期　是根据时间参数计算所得到的工期，用“T_c”表示。

（2）要求工期　是项目委托人提出的指令性工期，用“T_r”表示。

（3）计划工期　是指根据要求工期和计算工期所确定的作为实施目标的工期，用“T_p”表示。

当已规定了要求工期时，计划工期不应超过要求工期，即：

$$T_p \leqslant T_r$$

当未规定要求工期时，可令计划工期等于计算工期，即：

$$T_p = T_c$$

3. 网络计划中工作的时间参数

网络计划中的工作时间参数共有 6 个。即每个工序的最早开始时间和最早结束时间、最迟开始时间和最迟结束时间、总时差、自由时差。

（1）最早开始时间和最早结束时间　最早开始时间是指在其所有紧前工作全部完成后，本工作有可能开始的最早时刻，用“ES”表示。

最早完成时间是指在其所有紧前工作全部完成后，本工作有可能完成的最早时刻，用“EF”表示。

（2）最迟开始时间和最迟完成时间　最迟完成时间是指在不影响整个任务按期完成的前提下，本工作必须完成的最迟时刻，用“LF”表示。

最迟开始时间是指在不影响整个任务按期完成的前提下，本工作必须开始的最迟时刻，用“LS”表示。

（3）总时差和自由时差　所谓时差，是指工作的机动时间。

总时差就是在不影响计划总工期的条件下，该工作所具有的机动时间，用“TF”表示。

自由时差就是在不影响其紧后工作最早开始时间的前提下，该工作可能利用的机动时间，用“FF”表示。

（4）节点的最早时间和节点的最迟时间　在双代号网络计划中，以该节点为开始节点的各项工作的最早开始时间，用“ET”表示。

在双代号网络计划中，以该节点为完成节点的各项工作的最迟完成时间，用“LT”表示。

（二）双代号网络计划时间参数的计算

双代号网路图时间参数的计算可采用六时标注法（图上计算法）进行计算，现以图 5-17 所示网络图各工作的持续时间，进行时间参数的计算。

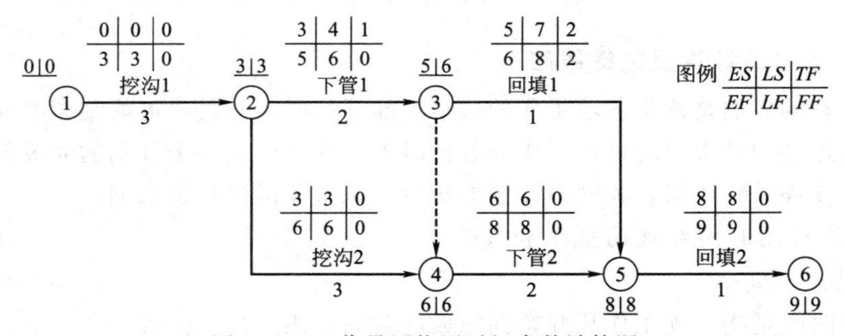

图 5-17　双代号网络图时间参数计算图

1. 最早时间参数的确定

工作的最早时间参数可利用公式进行计算：

$$ET_1 = 0 \tag{5-1}$$

$$ES_{i-j}=ET_i \tag{5-2}$$

$$EF_{i-j}=ES_{i-j}+D_{i-j}=ET_i+D_{i-j} \tag{5-3}$$

$$ET_j=\max(EF_{i-j}) \tag{5-4}$$

式中 ET_i——第 i 个节点的节点最早时间；

ES_{i-j}——工作 $i-j$ 的最早开始时间；

EF_{i-j}——工作 $i-j$ 的最早完成时间；

D_{i-j}——工作 $i-j$ 的持续时间。

按以上公式可计算上例中各工作的最早时间参数，例如：

$ET_1=0$，$ES_{1-2}=0$，$EF_{1-2}=0+3=3$

$ET_2=3$，$ES_{2-3}=3$，$EF_{2-3}=3+2=5$，$ES_{2-4}=3$，$EF_{2-4}=3+3=6$

$ES_{4-5}=\max(EF_{2-3},EF_{2-4})=\max(5,6)=6$

2. 最迟时间参数的确定

工作的最迟时间参数可利用以下公式进行计算：

$$LT_n=ET_n=T_c(\text{未规定要求工期}) \tag{5-5}$$

$$LT_i=\min(LS_{i-j}) \tag{5-6}$$

$$LF_{i-j}=LT_j \tag{5-7}$$

$$LS_{i-j}=LT_j-D_{i-j}=LF_{i-j}-D_{i-j} \tag{5-8}$$

式中 LT_n——结束节点的节点最迟时间；

LT_i——第 i 个节点的节点最迟时间；

LS_{i-j}——工作 $i-j$ 的最迟开始时间；

LF_{i-j}——工作 $i-j$ 的最迟完成时间；

D_{i-j}——工作 $i-j$ 的持续时间。

按以上公式可计算上例中各工作的最迟时间参数，例如：

$LT_6=9$，$LF_{5-6}=9$，$LS_{5-6}=9-1=8$

$LT_5=8$，$LF_{3-5}=8$，$LS_{3-5}=8-1=7$

$LF_{2-3}=\min(LS_{3-5},LS_{4-5})=\min(7,6)=6$

3. 时差的计算

总时差的计算可利用以下公式进行计算：

$$TF_{i-j}=LS_{i-j}-ES_{i-j}=LF_{i-j}-EF_{i-j} \tag{5-9}$$

按以上公式可计算上例中各工作总时差，例如：

$TF_{1-2}=0-0=0$

$TF_{2-3}=4-3=1$

$TF_{2-4}=3-3=0$

自由时差的计算可利用以下公式进行计算

$$FF_{i-j}=ET_j-EF_{i-j}=ET_j-ES_{i-j}-D_{i-j} \tag{5-10}$$

按以上公式可计算上例中各工作自由时差，例如：

$FF_{1-2}=3-3=0$

$FF_{2-3}=5-5=0$

$FF_{2-4}=6-6=0$

（三）关键线路和关键工作

在网络计划中，总时差最小的工作为关键工作，特别是当网络计划的计划工期等于计算工期时，总时差为0的工作就是关键工作，关键工作首尾相连，便至少构成一条从起点节点到终点节点的线路，这条线路就是关键线路。关键线路一般用粗箭线或双线箭线标出，也可以用彩色箭线标出。

上例中关键工作是挖沟1，挖沟2，下管2，回填2。关键线路是①—④—⑤—⑥。

凡是关键线路上的每个工序，它的最早开始时间与最迟开始（或完成）时间相等，没有机动余地，所以关键线路上每个工序施工时间的总和必定最大，也就构成了这个网络计划的总工期，如果关键线路上任何一个工序，拖延了时间，必定使总工期延长。

工程的网络计划，当找出关键线路之后，也就抓住了工程施工进度中的主要矛盾，要想缩短工期，必须在关键工序上下工夫，增加人力，增加设备，提出措施，这就使工程组织者和指挥者做到心中有数，合理配备物资与人力，可以起到事半功倍之效，否则在非关键工序上盲目加人工添设备，对于想缩短工期来说，只能是徒耗其劳。

非关键线路存在一个机动时间，这意味着这些工序可以抽调人力或物资设备，去支援关键工序的施工活动，做好平衡协调工作，使工期缩短。这样，在不增加人力、物资和财力的条件下，可以提高企业的经济效益。

综上所述关键线路有以下特点。

① 关键线路上的工作，当计划工期等于计算工期时，各类时差均等于0。

② 关键线路是从网络计划开始点到结束点之间持续时间最长的线路。

③ 关键线路在网络计划中不一定只有一条，有时存在两条以上。

④ 如果非关键线路延长的时间超过它的总时差，非关键线路就变成关键线路。

关键线路决定着完成计划所需的总工期。华罗庚教授指出，在应用统筹法时，向关键线路要时间，向非关键线路要节约。

第三节　单代号网络计划

单代号网络图，也叫做工作结点网络图，具有绘图简便、逻辑关系明确、便于修改等优点，目前在国内外受到普遍重视。

一、单代号网络图的表达

（一）绘图符号

1. 节点

单代号网络图的节点表示一项工作（活动），用一个圆圈或方框表示，工作的名称或内容以及工作所需要的时间都写在圆圈或方框内。圆圈或方框依次编上号码，作为各工作的代号。单代号网络图中工作的表示方法如图5-18所示。

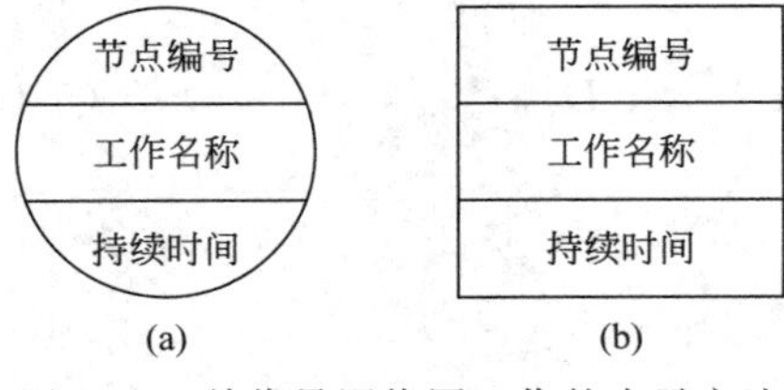

图5-18　单代号网络图工作的表示方法

2. 箭线

单代号网络图以箭线表示工作之间的逻辑关系，箭线的形状和方向可根据绘图的需要而定。

（二）图例比较

如图5-19、图5-20分别用双代号和单代号网络

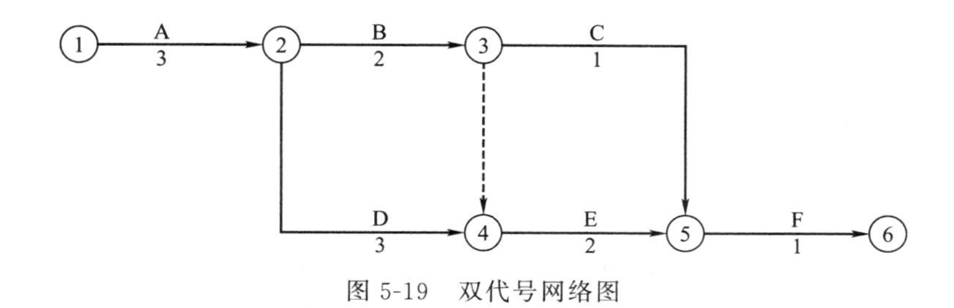

图 5-19 双代号网络图

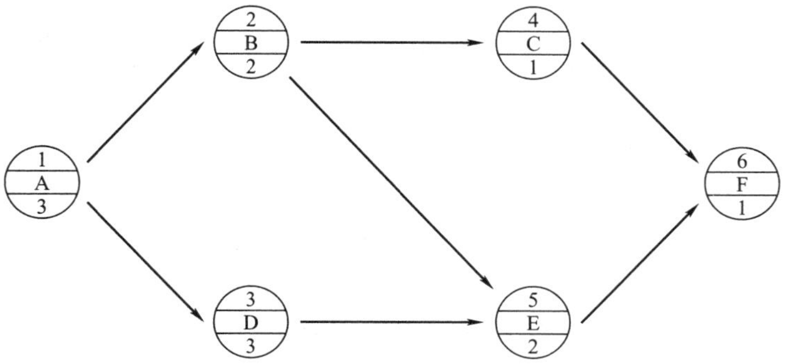

图 5-20 单代号网络图

图表示各工作之间的逻辑关系。

二、单代号网络图的绘制原则和绘制方法

工作结点（单代号）网络图和工作矢箭（双代号）网络图表达的计划内容是一致的，两者的区别仅在于绘图的符号不同。因此，双代号网络图的绘图规则，单代号网络图原则上都应遵守。所不同的是，工作结点网络图一般必须而且只须引进一个表示计划开始的虚结点和一个表示计划结束的虚结点，网络图中不再出现其他的虚工作。因此，画图时只要在工艺网络图上直接加上组织顺序的约束，就可得到生产网络图。

三、单代号网络图时间参数的计算

单代号网络图的计算内容和时间参数的意义与双代号网络图完全相同。单代号网络图同样也以图上计算方法较为简便。

现以下例（图 5-21）所示网络图各工作的持续时间，进行时间参数的计算。

1. 最早时间参数的确定

工作的最早时间参数可利用以下公式进行计算：

$$ES_1=0 \tag{5-11}$$

$$EF_i=ES_i+D_i \tag{5-12}$$

$$ES_i=\max(EF_n) \tag{5-13}$$

式中 ES_i——工作 i 的最早开始时间；

EF_i——工作 i 的最早完成时间；

D_i——工作 i 的持续时间；

$\max(EF_n)$——工作 i 的所有紧前工作最早完成时间的最大值。

按以上公式可计算上例中各工作的最早时间参数，例如：

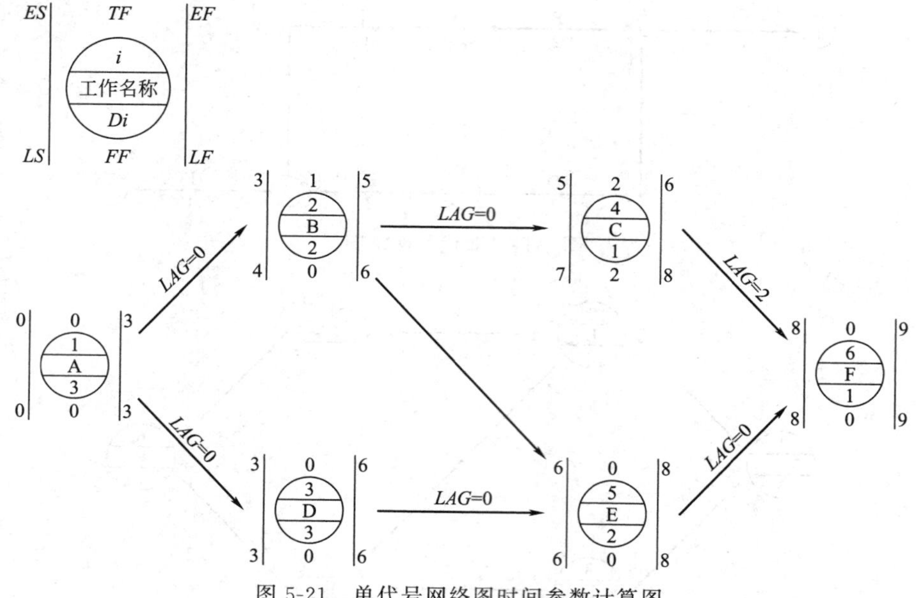

图 5-21 单代号网络图时间参数计算图

$$ES_1=0,\ EF_1=0+3=3$$

$$ES_5=\max(EF_2,EF_3)=\max(5,6)=6$$

2. 最迟时间参数的确定

工作的最迟时间参数可利用以下公式进行计算：

$$LF_n=EF_n=T_p=T_c\text{(未规定要求工期)} \tag{5-14}$$

$$LF_i=\min(LS_j) \tag{5-15}$$

$$LS_i=LF_i-D_i \tag{5-16}$$

式中 LF_i——工作 i 的最迟完成时间；

$\min(LS_j)$——工作 i 的所有紧后工作最迟开始时间的最小值；

D_i——工作 i 的持续时间。

按以上公式可计算上例中各工作的最迟时间参数，例如：

$$LF_6=9,\ LS_6=9-1=8$$

$$LF_5=8,\ LS_5=8-1=7$$

3. 时差的计算

总时差的计算可利用以下公式进行计算：

$$TF_i=LS_i-ES_i=LF_i-EF_i \tag{5-17}$$

按以上公式可计算上例中各工作的总时差，例如：

$$TF_1=0-0=0$$

$$TF_2=4-3=1$$

自由时差的计算可利用以下公式进行计算：

$$FF_i=\min(LAG_{i-j}) \tag{5-18}$$

$$LAG_{i-j}=ES_j-EF_i \tag{5-19}$$

式中 LAG_{i-j}——工作 i 与 j 的时间间隔。

按以上公式可计算上例中各工作的自由时差，例如：

$LAG_{1-2}=3-3=0$

$LAG_{1-3}=3-3=0$

$LAG_{2-5}=6-5=1$

$FF_1=\min(LAG_{1-2},LAG_{1-3})=\min(0,0)=0$

$FF_2=\min(LAG_{2-4},LAG_{2-5})=\min(0,1)=0$

第四节 双代号时标网络计划

双代号时标网络计划（简称时标网络计划）必须以水平时间坐标为尺度表示工作时间。时标的时间单位应根据需要在编制网络计划之前确定，可以是小时、天、周、月或季度等。

在时标网络计划中，以实箭线表示工作，实箭线的水平投影长度表示该工作的持续时间；以虚箭线表示虚工作，由于虚工作的持续时间为零，故虚箭线只能垂直画；以波形线表示工作与其紧后工作之间的时间间隔（以终点节点为完成节点的工作除外，当计划工期等于计算工期时，这些工作箭线中波形线的水平投影长度表示其自由时差）。

时标网络计划既具有网络计划的优点，又具有横道计划直观易懂的优点，它将网络计划的时间参数直观地表达出来。

时标网络计划宜按各项工作的最早开始时间编制。为此，在编制时标网络计划时应使每一个节点和每一项工作（包括虚工作）尽量向左靠，直至不出现从右向左的逆向箭线为止。

在编制时标网络计划之前，应先按已经确定的时间单位绘制时标网络计划表。时间坐标可以标注在时标网络计划表的顶部或底部。当网络计划的规模比较大，且比较复杂时，可以在时标网络计划表的顶部和底部同时标注时间坐标。必要时，还可以在顶部时间坐标之上或底部时间坐标之下同时加注日历时间。

编制时标网络计划应先绘制无时标的网络计划草图，然后按间接绘制法或直接绘制法进行。

一、时标网络计划的间接绘制法

所谓间接绘制法，是指先根据无时标的网络计划草图计算其时间参数并确定关键线路，然后在时标网络计划表中进行绘制。在绘制时应先将所有节点按其最早时间定位在时标网络计划表中的相应位置，然后再用规定线型（实箭线和虚箭线）按比例绘出工作和虚工作。当某些工作箭线的长度不足以到达该工作的完成节点时，需用波形线补足，箭头应画在与该工作完成节点的连接处。

二、时标网络计划的直接绘制法

所谓直接绘制法，是指不计算时间参数而直接按无时标的网络计划草图绘制时标网络计划。

① 将网络计划的起点节点定位在时标网络计划表的起始刻度线上。

② 按工作的持续时间绘制以网络计划起点节点为开始节点的工作箭线。

③ 除网络计划的起点节点外，其他节点必须在所有以该节点为完成节点的工作箭线均绘出后，定位在这些工作箭线中最迟的箭线末端。当某些工作箭线的长度不足以到达该节点时，必须用波形线补足，箭头画在与该节点的连接处。

④ 当某个节点的位置确定之后，即可绘制以该节点为开始节点的工作箭线。

⑤ 利用上述方法从左至右依次确定其他各个节点的位置，直至绘出网络计划的终点节点。在绘制时标网络计划时，特别需要注意的问题是处理好虚箭线。首先，应将虚箭线与实箭线等同看待，只是其对应工作的持续时间为零；其次，尽管它本身没有持续时间，但可能存在波形线，因此，要按规定画出波形线。在画波形线时，其垂直部分仍应画为虚线。

现以图 5-22 所示的网络计划为例，绘制其时标网络计划。

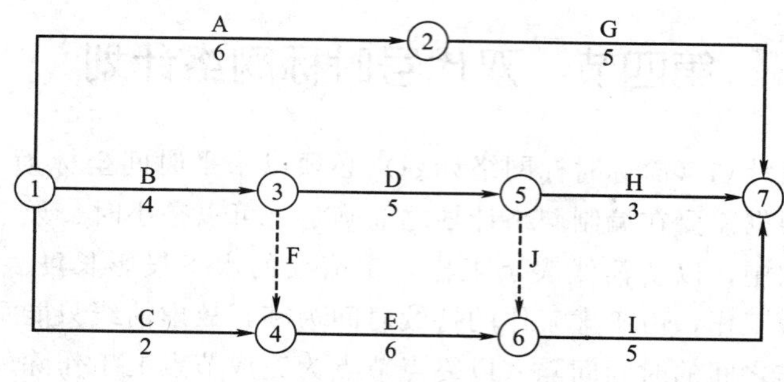

图 5-22 双代号网络计划

绘制的时标网络计划如图 5-23 所示。

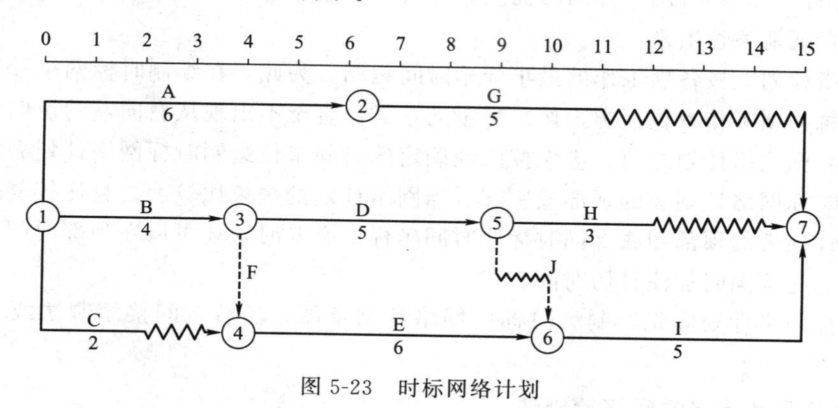

图 5-23 时标网络计划

第五节 网络计划的优化

一、网络计划优化的意义和内容

在建筑工程中，工期短、成本低、质量好是人们努力追求的目标。但是工期和成本是相互关联、相互制约的。在生产效率一定的条件下，要提高施工速度，缩短施工工期，就必须集中更多的人力、物力于某项工程上，为此，势必要扩大施工现场的仓库、堆场、各种临时设施的规模和数量，势必要增加施工临时供水、供电、供热等设施的能力，其结果将引起工程成本的增加。因此，在应用网络计划进行工程管理的时候，考虑工期、成本（资源）的优化，是有现实意义的。

网络计划的优化是指在一定的约束条件下，按既定目标对网络计划进行不断改进，以寻求满意方案的过程。网络计划的优化目标应按计划任务的需要和条件选定，包括工期目标、费用目标和资源目标。根据优化目标的不同，网络计划的优化可分为工期优化、费用优化和资源优化三种。

二、工期优化

所谓工期优化，是指网络计划的计算工期不满足要求工期时，通过压缩关键工作的持续时间以满足要求工期目标的过程。

（一）工期优化方法

网络计划工期优化的基本方法是在不改变网络计划中各项工作之间逻辑关系的前提下，通过压缩关键工作的持续时间来达到优化目标。在工期优化过程中，按照经济合理的原则，不能将关键工作压缩成非关键工作。此外，当工期优化过程中出现多条关键线路时，必须将各条关键线路的总持续时间压缩相同数值；否则，不能有效地缩短工期。

网络计划的工期优化可按下列步骤进行。

(1) 确定初始网络计划的计算工期和关键线路。

(2) 按要求工期计算应缩短的时间 ΔT：

$$\Delta T = T_c - T_r \tag{5-20}$$

式中 T_c——网络计划的计算工期；

T_r——要求工期。

(3) 选择应缩短持续时间的关键工作 选择压缩对象时宜在关键工作中考虑下列因素：

① 缩短持续时间对质量和安全影响不大的工作；

② 有充足备用资源的工作；

③ 缩短持续时间所需增加的费用最少的工作。

(4) 将所选定的关键工作的持续时间压缩至最短，并重新确定计算工期和关键线路。若被压缩的工作变成非关键工作，则应延长其持续时间，使之仍为关键工作。

(5) 当计算工期仍超过要求工期时，则重复上述 (2)～(4)，直至计算工期满足要求工期或计算工期已不能再缩短为止。

(6) 当所有关键工作的持续时间都已达到其能缩短的极限而寻求不到继续缩短工期的方案，但网络计划的计算工期仍不能满足要求工期时，应对网络计划的原技术方案、组织方案进行调整，或对要求工期重新审定。

应注意的是，一般情况下，双代号网络计划图中箭线下方括号外数字为工作的正常持续时间，括号内数字为最短持续时间；箭线上方括号内数字为优选系数，该系数综合考虑质量、安全和费用增加情况而确定。选择关键工作压缩其持续时间时，应选择优选系数最小的关键工作。若需要同时压缩多个关键工作的持续时间时，则它们的优选系数之和（组合优选系数）最小者应优先作为压缩对象。

（二）工期优化示例

某双代号网络图如图 5-24 所示，图中箭线下方括号外数字为工作的正常持续时间，括号内为最短持续时间；箭线上方括号内数字为优选系数，该系数综合考虑质量、安全、费用增加情况而确定。现假设要求工期为 15 天，试对其进行工期优化。

解： 1. 确定该网络计划的计算工期和关键线路，如图 5-25 所示，此时计算工期 $T_c=19$ 天，关键线路为①—②—④—⑥。

2. 应压缩的时间

$$\Delta T = T_c - T_r = 19 - 15 = 4(\text{天})$$

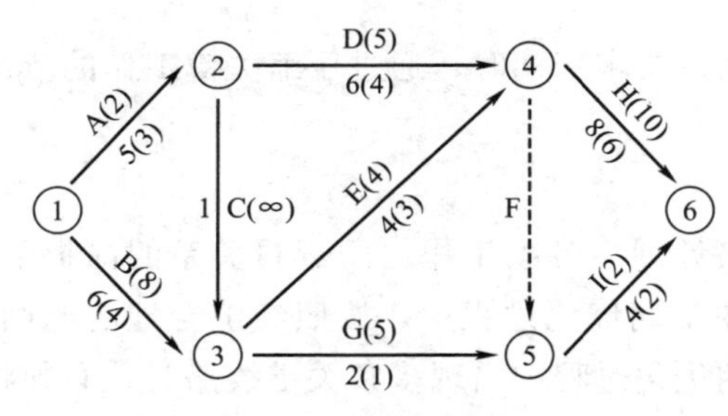

图 5-24 初始网络计划

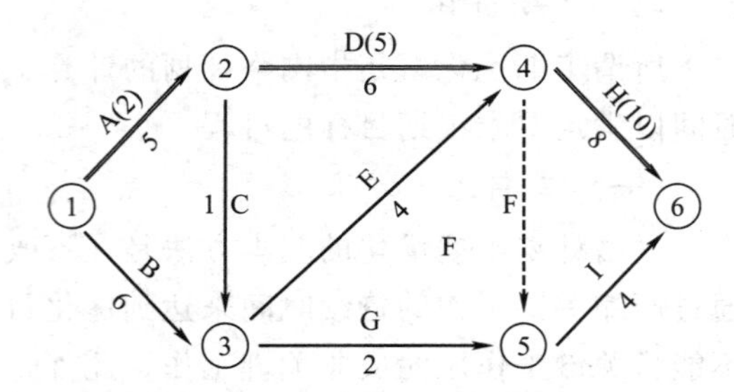

图 5-25 初始网络计划中的关键线路

3. 因为工作 A 的优选系数最小，故在关键工作中压缩 A，把 A 压缩 1 天，工作 A 的持续时间为 4 天（不能把 A 压缩 2 天，否则 A 成为非关键线路），此时的关键线路变为 2 条，即：①—②—④—⑥和①—③—④—⑥，如图 5-26 所示，此时的计算工期为 18 天，大于要求工期，$\Delta T_1=18-15=3$（天），需要继续压缩。

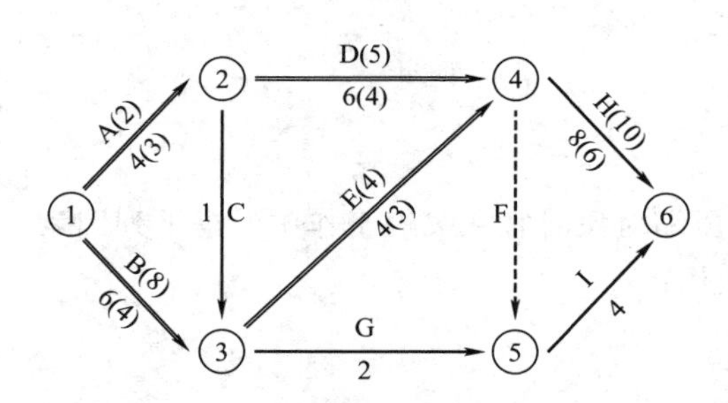

图 5-26 第一次压缩后的网络计划

共有 5 种压缩方案：

① 同时压缩工作 A 和工作 B，组合优选系数为 2＋8＝10（天）；

② 同时压缩工作 A 和工作 E，组合优选系数为 2＋4＝6（天）；

③ 同时压缩工作 D 和工作 B，组合优选系数为 5＋8＝13（天）；

④ 同时压缩工作 D 和工作 E，组合优选系数为 5＋4＝9（天）；

⑤ 压缩工作 H，优选系数为 10。

由于②方案的优选系数最小，所以同时压缩工作 A 和工作 E。将它们各压缩 1 天，如图 5-27 所示，计算工期为 17 天，关键线路仍为 2 条，即：①—②—④—⑥和①—③—④—⑥。

4. 由于此时计算工期为 17 天，仍大于要求工期，$\Delta T_2=17-15=2$（天），故需要继续压缩。此时有两个压缩方案：

① 同时压缩工作 B 和工作 D，组合优选系数为 8＋5＝13（天）；

② 压缩工作 H，优选系数为 10。

由于工作 H 的优选系数最小，故压缩工作 H。将 H 压缩 2 天，如图 5-28 所示。此时，计算工期为 15 天，已等于要求工期，故图 5-28 所示的网络计划即为优化方案。

三、费用优化

费用优化又称工期成本优化，是指寻求工程总成本最低时的工期安排，或按要求工期寻求最低成本的计划安排的过程。

（一）费用和时间的关系

在建设工程施工过程中，完成一项工作通常可以采用多种施工方法和组织方法，而不同的施工方法和组织方法，又会有不同的持续时间和费用。由于一项建设工程往往包含许多工作，所以在安排建设工程进度计划时，就会出现许多方案。进度方案不同，所对应的总工期和总费用也就不同。为了能从多种方案中找出总成本最低的方案，必须首先分析费用和时间

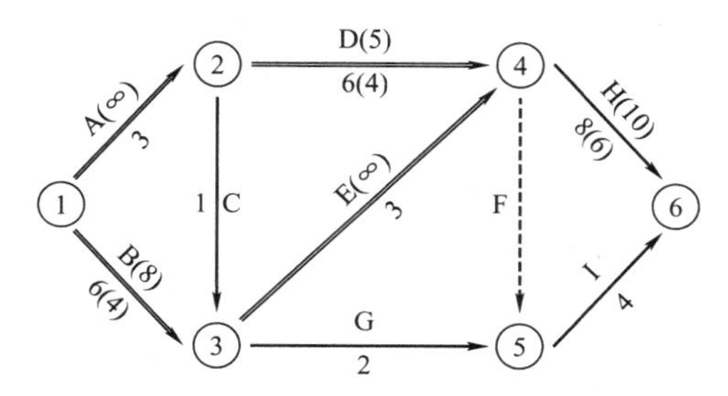

图 5-27 第二次压缩后的网络计划

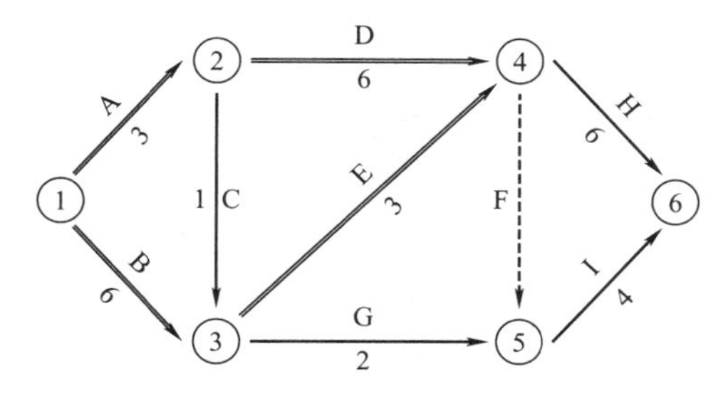

图 5-28 工期优化后的网络计划

之间的关系。

1. 工程费用与工期的关系

工程总费用由直接费和间接费组成。直接费由人工费、材料费、机械使用费、其他直接费及现场经费等组成。施工方案不同，直接费也就不同；如果施工方案一定，工期不同，直接费也不同。直接费会随着工期的缩短而增加。间接费包括企业经营管理的全部费用，它一般会随着工期的缩短而减少。在考虑工程总费用时，还应考虑工期变化带来的其他损益，包括效益增量和资金的时间价值等。工程费用与工期的关系如图 5-29 所示。

2. 工作直接费与持续时间的关系

由于网络计划的工期取决于关键工作的持续时间，为了进行工期成本优化，必须分析网络计划中各项工作的直接费与持续时间之间的关系，它是网络计划工期成本优化的基础。

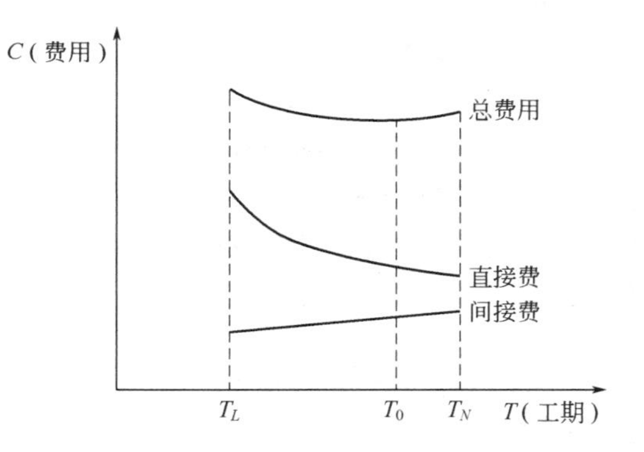

图 5-29 费用-工期曲线

T_L—最短工期；T_0—最优工期；T_N—正常工期

工作的直接费与持续时间之间的关系类似于工程直接费与工期之间的关系，工作的直接费随着持续时间的缩短而增加，如图5-30所示。为简化计算，工作的直接费与持续时间之间的关系被近似地认为是一条直线关系。当工作划分不是很粗时，其计算结果还是比较精确的。工作的持续时间每缩短单位时间而增加的直接费称为直接费率。直接费率可按式(5-21) 计算：

$$\Delta C_{i-j}=\frac{CC_{i-j}-CN_{i-j}}{DN_{i-j}-DC_{i-j}} \tag{5-21}$$

式中 ΔC_{i-j}——工作 $i-j$ 的直接费率；

CC_{i-j}——按最短持续时间完成工作 $i-j$ 时所需的直接费；

CN_{i-j}——按正常持续时间完成工作 $i-j$ 时所需的直接费；

DN_{i-j}——工作 $i-j$ 的正常持续时间；

DC_{i-j}——工作 $i-j$ 的最短持续时间。

从式(5-21) 可以看出，工作的直接费率越大，说明将该工作的持续时间缩短一个时间单位，所需增加的直接费就越多；反之，将该工作的持续时间缩短一个时间单位，所需增加的直接费就越少。因此，在压缩关键工作的持续时间以达到缩短工期的目的时，应将直接费率最小的关键工作作为压缩对象。当有多条关键线路出现而需要同时压缩多个关键工作的持

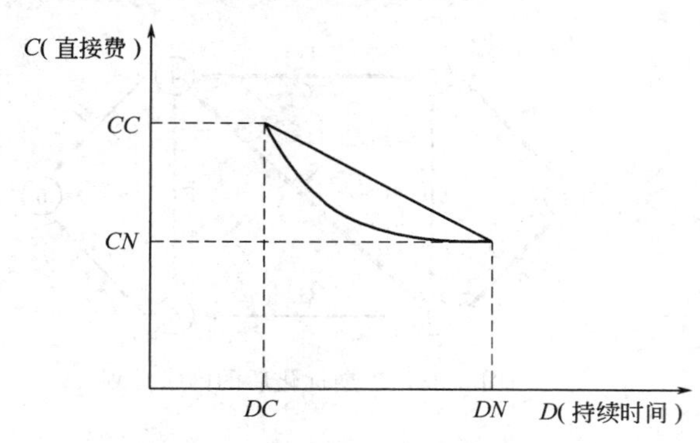

图 5-30　直接费-持续时间曲线

续时间时，应将它们的直接费率之和（组合直接费率）最小者作为压缩对象。

（二）费用优化方法

（1）计算正常作业条件下工程网络计划的工期、关键线路和总直接费、总间接费及总费用。

（2）计算各项工作的直接费率。

（3）在关键线路上，选择直接费率（或组合直接费率）最小并且不超过工程间接费率的工作作为被压缩对象。

（4）将被压缩对象压缩至最短，当被压缩对象为一组工作时，将该组工作压缩同一数值，并找出关键线路，如果被压缩对象变成了非关键工作，则需适当延长其持续时间，使其刚好恢复为关键工作为止。

（5）重新计算和确定网络计划的工期、关键线路和总直接费、总间接费、总费用。

（6）重复上述（3）～（5）步骤，直至找不到直接费率或组合直接费率不超过工程间接费率的压缩对象为止。此时即求出总费用最低的最优工期。

（7）绘制出优化后的网络计划。在每项工作上注明优化的持续时间和相应的直接费用。

（三）费用优化示例

已知某双代号网络图如图 5-31 所示，图中箭线下方括号外数字为工作的正常时间，括号内数字为最短持续时间；箭线上方括号外数字为工作按正常持续时间完成时所需要的直接费，括号内数字为工作按最短持续时间完成时所需要的直接费。该工程的间接费率为 0.8 万元/天，试对其进行费用优化。

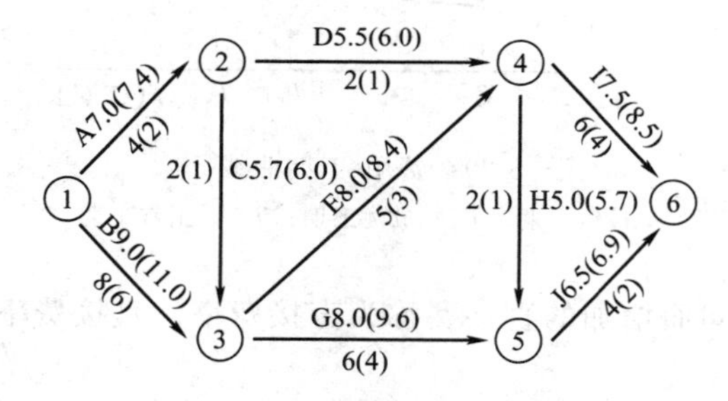

图 5-31　初始网络计划

费用单位：万元；时间单位：天

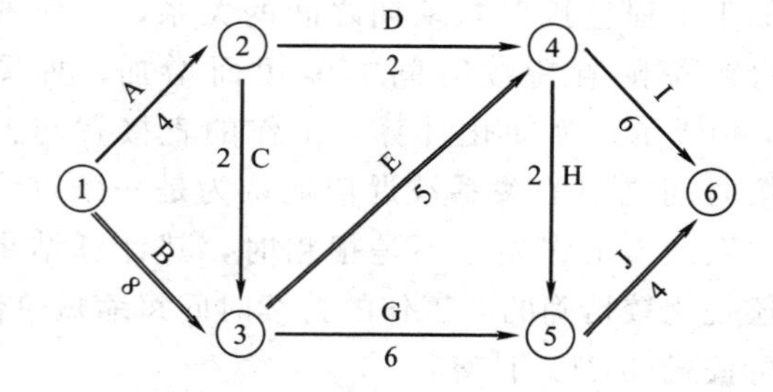

图 5-32　初始网络计划中的关键线路

解：1. 计算该网络计划的计算工期和关键线路，如图 5-32 所示，计算工期为 19 天，关键线路有 2 条，即：①—③—④—⑥和①—③—④—⑤—⑥。

2. 参照式(5-21)，计算各项工作的直接费率为：

$$\Delta C_{1-2}=\frac{7.4-7.0}{4-2}=0.2\ (万元/天)$$

$$\Delta C_{1-3}=1.0\ 万元/天$$

$$\Delta C_{2-3}=0.3\ 万元/天$$

$$\Delta C_{2-4}=0.5\ 万元/天$$

$$\Delta C_{3-4}=0.2\ 万元/天$$

$\Delta C_{3-5}=0.8$ 万元/天

$\Delta C_{4-5}=0.7$ 万元/天

$\Delta C_{4-6}=0.5$ 万元/天

$\Delta C_{5-6}=0.2$ 万元/天

3. 计算工程总费用

① 直接费总和：$C_d=7.0+9.0+5.7+5.5+8.0+8.0+5.0+7.5+6.5=62.2$（万元）。

② 间接费总和：$C_i=0.8\times19=15.2$（万元）。

③ 工程总费用：$C_t=C_d+C_i=62.2+15.2=77.4$（万元）。

4. 通过压缩关键工作的持续时间进行费用优化如下。

（1）第一次压缩　有以下4个压缩方案可供选择：

① 压缩工作B，直接费率为1.0万元/天；

② 压缩工作E，直接费率为0.2万元/天；

③ 同时压缩工作H和工作I，组合直接费率为$0.7+0.5=1.2$（万元/天）；

④ 同时压缩工作I和工作J，组合直接费率为$0.5+0.2=0.7$（万元/天）。

在上述方案中，压缩工作E，压缩1天（不能压缩2天，防止E被压缩成非关键线路），压缩后的网络计划如图5-33所示。图中箭线上方括号内数字为工作的直接费率。

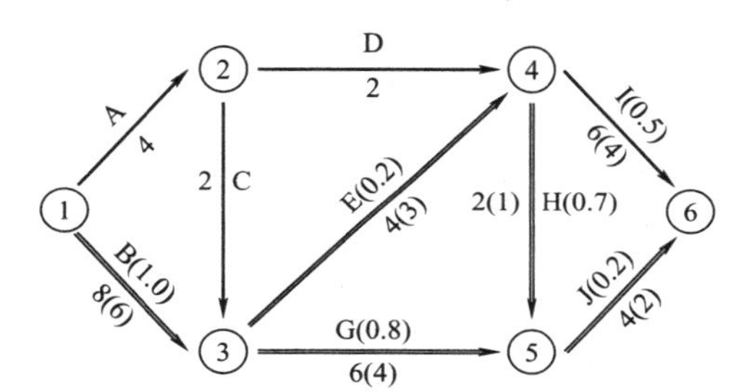

图5-33　第一次压缩后的网络计划

（2）第二次压缩　由图5-33可知，该网络计划有3条关键线路：①—③—④—⑥、①—③—④—⑤—⑥和①—③—⑤—⑥。为同时缩短3条关键线路的总持续时间，有以下5个压缩方案可供选择：

① 压缩工作B，直接费率为1.0万元/天；

② 同时压缩工作E和工作G，组合直接费率为$0.2+0.8=1.0$（万元/天）；

③ 同时压缩工作E和工作J，组合直接费率为$0.2+0.2=0.4$（万元/天）；

④ 同时压缩工作G、工作H和工作I，组合直接费率为$0.8+0.7+0.5=2.0$（万元/天）；

⑤ 同时压缩工作I和工作J，组合直接费率为$0.5+0.2=0.7$（万元/天）。

在上述方案中，同时压缩工作E和工作J，同时压缩1天后，关键线路变为2条，即：①—③—④—⑥和①—③—⑤—⑥。原来的关键工作H未经压缩被动地变成了非关键线路，如图5-34所示。

（3）第三次压缩　由图5-34可知，该网络计划有2条关键线路，即：①—③—④—⑥和①—③—⑤—⑥。为同时缩短2条关键线路的总持续时间，有以下3个压缩方案可供选择：

① 压缩工作B，直接费率为1.0万元/天；

② 同时压缩工作G和工作I，组合直接费率为$0.8+0.5=1.3$（万元/天）；

③ 同时压缩工作I和工作J，组合直接费率为$0.5+0.2=0.7$（万元/天）。

在上述方案中，同时压缩工作I和工作J，同时压缩1天后，关键线路仍为2条，即：①—③—④—⑥和①—③—⑤—⑥，如图5-35所示。

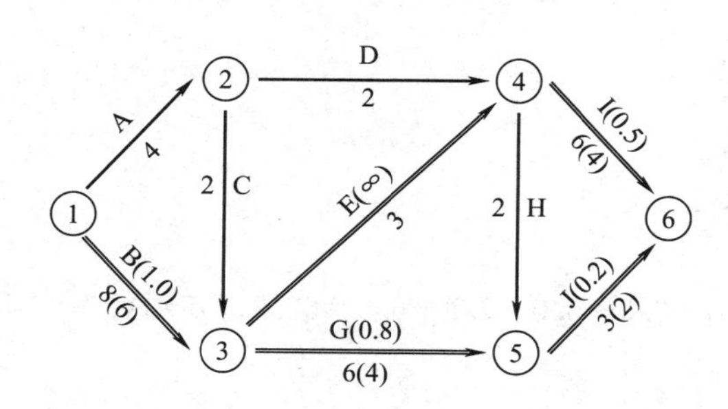

图 5-34　第二次压缩后的网络计划

（4）第四次压缩　由图 5-35 可知，该网络计划有 2 条关键线路，即：①—③—④—⑥和①—③—⑤—⑥。为同时缩短 2 条关键线路的总持续时间，有以下 2 个压缩方案可供选择：

① 压缩工作 B，直接费率为 1.0 万元/天；

② 同时压缩工作 G 和工作 I，组合直接费率为 0.8＋0.5＝1.3（万元/天）。

在上述方案中，压缩工作 B 的直接费率最小，但是大于间接费率，说明不能压缩 B，优化方案已经得到，优化后的网络计划如图 5-36 所示。图中箭线上方括号内数字为工作的直接费。

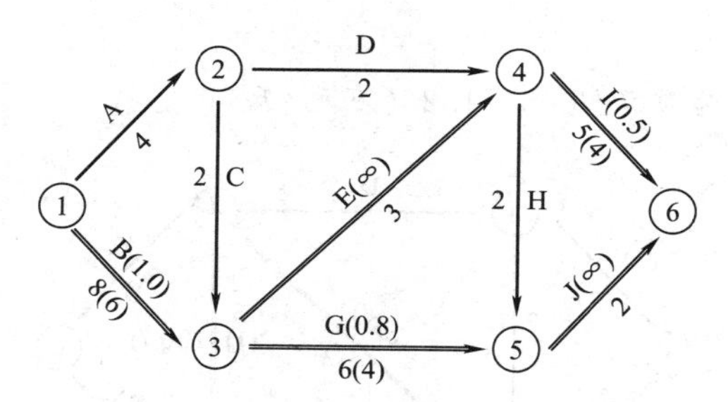

图 5-35　第三次压缩后的网络计划

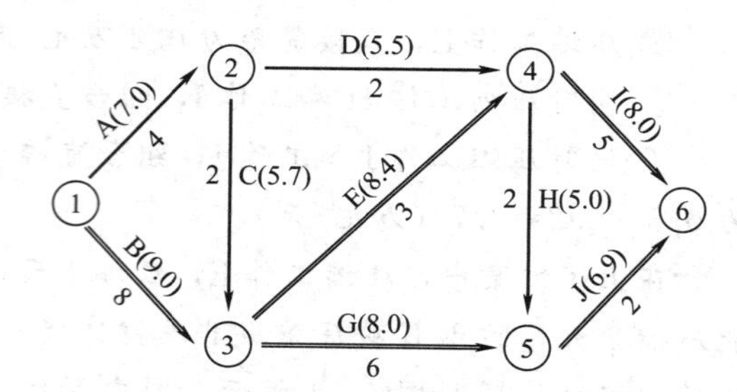

图 5-36　费用优化后的网络计划

（5）计算优化后的工程总费用

① 直接费总和：$C_{d0}=7.0+9.0+5.7+5.5+8.4+8.0+5.0+8.0+6.9$

$=63.5$（万元）

② 间接费总和：$C_{i0}=0.8\times16=12.8$（万元）

③ 工程总费用：$C_{t0}=C_{d0}+C_{i0}=63.5+12.8=76.3$（万元）

四、资源优化

资源是指为完成一项计划任务所需投入的人力、材料、机械设备和资金等。完成一项工程任务所需要的资源量基本上是不变的，不可能通过资源优化将其减少。资源优化的目的是通过改变工作的开始时间和完成时间，使资源按照时间的分布符合优化目标。

在通常情况下，网络计划的资源优化分为两种，即“资源有限，工期最短”的优化和“工期固定，资源均衡”的优化。前者是通过调整计划安排，在满足资源限制条件下，使工期延长最少的过程；而后者是通过调整计划安排，在工期保持不变的条件下，使资源需用量尽可能均衡的过程。这里所讲的资源优化，其前提条件是：

① 在优化过程中，不改变网络计划中各项工作之间的逻辑关系；

② 在优化过程中，不改变网络计划中各项工作的持续时间；

③ 网络计划中各项工作的资源强度（单位时间所需资源数量）为常数，而且是合理的；

④ 除规定可中断的工作外，一般不允许中断工作，应保持其连续性。

（一）“资源有限，工期最短”的优化

在满足有限资源的条件下，通过调整某些工作的投入作业的开始时间，使工期不延误或最少延误。优化步骤如下。

① 绘制时标网络计划，逐时段计算资源需用量。

② 逐时段检查资源需用量是否超过资源限量，若超过则进入下一步，否则检查下一时段。

③ 对于超过的时段，按总时差从小到大累计该时段中各项工作的资源强度，累计到不超过资源限量的最大值，其余的工作推移到下一时段（在各项工作不允许间断作业的假定条件下，在前一时段已经开始的工作应优先累计）。

④ 重复上述步骤，直至所有时段的资源需用量均不超过资源限量为止。

（二）“工期固定，资源均衡”的优化

在工期不变的条件下，尽量使资源需用量均衡，既有利于工程施工组织与管理，又有利于降低工程施工费用。

1. 衡量资源需用量均衡程度的指标

衡量资源需用量均衡程度的指标有三个，分别为不均衡系数、极差值、均方差值。

2. 优化步骤与方法

（1）绘制时标网络计划，计算资源需用量。

（2）计算资源均衡性指标，用均方差值来衡量资源均衡程度。

（3）从网络计划的终点节点开始，按非关键工作最早开始时间的后先顺序进行调整（关键工作不得调整）。

（4）绘制调整后的网络计划。

本章小结

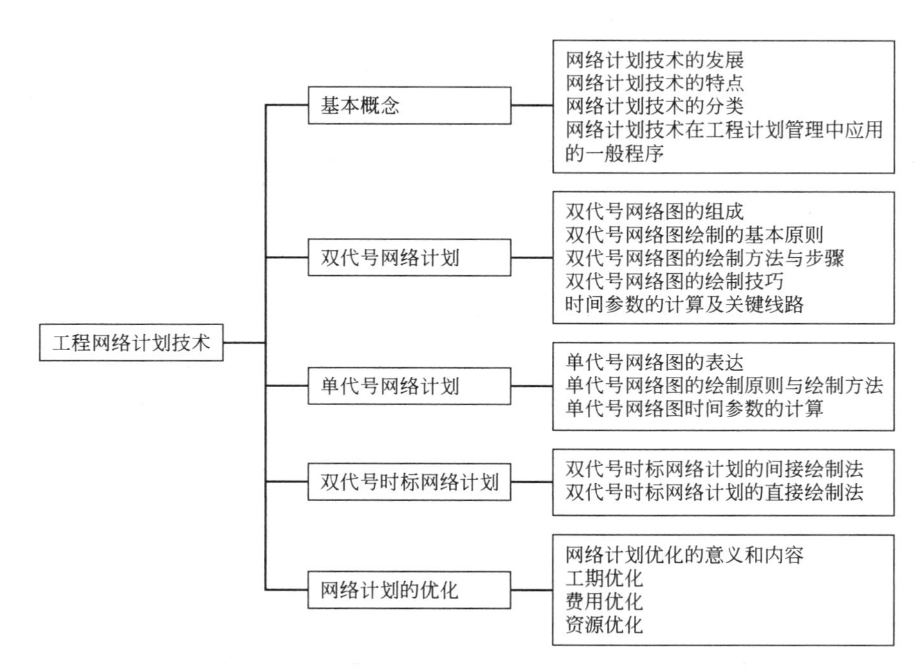

1. 网络计划的特点和分类是什么？

2. 双代号网络计划图的三要素及各自的含义是什么？双代号网络计划图的基本原则和绘制步骤是什么？

3. 单代号网络计划图的三要素及各自的含义是什么？单代号网络计划图的基本原则和绘制步骤是什么？

4. 图算法如何计算节点时间参数？工作时间参数的计算步骤是什么？时差参数怎样计算？

5. 关键线路定义及其确定方法是什么？如何缩短关键线路？

6. 时间坐标网络计划的绘制步骤是什么？其特点是什么？

7. 时间-费用优化的基本步骤是什么？

8. 试述总时差在实际工程施工中的意义和作用。

9. 双代号网络图中，虚工作怎样表示？其作用是什么？

10. 简述网络计划控制工程进度的操作步骤。

11. 根据下表绘制双代号网络图，并指出关键线路和计算出工期。

工序名称	A	B	C	D	E	F	G	H	I	J	K	L
紧前工作	—	—	A	A	A,F	B,C	F	D,E	E,G	E,G	H,I	J
持续时间	5	3	2	4	5	3	1	3	2	5	3	5

12. 根据下表绘制单代号网络图，并指出关键线路和计算出工期。

工作代号	A	B	C	D	E	F	G	H	I	J
紧后工作	—	—	A,B	B	B	C,D	C,D,E	D,E	F	F,G,H
持续时间	3	5	3	5	4	5	4	3	4	5

13. 根据下表绘制时间坐标网络图。

工序名称	A	B	C	D	E	F	G	H	I
紧前工作	—	—	A	B	B	A,D	E	C,F,E	G
持续时间	2	5	3	5	2	5	4	5	2

14. 某路线工程有四座盖板通道采用流水作业，持续时间如下表所示。

施工工序 \ 施工段	持续时间			
	一	二	三	四
挖基	3	5	6	4
砌片石	6	4	7	5
现浇墙体	8	10	9	12
盖板安装	2	4	3	2

① 绘制双代号网络图。

② 用图算法计算时间参数。

③ 确定关键线路并分析与一般流水作业的区别。

15. 根据下表资料绘制网络图，并在图上计算节点时间。

工序名称	A	B	C	D	E	F	G	H	I
紧前工作	—	—	A	B	A	B	C,D	C,D	E,G
紧后工作	C,E	D,F	G,H	G,H	I	—	I	—	—
作业时间	3	1	4	2	5	6	7	8	9

第六章　市政工程施工组织设计的编制

【知识目标】

- 了解施工组织设计的编制要求，施工组织设计的贯彻与评价。
- 熟悉施工组织设计的资料准备内容及施工组织设计的内容。
- 掌握施工组织设计的编制程序和步骤，施工方案的制定，施工进度计划的编制，资源调配计划的编制以及施工平面图的绘制。

【能力目标】

- 能够制定合理的施工方案。
- 具有编制施工进度计划的能力。
- 能够编制资源调配计划。
- 能够绘制施工平面图。

第一节　施工组织设计编制概述

一、施工组织设计编制的要求

① 技术负责人应组织有关施工技术人员、物资装备管理人员、工程质检人员学习并熟悉合同文件和设计文件，将编制任务分工落实，限时完成且应有考核措施。

② 施工组织设计应有目录，并应在目录中注明各部分的编制者。

③ 尽量采用图表和示意图，做到图文并茂。

④ 应附有缩小比例的工程主要结构物平面图和立面图。

⑤ 若工程地质情况复杂，可附上必要的地质资料（或图件、岩土力学性能试验报告）。

⑥ 多人合作编制的施工组织设计，必须由工程技术主管统一审核，以免重复叙述或遗漏等。

⑦ 如果选择的施工方案与投标时的施工方案有较大差异，应将选择的施工方案征得监理工程师和业主的认可。

⑧ 施工组织设计应在要求的时间内完成。

二、编制施工组织设计的资料准备

在编制施工组织设计之前，要做好充分的准备工作，为施工组织设计的编制提供可靠的第一手资料。

1. 合同文件及标书的研究

合同文件是承包工程项目的施工依据，也是编制施工组织设计的基本依据，对招标文件的内容要认真研究，重点弄清以下几方面的内容。

（1）承包范围　对承包项目进行全面了解，弄清各单项工程和单位工程的名称、专业内容、工程结构、开竣工日期等。

（2）设计图纸供应 要明确甲方交付的日期和份数，以及设计变更通知办法。

（3）物资供应分工 通过合同的分析，明确各类材料、主要机械设备、要安装设备等的供应分工和供应办法。由甲方负责的，要弄清何时能供应，以便制定需用量计划和节约措施，安排好施工计划。

（4）合同及标书制定的技术规范和质量标准 了解指定的技术规范和质量标准，以便为制定技术措施提供依据。

以上是着重了解的内容，当然合同文件及标书还有其他的条款，也不容忽略，只有认真地研究，才能制定出全面、准确、合理的总设计规划。

2. 施工现场环境调查

在编制施工组织设计之前，要对施工现场环境作深入的实际调查。调查的主要内容有以下几方面。

（1）核对设计文件，了解拟施工工程的位置等。

（2）收集施工地区内的自然条件资料，如地形、地质、水文资料。

（3）了解施工地区内的既有房屋、通信电力设备、给排水管道、坟地及其他建筑情况，以便作出拆迁、改建计划。

（4）调查施工区域的技术经济条件

① 当地水电的供应情况。可提供的能力、允许接入的条件等。

② 地方资源供应情况和当地条件。如劳动力是否可利用；地方建材的供应能力、价格、质量、运距、运费，以及当地可利用的加工修理能力等。

③ 了解交通运输条件。如铁路、公路、水运的情况，公路桥梁承载通过的最大能力。

3. 各种定额及概预算资料

编制施工组织设计时，收集施工项目当地有关的定额及概算（或预算）资料等。

4. 施工技术资料

合同条款中规定的各种施工技术规范、施工操作规程、施工安全作业规程等，此外，还应收集施工新工艺、新方法，操作新技术以及新型材料、机具等资料。

5. 施工时可能调用的资源

由于施工进度直接受到资源供应的限制，在编制实施性施工组织设计时，对资源的情况应有十分具体而确切的资料。在做施工方案和施工组织计划时，资源的供应情况也可由建设单位提供。

施工时可能调用的资源包括劳动力数量及技术水平，施工机具的类型和数量，外购材料的来源及数量，各种资源的供应时间。

6. 其他资料

其他资料指施工组织与管理工作的有关政策规定、环境保护条例、上级部门对施工的有关规定和工期要求等。

三、施工组织设计的内容

1. 工程概况

（1）简要说明工程名称，施工单位名称，建设单位及监理机构、设计单位、质监站名称，合同开工日期和施工日期，合同价（中标价）。

（2）简要介绍拟建工程的地理位置、地形地貌、水文、气候、降雨量、雨季、交通运输、水电等情况。

（3）施工组织机构设置及职责部门之间的关系。

（4）工程结构、规模、主要工程数量表。

（5）合同特殊要求，如业主提供结构材料、指定分包商等。

2. 施工总平面部署

（1）简要说明可供使用的土地、设施，周围环境、环保要求，附近房屋、农田、鱼塘，需要保护或注意的情况。

（2）施工总平面布置必须以平面布置图表示，并应标明拟建工程平面位置、生产区、生活区、预制场、材料场位置。

（3）施工总平面布置可用一张图，也可用多张相关的图表示；图上无法表示的，应用文字简单叙述。

3. 技术规范及检验标准

（1）明确本工程所使用的施工技术规范和质量检验评定标准。

（2）注明本工程所使用的作业指导书的编号和标题。

4. 施工顺序及主要工序的施工方法

（1）施工顺序　一般应以流程图表示各分项工程的施工顺序和相关关系，必要时附以文字简要说明。

（2）施工方法　施工方法是施工组织设计重点叙述的部分，它包含主要分项工程的施工方法，重点叙述技术难度大、工种多、机械设备配合多、经验不足的工序和关键部位。对于常规的施工工序则简要说明。

（3）施工方法一般以分项工程为单位分别叙述。

① 本分项工程的施工顺序。

② 本分项工程的工程数量。

③ 测量控制及标志的设置。

④ 选择的施工机械设备。

⑤ 如何进行施工和质量控制，特殊过程的监控方法。

⑥ 施工高峰期施工强度和材料供应强度。

5. 质量保证计划

（1）明确工程质量目标。

（2）确定质量保证措施。

① 根据工程实际情况，按分项工程项目分别制定质量保证技术措施，并配备工程所需的各类技术人员。

② 对于工程的特殊过程，应对其连续监控和持证上岗作业，并制定相应的措施和规定。

③ 对于分包工程的质量要制定相应的措施和规定。

6. 安全劳保技术措施

（1）安全合同、安全检查机构、施工现场安全措施、施工人员安全措施。

（2）水上作业、高空作业、夜间作业、起重安装和机械作业等的安全措施。

（3）安全用电、防水、防火、防风、防洪、防震的措施。

（4）机械、车辆多工种交叉作业的安全措施。

（5）操作者安全环保的工作环境，所需要采取的措施。

（6）拟建工程施工过程中工程本身的防护和防碰撞措施，维持交通安全的标志。

（7）本措施应遵守行业和公司各类安全技术操作规程和各项预防事故的规定。

（8）本措施应由项目部的安全部门负责人审核后定稿。

7. 施工进度计划

（1）施工进度计划用网络图和横道图表示。

（2）计划一般以分项工程划分并标明工程数量。

（3）将关键线路（工序）用粗线条（或双线）表示；必要时标明每日、每周或每月的施工强度。

（4）根据施工强度配备各类机械设备。

8. 物资需用量计划

（1）本计划用表格表示，并将施工材料和施工用料分开。

（2）计划应注明由业主提供或自行采购。

（3）计划一般按月提出物资需用量，以分项工程为单位计算需用量。

（4）本计划应同时附有物资计划汇总表，将各品种、规格、型号的物资汇总。

9. 机械设备使用计划

（1）机械设备使用计划一般用横道图表示。

（2）计划应说明施工所需机械设备的名称、规格、型号和数量。

（3）计划应标明最迟的进场时间和总的使用时间。

（4）必要时，可注明某一种设备是租用外单位或自行购置。

10. 劳动力需用量计划

（1）劳动力需用量计划以表格表示。

（2）计划应将各技术工种和普杂工分开，根据总进度计划需要，按月列出需用人数，并统计各月工种最多和最少人数。

（3）计划应说明本单位各工种自有人数和需要调配或雇用人数。

11. 大型临时工程

（1）大型临时工程一般指大型围堰、大型脚手架和模板、大型构件吊具、塔吊、施工便道和便桥等。

（2）大型临时工程均应进行设计计算、校核和出具施工图纸，编制相应的各类计划和制定相应的质量保证和安全劳保技术措施。

（3）需要单独编制施工方案的大型临时设施工程，其设计前后均应由公司或项目部组织有关部门和人员对设计提出要求并进行评审。

12. 其他

（1）如果施工准备阶段时间较长、工作较繁多，有必要的，应编制施工准备工作计划。

（2）必要时，编制资金使用计划。

（3）必要时，编制成本降低和控制措施计划。

四、施工组织设计编制程序和步骤

施工组织设计的编制程序如图 6-1 所示。

（1）计算工程量　在指导性施工组织设计中，通常是根据概算定额或类似工程计算工程量，不要求很精确，也不要求作全面的计算，只要抓住几个主要项目就基本上可以满足要求；而实施性施工组织设计则要求计算准确，这样才能保证劳动力和资源需求量计算得正

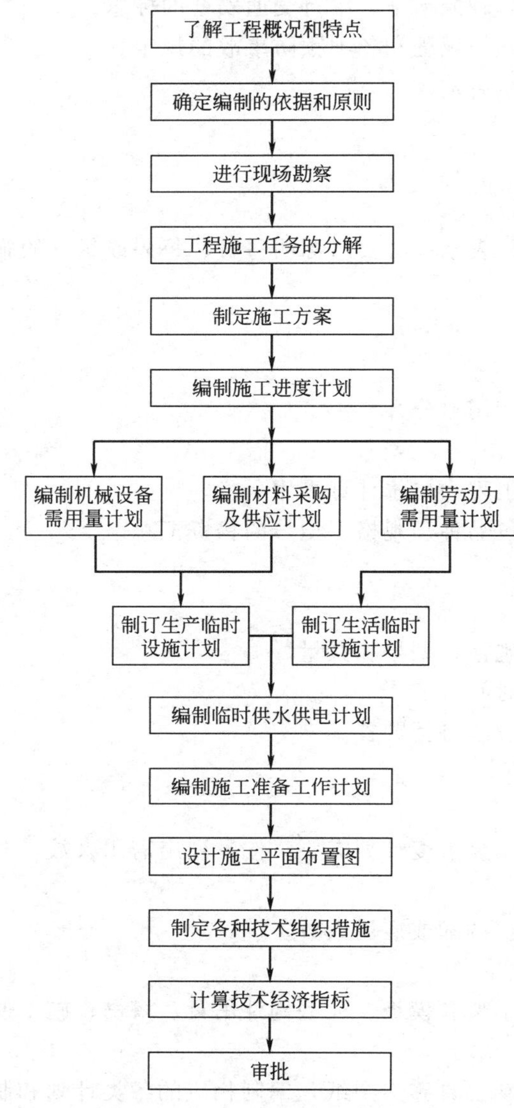

图 6-1 施工组织设计的编制程序

确，便于设计合理的施工组织与作业方式，保证施工生产有序、均衡地进行。同时，许多工程量在确定了方法以后可能还需修改，比如土方工程的施工由利用挡土板改为放坡以后，土方工程量即应增加，而支撑工料就将全部取消。这种修改可在施工方法确定后一次进行。

（2）确定施工方案 在指导性施工组织设计中，一般只需对重大问题作出原则性规定即可，在工期上只规定开工与竣工日期，在各单位工程中规定它们之间的衔接关系和使用的主要施工方法；实施性施工组织设计则是对指导性施工组织设计的原则规定进一步的具体化，着重研究采用何种施工方法，确定选用何种施工机械。

（3）确定施工顺序，编制施工进度计划 除按照各安装部分之间具有依附关系的固定不变的施工顺序外，还要注意组织方面的施工顺序。不同的顺序对工期有不同的结果。合理的施工顺序可缩短工程的工期。

确定施工顺序，还要注意因具体施工条件不同，设计好作业的施工顺序。安排施工进度应采用流水作业法，并用网络计划技术安排进度，易找出关键工作和关键线路，便于在施工中进行控制。

（4）计算各种资源的需要量和确定供应计划 指导性施工组织设计可根据工程和有关的指标或定额计算，并且只包括最主要的内容，计算时要留有余地，以避免在单位工程施工前编制实施性施工组织设计时与之发生矛盾；实施性施工组织设计可根据工程量按定额或过去积累的资料，决定每日的工人需要量；按机械台班定额决定各类机械使用数量和使用时间；计算材料的主要种类和数量及其供应计划。

（5）平衡劳动力、材料物资和施工机械的需要量，并修正进度计划。

（6）设计施工现场的各项业务，如水、电、道路、仓库、施工人员住房、修理车间、机械停放库、材料堆放场地等的位置和临时建筑。

（7）设计施工平面图 使生产要素在空间上的位置合理、互不干扰，加快施工进度。

五、有关注意事项

编制施工组织设计，特别是编制实施性施工组织设计时，应注意处理好以下几个问题。

（1）根据工程的特点，解决好施工中的主要矛盾，对重点部分在施工组织设计中都应重点说明或编制单项的施工组织设计。

（2）认真细致地做好工程排序工作 安排工程进度时，各项工程的施工顺序和搭接关系以及保证重点工程等是施工组织设计必须解决的关键问题。

（3）留有余地，便于调整 由于影响施工的因素很多，所以在计划执行时必然会出现不可预见到的问题，这就要求编制计划时力求可行，执行时又可根据现场具体情况进行修改、调整、补充。施工初期计划安排更应留有余地，以免造成人财物的浪费。

（4）对施工难度大以及采用新工艺和新技术的工程项目，要进行专业性的研究，必要时组织专门会议，邀请有经验的工程技术人员参加。

（5）在施工组织设计编制过程中，要充分发挥各职能部门的作用，吸收他们参加编制和审定；充分利用企业的技术力量和管理能力，统筹安排、扬长避短，发挥企业的优势和水平。

（6）当施工组织设计的初稿完成后，要组织参加编制的人员及单位进行讨论，经逐项逐条地研究修改后，最终形成正式文件，送主管部门审批。

第二节 施工方案的制定

施工方案是根据设计图纸和说明书，决定采用哪种施工方法和机械设备，以何种施工顺序和作业组织形式来组织项目施工活动的计划。施工方案确定了，就基本上确定了整个工程施工的进度、劳动力和机械的需要量、工程的成本、现场的状况等。所以说施工方案的优劣，在很大程度上决定了施工组织设计质量的好坏和施工任务能否圆满完成。

施工方案包括施工方法与施工机械选择、施工顺序的合理安排以及作业组织形式和各种技术组织措施等内容。

一、选择施工方案的原则

（1）制定切实可行的施工方案，首先必须从实际出发，一定要切合当前的实际情况，有实现的可能性。选定的方案在人力、物力、技术上所提出的要求，应该是当前已有条件或在一定的时期内有可能争取到，否则，任何方案都是不可取的，这就要求在制定方案之前，要深入细致地做好调查研究工作，掌握主客观情况，进行反复的分析比较，才能做到切实可行。

（2）施工期限满足规定要求，保证工程特别是重点工程要按期或提前完成，迅速发挥投资的效益，有重大的经济意义。因此，施工方案必须保证在竣工时间上符合规定的要求，并争取提前完成，这就要求在确定施工方案时，在施工组织上统筹安排，照顾均衡施工。在技术上尽可能运用先进的施工经验和技术，力争提高机械化和装配化的程度。

（3）确保工程质量和安全生产 “质量第一，安全生产”，在制定方案时，要充分考虑到工程的质量和安全，在提出施工方案的同时，要提出保证工程质量和安全的技术组织措施，使方案完全符合技术规范与安全规程的要求。如果方案不能确保工程质量与安全生产，其他方面再好也是不可取的。

（4）施工费用最低 施工方案在满足其他条件的同时，还必须使方案经济合理，以增加生产盈利，这就要求在制定方案时，尽量采用降低施工费用的一切有效措施，从人力、材料、机具和间接费等方面找出节约的因素，发掘节约的潜力，使工料消耗和施工费用降到最低限度。

以上几点是一个统一的整体，在制定施工方案时，应作通盘考虑，现代施工技术的进步，组织经验的积累，每个工程的施工，都有不同的方法来完成，存在着多种可能的方案，因此在确定施工方案时，要以上述几点作为衡量标准，经多方面的分析比较，全面权衡，选出最优方案。

二、施工方法的选择

施工方法是施工方案的核心内容，对工程的实施具有决定性作用。确定施工方法应突出重点，凡是采用新技术、新工艺和对工程质量起关键作用的项目，以及工人在操作上还不够熟练的项目，应详细而具体，不仅要拟订进行这一项目的操作过程和方法，而且要提出质量要求，以及达到这些要求的技术措施。并要预见可能发生的问题，提出预防和解决这些问题的办法。对于一般性工程和常规施工方法则可适当简化，但要提出工程中的特殊要求。

1. 施工方法选择的依据

正确地选择施工方法是确定施工方案的关键。各个施工过程均可采用多种施工方法进行施工，而每一种施工方法都有其各自的优势和使用的局限性。我们的任务就是从若干可行的施工方法中选择最可行、最经济的施工方法。选择施工方法的依据主要有以下几点。

（1）工程特点　主要指工程项目的规模、构造、工艺要求、技术要求等方面。

（2）工期要求　要明确本工程的总工期和各分部、分项工程的工期是属于紧迫、正常和充裕三种情况的哪一种。

（3）施工组织条件　主要指气候等自然条件，施工单位的技术水平和管理水平，所需设备、材料、资金等供应的可能性。

（4）标书、合同书的要求　主要指招标书或合同条件中对施工方法的要求。

（5）设计图纸　主要指根据设计图纸的要求，确定施工方法。

（6）施工方案的基本要求　主要是指根据制定施工方案的基本要求确定施工方法。对于任何工程项目都有多种施工方法可供选择，但究竟采用何种方法，将对施工方案的内容产生巨大的影响。

2. 施工方法的确定与机械选择的关系

施工方法一经确定，机械设备的选择就只能以满足其要求为基本依据，施工组织也只能在此基础上进行。但是，在现代化施工条件下，施工方法的确定，主要还是选择施工机械、机具的问题，这有时甚至成为最主要的问题。例如，顶管施工工作坑施工，是选择冲抓式钻机还是旋转式钻机，钻机一旦确定，施工方法也就确定了。

确定施工方法，有时由于施工机具与材料等的限制，只能采用一种施工方案。可能此方案不一定是最佳的，但别无选择。这时就需要从这种方案出发，制定更好的施工顺序，以达到较好的经济性，弥补方案少而无选择余地之不足。

三、施工机械的选择和优化

施工机械对施工工艺、施工方法有直接的影响，施工机械化是现代化大生产的显著标志，对加快建设速度、提高工程质量、保证施工安全、节约工程成本起着至关重要的作用。因此选择施工机械成为确定施工方案的一个重要内容，应主要考虑下列问题。

（1）在选用施工机械时，应尽量选用施工单位现有机械，以减少资金的投入，充分发挥现有机械效率。若现有机械不能满足工程需要，则可考虑租赁或购买。

（2）机械类型应符合施工现场的条件　施工现场的条件指施工场地的地质、地形、工程量大小和施工进度等，特别是工程量和施工进度计划，是合理选择机械的重要依据。一般来说，为了保证施工进度和提高经济效益，工程量大应采用大型机械，工程量小则应采用中小型机械，但也不是绝对的。如一项大型土方工程，由于施工地区偏僻，道路、桥梁狭窄或载重量限制大型机械的通过，如果只是专门为了它的运输问题而修路、桥，显然是不经济的，因此应选用中型机械施工。

(3) 在同一个工地上施工机械的种类和型号应尽可能少　为了便于现场施工机械的管理及减少转移，对于工程量大的工程应采用专用机械；对于工程量小而分散的工程，则应尽量采用多用途的施工机械。

(4) 要考虑所选机械的运行费用是否经济，避免大机小用　施工机械的选择应以能否满足施工需要为目的。如本来土方量不大，却用了大型的土方机械，结果不到一周就完工了，但大型机械的台班费、进出场的运输费、便道的修筑费以及折旧费等固定费用相当庞大，使运行费用过高，超过缩短工期所创造的价值。

(5) 施工机械的合理组合　选择施工机械时，要考虑各种机械的合理组合，这样才能使选择的施工机械充分发挥效率。合理组合一是指主机与辅机在台数和生产能力上的相互适应；二是指作业线上的各种机械互相配套的组合。

① 主机与辅机的组合，一定要设法保证主机充分发挥作用的前提下，考虑辅机的台数和生产能力。

② 作业线上各种机械的配套组合。一种机械化施工作业线是由几种机械联合作业组合成一条龙施工才能具备整体生产能力。如果其中的某种机械的生产能力不适应作业线上的其他机械，或机械可靠性不好，会使整条作业线的机械发挥不了作用。如在房建工程中混凝土拌和机、塔吊、吊斗的一条龙施工，就存在合理配套组合的问题。

(6) 选择施工机械时应从全局出发统筹考虑　全局出发就是不仅考虑本项工程，而且还要考虑所承担的同一现场或附近现场其他工程的施工机械的使用。这就是说，从局部考虑选择机械是不合理的，应从全局角度进行考虑。

四、施工顺序的选择

施工顺序是指施工过程或分项工程之间施工的先后次序，它是编制施工方案的重要内容之一。施工顺序安排得好，可以加快施工进度，减少人工和机械的停歇时间，并能充分利用工作面，避免施工干扰，达到均衡、连续施工的目的。并能实现科学地组织施工，做到不增加资源，加快工期，降低施工成本。

1. 必须符合施工工艺的要求

建筑安装的各个施工过程之间存在着一定的工艺顺序关系。这种顺序关系随着建筑物的不同而变化，在确定施工顺序时，应注意分析各施工过程的工艺关系，施工顺序决不能违反这种关系，例如，在道路工程中，基层的施工总要等土路基完成后才能进行，而面层则要待基层完成后才可以做。一般来说，建筑安装工程在施工顺序安排上，要做到先地下后地上，先深后浅，先干线后支线，先地下管线后筑路；在场地平整挖方区，应先平整场地后挖线土方；在填方区，应由远及近，先做管线后平整场地等。

2. 应与施工方法协调一致

施工顺序的安排与施工方法有关，采用不同的施工方法，其施工顺序也不同，如开槽埋管，采用撑板开挖，就应先挖土后撑板，如采用打钢板桩，则应先打钢板后挖土。

3. 必须考虑施工质量的要求

安排施工顺序时应考虑质量，如沥青混凝土路面施工中，一般在路基做好后，就先排砌侧平石，再做路面，主要是使道路的路宽及标高能符合设计要求；但在水泥混凝土路面施工时，为了保证质量，应先铺筑好水泥混凝土面层，再排砌侧石。

4. 安排施工顺序时应考虑经济和节约，降低施工成本

合理安排施工顺序，加速周转材料的周转次数，并尽量减少配备的数量。通过合理安排施工顺序可缩短施工期，减少管理费、人工费、机械台班费等，降低工程成本，给项目带来显著的经济效益。

5. 考虑当地的气候条件和水文要求

在安排施工顺序时，应考虑冬季、雨季、台风等气候的影响，特别是受气候影响大的分部工程应尤为注意。在南方施工时，应从雨季考虑施工顺序，可能因雨季而不能施工的应安排在雨季前进行。如土方工程不能安排在雨季施工。在严寒地区施工时，则应考虑冬季施工特点安排施工顺序。

6. 考虑施工安全要求

在安排施工顺序时，应力求各施工过程的搭接不致产生不安全因素，以避免安全事故的发生。

五、技术组织措施的设计

技术组织措施是施工企业为完成施工任务，保证工程工期，提高工程质量，降低工程成本，在技术上和组织上所采取的措施。企业应把编制技术组织措施作为提高技术水平、改善经营管理的重要工作认真抓好。通过编制技术组织措施，结合企业内部实际情况，很好地学习和推广同行业的先进技术和行之有效的组织管理经验。

1. 技术组织措施

技术组织措施主要包括以下几方面的内容。

(1) 提高劳动生产率，提高机械化水平，加快施工进度方面的技术组织措施。例如，引广新技术、新工艺、新材料，改进施工机械设备的组织管理，提高机械的完好率、利用率，科学地进行劳动组合等方面的措施。

(2) 提高工程质量，保证生产安全方面的技术组织措施。

(3) 施工中的节约资源，包括节约材料、动力、燃料和降低运输费用的技术组织措施。

为了使编制技术组织措施工作经常化、制度化，企业应分段编制施工技术组织措施计划。

2. 工期保证措施

(1) 施工准备工作抓早、抓紧　尽快做好施工准备工作，认真复核图纸，进一步完善施工组织设计，落实重大施工方案，积极配合业主及有关单位办理征地拆迁手续。主动疏通地方关系，取得地方政府及有关部门的支持，施工中遇到问题而影响进度时，要统筹安排，及时调整，确保总体工期。

(2) 采用先进的管理方法（如网络计划技术等）对施工进度进行动态管理　以投标的施工组织进度和工期要求为依据，及时完善施工组织设计，落实施工方案，报监理工程师审批。根据施工情况变化，不断进行设计、优化，使工序衔接、劳动力组织、机具设备、工期安排等有利于施工生产。

(3) 建立多级调度指挥系统，全面、及时掌握并迅速、准确地处理影响施工进度的各种问题　对工程交叉和施工干扰应加强指挥和协调，对重大关键问超前研究，制定措施，及时调整工序，调动人、财、物、机，保证工程的连续性和均衡性。

（4）强物资供应计划的管理 每月、旬提出资源使用计划和进场时间。

（5）控制工期的重点工程，优先保证资源供应，加强施工管理和控制。如现场昼夜值班制度，及时调配资源和协调工作等。

（6）安排好冬、雨季的施工 根据当地气象、水文资料，有预见性地调整各项工作的施工顺序，并做好预防工作，使工程能有序和不间断地进行。

（7）注意设计与现场校对，及时进行设计变更 工程项目施工过程常因地质的变化而引起设计变更，进而影响施工进度。为保证工期要求，要协调各方面的关系，尽量减少对施工进度的影响。如积极地与监理工程师联系，取得认可，再与设计单位联系，早点提出变更设计等。

（8）确保劳动力充足、高效 根据工程需要，配备充足的技术人员和技术工人，并采用各项措施，提高劳动者技术素质和工作效率。强化施工管理，严明劳动纪律，对劳动力实行动态管理，优化组合，使作业专业化、正规化。

3. 保证质量措施

保证质量的关键是对工程对象经常发生的质量通病制定防治措施，从全面质量管理的角度，把措施定到实处，建立质量保证体系，保证“PDCA 循环”的正常运转，全面贯彻执行国际质量认证标准（ISO 9000 系统）。对采用的新工艺、新材料、新技术和新结构，必须制定有针对性的技术措施，以保证工程质量。常见的质量保证措施有以下几方面。

（1）质量控制机构和创优规划。

（2）加强教育，提高项目的全员综合素质。

（3）强化质量意识，健全规章制度。

（4）建立分部、分项工程的质量检查和控制措施。

（5）技术、质量要求比较高，施工难度大的工作，成立科技质量攻关小组——全面质量管理体系中 QC 攻关小组，确保工程质量。

（6）全面推行和贯彻 ISO 9000 标准，在项目开工前，编制详细的质量计划，编写工序作业指导书，保证工序质量和工作质量。

4. 工程安全施工措施

安全施工措施应贯彻安全操作规程，对施工中可能发生安全问题的环节进行预测，提出预防措施。杜绝重大事故和人身伤亡事故的发生，把一般事故减少到最低限度，确保施工的顺利进展，安全施工措施的内容包括以下几方面。

（1）全面推行和贯彻职业安全健康管理体系（GB/T 28000—2001）标准 在项目开工前，进行详细的危险辨识，制定安全管理制度和作业指导书。

（2）安全保证体系 项目部和各施工队设专职安全员，专职安全员属质检科，在项目经理和副经理的领导下，履行保证安全的一切工作。

（3）利用各种宣传工具 采用多种教育形式，使职工树立安全第一的思想，不断强化安全意识，建立安全保证体系，使安全管理制度化、教育经常化。

（4）各级领导在下达生产任务时，必须同时下达安全技术措施；检查工作时，必须总结安全生产情况，提出安全生产要求，把安全生产贯彻到施工的全过程中去。

（5）认真执行定期安全教育、安全讲话、安全检查制度，设立安全监督岗，发挥群众安全人员的作用，对发现的事故隐患和危及工程、人身安全的事项，要及时处理，并作记录，要及时改正，落实到人。

(6) 石方开挖必须严格按施工规范进行，炸药的运输、储存、保管都必须严格遵守国家和地方政府制定的安全法规，爆破施工要严密组织，严格控制药量，确定爆破危险区，采取有效措施，防止人、畜、建筑物和其他公共设施受到危害，确保安全施工。

(7) 高空作业的技术工人，上岗前要进行身体检查和技术考核，合格后方可操作。高空作业必须按安全规范设置安全网，拴好安全绳，戴好安全帽，并按规定佩戴防护用品。

(8) 工地修建的临时房、架设的照明线路、库房，都必须符合防火、防电、防爆炸的要求，配置足够的消防设施，安装避雷设备。

5. 施工环境的保护措施

为了保护环境，防止污染，尤其是防止在城市施工中造成污染，在编制施工方案时应提出防止污染的措施。主要包括以下几方面。

(1) 积极推行和贯彻环境管理体系（ISO 14000）标准，在项目开工前，进行详细的环境因素分析，制定相应的环境保护管理制度和作业指导书。

(2) 对施工环境保护意识进行宣传教育，提高对环境保护工作的认识，自觉地保护环境。

(3) 保护施工场地周围的绿色覆盖层及植物，防止水土流失。

(4) 不准随意排放施工过程中的废油、废水和污水，必须经过处理后才能排放。

(5) 在人群居住附近的施工项目要防止噪声污染。

(6) 机械化程度比较高的施工场所，要对机械工作产生的废气进行净化和控制。

6. 文明施工措施

加强全体职工职业道德教育，制定文明施工准则。在施工组织、安全质量管理和劳动竞赛中切实体现文明施工要求，发挥文明施工在工程项目管理中的积极作用。

(1) 实行施工现场标准化管理。

(2) 改善作业条件，保障职工健康。

(3) 深入调查，加强地下既有管线保护。

(4) 做好已完工工程的保护工作。

(5) 不扰民并妥善处理好地方关系。

(6) 广泛开展与当地政府和群众的共建活动，推进精神文明建设，支持地方经济建设。

(7) 尊重当地民风民俗。

(8) 积极开展建家达标活动。

7. 降低成本的措施

施工企业参加工程建设的最终目的是在工期短、质量好的前提下，创造出最佳的经济效益，所以应制定相应的降低成本措施。这些措施的制定应以施工预算为尺度，以企业（或基层施工单位）年度、季度降低成本计划和技术组织措施计划为依据进行编制。要针对工程施工中降低成本潜力大的（工程量大、有采取措施的可能性、有条件的）项目，充分开动脑筋把措施提出来，并计算出经济效果和指标，加以评价、决策。这些措施必须是不影响质量的，能保证施工的，能保证安全的。降低成本措施应包括节约劳动力、节约材料、节约机械设备费用、节约工具费、节约间接费、节约临时设施费、节约资金等。一定要正确处理降低成本、提高质量和缩短工期三者的关系，对措施要计算经济效果。具体的的降低成本措施如下。

(1) 严格把握材料的供应关　对使用量大的主要材料统一招标，零星材料要货比三家，选择质优价廉的材料，并严格把关，坚决刹住材料供应上的回扣风，决不允许损公肥私现象出现。同时，对原材料的运输要进行经济比选，确定经济合理的运输方法，把材料费控制在投标价范围内。

(2) 科学组织施工，提高劳动生产率　使用项目管理软件，经过周密、科学的分析做出具体计划，巧妙地组织工序间的衔接，有效地使用劳动力，尽量做到不停工、不窝工。施工中采用先进的工艺方法，提高机械化施工水平，力求达到劳动组织好，工效、机械利用率高，定额先进的目的，做到少投入、多产出，最大限度地挖掘企业内部潜力。

(3) 完善和建立各种规章制度，加强质量管理，落实各种安全措施，进一步改善和落实经济责任制，奖罚分明　充分调动广大员工的积极性，开展劳动竞赛，提高事业心，增强责任感，杜绝因质量问题而引起的返工损失以及因安全事故造成的经济损失，控制造价，增加盈利。

(4) 加强经营管理，降低工程成本　编制技术先进、经济合理的施工组织设计，实事求是地进行施工优化组合，人力、物资、设备各种资源精打细算，做到有标准、有目标。优化施工平面布置，减少二次搬运，节省工时和机械费用。临时设施尽可能做到一房多用，减少面积和造价，并尽量利用废旧材料，将临时设施费用降下来，部分临时设施租用民房以降低费用。科学地利用材料，采取限额领料制度，避免造成浪费，把废料降低到最低限度，从管理中出效益。

(5) 降低非生产人员的比例，减少管理费用开支　管理人员力求达到善管理、懂业务、能公关，做到一专多能，减少非管理人员。实现项目部直接对施工队，减少管理层次，实现精兵强将上一线，提高工作效益，以达到管理费用最低。

六、施工方案选择实例

以第四章第三节例题为例说明施工方案的选择。

某地区排水工程系统中的新建路管道工程，由××市政公司第×施工队用流水施工法组织施工。

选择施工方案，就是从若干个方案中选择出一个切实可行的施工方案来，当单位工程规模比较大、工期比较长、技术比较复杂，在组织施工时，可能提出很多施工方案，在选择时，必须深入细致地做好调查研究工作，掌握主客观情况，进行反复的分析比较，选择一个技术上比较先进、施工工期最短、施工费用最低、切实可行的施工方案。如果工程规模不大，技术一般，则施工方案选择还是比较简单的。

1. 施工方法的确定

确定管道工程的施工方法，首先是开挖沟槽，这种土方工程既可采用人工挖土，也可采用机械施工，在没有特殊情况下，一般都选用机械施工。其次是支撑问题，采用挡土板支撑，或打钢板桩，根据工程设计图纸，沟管的埋设深度是2.18～2.50m，按有关规定，深度在3.0m以上的采用钢板桩支撑，本工程是3m以内，该用挡土板支撑，用挡土板支撑又分疏撑和密撑，根据土壤情况，一般都用密撑（俗称满堂撑）。第三是土方运输；沟槽开挖以后，有大量土方，除一部分堆置在沟槽边1.2m以外，作回填土用，其余大部分土方都要外运，外运土方的方式是人工运或机械运，自运或发包，本工程决定发包给运输单位（或民工组织），土方单位重量按1.7t/m³ 计算，单位按运输价格规定支付。第四是混凝土拌和，在管道基础部分，要大量浇捣混凝土。混凝土的拌和，一般有三种方式：一是人工现场拌和；二是用拌和机拌和；三是由混凝土拌和厂供应。根据本工程情况，决定采用拌和机拌和，人工运输。此外，在确定施工方法时，还要注意安全与质量，如浇捣混凝土基座和管道铺设之间，必须有一定的时间间隔，如果流水步距不够，则应增加必要的技术性间隔时间。

2. 施工顺序的安排

在单位工程施工时，有其一定的合理的施工顺序，这种顺序的安排受到多方面的影响，应对具体工程项目和具体施工条件加以分析，根据其变化规律，确定合理的施工组织来安排施工顺序。如沟槽挖土开始时，必须由挡土板支撑配合，结束时，回填土又要挡土板拆除配合，因此根据施工顺序，必须把土方组与挡土板支撑组各分为二，分别组成挖土支撑组及回填土拆撑组，先后安排施工。在混凝土基础和管道铺设中，必须先浇捣混凝土基座，再铺设管道，然后再浇捣混凝土管座，因此必须把浇捣混凝土基座和碎石垫层组成一组，管道铺设与浇捣混凝土管座组成一组，先后施工等。所以本工程的施工顺序一般确定如下：挖土及支撑，碎石垫层及混凝土基座（包括混凝土拌和及连管挖土），混凝土管座及管道铺设（包括连管填土），砌检查井砖墙及砂浆抹面（包括检查井盖座安装），砌进水井砖墙及砂浆抹面，回填土及拆撑。

3. 施工机械的选择

选择施工机械时，必须考虑到机械的互相配套，一定要设法保证主机充分发挥作用，因此本工程在土方工程施工中，根据沟槽的大小和挖土深度，采用 $0.2m^3$ 的抓斗挖土机还是比较合适的。但必须有土方运输队密切配合，采用自卸汽车运输汽车的数量，必须保证挖土机能连续不断地工作，而不致因等车而停歇，同时，汽车的容量为挖土机斗容量的整倍数，以保证挖土机的土方每次都能挖满卸尽，充分发挥主机的作用。

在管道铺设中，选择合适的吊装机械是很重要的，本工程根据 $\phi800$ 沟管的重量，应选

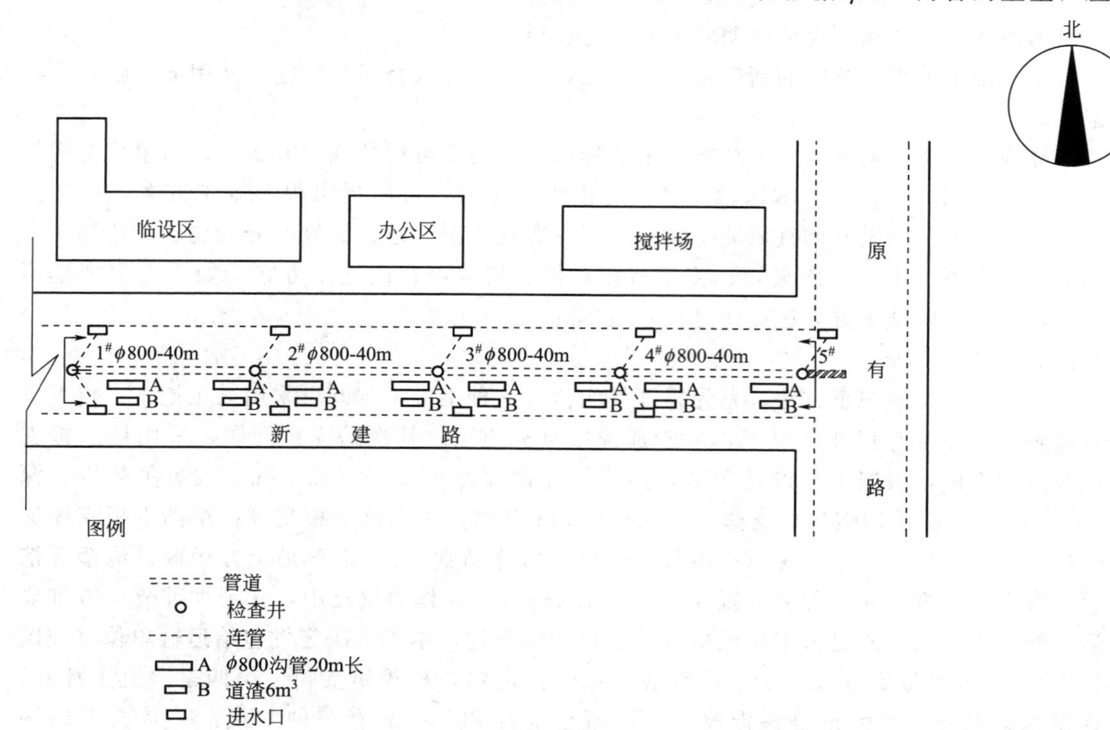

图 6-2　管道工程施工平面图

择3t吊车比较合适，此外其他中小型的施工机械，如400L拌和机、平板型振动器、电动泵等，均可根据工程需要确定。

4. 流水施工法的组织

本工程采用流水施工法组织施工，其方法步骤可参照第3章用流水施工法组织施工的实例。

5. 施工现场的平面布置

本工程是某开发区正在新建的排水系统中的一段雨水管道工程，该路段目前还是土路基，没有汽车通行，附近交通方便，材料、机具、设备等物资运输，均可直达工地，路南是某中学体育场，已建有围墙，路北尚有一段空地，可布置各项临时设施之用，附近水电均可供应，职工上下班交通方便，这些为施工提供了有利条件。

根据以上情况，施工现场的平面布置是：路北的一段空地，搭建临时办公房（包括休息室）、仓库及厕所等，并布置混凝土拌和场及砂石堆场。施工现场分南北两边，管道南边，沿线每隔20m堆放ϕ800沟管20m，50～80道渣6m^{3}各一堆，管道北是施工现场操作流水线，可供挖土机、吊车及运输车辆等机械施工操作用。现场布置，见图6-2。

第三节 施工进度计划的编制

施工进度计划是在选定施工方案的基础上，根据规定工期和各种资源供应条件，按照施工过程的合理施工顺序及组织施工的原则，用横道图或网络图，对工程项目从开工到竣工的全部施工过程在时间上和空间上的合理安排。

施工进度计划是施工组织设计中最重要的组成部分，它必须配合施工方案的选择进行安排，它又是劳动力组织、机具调配、材料供应以及施工场地布置的主要依据，一切施工组织工作都是围绕施工进度计划来进行的。

一、施工进度的编制目的和基本要求

编制施工进度计划的目的是要确定各个项目的施工顺序和开工、竣工日期。一般以月、旬、周为单位进行安排，从而据此计算人力、机具、材料等的分期（月、旬、周）需要量，进行整个施工场地的布置和编制施工预算。

编制施工进度计划的基本要求是：保证拟建工程在规定的期限内完成；迅速发挥投资效益；保证施工的连续性和均衡性；节约施工费用。

施工进度计划一般用横道图（见第四章）和网络图（见第五章）的形式表示。

二、施工进度计划的编制依据

1. 合同规定的开工、竣工日期

施工组织设计不分类别都是以开工、竣工为期限，安排施工进度计划的。指导性施工组织设计中施工进度计划安排必须根据标书中要求的工程开工时间和交工时间为施工期限，安排工程中各施工项目的进度计划。实施性施工组织设计是以合同工期的要求作为工程的开工和交工时间安排施工进度计划。重点工程的施工组织设计根据总施工进度计划中安排的开工、竣工时间或业主特别提出要求的开工、交工时间，安排施工进度计划。

2. 工程图纸

熟悉设计文件、图纸，全面了解工程情况，设计工程数量，工程所在地区资源供应情况

等；掌握工程中各分部、分项、单位工程之间的关系，避免出现施工安排上的顺序颠倒影响施工进度计划。

3. 有关水文、地质、气象和技术经济资料

对施工调查所得的资料和工程本身的内部联系，进行综合分析与研究，掌握其间的相互关系和联系，了解其发展变化的规律性。

4. 主导工程的施工方案

根据主导工程的施工方案（施工顺序、施工方法、作业方式）、配备的人力、机械的数量、计算完成施工项目的工作时间，排出施工进度计划图。编制施工进度计划时必须紧密联系所选定的施工方案，这样才能把施工方案中安排的合理施工顺序反映出来。

5. 各种定额

编制施工组织设计时，收集有关的定额及概算（或预算）资料等。有关定额是计算各施工过程持续时间的主要依据。

6. 劳动力、材料、机械供应情况

施工进度直接受到资源供应的限制，施工时可能调用的资源包括劳动力数量及技术水平；施工机具的类型和数量；外购材料的来源及数量；各种资源的供应时间。资源的供应情况直接决定了各施工过程持续时间的长短。

三、施工进度计划的种类

单位工程施工进度计划应根据工程规模的大小、结构复杂程度、施工工期等来确定编制类型，一般分为以下两类。

1. 控制性施工进度计划

控制性施工进度计划多用于施工工期较长、结构比较复杂、资源供应暂时无法全部落实，或工作内容可能发生变化和施工方法暂时还无法确定的工程。它往往只需编制以分部工程项目为划分对象的施工进度计划，以便控制各分部工程的施工进度。

2. 实施性施工进度计划

实施性施工进度计划是控制性施工进度计划的补充，是各分部工程施工时施工顺序和施工时间的具体依据。此类施工进度计划的项目划分必须详细，各分项工程彼此间的衔接关系必须明确。根据实际情况，实施性施工进度计划的编制可与编制控制性施工进度计划同步进行，也可滞后进行。

四、施工进度计划的编制程序和步骤

施工进度计划的编制程序如图 6-3 所示。

1. 熟悉设计文件

设计文件是编制施工进度计划的根据。首先要熟悉工程设计图纸，全面了解工程概况，包括工程数量、工期要求、工程地区等，做到心中有数。

2. 调查研究

在熟悉文件的基础上进行调查研究，它是编制好施工进度计划的重要一步。要调查清楚施工的有关条件，包括资源（人、机、材料、构配件等）的供应条件、施工条件、气候条件等。凡编制和执行计划所涉及的情况和原始资料都在调查之列。对调查所得的资料和工程本身的内部联系，还必须进行综合分析与研究，掌握其间的相互关系和联系，了解其发展变化的规律性。

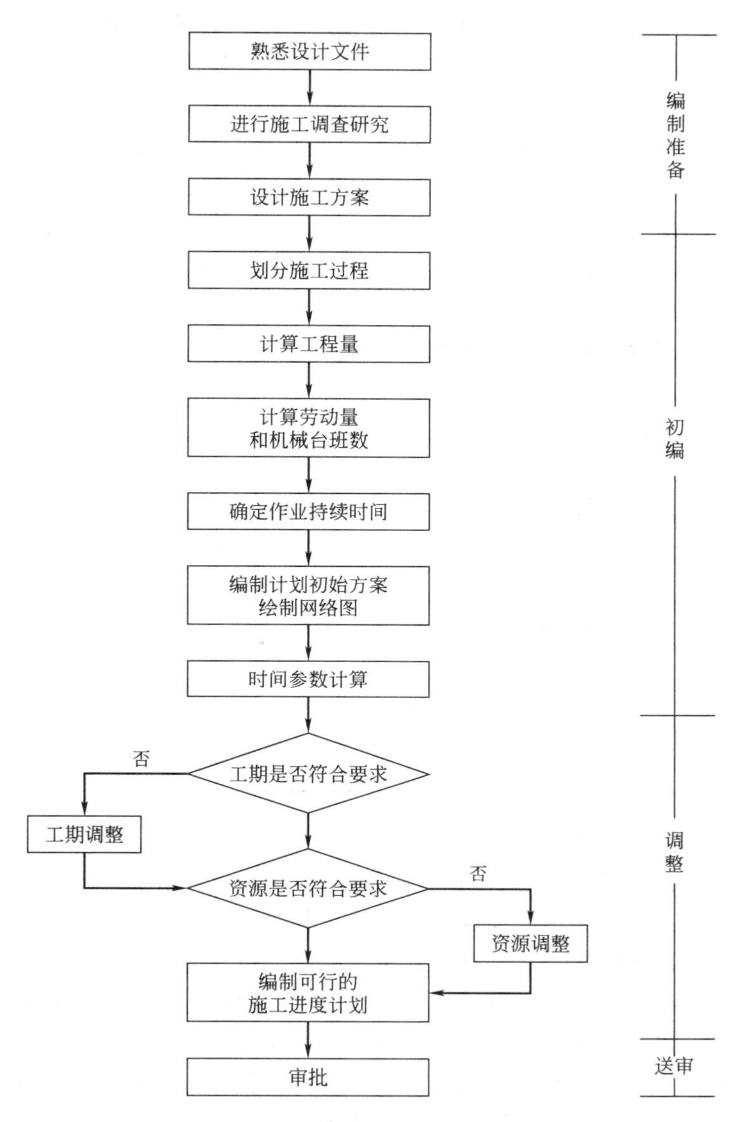

图 6-3　施工进度计划的编制程序

3. 设计施工方案

施工方案主要取决于工程施工的顺序、施工方法、资源供应方式、主要指标控制量等。在确定施工方案时，施工的顺序可作多种方案以便选出最优方案。施工方案的确定与规定的工期、可动用的资源、当前的技术水平有关。这样制定的方案才有可能落实。

4. 划分施工过程（工序）

编制施工进度计划，首先应按施工图纸和施工顺序，将拟建工程的各个分部分项工程按先后顺序列出，并结合施工方法、施工条件和劳动组织等因素，加以适当调整，填在施工进度计划表的有关栏目内。通常，施工进度计划表中只列出直接进行施工的建筑安装类施工过程以及占有施工对象空间、影响工期的制备类和运输类施工过程。

在确定施工过程时，应注意下述问题。

（1）施工过程划分的粗细程度应根据施工进度计划的具体需要而定　控制性施工进度计

划，可划分得粗一些，通常只列出分部工程名称；而实施性施工进度计划则应划分得细一些，特别是对工期有直接影响的项目必须列出，以便于指导施工，控制工程进度。为了使进度计划简明清晰，原则上应在可能条件下尽量减少工程项目的数目，可将某些次要项目合并到主要项目中去，或对在同一时间内，由同一专业工程队施工的项目，合并为一个工程项目，而对于次要的零星工程项目，可合并为其他工程一项。

（2）施工过程的划分要结合所选择的施工方案　例如，单层工业厂房结构安装工程，若采用分件吊装法，则施工过程的名称、数量和内容及安装顺序应按照构件来确定；若采用综合吊装法，则施工过程应按照施工单元（节间、区段）来确定。

（3）所有施工过程应基本按施工顺序先后排列，所采用的施工项目名称应与现行定额手册上的项目名称一致。

（4）道路工程、桥涵工程、管网工程通常由专业工程队组织施工。因此，在一般土建工程施工进度计划中，只要反映出这些工程与土建工程间的配合关系即可。

施工过程划定以后，为使用方便，可列出施工过程一览表。表中必须有施工过程名称（或内容）、作业持续时间、同其他施工过程的关系等（见表 6-1）。

表 6-1　施工过程一览表

序号	施工过程名称	施工过程代号	作业持续时间	紧前工作	搭接关系	搭接时间
1						
2						
3						

5. 计算工程量，并查出相应定额

工程量计算应严格按照施工图纸和现行定额中对工程量计算所作的规定进行。如果已经有了预算文件，则可直接利用预算文件中有关的工程量。当某些项目的工程量有出入但相差不大时，可按实际情况予以调整。计算工程量时应注意以下几个问题。

（1）各分部、分项工程的工程量计量单位应与现行定额手册中所规定的单位一致，以便计算劳动量和材料、机械台班消耗量时直接套用，以避免换算。

（2）结合选定的施工方法和安全技术要求，计算工程量。例如，土方开挖工程量应考虑土的类别、挖土方法、边坡大小及地下水位等情况。

（3）结合施工组织的要求，按分区、分段和分层计算工程量。

（4）计算工程量时，尽量结合编制其他计划时使用工程量数据的方便，做到一次计算，多次使用。

根据所计算工程量的项目，在定额手册中查出相应的定额。

6. 确定劳动量和机械台班数量

根据各分部、分项工程的工程量、施工方法和现行劳动定额，结合本单位的实际情况计算各施工过程的劳动量或机械台班数。计算公式如下：

$$P=\frac{Q}{S} \tag{6-1}$$

或

$$P=QH \tag{6-2}$$

式中　P——完成某施工过程所需的劳动量（工日或台班）；

Q——某施工过程的工程量，m^3、m、t 等；

S——某施工过程的人工或机械产量定额，m^3、m、t等/工日或台班；

H——某分部分项工程人工或机械的时间定额，工日或台班/m^3、m、t等。

在使用定额时，遇到一些特殊情况，可按下述方法处理。

(1) 在工程施工中，有时会遇到采用新技术或特殊施工方法的分部、分项工程，因缺乏足够的经验和可靠资料，定额中未列出，计算时可参考类似项目的定额或经过实际测算，确定临时定额。

(2) 计划中的“其他工程”项目所需劳动量，可根据实际工程对象，取总劳动量的一定比例（10%～20%）。

7. 确定各施工过程的作业持续时间

计算各施工过程的作业持续时间主要有以下两种方法。

(1) 按劳动资源的配备计算作业持续时间　该方法是首先确定配备在该施工过程作业的人数或机械台数，然后根据劳动量计算出施工持续时间。计算公式如下：

$$t=\frac{P}{RN} \tag{6-3}$$

式中　t——某施工过程的作业持续时间；

R——该施工过程每班所配备的人数或机械台数；

N——每天工作班数；

P——劳动量或机械台班数。

(2) 根据工期要求计算作业持续时间　首先根据总工期和施工经验，确定各分部、分项工程的施工天数，然后再按劳动量与班次，确定出每一分部、分项工程所需工人数或机械台数，计算式如下：

$$R=\frac{P}{tN} \tag{6-4}$$

在实际工作中，可根据工作面所能容纳的最多人数（即最小工作面）和现有的劳动组织来确定每天的工作人数。在安排劳动人数时，应考虑以下问题。

(1) 最小工作面　是指为了发挥高效率，保证施工安全，每一个工人班组施工时必须具有的工作面。一个施工过程在组织施工时，安排人数的多少会受到工作面的限制，不能为了缩短工期而无限制地增加工人人数，否则，会造成工作面不足出现窝工。

(2) 最小劳动组合　在实际工作中，绝大多数施工过程不能由一个人来完成，而必须由几个人配合才能完成。最小劳动组合是指某一施工过程要进行正常施工所必需的最少人数及其合理组合。

(3) 可能安排的人数　根据现场实际情况（如劳动力供应情况、技工技术等级及人数等），在最少必需人数和最多可能人数的范围内，安排工人人数。通常，若在最小工作面条件下安排了最多人数仍不能满足，可组织两班倒或三班倒。

确定施工作业持续时间应注意的是，在编制初始进度计划时，并不是完全根据当时的情况、施工条件和工期要求等，而是按照正常条件来确定一个合理的、经济的作业时间，待经过计算后，再根据具体要求运用网络计划技术计算出网络时间，找出关键线路之后，在必须压缩工期时，就可知道该压缩哪些工序，哪些地方有时差可利用，再对计划进行调整。这样做的好处是：一般较合理，费用较低，避免因抢工期而盲目压缩作业时间造成的浪费。

8. 安排施工进度计划，制定进度计划的初始方案在编制施工进度计划时，应首先确定主导施工过程的施工进度，使主导施工过程能尽可能连续施工。其余施工过程应予以配合，服从主导施工过程的进度要求。具体方法如下。

（1）确定主要分部工程并组织流水施工　首先确定主要分部工程，组织其中主导分项工程的连续施工并将其他分项工程和次要项目尽可能与主导施工过程穿插配合、搭接或平行作业。只有当主导施工过程优先考虑后，再安排其他分项工程的施工进度。

（2）按各分部工程的施工顺序编排初始方案　各分部工程之间按照施工工艺顺序或施工组织的要求，将相邻分部工程的相邻分项工程，按流水施工要求或配合关系搭接起来，组成施工进度计划的初始方案。

（3）计算各项工作的时间参数并求出关键线路　利用网络图编制施工进度计划时，按工作的最早开始时间计算得到的工期就是计划工期，计算出来后，可与合同工期进行对比。各时间参数计算完成后，就能找出关键线路。应按规定用双箭线或颜色线明确表示出来，以利于分析和应用。

9. 工期的审查与调整

时间参数计算完毕后，首先审查总工期，看是否符合合同规定的要求。若不超过合同规定的日期，则在工期上符合要求。若超过，则压缩调整计划工期，如做不到，则要提出充分的理由和根据，以便就工期问题与建设部门做进一步商谈。

10. 资源审查和调整

估算主要资源的需要量，审查其供应与需求的可能性。

若某一段时间内供应不能满足资源消耗高峰的需要，则要求这段时间的施工工序加以调整，使它们错开时间，减少集中的资源消费，使其降到供应水平之下。

11. 编制可行的施工进度计划方案，并计算技术经济指标

经工期和资源的调整后，计划能适应现有的施工条件与要求，因而是切实可行的。可绘出正规的网络图或横道图，并附以资源消耗曲线。

因是可执行的计划，所以有必要计算一下它的技术经济指标，如与定额工期比较，单方用工、劳动生产率、节约率等，可与过去的或先进的计划进行比较，也可逐步积累经验，这对提高管理水平来说，是一项有意义的工作。

五、注意事项

（1）安排工程进度时，应扣除法定节假日，并充分估计因气候或其他原因导致的停工时间。上级规定或合同签订的施工工期减去这些必要的停工时间之后，才是实际可作安排的施工作业时间。此外，还要考虑必要的准备工作时间，必需的外部协调时间。

（2）注意施工的季节性　如：桥梁的基础施工应避开洪水期，沥青路面和水泥混凝土路面应避免冬季施工等。

（3）公路工程是野外施工，影响施工的因素很多，任何周密详尽的计划也很难一一实现。安排工程进度时应保证重点、留有余地、方便调整。特别是对于施工难度大、物资资源供应条件差的工程，更应注意留有充分的调整余地。

（4）各种施工间歇时间（技术间歇时间、组织间歇时间等），由于不消耗资源，往往容易被忽视。采用网络计划法组织施工时，可以将间歇时间作为一条箭线处理（不消耗资源，但消耗时间，故仍为实箭线）。

（5）在对初步方案进行优化时，注意外购材料和各种设备的分批到达工地的合同日期，需要这些材料和设备的施工项目的开工时间不得早于合同日期。

编制工程进度图是一项十分细致而复杂的工作，因此在编制前必须作好深入的调查研究和资料的收集工作，编制时要认真负责，充分估计可能发生的各种情况，根据现场的条件实事求是地进行编制。

第四节　资源调配计划的编制

资源需求量计划编制时应首先根据工程量查相应定额，便可得到各分部、分项工程的资源需求总量；然后再根据进度计划表中分部、分项工程的持续时间，得到某分部、分项工程在某段时间内的资源需求平均数；最后将进度计划表纵坐标方向上各分部、分项工程的资源需要量按类别叠加在一起并连成一条曲线，即为某种资源的动态曲线图和计划表。

一、劳动力需要量计划

劳动力需要量计划主要作为安排劳动力、调配和衡量劳动力消耗指标、安排生活及福利设施等的依据。

劳动力需要量是根据工程的工程量、规定使用的劳动定额及要求的工期计算完成工程所需要的劳动力。在计算过程中要考虑扣除节假日和大雨、雪天对施工的影响系数，另外还要考虑施工方法，是人力施工还是半机械施工或机械化施工。因为施工方法不同，所需劳动力的数量也不同。

1. 人力施工劳动力需求量的计算

(1) 人力施工在不受工作面限制时，可直接查定额，与工程量相乘，计算需要的总工日数，并除以工期，即得劳动力数量。其计算公式如下：

$$R=\frac{Q}{TS} \tag{6-5}$$

式中　R——劳动力的需求量；

Q——人工施工的工程量；

T——工程施工的工作天数；

S——每日完成的定额工程量。

考虑法定的节假日和气候影响，工程施工的工作天数将小于其日历天数。其计算可按下式进行：

$$T=\text{施工期的日历天数}\times 0.71K \tag{6-6}$$

式中　0.71——节假日换算系数；

K——气候影响系数，其取值随不同地区而变化。

(2) 人力施工受到工作面限制时，计算劳动力的需要量必须保证每个人最小工作面这个条件，否则会在施工过程中出现窝工现象。每班工人的数量可见式(6-7) 计算：

$$R=\frac{\text{施工现场的作业面积}(\mathrm{m}^2)}{\text{工人施工的最小工作面}(\mathrm{m}^2/\text{人})} \tag{6-7}$$

2. 半机械化施工方法施工时所需劳动力的计算

半机械化施工方法主要是有的施工项目采用机械施工，有的项目采用人力施工。如沟槽土石方工程，填、挖等工序采用机械施工，支撑采用人工施工。

半机械施工方法在计算劳动力需要量时，除了根据定额和工程量外，还要考虑充分发挥机械的工作效率和保证工期的要求，否则会出现窝工或者机械的工作效率降低的情况，影响工程施工成本。

3. 机械化施工方法所需劳动力的计算

机械化施工方法所需要的劳动力主要是司机及维修保养人员和管理人员（即机械辅助施工人员）。因此，计算机械施工方法所需的劳动力与机械的施工班次有关，每日一班制配备的驾驶员少于多班次工作的人数，辅助人员也相应较少。另外，与投入施工的机械数量有关，投得多，所需要的劳动力也多。只有同时考虑上述两方面的问题，才能够较准确地计算所需的劳动力数量。

4. 计算劳动力数量时选择的定额标准不同，其结果也是不同的

编制指导性施工组织设计时必须按标书上的要求和规定执行。编制实施性施工组织设计时可根据本企业的定额标准或结合施工项目具体情况采取一些补充定额。因为实施性施工组织设计是编制施工成本的依据，而施工成本是项目经济承包及施工队、班（组）经济承包的依据。因此，计算劳动力数量时不采用偏高或偏低的定额。

劳动力需要量计算完成后，需要将施工进度计划表内所列各施工过程每天（或周、旬、月）所需的工人人数按工种汇总列成表格。其表格形式见表 6-2。

表 6-2　劳动力需求量计划表

序号	工作名称	工种类别	需求量	月份								
				1	2	3	4	5	6	7	8	9
1												
2												
汇总												

二、施工机具需求量计划

施工机具需求量计划主要用于确定施工机具类型、数量、进场时间，以及落实机具来源的组织进场。其编制办法是将施工进度计划表中的每一个施工过程，每天所需的机具类型、数量和时间进行汇总，便得到施工机具需求量计划表。其表格形式如表 6-3 所示。

表 6-3　施工机具需求量计划表

序号	机具名称	型号	需求量		货源	使用起止时间	备注
			单位	数量			
1							
2							

三、主要材料需求量计划

材料需求量计划表是作为备料、供料，确定仓库、堆场面积及组织运输的依据。其编制方法是根据施工预算的工料分析表、施工进度计划表，材料的储备和消耗定额，将施工中所需材料按品种、规格、数量、使用时间计算汇总，填入主要材料需求量计划表。其表格形式见表 6-4。

表 6-4　主要材料需求量计划表

序号	材料名称	规格	需求量		供应时间	备注
			单位	数量		
1						
2						

第五节 施工平面图设计

施工现场和场地布置是施工组织设计的基本内容之一，需要考虑的问题很多、很广泛，也很具体。它是一项实践性、综合性很强的工作，只有充分掌握现场的地形、地物，熟悉现场的周围环境和其他有关条件，并对本工程情况有了一个清楚与正确的认识之后，才能做到统筹规划、合理布局。

一、施工平面图的分类

施工平面图按其作用可分为两类。

(1) 施工总平面图　施工总平面图是以整个工程项目或一个合同段为对象的平面布置，主要反映整个工程平面的地形情况、料场位置、运输路线、生活设施等的位置和相互关系。

(2) 单位工程或分部、分项工程的施工平面图　它是以单位工程或分部、分项工程为对象而设计的平面组织形式。对于分部、分项工程的施工平面图，应当根据各施工阶段现场情况的变化，分别绘制不同施工阶段的施工平面图。

二、施工平面图布置的原则

(1) 应尽量不占、少占或缓占农田，充分利用山地、荒地，重复使用空地，在弃土、清理场地时，有条件的应结合施工造田、复田。

(2) 尽量降低运输费用，保证运输方便，减少和避免二次搬运。为了缩短运输距离，各种物资按需要分批进场，弃土场、取土场的布置尽量靠近作业地点。

(3) 尽量降低临时建筑费用，充分利用原有房屋、管线、道路和可缓拆或暂不拆除的前期临时建筑为施工服务。

(4) 以主体工程为核心，布置其他设施，要有利生产、方便生活，临时设施建筑不应影响主体工程施工进展，工人在工地上往返时间短，居住区和施工区要近，居住区应水源充足且清洁。

(5) 遵循技术要求，符合劳动保护和防火要求。如人员与其他设施距离爆破点的直线距离不得小于规定的飞块、飞石的安全距离等。

(6) 施工指挥中心应布置在适中位置，既要靠近主体工程，便于指挥，又要靠近交通枢纽，方便内外交通联系。

施工现场平面布置的情况应以场地平面布置图表示出来。在施工平面布置图内应标示出拟建建筑物的平面位置，场地内需要修建的各项临时工程和露天料场、作业场的平面位置和占地面积，以及场地内各种运输线路，包括由场外运送材料至工地的进出线路。

三、施工平面图设计的内容

施工平面图是根据施工方案、施工进度要求及资源进场存放量进行设计的。其内容的多少与施工期限长短、工程量大小、地形地貌的复杂程度有关。一般应包括以下要内容。

(1) 标定地界内及附近已有的和拟建的地上、地下建筑物及其他地面附着物、农田、果园、树林、地下洞穴、坟墓等位置及主要尺寸。

(2) 标出需要拆迁建筑物，永久或临时占用的农田、果园、树林。

(3) 标出拟建建筑或管线中线位置。

(4) 标出取土和弃土场位置。当取土和弃土场离施工现场很远，在平面布置上无法标注时可用箭头指向取土或弃土场方向并加以说明。

(5) 标出划分的施工区段。当一个施工区段有两个以上施工单位时，要标出各自的施工范围。

(6) 标出既有公路、铁路线路方向和位置里程及与施工项目的关系，因施工需要临时改移公路的位置。

(7) 标出既有高压线位置、水源位置（即有的水井），既有的河流位置及河道改移位置。

四、临时设施的规划和布置

（一）工地临时房屋的规划与布置

工地临时房屋主要包括施工人员居住用房、办公用房、食堂和其他生活福利设施用房，以及实验室、动力站、工作棚和仓库等。这些临时房屋应建在施工期间不被占用、不被水淹、不被坍塌影响的安全地带。现场办公用房应建在靠近工地，且受施工噪声影响小的地方；工人宿舍、文化生活用房，应避免设在低洼潮湿、有烟尘和有害健康的地方。此外，房屋之间还应按消防规定，相互隔离，并配备灭火器。

减少临时房屋费用，是施工组织设计的目标之一。应做周密的计划安排，并应采取以下措施。

(1) 提高机械化施工程度，减少劳动力需要量；合理安排施工，使施工期间的劳动力需要量均匀分布，避免在某一短时期工人人数出现高峰，这样可以减少临时房屋的需要量。

(2) 尽量利用居住在工地附近的劳动力，这样可以省去这部分人的住房。

(3) 尽量利用当地可以租用的房屋。

(4) 房屋构造应简单，并尽量利用当地材料。

(5) 广泛采用能多次利用的装配式临时房屋。

（二）工地仓库及料场布置

工地储存材料的设施，一般有露天料场、简易料棚和临时仓库等。易受大气侵蚀的材料，如水泥、铁件、工具、机械配件及容易散失的材料等，宜储存在临时仓库中，钢材、木材等宜设置简易料棚堆放，砂、石、石灰等一般是在露天料场中堆放。

仓库、料棚、料场的设置位置，必须选择运输及进出料都方便，而且尽量靠近用料最集中、地形较平坦的地点。设计临时仓库、料棚时，应根据储存材料的特点，进料、出料的便利，以及合理的储备定额，来计算需要的面积。面积过大会增加临时工程费用，面积过小可能满足不了储备需要并增加管理费用。

材料必须有适当的储备量，以保证施工不间断地进行。但过多的储备要多建仓库和积压流动资金。而且，像水泥这类材料，储存过久会导致受潮结块及标号降低，从而影响工程质量。所以，应正确决定适当的储备量。

（三）施工场内运输的规划

在工地范围内，从仓库、料场或预制场等地到施工点的料具、物资搬运，称为场内运输。场内运输方式应根据工地的地形、地貌，材料在场内的运距、运量，以及周围道路和环境等因素选择。如果材料供应运输与施工进度能密切配合，做到场外运输与场内运输一次完成，即由场外运来的材料直接运至施工使用地点，或场内外运输紧密衔接，材料运到场内后不存入仓库、料场，而由场内运输工具转运至使用地点，这是最经济的运输组织方法。这样可节省工地仓库、料场的面积，减少工地装卸费用。但这种场内外运输紧密结合的组织方法在工程实践中是很难做到的。大量的场内运输工作是不可避免的。

当某些工程的用料数量较大，而运输路线又固定不变时，采用轨道运输是比较经济的。当用料地点比较分散，运输线路不固定，特别是运输线路中有上下坡及急转弯等情况时，可采用汽车运输。采用汽车运输时，道路应与材料加工厂、仓库的位置结合布置，并与场外道路衔接；应尽量利用永久性道路，提前修建永久路基和简易路面；必须修建临时道路时，要把仓库、施工点贯穿起来，按货流量大小设计其规格，末端应有回车场，并避免与已有永久性铁路、公路交叉。

一些零星的运输工作，不可能或不必要采用上述运输方法的，有时要利用手推车运输，即使在机械化程度很高的工地，这种简单的运输工具也能发挥作用。

（四）工地供电的规划

工地用电包括各种电动施工机械和设备的用电，以及室内外照明的用电。工程施工离不开用电，做好工地供电的组织计划，对保证施工的顺利进行有着密切的关系。

工地用电应尽可能利用当地的电力供应，从当地电站、变电站或高压电网取得电能。当地没有电源，或电力供应不能满足施工需要的情况下，则要在工地设置临时发电站。最好选用两个来源不同的电站供电，或配备小型临时发电装置，以免工作中偶然停电造成损失。同时，还要注意供电线路、电线截面、变电站的功率和数目等的配置，使它们可以互相调剂，不致因为线路发生局部故障而引起停电。

用电安全是供电组织计划中必须考虑的问题，应符合有关用电安全规程的要求。临时变电站应设在工地入口处，避免高压线穿过工地；自备发电站应设在现场中心，或主要用电区，并便于转移。供电线路不宜与其他管线同路或距离太近。

工地临时供电工作主要包括确定用电点及用电量；选择电源；确定供电系统，布置用电线路和决定导线断面等。

1. 用电量的计算

工地临时用电，主要是保证施工中动力设备和照明用电的需要，计算用电量时应考虑：全工地所使用起重机、电焊机，其他电气工具及照明设备的数量；整个施工阶段中同时用电的机械设备的最高数量；各种机械设备在工作中同时使用情况以及内外照明的用电情况。其总用电量可按下式计算：

$$P=1.05\sim1.10\left(K_1\frac{\sum P_1}{\cos\varphi}+K_2\sum P_2+K_3\sum P_3+K_4\sum P_4\right) \tag{6-8}$$

式中　P——供电设备总需要容量，kVA；

P_1——电动机额定功率，kW；

P_2——电焊机额定功率，kW；

P_3——室内照明容量，kV；

P_4——室外照明容量，kV；

$\cos\varphi$——电动机的平均功率因数（在施工现场）高为0.75～0.78，一般为0.65～0.75；

K_1，K_2，K_3，K_4——需要系数，参见表6-5。

2. 电源选择

工地临时用电电源通常有以下几种情况：

（1）完全由工地附近的电力系统供给；

表 6-5 需要系数（K 值）

用电名称	数量	需要系数				备注
		K_1	K_2	K_3	K_4	
电动机	3～10 台 11～30 台 30 台以上	0.7 0.6 0.5				如施工上需要电热时，将其用电量计算进去。式中各动力照明用电应根据不同工作性质分类计算
加工厂动力设备		0.5				
电焊机	3～10 台 10 台以上		0.6 0.5			
室内照明				0.8		
主要道路照明 警卫照明 场地照明					1.0 1.0 1.0	

(2) 工地附近的电力系统只能供给一部分，工地需要增设临时电站以补不足；

(3) 工地位于新开辟的地区，没有电力系统，电力完全由临时电站供给。

至于采用哪种方案，要根据具体情况进行技术经济比较后确定。一般是将附近的高压电通过设在工地的变压器引入工地，这是最经济的方案，但事前必须将施工中需要的用电量向供电部门申请批准。

变压器的功率可按下式计算：

$$P=K\frac{\sum P_{\max}}{\cos\varphi} \tag{6-9}$$

式中 P——变压器的功率，kVA；

K——功率损失系数，可取 1.05；

$\sum P_{\max}$——各工区的最大计算负荷，kW；

$\cos\varphi$——功率因数。

根据计算所得的容量，可以从变压器产品目录中选用相近的变压器。

3. 配电线路的布置

配电线路的布置可分枝状、环状和混合状。要根据工程量大小和工地使用情况决定选择哪一种方案。一般 3～10kV 高压线路采用环状；380/220V 的低压线采用枝状。

施工现场布置临时线路应注意以下几点。

(1) 线路应尽量架设在道路的一侧，尽量选择平坦路线，保持线路水平，以免电杆受力不匀，线路距建筑物的水平距离应大于 1.5m，在 380/220V 低压线路中，木杆间距应为 25～40m；分支线及引入线均应由电杆处接出，不得由两杆之间接出。

(2) 施工现场的临时布线，一般都用架空线，极少用地下电缆，因为架空线工程简单，费用低廉，易于检修。

(3) 临时用电的电杆以及线路的交叉跨越要根据电气施工规程的尺寸要求进行配置和架设。

(4) 施工用电的配电箱要设置于便于操作的地方，以防一旦发生事故，便于迅速拉闸。配电箱顶上要用油毡或镀锌铁皮铺盖，以防雨淋。各种施工用电机具必须单机单闸，要根据最高负荷选用。

4. 配电导线的选择

合理选择配电导线对节省有色金属及保证供电质量与安全都是非常重要的。在选择配电导线时，应着重考虑导线的型号与截面。

5. 绘制施工现场电力供应平面图

施工临时供电的电力供应平面图对于指导施工具有重要的意义，电力供应平面图可结合施工平面图一并考虑，较复杂的工程也可单独绘制，电力供应图上应标明变压器的位置、配电箱位置、照明灯具的位置等。

（五）工地供水的规划

工程施工离不开水，施工组织设计必须规划工地临时供水问题，确保工地用水和节省供水费用。

工地用水分生产用水和生活用水，均应符合水质要求。否则，应设置处理设施进行过滤、净化等处理。工地供水设施包括水泵站、水塔或储水池，以及输水管、线路等。布置施工场地时，应尽量使得用水工作地点互相靠近，并接近水源，以减少管道长度和水的损失。

供水管路的设计应尽量使其长度最短。在温暖的地方，管道可敷设在地面。穿过场地的交通运输道路时，管道要埋入地下 30cm 深。在冰冻地区，管道应埋在冰冻深度以下。用明沟等方式输水时，一般在使用地点修建蓄水池，将水注入储水池备用；用钢管或铸铁管输水时，管道抵达用水地点后要安装龙头，并可连接橡皮软管，以便灵活移动出水口位置，以供应不同位置的用水需要。

现分别介绍生产用水、生活用水、消防用水用水量的计算方法及临时供水系统的选择。

1. 供水量的确定

（1）一般生产用水

$$q_1=\frac{K_1\sum Q_1N_1K_2}{T_1\times b\times 8\times 3600} \tag{6-10}$$

式中 q_1——生产用水量，L/s；

Q_1——最大年（季）度工程量；

N_1——施工用水定额（见表 6-6）；

K_1——未预计的施工用水系数（1.05～1.15）；

T_1——年（季）度有效工作日；

K_2——用水不均衡系数（见表 6-7）；

b——每日工作班数。

（2）施工机械用水

$$q_2=\frac{K_1\sum Q_2N_2K_3}{8\times 3600} \tag{6-11}$$

式中 q_2——施工机械用水量，L/s；

Q_2——同一种机械台数，台；

N_2——该种机械台班用水定额（见表 6-8）；

K_3——施工机械用水不均衡系数（见表 6-7）。

表 6-6 施工用水（N_1）参考定额

序号	用水对象	单位	耗水量 N_1/L	备注
1	浇注混凝土全部用水	m^3	1700～2400	
2	搅拌普通混凝土	m^3	250	实测数据
3	搅拌轻质混凝土	m^3	300～350	
4	搅拌泡沫混凝土	m^3	300～400	
5	搅拌热混凝土	m^3	300～350	
6	混凝土养护(自然养护)	m^3	200～400	
7	混凝土养护(蒸汽养护)	m^3	500～700	
8	冲洗模板	m^2	5	
9	搅拌机清洗	台班	600	实测数据
10	人工冲洗石子	m^3	1000	
11	机械冲洗石子	m^3	600	
12	洗砂	m^3	1000	
13	砌砖工程全部用水	m^3	150～250	
14	砌石工程全部用水	m^3	50～80	
15	粉刷工程全部用水	m^2	30	
16	抹面	m^2	4～6	不包括调制用水
17	楼地面	m^2	190	主要是找平层
18	搅拌砂浆	m^3	300	
19	石灰硝化	t	3000	

表 6-7 施工用水不均衡系数

不均衡系数	用水名称	系数
K_2	施工工程用水	1.5
	生产企业用水	1.25
K_3	施工机械运输机械	2.0
	动力设备	1.05～1.10
K_4	施工现场生活用水	1.30～1.50
K_5	居民区生活用水	2.00～2.50

表 6-8 机械台班用水（N_2）定额

序号	用水对象	单位	耗水量(N_2)	备注
1	内燃挖土机	L/(台·m^3)	200～300	以斗容量立方米计
2	内燃起重机	L/(台班·t)	15～18	以起重吨数计
3	蒸汽起重机	L/(台班·t)	700～400	以起重吨数计
4	蒸汽打桩机	L/(台班·t)	1000～1200	以锤重吨数计
5	蒸汽压路机	L/(台班·t)	100～150	以压路机吨数计
6	内燃压路机	L/(台班·t)	12～15	以压路机吨数计
7	拖拉机	L/(昼夜·台)	200～300	
8	汽车	L/(昼夜·台)	400～700	

（3）施工现场生活用水

$$q_3=\frac{P_1N_3K_4}{b\times8\times3600} \tag{6-12}$$

式中 q_3——施工现场生活用水量，L/s；

P_1——施工现场高峰人数；

N_3——施工现场生活用水定额（见表 6-9）；

K_4——施工现场生活用水不均衡系数（见表 6-7）；

b——每日用水班数。

（4）生活区生活用水

$$q_4=\frac{P_2N_4K_5}{24\times 3600} \tag{6-13}$$

式中　q_4——生活区生活用水量，L/s；

P_2——生活区居民人数；

N_4——生活区每人每日生活用水定额（见表 6-9）；

K_5——生活区每日用水不均衡系数（见表 6-7）。

表 6-9　生活用水量（N_3、N_4）参考定额

序号	用　水　对　象	单　位	耗水量(N_4)	备　　注
1	工地全部生活用水	L/(人・d)	100～120	
2	生活用水(盥洗生活饮用)	L/(人・d)	25～30	
3	食堂	L/(人・d)	15～20	
4	浴室(淋浴)	L/(人・次)	50	
5	洗衣	L/人	30～35	
6	理发室	L/(人・次)	15	
7	小学校	L/(人・d)	12～15	
8	幼儿园托儿所	L/(人・d)	75～90	
9	病院	L/(病床・d)	100～150	

（5）消防用水（q_5）　应根据工地大小及居住人数确定（见表 6-10）。

表 6-10　消防用水量

序号	用水名称	火灾同时发生次数	单　位	用水量
1	居民区消防用水			
	5000 人以内	一次	L/s	10
	10000 人以内	二次	L/s	10～15
	25000 人以内	二次	L/s	15～20
2	施工现场消防用水			
	施工现场在 25ha 以内	一次	L/s	10～15
	每增加 25ha 递增			5

注：$1ha=10^4m^2$。

（6）总用水量（Q）

① $(q_1+q_2+q_3+q_4)\leqslant q_5$时，则

$$Q=q_5+\frac{1}{2}(q_1+q_2+q_3+q_4)\times 1.1 \tag{6-14}$$

② 当 $(q_1+q_2+q_3+q_4)>q_5$时，则

$$Q=(q_1+q_2+q_3+q_4)\times 1.1 \tag{6-15}$$

③ 当工地面积小于 5ha，而且 $(q_1+q_2+q_3+q_4)<q_5$时，则

$$Q=q_5 \tag{6-16}$$

最后计算出的总用水量，还应增加 10%，以补偿不可避免的水管漏水损失。

2. 管径计算

根据工地总用水量，可以计算管径，其计算方式如下：

$$D=\sqrt{\frac{4Q\times 1000}{\pi V}} \tag{6-17}$$

式中 D——配水管直径，mm；

Q——用水量，L/s；

V——管网中的水流速度，m/s（见表6-11）。

表6-11 临时管网中水流速度

管径	流速/(m/s)	
	正常时间	消防时间
$D<0.1$m	0.5～1.2	—
$D=0.1\sim0.3$m	1.0～1.6	2.5～3.0
$D>0.3$m	1.5～2.5	2.5～3.0

3. 配水管网的布置

布置临时管网时，要满足各生产点的用水，同时要满足消防要求，并尽量设法使供水管的长度最短，同时要考虑到施工期间各段管网应具有移动的可能性。

一般的管网布置形式有以下3种。

(1) 环形管网　管网为环形封闭图形，优点是能保证供水的可靠性，当管网某一处发生故障时，水仍可以沿管网其他支管供给。缺点是管线长、造价高、管材消耗大。

(2) 枝状管网　管网由干线及支线两部分组成，优缺点和环形管网正好相反，管线短、造价低，但供水可靠性差。

(3) 混合式管网　主要用水区及干管采用环形管网，其他用水区采用枝状支线供水，这是环形管网和枝状管网的混合，故兼有这两种管网的优点，在较大的工地上多采用此种布置方式。

（六）施工平面图设计的参考资料

施工平面图设计，是一项涉及面很广的复杂工作，不仅涉及理论问题，而且也涉及经验问题。下面仅就施工平面图设计，提供部分资料，以供设计参考。

1. 关于材料及构件堆放

(1) 合理确定堆放位置　材料和预制构件的堆放位置应根据施工进度、施工方法、运输机械、搅拌站或预制场位置以及堆放数量等条件，综合考虑确定。

(2) 堆放所需面积的确定　堆放位置确定之后，可按材料储备天数计算堆放面积。

$$A=\frac{QKT_1}{LMa} \tag{6-18}$$

式中 A——仓库、棚、露天堆放所需面积；

Q——年度计划材料需要量；

K——不均衡系数（见表6-12）；

T_1——材料储备天数（见表6-12）；

L——年度计划施工天数，根据施工进度图确定；

M——每平方米储料定额（见表6-12）；

a——储料面积堆放利用系数（见表6-12）。

2. 关于临时工程的布设

工程建设的临时工程，系指临时房屋和小型设施、临时轨道、便道、便桥、临时电力线路以及临时电讯线路等。

临时工程应按需布设，但应控制在该项预算金额之内。临时工程布设的参考资料如下。

表 6-12 材料储备面积计算参数表

材料名称	T_1/天	K	M	a	仓库类别
水泥	40～50	1.2～1.4	2t	0.65	仓库
小五金、铁件	30	1.2～1.5	1.5～2.5t	0.5～0.6	仓库
钢丝绳	30	1.5	1.2～1.3t	0.5～6.6	仓库
汽油、柴油	30	1.2	0.6t	0.6	半地下库
石灰	30～35	1.2～1.4	1.5t	0.7	棚
钢筋	60～70	1.2～1.4	0.6t	0.6	棚
沥青	55～60	1.3～1.5	0.6～1.0t	0.7	棚
砂	25～35	1.2～1.4	1.2m^3	0.7	露天
石子	25～35	1.2～1.4	1.2m^3	0.7	露天
块石	25～35	1.3～1.7	0.8m^3	0.7	露天
木材	70～80	1.2～1.4	1.4m^3	0.45	露天
圆木	45	1.2～1.4	0.9～1.1m^3	0.4	露天
型钢	60～70	1.3～1.5	2～2.4t	0.4	露天

(1) 临时房屋包括行政及生活福利用房 一般工程所需的建筑面积可参考表 6-13 确定。

表 6-13 行政及生活福利用房面积参考表

名　称	单位	面积定额	说　明	名　称	单位	面积定额	说　明
办公室	m^2/人	2.1～2.5		招待所	m^2/人	0.06	包括家属招待所、商品库、开水房、实验室等
宿舍	m^2/人	3～3.5		会议及文娱室	m^2/人	0.10	
食堂	m^2/人	0.7		商店	m^2/人	0.07	
诊疗所	m^2/人	0.06		其他	%	5	
浴室及理发室	m^2/人	0.10					

(2) 仓库需用面积，按式(6-18) 确定。工具库按 0.3～0.6m^2/人计算。

(3) 作业棚需用面积（见表 6-14），可按下式计算：

$$A=\frac{QK}{TRa} \tag{6-19}$$

式中 A——临时棚、舍及场地合计面积，m^2；

Q——加工总量；

K——生产不均衡系数（见表 6-12）；

T——实际作业时间，月；

R——产量定额；

a——场地利用系数（见表 6-12）。

表 6-14 作业棚需用面积

名　称	面　积	说　明	名　称	面　积	说　明
木工作业棚	2m^2/人	占地为棚的 3～4 倍	电工房	15m^2	
电锯房	40m^2	小圆锯 1 台	白铁工房	20m^2	
钢筋作业棚	3m^2/人	占地为棚的 3～4 倍	机钳修理间	20m^2	
混凝土搅拌机	10～15m^2/台	400L	立式锅炉房	5～10m^2/台	
卷扬机	6～10m^2/台	100L	发电机房	0.2～0.3m^2/kW	
锅炉房	30～40m^2	铁工	水泵	3～8m^2/台	
焊工房	20～40m^2		移动式空压机	9～150m^2/台	10～20m^2/分

注：表中人系指技工。

(4) 现场临时工程防火间距　可参照表6-15确定。

表6-15　防火间距

类　别	永久性建筑物及构筑物	办公室、福利建筑、工人宿舍	非易燃仓库、露天堆栈	易燃品仓库	锅炉房、厨房及固定生产用火	木料堆积场	废品堆等
永久性建筑及构筑物	—	20	15	20	25	20	30
办公室、福利建筑、工人宿舍	20	3.5～5.0	6	15～20	10～15	15	30
非易燃仓库、露天堆栈	15	6	6	15	15	10	20
易燃品仓库	20	20	15	20	25	20	20
锅炉房、厨房及固定生产用火	25	15	15	25		25	30
木料堆积场	20	15	10	20	25		30
废品堆等	30	30	20	30	30	30	

第六节　施工组织设计的贯彻与评价

一、施工组织设计的审批

施工组织设计编制好后，应经上级管理部门进行审查、批准，其作用主要有以下三个方面。

(1) 可使编制的施工组织设计尽可能完善、科学、合理，特别是对工程施工进度、施工质量、安全生产以及施工成本有重大影响的一些技术措施、施工方案应进行认真审查，减少和防止失误。

(2) 审查、批准的过程，也是统一思想、协调矛盾的过程。因为实施施工组织设计，不仅是施工单位的事，它涉及很多部门，很多方面，特别是施工组织总设计，涉及面更广，只有统一思想，才能使各方面协调一致地进行贯彻实施，取得预期的效果。

(3) 只有审批通过的施工组织设计，才能成为对各方面都具有约束力的技术经济文件，成为施工组织以及施工结算等各项活动的依据。

施工组织设计的审批和施工组织设计的编制一样，应视工程大小、内容复杂程度的不同而进行分级审批。

1. 施工组织总设计的审批

一般用于工程规模较大、单位工程数量较多、施工场地范围较广的工程。施工组织设计内容的涉及面也较广，一般应由工程总承包单位的技术部门召集业主、设计单位、监理单位、分包单位以及专业施工单位的技术负责人会审取得一致意见后，由总承包单位的总工程师批准下达，或报请上级主管部门审批，并报监理工程师及业主备案。

2. 单位工程施工组织设计的审批

单位工程施工组织设计由于其总体内容和涉及范围都比施工组织总设计要小，所以一般由承建单位技术部门或项目经理部编制后，报请公司总工程师室或技术部门审批。

3. 分部分项施工组织设计的审批

分部分项施工组织设计亦称施工方案或专项技术措施，由于其内容一般仅涉及新技术、新工艺或较复杂的分部分项工程，通常由单位工程技术负责人编制后，报请项目经理部或公司总工程师室审批。

审批施工组织设计的主要内容有以下几方面。

① 施工进度的安排是否符合业主及有关部门提出的对该建设项目的交付使用或部分投产时间的要求；施工部署和工序搭接是否科学、合理；能否确保全年连续、均衡施工。

② 是否贯彻工业化方针；工程的施工机械化、工厂化、装配化水平是否符合实际情况。

③ 是否贯彻建筑业技术进步方针；是否积极采用新技术、新工艺、新设备、新材料等。

④ 质量、安全措施是否切实可行；各季节性施工措施是否恰当。

⑤ 各种地方资源的利用是否充分；安排临时设施时，是否充分利用了原有建筑物或拟建工程设施；降低施工成本的各项措施是否可行。

⑥ 施工平面图布置是否合理；能否确保文明施工要求。

⑦ 施工实施过程中，各有关方面的职责是否明确。

⑧ 施工准备工作计划是否可行。

经过审批的施工组织设计，是项目施工组织的依据。施工管理、计划、技术、物资供应和附属加工企业都必须按照施工组织设计规定的内容和步骤来安排、布置各自的工作。在检查施工计划和施工活动时，应同时对施工组织设计的执行情况进行检查，发现问题应及时进行改进或调整。

二、施工组织设计的贯彻

1. 做好施工组织设计交底

经过审批的施工组织设计，在开工前要召开各级生产、技术会议，逐级进行交底，详细讲解其内容要求、施工关键和保证措施，责成生产计划部门编制具体的实施计划；责成技术部门拟定实施的技术细则，保证施工组织设计的顺利贯彻执行。

2. 制定有关贯彻施工组织设计的规章制度

经验证明，有了科学、健全的规章制度，施工组织才能顺利实施，企业正常的施工秩序才能维持，因此必须制定和健全各项规章制度。

3. 推行技术经济承包制

采用技术经济承包制，把技术经济责任同职工的物质利益结合起来，便于相互监督和激励，这是贯彻施工组织设计的重要手段之一。如节约材料奖、技术进步奖和优良工程综合奖等，都是推行技术经济承包制的有效形式。

4. 统筹安排，综合平衡

工程开工后，要做好人力、物力和财力的统筹安排，保持合理的施工规模，这既能保持施工顺利进行，又能带来好的经济效果，要通过月、旬作业计划，及时分析各种不平衡因素，综合各种施工条件，不断进行各专业之间的综合平衡，完善施工组织设计，保证施工的节奏性、均衡性和连续性。

三、施工组织设计的检查

1. 主要指标完成情况的检查

通常采用比较法，将各项指标完成情况同规定指标对比，检查内容包括工程进度、工程质量、材料消耗、劳动消耗、机械使用和成本费用等情况。要把主要指标的数量检查与其相应的施工内容、方法等检查结合起来，发现差异，然后采用分析法和综合法，研究差异或问题产生的原因，找出影响施工组织设计贯彻的障碍，拟定切实可行的改进措施。

2. 施工平面图合理性的检查

工程开工以后，必须加强施工平面图的管理，严格执行管理制度，随时检查其合理性，要根据施工的不同阶段，及时制定改进方案，报请有关部门批准并实施。

四、施工组织设计的调整

根据对施工组织设计执行情况检查发现的问题及其产生原因，拟定改进措施，对其相关部分及其指标，逐项进行调整，对施工平面图的不合理部分，也要进行相应的调整或修改，使施工组织适应变化需要，在新的基础上实现新的平衡。

施工组织设计的贯彻、检查和调整是一项经常性工作，必须加强反馈，随时决策，使其贯穿整个施工过程的始终。

五、施工组织设计的评价

施工组织设计是对整个建设项目或群体工程施工的全局性、指导性文件，其编制质量的好坏对工程建设的进度、质量和经济效益影响较大。因此，对施工组织设计进行技术经济评价的目的在于对施工组织设计通过定性及定量的计算分析，论证其在技术上是否可行，在经济上是否合理，对照相应的同类型有关工程的技术经济指标，反映所编制的施工组织设计的最后效果，并应反映在施工组织设计文件中，作为施工组织总设计的考核、评价和上级审批的依据。

1. 施工组织设计的技术经济评价指标体系

施工组织设计中常用的技术经济指标有施工周期、工程质量、全员劳动生产率、主要材料使用指标、机械化施工程度、成本降低指标等。

（1）施工周期　指工程从开工到竣工所用的全部日历天数。

（2）质量指标　这是施工组织设计中确定的控制目标。

$$质量优良品率=\frac{优良工程个数(或面积、延长米等)}{施工项目总个数(或面积、延长米等)}\times 100\% \quad (6\text{-}20)$$

（3）劳动指标

① 劳动力不均衡系数，表示整个施工期间使用劳动力的均衡程度。以接近1为好，一般不能大于2。

$$劳动力不均衡系数=\frac{施工高峰期人数}{施工平均人数} \quad (6\text{-}21)$$

② 全员劳动生产率

$$全员劳动生产率=\frac{完成的工作量(元)}{全体职工平均人数} \quad (6\text{-}22)$$

每月的全员劳动生产率应力求均衡。

（4）机械化施工程度

$$机械化施工程度=\frac{机械化施工完成的工作量}{总工作量}\times 100\% \quad (6\text{-}23)$$

（5）工厂化施工程度

$$工厂化施工程度=\frac{预制加工厂完成的工作量}{总工作量}\times 100\% \quad (6\text{-}24)$$

（6）主要材料节约率

$$主要材料节约率=\frac{主要材料预算用量-计划用量}{主要材料预算用量}\times 100\% \quad (6\text{-}25)$$

（7）降低成本指标

$$成本降低率=\frac{预算成本-计划成本}{预算总成本}\times 100\% \tag{6-26}$$

（8）临时工程投资比例　指全部临时工程投资额与总成本之比，表示临时设施费用的支出情况。

$$临时工程投资比例=\frac{全部临时工程投资额}{总成本} \tag{6-27}$$

2. 施工组织设计的技术经济评价

每一项施工活动都可以采用多种不同的施工方法和应用不同的施工机械，不同的施工方法和不同的施工机械对工程的工期、质量和成本、费用等都有不同的影响。因此，在编制施工组织设计时，应根据现有的以及可能获得的技术和机械情况，拟订几个不同的施工方案，然后从技术上、经济上进行分析比较，从中选出最合理的方案，把技术上的可能性与经济上合理性统一起来，以最少的资源消耗获得最佳的经济效果，多快好省地完成施工任务。

对施工组织设计（施工方案）进行技术经济分析，常用的有两种方法，即定性分析法和定量分析法。

（1）定性分析法　定性分析法是根据实际施工经验对不同施工方案的优劣进行分析比较，例如，对垂直运输，是采用井字架适当，还是采用塔吊适当；划分流水作业时，是二段流水有利于加快施工进度，还是三段流水有利于加快施工进度等。

定性分析法主要凭经验进行分析、评价，虽比较方便，但精确度不高，也不能优化，决策易受主观因素的制约，一般常在施工实践经验比较丰富的情况下采用。

（2）定量分析法　定量分析法是对不同的施工方案进行一定的数学计算，将计算结果进行优劣比较。如有多个计算指标的，为便于分析、评价，常常对多个计算指标进行加工，形成单一（综合）指标，然后进行优劣比较。定量分析法一般有评分法和价值法两种。评分法是通过综合打分来分析评价施工方案的优劣并择优选用。价值法是对各方案计算出的最终价值，用价值量的大小来评价方案的优劣并择优选用。下面以评分法为例介绍定量分析法。

例如，某室外污水管道施工时，曾提出不设置支撑施工（第一方案）和设置支撑施工（第二方案）两种方法，在对两种方案进行技术经济分析时，采用了评分法。根据企业的实际况和工程具体要求（工期较急、质量要求较高），从工期长短、质量可靠、施工安全、施工费用四个方面进行打分，并确定四个方面的权数比例。打分结果见表 6-16。

表 6-16　两种方案的比较

指　标	权　数	得　分	
		不设支撑方案	设支撑方案
工期长短	0.35	95	80
质量可靠	0.25	95	95
施工安全	0.20	90	80
施工费用	0.20	80	95

不设支撑方案总分：

$$\begin{aligned} m_1 &= 95\times 0.35+95\times 0.25+90\times 0.2+80\times 0.2 \\ &= 33.25+23.75+18+16=91\ (分) \end{aligned}$$

设支撑方案总分：

$$m_2=80\times0.35+95\times0.25+80\times0.2+95\times0.2$$
$$=28+23.75+16+19=86.75\text{（分）}$$

通过打分计算，不设支撑方案明显优于设支撑方案。从权数分配情况来看，该工程工期较急，采用不设支撑方案能有效地缩短施工周期，故选用不设支撑方案是合理的。

本章小结

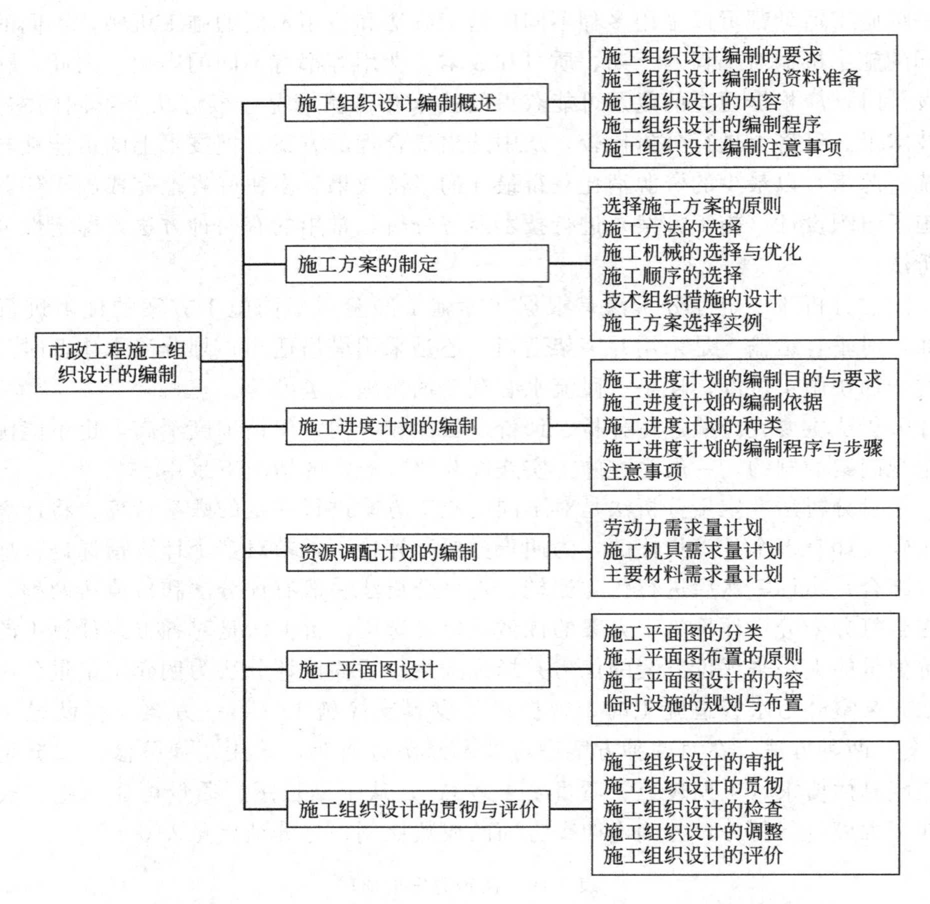

复习思考题

1. 市政工程施工组织设计的概念及目的是什么？
2. 编制施工组织设计的原则、作用、依据和程序是什么？
3. 施工组织计划由哪几部分内容组成？
4. 施工进度图分为哪几类？编制施工进度图的依据和步骤是什么？
5. 工地用水量如何计算？
6. 施工平面图布置的原则和依据是什么？
7. 施工平面图的内容有哪些？

第七章　市政工程施工管理

【知识目标】

● 了解施工项目管理的概念、内容和方法。

● 理解施工技术管理的重要性，工程成本概念，施工安全管理的基本原则和控制程序，生产要素管理的重要性和复杂性。

● 掌握技术岗位责任制，施工技术管理的基本制度，施工进度计划的实施、检查与调整，如何进行全面质量管理，如何处理、避免质量缺陷，工程成本分解、控制与考核，什么是安全生产责任制，市政施工安全事故的预防，施工项目生产要素的管理内容。

【能力目标】

● 能解释施工项目管理的概念、内容和方法。

● 能写出技术岗位责任制的内容，施工技术管理的基本制度，工程成本概念，施工安全管理的基本原则，施工项目生产要素的管理内容。

● 能应用进度控制、质量管理、成本管理、安全管理方法。

● 能进行施工进度计划的实施与检查。

● 能处理施工中的质量缺陷，施工安全管理的基本原则和控制程序，施工项目生产要素管理的基本工作。

第一节　施工项目管理概述

一、施工项目管理的概念

1. 项目管理

项目管理是指为了达到项目目标，对项目的策划（规划、计划）、组织、控制、协调、监督等活动过程的总称。

项目管理的对象是项目。项目管理者是项目中各项管理活动的主体。项目管理的职能同所有管理的职能均是相同的。项目的特殊性带来了项目管理的复杂性和艰巨性，要求按照科学的理论、方法和手段进行管理，特别是要用系统工程的观念、理论和方法进行管理。项目管理的目的就是要保证项目目标的顺利完成。项目管理有以下特征。

（1）每个项目的管理都有自己特定的管理程序和步骤　每个项目都有自己特定的目标，项目管理的内容和方法要针对项目目标而定，这就决定了每个项目都有自己特定的管理程序和步骤。

（2）项目管理是以项目经理为中心的管理　由于项目管理具有较大的责任和风险，其管理涉及人力、技术、设备、资金、信息、设计、施工、验收等多方面因素和多元化关系，为了更好地进行项目策划、计划、组织、指挥、协调和控制，必须实施以项目经理为核心的项目管理体制。在项目管理过程中应授予项目经理必要的权力，以便使其及时处理项目实施过程中发生的各种问题。

（3）项目管理应使用现代管理方法和技术手段　现代项目大多数是先进科学的产物或是一种涉及多学科、多领域的系统工程，要圆满地完成项目就必须综合运用现代管理方法和科学技术，如决策技术、预测技术、网络与信息技术、网络计划技术、系统工程、价值工程、目标管理等。

（4）项目管理应实施动态管理　为了保证项目目标的实现，在项目实施过程中要采用动态控制方法，即阶段性地检查实际值与计划目标值的差异，采取措施，纠正偏差，制订新的计划目标值，使项目能实现最终目标。

2. 施工项目管理

施工项目管理是指建筑业企业运用系统的观点、理论和方法对施工项目进行的计划、组织、监督、控制、协调等全过程、全方位的管理。

施工项目管理是项目管理的一个分支，其管理对象是施工项目，管理者是建筑业企业，施工项目管理有以下特征。

（1）施工项目的管理者是建筑业企业　建设单位和设计单位都不进行施工项目管理。一般地，建筑业企业也不委托咨询公司进行施工项目管理。由建设单位或委托工程项目管理公司所进行的工程项目管理中涉及的施工阶段管理仍属于建设项目管理，而不属于施工项目管理。工程监理单位所实施的施工阶段监理是把施工单位作为监督对象，虽与施工项目管理有关，但也不属于施工项目管理。

（2）施工项目管理的对象是施工项目　施工项目管理的周期包括工程投标、签订工程项目施工承包合同、施工准备、施工、移交验收及保修等阶段。施工项目的多样性、固定性及庞大性等特点给施工项目管理带来了特殊性：生产活动与市场交易活动同时进行；先有交易活动，后有“产成品”（工程项目）；买卖双方都投入生产管理，生产活动和交易活动很难分开。所以，施工项目管理是对特殊的商品、特殊的生产活动，在特殊的市场上进行的特殊的交易活动的管理，与其他生产管理相比更具有复杂性和艰难性。

（3）施工项目管理的内容是按阶段变化的　每个施工项目都是按施工程序进行，从开始到结束，少则一二年，多则要经过几年甚至十几年的时间。随着施工项目管理时间的推移带来了施工内容的变化，因而管理内容也随之发生变化。准备阶段、基础施工阶段、结构施工阶段、装修施工阶段、安装施工阶段、验收交工阶段，管理的内容差异很大。因此，管理者必须对设计、合同签订、措施提出等进行有针对性的动态管理，并使资源组合最优化，以提高施工的效率和效益。

（4）施工项目管理要求强化组织协调工作　由于施工项目各分项工程生产活动的独特性，对产生的问题往往难以补救或虽可补救但后果严重；由于参与施工的人员不断流动，需要采取特殊的流水方式，组织工作的量很大；由于施工在露天进行，工期长，需要的资源多；还由于施工活动涉及复杂的经济关系、技术关系、法律关系、行政关系和人际关系等，所以施工项目管理中的组织协调工作尤为重要。

二、施工项目管理的内容和方法

1. 施工项目管理的内容

在施工项目管理的全过程中，为了取得各阶段目标和最终目标的实现，在进行各项活动中，必须加强管理工作。必须强调，施工项目管理的主体是以施工项目经理为首的项目经理部，管理的客体是具体的施工过程。

（1）建立施工项目管理组织 由企业采用适当的方式选聘称职的施工项目经理。根据施工项目组织原则，选用适当的组织形式，组建施工项目管理机构，明确责任、权限和义务。在遵守企业规章制度的前提下，根据施工项目管理的需要，制定施工项目管理制度。

（2）编制施工项目管理规划 施工项目管理规划是对施工项目管理目标、组织、内容、方法、步骤、重点进行预测和决策，做出具体安排的文件。

（3）施工项目的合同管理 由于施工项目管理是对在市场经济条件下进行的特殊交易活动的管理，这种交易活动从招投标开始，并持续于项目管理的全过程，因此必须依法签订合同，进行履约经营。合同管理的好坏直接涉及项目管理及工程施工的技术经济效果和目标实现。因此，要从招投标开始，加强工程施工合同的签订、履行和管理。合同管理是一项执法、守法活动，市场有国内市场和国际市场，因此合同管理势必涉及国内和国际上有关法规和合同文本、合同条件，在合同管理中应予高度重视。

（4）对施工项目施工现场及其生产要素进行优化配置和动态管理 搞好施工项目施工现场管理具有重要意义，它主要包括规划施工用地、施工总平面设计与布置、建立并检查文明施工现场、清场转移等内容。具体应按《建设工程施工现场管理规定》等法律法规进行。

施工项目的生产要素是施工项目目标得以实现的保证，主要包括人力资源、材料、设备、资金和技术（即5M）。生产要素管理的内容主要包括以下三方面。

① 分析各项生产要素的特点。

② 按照一定的原则和方法对施工项目生产要素进行优化配置，并对配置状况进行评价。

③ 对施工项目的各生产要素实行动态管理。

（5）进行施工项目的目标控制 施工项目的目标有阶段性目标和最终目标。实现各项目标是进行施工项目管理的目的所在。因此，应当坚持以控制论原理和理论为指导，进行全过程的科学控制。施工项目的控制目标包括技术控制目标、进度控制目标、质量控制目标、成本控制目标和安全控制目标五个方面。

由于在施工项目目标的控制过程中，会不断受到各种客观因素的干扰，各种风险因素有随时发生的可能性，故应通过组织协调和风险管理，对施工项目目标进行动态控制。

（6）施工项目的信息管理 现代化管理要依靠信息。施工项目管理是一项复杂的现代化的管理活动，更要依靠大量信息，并对大量信息进行管理。施工项目目标控制、动态管理，必须依靠信息并应用电子计算机进行辅助管理。

（7）组织协调 组织协调是指以一定的组织形式、手段和方法，对项目管理中产生的关系不畅进行疏通，对产生的干扰和障碍予以排除的活动。在控制与管理的过程中，由于各种条件和环境的变化，必然形成不同程度的干扰，使原计划的实施产生困难，这就必须进行协调。协调要依托一定的组织、形式和手段，并针对干扰的种类和关系的不同而分别对待。除努力寻求规律外，协调还依靠应变能力，依靠处理例外事件的机制和能力。协调为顺利“控制”服务，协调与控制的目的都是保证目标实现。

2. 施工项目管理方法

（1）施工项目管理方法应用的特征

① 选用方法的广泛性。工程项目管理的发展过程，实际上是管理理论和方法继承、研究、创新和应用的过程。管理理论发展到现在，已经形成了以经营决策为中心，以计算机的

应用为手段，应用运筹学和系统理论的方法，结合行为科学的应用，把管理对象看做由人和物组成的完整系统的综合管理，即现代化管理。因此，施工项目管理所使用的方法是现代化管理方法。凡是现代化管理方法，均可在施工项目管理中有针对性地选用。这是因为现代化管理方法具有科学性、综合性和系统性，可以适应施工项目管理的需要。

② 施工项目管理方法服从于项目目标控制的需要。施工项目目标控制集中为五大项，即技术目标、进度目标、质量目标、成本目标和安全目标。各种目标控制有各自的专业系统方法，也就是说，某些方法对某种目标控制特别适用、有效，另一些方法则不适用于这项目标控制。但是，某种方法由于具有综合性，可以被几种目标控制方法系统纳入。例如，合同管理方法适用于所有的目标控制。在对某种目标进行控制时，必须首先选用适用的方法体系。

③ 施工项目管理方法与建筑业企业管理方法紧密相关。建筑业企业的管理方法，是针对建筑业企业的施工、生产和经营活动的需要而选用的方法体系。建筑业企业首先是完成施工项目任务，其经营管理必须以施工项目为中心，因此建筑业企业的管理方法与施工项目管理的方法之间有着密切关系。当然，这并不是说建筑业企业经营管理方法全部适用于施工项目管理。

（2）施工项目管理主要方法　施工项目管理的基本方法是“目标管理方法”。然而，各项目标的实现还有其适用的、最主要的专业方法。如技术控制目标的主要方法是“建立技术岗位责任制”；进度控制目标的主要方法是“进度计划比较法”；质量控制目标的主要方法是“全面质量管理方法”；成本控制目标的主要方法是“可控责任成本方法”；安全控制目标的主要方法是“安全责任制”。

目标管理方法是施工项目管理的基本方法。建筑业企业项目管理的基本任务是进行施工项目的技术、进度、质量、安全和成本目标控制。它们共同的基本方法就是目标管理方法。这是因为，目标管理方法是实现目标的方法。目标管理是指集体中的成员亲自参加工作目标的制定，在实施中运用现代管理技术和行为科学，借助人们的事业心、能力、自信、自尊等，实行自我控制，努力实现目标。因此，目标管理是以被管理活动的目标为中心，把经济活动和管理活动的任务转换为具体的目标加以实现和控制，通过目标的实现，完成经济活动的任务。这就可以得出一个结论，即目标管理的精髓是“以目标指导行动”。目标管理是面向未来的管理，是主动的、系统整体的管理，是一种重视人的主观能动作用、参与性和自主性的管理。由于它确定了人们的努力方向，因此是一种可以获得显著绩效的管理，从而被广泛应用于经济和管理领域，并成为施工项目管理的基本方法。

可控责任成本方法是成本控制的主要方法。成本是施工项目各种消耗的综合价值体现，是消耗指标的全面代表。成本的控制与各种消耗有关，只有把握好消耗关才能控制好成本。要把握好消耗关，就必须从每个环节做起。在市场经济条件下，资源的供应、使用与管理部是消耗的环节，都要严格把关。消耗既有量的问题，也有价的问题，两者都要控制。操作者是控制的主体，管理者也是控制的主体，因此每一个职工都有控制成本的责任。一种资源在某一环节上的节约，可能与多个责任者相关，要分清各相关责任者各自的责任，各人负责自己可以控制的那一部分的责任。所以，“可控责任成本”是责任者可以控制住的那部分成本。“可控责任成本方法”是通过明确每个职工的可控责任成本目标而达到对每项生产要素进行成本控制以最终导致项目总成本得以控制的方法。可控责任成本方法的本质是成本控制的责任制，在使用该方法时应注意以下几点：一是按程序实施管理；二是责任制是可控责任成本方法的前提；三是为实施可控责任成本方法，必须加强成本核算；四是要特别重视管理人员的可控责任成本的落实；五是可控责任成本方法实施的全过程，就是“目标管理方法”实施的过程。要把握目标管理方法的“灵魂”，确保可控责任成本取得实效。

横道图控制法和网络计划方法是进度控制的主要方法。网络计划方法是因控制项目的进度而诞生，自诞生以来，已经成功地被用来进行了无数重大而复杂的项目的进度控制。它自20世纪60年代中期传入我国以后，在我国受到了广泛重视，进行了大量工程项目的进度控制并取得了效益。现在，业主方的项目招标，监理方的进度控制，承包方的投标及进度控制，即在编制大型、复杂工程的计划，需进行动态调整计划时，都离不开网络计划。网络计划已被公认为进度控制的最有效方法。随着网络计划应用全过程计算机化（已实现）的普及，网络计划技术在项目管理的进度控制中将发挥越来越大的作用。

需要指出两点：一是目前施工项目流水作业计划仍以横道图为表现形式。因为，尽管横道图有工序间逻辑关系不易表达清楚的严重缺点，但它具有时间参数一见便知、绘图简便等优点，因此，施工现场在编制简单工程计划、一次性计划及周期为月、季、年度计划时，通常还是采用流水作业的横道计划。二是它与网络计划技术两者之间是互补关系，有关“横道计划与网络计划”互斥和“用网络计划取代横道计划”的说法和做法都是不正确的；同样，“网络计划无用论”也是不正确的。

全面质量管理方法是质量控制的主要方法。全面质量管理方法概括为“三全一多样”。“三全”是指参加管理者包括全企业的人员和机构，管理的对象是施工项目实施的全过程和全部要素；“一多样”是指该方法中所含的具体方法是个大体系，多种多样。“全企业参与质量管理”主要是指全企业要形成一个质量体系，在统一的质量方针指引下，为实现各项目标开展各种层面的P（计划）、D（执行）、C（检查）、A（处理）循环，而每一循环均使质量水平提高一步；“全员参与质量管理”的主要方式是开展全员范围内的“QC小组”活动，开展质量攻关和质量服务等群众性活动；“全过程”的质量管理主要表现在对工序、分项工程、分部工程、单位工程、单项工程、建设项目等形成的全过程和所涉及的各种要素进行全面的管理。质量管理的方法多种多样。以上是对有关全面质量管理方法说法的一种简单描述，但也基本道出了全面质量管理的精髓。

安全责任制是安全控制的主要方法。安全责任制是用制度来规定每个施工项目管理成员的安全责任。项目经理、管理部门的成员、作业人员都要承担相应责任，不留死角。安全责任制是岗位责任制的重要内容之一，它包括不同岗位上每个人所承担的不同的安全责任。要承担安全责任，就要进行安全教育，更要加强检查与考核，因此安全责任制中必须包含承担安全责任的保证制度。

最后需要指出：我们突出上述五种施工项目目标控制方法，并不意味着就可以忽略其他管理方法的应用。这五种方法之间也是相关的，不可孤立地对待它们。

第二节 施工技术管理

一、施工技术管理的重要性

市政工程施工管理的目标就是在确保合同规定的工期和质量要求的前提下，力求降低工程施工成本，追求施工的最大利润。要达到保证工程质量、保证按期交工，同时，还要力求降低工程施工成本，就要在工程施工管理过程中抓好技术管理工作。通过技术管理工作，做好施工前各项准备、加强施工过程重点难点控制、科学管理现场施工、优化配置提高劳动生产率、降低资源消耗，进而达到质量、进度和成本多方面的和谐统一。简单来说，做好施工技术管理工作就能掌握工程施工的重心，为工程顺利实施提供最好的服务和保障。

二、施工技术管理工作的内容

施工项目技术管理工作具体包括技术管理基础性工作、施工过程的技术管理工作、技术开发管理工作、技术经济分析与评价等。如图7-1所示，项目经理部应根据项目规模设置项目技术负责人，项目经理部必须在企业总工程师和技术管理部门的指导下，建立技术管理体系；项目经理部的技术管理应执行国家技术政策和企业的技术管理制度，项目经理部可自行制定特殊的技术管理制度，并经总工程师审批。

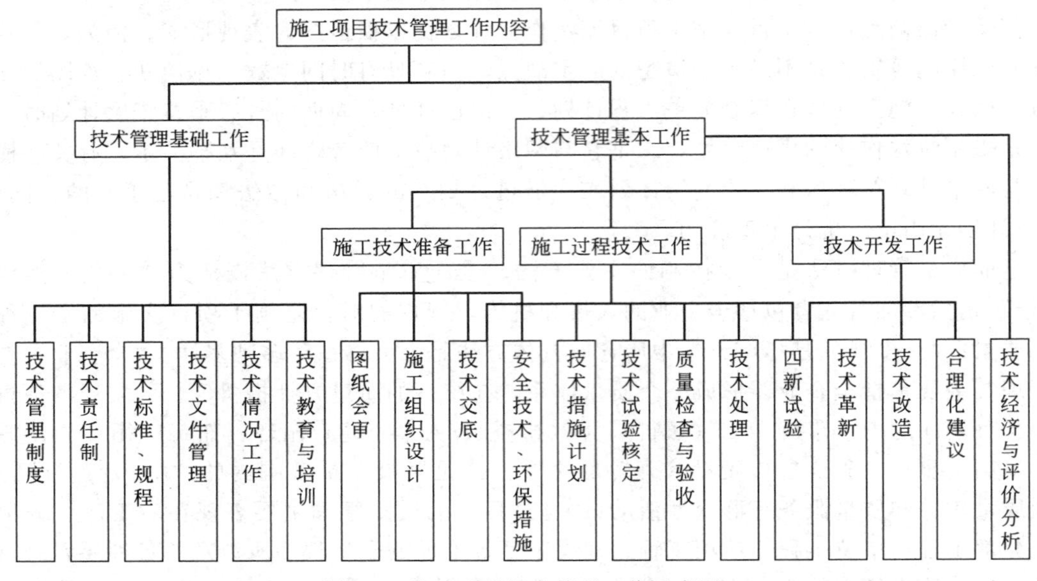

图7-1　施工项目技术管理工作示意图

施工项目技术管理工作主要有以下两个方面的内容。

1. 日常性的技术管理工作

日常性技术管理工作是施工技术管理工作的基础。它包括制定技术措施和技术标准；编制施工管理规划；施工图样的熟悉、审查和会审；组织技术交底；建立技术岗位责任制；贯彻技术规范和规程；进行技术检验和规程；监督与控制技术措施的执行、处理技术问题等；技术情报、技术交流、技术档案的管理工作；工程变更和变更洽谈等。

2. 创新性的技术管理工作

创新性技术管理工作是施工技术管理工作的进一步提高。它包括进行技术改造和技术创新；开发新技术、新结构、新材料、新工艺；组织各类技术培训工作；根据需要制定新的技术措施和技术标准等。

三、建立技术岗位责任制

建立技术岗位责任制，是对各级技术人员建立明确的职责和范围，以达到各负其责、各司其职，充分调动各级技术人员的积极性和创造性。虽然，项目技术管理不能仅仅依赖于单纯的工程技术人员和技术岗位责任制。但是技术岗位责任制的建立，对于搞好项目基础技术工作，对于认真贯彻国家技术政策，对于促进生产技术的发展和保证工程质量都有着极为重要的作用。

（一）技术管理机构的主要职责

（1）组织贯彻执行国家有关技术政策和上级颁发的技术标准、规定、规程和个性技术管理制度。

（2）按各级技术人员的职责范围分工负责，做好日常性的技术业务工作。

（3）负责收集和提供技术情报、技术资料、技术建议和技术措施等。

（4）深入实际、调查研究，进行全过程的质量管理，进行有关技术咨询，总结和推广先进经验。

（5）科学研究，开发新技术，负责技术改造和技术革新的推广应用。

（二）项目经理的主要职责

为了确保项目施工的顺利进行，杜绝技术问题和质量事故的发生，保证工程质量，提高经济效益，项目经理应抓好以下技术工作。

（1）贯彻各级技术责任制，明确中级人员组织和职责分工。

（2）组织审查图样，掌握工程特点与关键部位，以便全面考虑施工部署与施工方案。

（3）决定本工程项目拟采用的新技术、新工艺、新材料和新设备。

（4）主持技术交流，组织全体技术管理人员，对施工图和施工组织的设计、重要施工方法和技术措施等进行全面深入的讨论。

（5）进行人才培训，不断提高职工的技术素质和技术管理水平。一方面为提高业务能力而组织专题技术讲座；另一方面应结合生产需要，组织学习规范规程、技术措施、施工组织设计以及与工程有关的新技术等。

（6）深入现场，经常检查重点项目和关键部位。检查施工操作、原料使用、检验报告、工序搭接、施工质量和安全生产等方面的情况。对出现的问题、难点、薄弱环节，要及时提交给有关部门和人员研究处理。

（三）各级技术人员的主要职责

1. 总工程师的主要职责

总工程师是施工项目的技术负责人，对重大技术问题中的技术疑难问题有权做出决策。其主要职责如下：全面负责技术工作和技术管理工作；贯彻执行国家的技术政策、技术标准、技术规程、验收规范和技术管理制度等；组织编制技术措施纲要及技术工作总结；领导开展技术革新活动，审定重大的技术革新、技术改造和合理化建议；组织编制和实施科技发展规划、技术革新计划和技术措施计划；参加重点和大型工程三结合设计方案的讨论，组织编制和审批施工组织设计和重大施工方案，组织技术交底和参加竣工验收；参加引进项目的考察和谈判；主持技术会议，审定签发技术规定、技术文件，处理重大施工技术问题；领导技术培训工作，审批技术培训计划。

2. 专业工程师的主要职责

主持编制施工组织设计和施工方案，审批单位工程的施工方案；主持图样会审和工程的技术交底；组织技术人员学习和贯彻执行各项技术政策、技术规程、规范、标准和各项技术管理制度；组织制定保证工程质量和安全的技术措施，主持主要工程的质量检查，处理施工质量和施工技术问题；负责技术总结，汇总竣工资料及原始技术凭证；编制专业的技术革新计划，负责专业的科技情报、技术革新、技术改造和合理化建议，对专业的科技成果组织鉴定。

3. 单位工程技术负责人的主要职责

全面负责施工现场的技术管理工作；负责单位工程图样审查及技术交流；参加编制单位工程的施工组织设计，并贯彻执行；负责贯彻执行各项专业技术标准，严格执行验收规范和质量鉴定标准；负责技术复核工作，如对轴线、标高及坐标等的复核；负责单位工程的材料检验工作；负责整理技术档案原始资料及施工技术总结，绘制竣工图；参加质量检查和竣工验收工作。

四、施工技术管理的基本制度

项目管理的效率性条件之一就是制度的保证。技术管理工作的基础工作是技术管理制度，包括制度的建立、健全、贯彻与执行。主要管理制度有以下几种。

（一）图样审查制度

图样是进行施工的依据，施工单位的任务就是按照图样的要求，高速优质地完成施工项目。图样审查的目的在于熟悉和掌握图样的内容和要求；解决各工种之间的矛盾和协作；发现并更正图样中的差错和遗漏；提出不便于施工的设计内容，进行洽商和更正。图样审查的步骤可分为学习、初审、会审三个阶段。

1. 学习阶段

学习图样主要是摸清建设规模和工艺流程、结构形式和构造特点、主要材料和特殊材料、技术标准和质量要求，以及坐标和标高等。应充分了解设计意图及对施工的要求。

2. 初审阶段

掌握工程的基本情况以后，分工种详细核对各工种的详图，核查有无错、碰、漏等问题，并对有关影响建筑物安全、使用、经济的问题，提出初步修改意见。

3. 会审阶段

系指各专业间对施工图的审查。在初审的基础上，各专业之间核对图样是否相符，有无矛盾，消除差错，协商配合施工事宜。对图样中有关影响建筑物安全、使用、经济等问题，提出修改意见。还应研究设计中提出的新结构、新技术实现的可能性和应采取的必要措施。

（二）技术交底制度

技术交底是在正式施工之前，对参与施工的有关管理人员、技术人员和工人交代工程情况和技术要求，避免发生指导和操作错误，以便科学地组织施工，并按合理的工序、工艺流程进行作业。技术交底的主要内容如下。

(1) 图样交底　目的是使施工人员了解设计意图、建筑和结构的主要特点、重要部位的构造和要求等，以便掌握设计关键，做到按图施工。

(2) 施工组织设计交底　要将施工组织设计的全部内容向施工人员交代，以便掌握工程特点、施工部署、任务划分、进度要求、主要工种的相互配合、施工方法、主要机械设备及各项管理措施等。

(3) 设计变更交底　将设计变更的部位向施工人员交代清楚，讲明变更的原因，以免施工时遗漏造成差错。

(4) 分项工程技术交底　分项工程技术交底的主要内容是：对施工工艺、规范和规程的要求，材料的使用，质量标准及技术安全措施等；对新技术、新材料、新结构、新工艺和关键部位，以及特殊要求，要着重交代，以便施工人员把握住重点。

技术交底可分级、分阶段进行。各级交底除口头和文字交底外，必要时用图样、样板、示范操作等方法进行。

（三）技术核定制度

技术核定是指对重要的关键部位或影响全工程的技术对象进行复核，避免发生重大差错而影响工程的质量和使用。核定的内容视工程情况而定，一般包括建筑物坐标、标高和轴线、基础和设备基础、模板、钢筋混凝土和砖砌体、大样图、主要管道和电气等。均要按质量标准进行复查和核定。

（四）检验制度

建筑材料、构件、零配件和设备质量的优劣，直接影响建筑工程的质量。因此，必须加强检验工作，并健全试验检验机构，把好质量检验关。对材料、构件、零配件和设备的检查有下列要求。

（1）凡用于施工的原材料、半成品和构配件等，必须有供应部门或厂方提供的合格证明。对没有合格证明或虽有合格证明，但经质量部门检查认为有必要复查时，均须进行检验或复验，证明合格后方能使用。

（2）钢材、水泥、砂、焊条等结构用材，除了应有出厂合格证明或检验单外，还应按规范和设计要求进行检验。

（3）混凝土、砂浆、灰土、夯土、防水材料的配合比等，都应严格按规定的部位及数量，制作试块、试样，按时送交试验，检验合格后才能使用。

（4）钢筋混凝土构件和预应力钢筋混凝土构件，均应按规定的方法进行抽样检验。

（5）加强对工业设备的检查、试验和试运转工作。设备运到现场后，安装前必须进行检查验收做好记录，重要的设备、仪器、仪表还应开箱检验。

（五）工程质量检查和验收制度

依照有关质量标准逐项检查操作质量，并根据施工项目特点分别对隐蔽工程、分项工程和竣工工程进行验收，逐个环节地保证工程质量。

工程质量检查应贯彻专业检查与群众检查相结合的方法，一般可分为自检、互检、交接检查及各级管理机构定期检查或抽查。检查内容除按质量标准规定进行外，还应针对不同的分部、分项工程，分别检查测量定位、放线、翻样、基坑、土质、焊接、拼装吊装、模板支护、钢筋绑扎、混凝土配合比、工业设备和仪表安装，以及装修等工作项目，并做好记录，发现问题或偏差应及时纠正。

隐蔽工程是指在施工过程中，前一工序将被后一工序掩盖，其质量无法再次进行复查的工程部位。市政工程中一般需要进行隐蔽工程检查验收的项目如表 7-1 所示。

表 7-1　隐蔽工程验收项目

序号	项　目	检　查　内　容
1	基础工程	地质、土质情况，基础断面尺寸，桩的位置、数量和试桩打桩记录，标高尺寸，坟、井、塘、人防的处理情况
2	钢筋混凝土工程	钢筋的品种、规格、数量、位置、形状、焊接尺寸、接头位置和除锈情况，预埋件的数量及位置，材料代替情况
3	防水工程	屋面、地下室、水下结构物的防水找平层的质量情况、干燥程度、防水层数、马蹄脂的软化点、延伸度、防水处理措施的质量
4	给排水、暖卫暗管道	位置、标高、坡度、试压、通水试验、焊接、防锈、防腐保温及预埋件等情况
5	暗配电气线路	位置、规格、标高、弯度、防腐、接头等情况，电缆耐压绝缘试验，地线、地板、避雷针的接地电阻
6	其他	完工后无法进行验收的工程，重要结构部位和有特殊要求的隐蔽工程

（六）技术档案管理制度

技术档案包括三个方面，即工程技术档案、施工技术档案和大型临时设施档案。

1. 工程技术档案

工程技术档案是为工程竣工验收提供给建设单位的技术资料。它反映了施工过程的实际情况，它对该项工程的竣工使用、维修管理、改建扩建等是不可缺少的依据。主要包括以下内容。

（1）竣工项目一览表　包括名称、面积、结构、层数等。

（2）设计方面的有关资料　包括原施工图、竣工图、图样会审记录、洽商变更记录、地质勘察资料。

（3）材料质量证明和试验资料　包括原材料、成品、半成品、构配件和设备等质量合格证明或试验检验单。

（4）隐蔽工程验收记录和竣工验收证明。

（5）工程质量检查评定记录和质量事故分析处理报告。

（6）设备安装和采暖、通风、卫生、电气等施工和试验记录，以及调试、试压、试运转记录。

（7）永久性水准点位置、施工测量记录和建筑物、构筑物沉降观测记录。

（8）施工单位和设计单位提出的建筑物、构筑物使用注意事项有关文件资料。

2. 施工技术档案

施工技术档案主要包括施工组织设计和施工经验总结，新材料、新结构和新工艺的试验研究及经验总结，重大质量事故、安全事故的分析资料和处理措施，技术管理经验总结和重要技术决定，施工日志等。

3. 大型临时设施档案

大型临时设施档案主要包括临时房屋、库房、工棚、围墙、临时水电管线设置的平面布置图和施工图，以及施工记录等。

对市政工程施工技术档案的管理，要求做到完整、准确和真实。技术文件和资料要经各级技术负责人正式审定后才有效，不得擅自修改或事后补做。

第三节　施工进度控制

工程进度涉及公路施工中业主和承包商双方的重大利益，是合同能否顺利执行的关键。因此，施工过程中，承包人都把计划进度和实际工程进度间的平衡，作为控制进度和计划管理的关键环节。在工程施工中，密切注视工程实际进度与计划进度间可能出现的偏差，及时地调整进度计划，加快工程进度，以便按计划完成任务。这些都是实现计划进度的原则和步骤。因此，在工程项目实施中，承包人一定要制定出一套控制进度的措施和科学的计划、管理方法，以保证工程在合同规定的期限内顺利完成。

一、施工进度控制

（一）施工进度控制的概念

施工进度控制与投资控制和质量控制一样，是工程施工中的重点控制之一。它是保证工程按期完成、合理配置资源、节约成本、加强管理、提高经济效益的重要措施。

施工进度控制是指在既定的工期内，编制出最佳施工进度计划，在执行该计划的过程中，经常检查施工实际进度情况，并将其与计划进度相比较，若出现偏差，分析产生的原因和对工期的影响程度，找出合理的调整措施，修改原计划，不断地如此循环，直至工程竣工验收。施工进度控制的总目标是确保工程既定目标工期的实现，或者在保证施工质量和不因此增加工程成本的前提下，适当缩短施工工期。

（二）施工进度控制的方法、措施和任务

1. 施工进度控制的方法

施工进度控制方法，是施工管理的基本方法之一，主要是计划、控制和协调。计划是指确定施工项目总进度控制目标和分进度控制目标，并编制其进度计划。控制是指在施工过程中，进行施工实际进度与计划进度的比较，若出现偏差，及时采取措施调整。协调是指协调与施工进度有关的单位、部门和施工队、施工班组之间的关系。

2. 施工进度控制的措施

施工进度控制采取的主要措施有组织措施、技术措施、合同措施、经济措施和信息管理措施等。组织措施主要是指落实各层次进度控制人员的具体任务和工作责任；建立进度控制的组织系统；按照施工项目的结构、进展的阶段或施工合同等进行项目分解，确定其进度目标，建立控制目标体系；确定进度控制工作制度，如检查时间、方法，协调会议时间、参加人等；对影响进度的因素进行分析和预测。技术措施主要是采取加快施工进度的技术方法。合同措施是指对施工作业单位签订施工合同的工期与有关进度计划目标相协调。经济措施是指实现进度计划的资金保证措施。信息管理措施是指不断地收集施工实际进度的有关资料进行整理统计与计划进度比较，定期地向建设单位提供比较报告。

3. 施工进度控制的任务

施工进度控制的主要任务是编制施工总进度计划并控制其执行，按期完成整个施工任务；编制单位工程施工进度计划并控制其执行，按期完成单位工程的施工任务；编制分部分项工程施工进度计划并控制其执行，按期完成分部分项工程的施工任务；编制季度、月（旬）作业计划并控制其执行，完成规定的目标等。

（三）影响施工进度的因素

由于工程项目施工具有社会性和系统性的特点，尤其是较大和复杂的施工项目，工期较长，影响进度的因素较多。编制计划和执行控制施工进度计划时必须充分认识和估计这些因素，才能克服其影响，使施工进度尽可能按计划进行。当出现偏差时，应认真考虑有关影响因素，分析产生的原因。其主要影响因素有以下几点。

1. 有关单位的影响

主要施工单位对施工进度起决定性作用，但是建设单位或设计单位、材料设备供应部门、运输部门、水电供应部门及政府有关主管部门，都可能给施工某些方面造成困难而影响施工进度。其中：设计单位图纸不及时或有错误，以及有关部门或业主对设计方案的变动，是经常发生和影响最大的因素。材料和设备不能按期供应，或质量、规格不符合要求，都影响工程顺利进行。资金不能保证也会使施工进度中断或速度减慢等。

2. 施工条件的变化

施工中工程地质条件和水文地质条件与勘察设计不符，如软弱地基、地下障碍物以及恶劣的气候、高温、暴雨和洪水等，都对施工进度产生影响，造成临时停工或破坏。

3. 技术失误

施工单位采用施工技术不当，施工中发生技术事故；应用新技术、新材料、新结构缺乏经验，不能保证质量等，都影响施工进度。

4. 施工组织安排不力

施工安排不合理、劳动力和施工机械调配不当、流水施工作业不顺畅等都会影响施工进度计划的实施。

5. 意外事件的出现

施工中如果出现意外事件，如严重自然灾害、火灾、重大工程事故等都会影响施工进度计划。

二、施工进度计划的实施与检查

（一）施工进度计划的实施

施工进度计划的实施是施工活动的全面展开，也就是施工进度计划指导施工活动、落实和完成计划的过程。为保证计划的实施，并尽量按编制的计划时间逐步进行，保证各进度目标的实施，应做好以下工作。

1. 实施前的准备工作

（1）检查各层次的计划，形成严密的计划保证系统　所有施工进度计划，都是围绕一个总任务而编制的，各层次之间的关系是：高层次计划是低层次计划的依据，低层次计划是高层次计划的具体化。在其贯彻执行时，首先检查是否协调一致，计划目标是否层层分解、互相衔接，组成一个计划实施的保障体系，以“施工任务书”的方式下达各施工队，以保证实施。

（2）层层签订承包合同或下达施工任务书　施工的各级层次之间，按照《经济合同法》的规定，分别签订承包合同，按计划明确合同工期、相互承担的经济责任、权利和义务，或采用下达施工任务书的方式，将任务下达到施工队组，明确具体施工任务、技术措施、质量要求等内容，使施工队组必须保证按计划时间完成规定的任务。

（3）进度计划全面交底、发动职工实施计划　施工进度计划的实施是全体施工人员步调一致的行动。要使有关人员都明确各项计划的目标、任务、实施方案的措施，使管理层和作业层协调一致，将计划变成职工的自觉行动，就要充分调动员工的工作积极性。在计划实施前就要进行计划交底工作，可根据计划的范围召开职工代表大会，或各级生产会议进行交底落实。

2. 施工进度计划的实施

（1）编制月（旬）施工作业计划　将工程任务结合现场施工条件，在施工开始前和过程中，编制逐月（旬）作业计划，使施工计划更具体、更切合实际和具有可行性。计划中要明确：本月（旬）应完成的任务，所需要的各种资源量，提高劳动生产率和节约投资的具体措施。

（2）签发施工任务书　按照月（旬）作业计划，将具体任务通过签发施工任务书的方式进一步落实。施工任务书是下达任务、实行责任承包、全面质量管理和作好原始记录的综合性文件，它是计划和实施的纽带。

（3）做好施工进度记录，填好施工进度统计表　在计划实施过程中，各级施工进度计划的执行者，都要跟踪生产作好施工记录，实事求是地记载每项工作的开始日期、工程进度和完成日期，并填写有关施工进度统计表，为施工进度检查分析提供信息。

(4) 做好施工中的调度工作 调度工作是保证施工进度计划顺利进行的重要手段，是组织施工各阶段、环节、专业和工种的互相配合、进度协调的指挥中心。其主要任务是：掌握计划实施情况，协调各方面关系，采取措施，解决矛盾，加强薄弱环节，实现动态平衡，保证完成进度目标。

(二) 施工进度计划的检查

在施工过程中，为了进行进度控制，进度控制人员应经常地、定期地跟踪检查工程进度情况，主要是收集进度资料，进行统计整理和对比分析，确定实际与计划之间的相对关系。其主要工作包括以下几方面。

1. 跟踪检查施工实际进度

跟踪检查施工实际进度，目的是收集有关信息（数据），保证收集数据的质量和检查的时间。检查的时间间隔与工程的类型、规模、施工条件和对进度执行要求有关，通常可每月、半月、旬或周进行一次，特殊情况也可每日进行检查或派人驻现场督阵。检查和收集资料的方式一般采用进度报表方式或定期召开进度工作汇报会。

2. 整理统计检查数据

一般按实物工程量、工作量和劳动消耗量以及累计百分比整理和统计实际收集的数据，与相应的计划对比。

3. 对比实际进度与计划进度

将收集的资料整理和统计后，把实际进度和计划进度进行分析比较。常用的方法有横道图比较法、网络计划比较法、S 形曲线比较法、“香蕉”形曲线比较法和列表比较法等。通过比较分析得出实际与计划处于同步、超前、滞后哪种状态。

4. 施工进度检查结果的处理

进度检查的结果，按照检查报告制度的规定向有关主管人员和部门汇报。

进度控制报告是把检查比较的结果和施工进度现状以及发展趋势，提供给经理和各级业务职能负责人的最简单的书面形式报告。其内容主要包括工程实施概况、管理和进度概况，材料、物资和构配件供应进度，劳务记录及预测，日历计划，施工图纸提供情况，对业主、设计单位和承包商的变更指令等。报告时间一般与进度检查时间相协调，由计划负责人或进度管理人员与其他管理人员协助编写。进度控制报告根据报告的对象不同，按不同的编制范围和内容分别编写。根据项目法施工一般分为项目概要级进度控制报告、项目管理级进度控制报告和业务管理级进度控制报告。

三、施工进度比较与计划调整

(一) 施工进度比较

施工进度比较分析与进度计划的执行是融会在一起的，进度比较是计划执行信息的主要来源，是施工进度调整和分析的依据，是进度控制的主要环节。施工进度比较是实际进度与计划进度相对比，从而发现偏差，以便调整或修改计划。一般是在图表上对比，并因计划图形的不同产生了多种比较方法，有横道图比较法和网络计划比较法等。

1. 横道图比较法

横道图比较法方法简单、形象、直观、容易掌握、使用方便，是市政工程施工中进度控制比较常用的方法。

横道图比较法，是把在施工中检查实际进度收集的信息，经整理后直接用横道线并列标于原计划的横道线下方，进行直观比较的方法。完成任务一般用实际完成量的累计百分比与计划的应完成量的累计百分比进行比较。

如图 7-2 所表示的是某项目基础工程施工的进度安排。表中粗实线表示原进度计划安排，打斜线部分表示实际进度。从表中看到第 7 周末进行检查时，挖土 1 和混凝土 1 两项工作均已完成，即完成 100%；挖土 2 只完成了 4/6，即 67%，而按计划应完成 5/6，即 83%，说明延期 1/6，在第 8 周有可能该项工作不能完成。通过简单直观比较，可让进度管理人员把握施工进度实际状况，以便分析原因，采取措施。

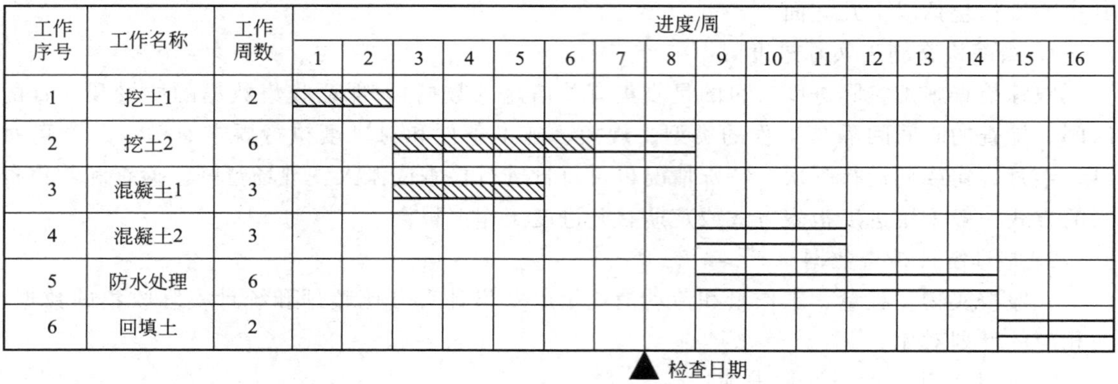

工作序号	工作名称	工作周数	进度/周															
			1	2	3	4	5	6	7	8	9	10	11	12	13	14	15	16
1	挖土1	2																
2	挖土2	6																
3	混凝土1	3																
4	混凝土2	3																
5	防水处理	6																
6	回填土	2																

▲检查日期

图 7-2 某项目基础工程施工的进度横道图

当同一时刻上下两个累计百分比相等，表明实际进度与计划进度一致；当同一时刻上面的累计百分比大于下面的累计百分比，表明该时刻实际施工进度拖后，拖后的量为二者之差；当同一时刻上面的累计百分比小于下面累计百分比，表明该时刻实际施工进度超前，超前的量为二者之差。

值得注意的是，由于工作的施工速度是变化的，因此横道图中进度横线，不管是计划的还是实际的，只表示工作的开始时间、持续天数和完成时间，不表示计划完成量和实际完成量，这两个量分别通过标注在横道上方及下方的累计百分比数量表示。实际进度的涂黑粗线是从实际工程的开工日期画起，若实际施工间断，可在图中将涂黑粗线作相应的空白。

横道图比较法，有其不可克服的局限性，如各工作之间的逻辑关系不明显，关键工作和关键线路无法确定，一旦某些工作进度产生偏差时，难以预测其对后续工作和整个工期的影响及确定调整方法。

2. 前锋线比较法

前锋线比较法是一种简单的施工项目实际进度与计划进度的比较方法。当施工项目的进度计划用带时标的网络计划图表达时，即可采用实际进度前锋线比较法进行实际进度与计划进度的比较。

（1）前锋线比较法的比较方法　从计划检查时间的坐标点出发，首先用点画线连接与其相邻的工作箭线的实际进度点，由此再去连接该箭线相邻工作箭线的实际进度点，依此类推，将检查时刻正在进行工作的点都依次连接起来，组成一条一般为折线的前锋线。按前锋线与箭线交点的位置判定施工项目实际进度与计划进度的偏差。简言之，实际进度前锋线法是通过施工项目实际进度前锋线，判定施工实际进度与计划进度偏差的方法，如图 7-3 所示。

（2）前锋线比较法的步骤

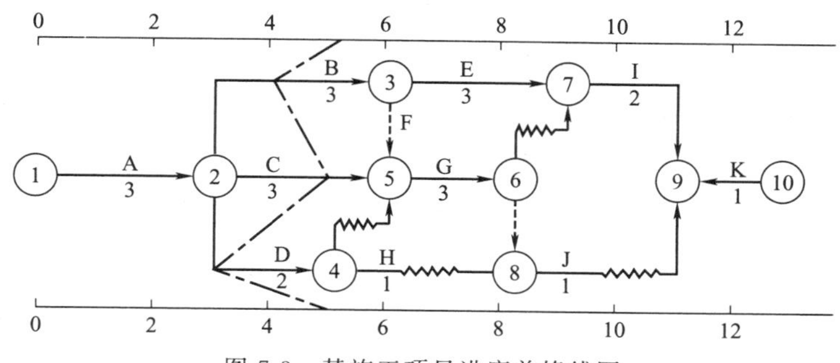

图 7-3 某施工项目进度前锋线图

① 绘制早时标网络计划图。施工项目实际进度的前锋线是在早时标网络计划图上标志。为了反映清楚，需要在图的上方和下方各设一时间坐标。

② 绘制前锋线。一般从上方时间坐标的检查日画起，依次连接相邻工作箭线的实际进度点，最后与下方时间坐标的检查日相连。

③ 比较实际进度与计划进度。前锋线能明显地反映出检查日有关工作实际进度与计划进度的关系，有三种情况：一是工作实际进度点位置与检查日时间坐标相同，则该工作实际进度与计划进度一致；二是工作实际进度点位置在检查日时间坐标右侧，则该工作实际进度超前，超前天数为两者之差；三是工作实际进度点位置在检查日时间坐标左侧，则该工作实际进度拖后，拖后天数为两者之差。

（二）施工进度计划的调整

1. 分析进度偏差的影响

通过进度比较，判断出进度有偏差时，应当分析该偏差对后续工作和总工期的影响。

若出现偏差的工作为关键工作，无论偏差大小，都对后续工作及总工期产生影响，必须采取相应的调整措施；若出现偏差的工作不是关键工作，确定对后续工作和总工期的影响程度。

2. 施工进度计划的调整方法

在对实施进度计划分析的基础上一般有以下两种调整原计划的方法。

(1) 改变某地工作间的逻辑关系　经检查后，如果实际施工进度产生的偏差影响了总工期，在工作间的逻辑关系允许改变的条件下，改变关键线路和超过计划工期的非关键线路上的有关工作间的逻辑关系，达到缩短工期的目的。用这种方法调整的效果是很明显的，例如可以把依次进行的有关工作改变为平行作业或互相搭接作业，以及分成几个施工段进行并列施工等，都可以达到缩短工期的目的。

(2) 缩短某些工作的持续时间　这种方法不改变工作间的逻辑关系，而是缩短某些工作的持续时间，使施工进度加快，并保证实现计划工期的方法。这些被压缩持续时间的工作，是由于实际施工进度的拖延，而引起总工期推后的关键线路和某些非关键线路上的工作。同时，这些工作又是可压缩持续时间的工作。这种方法主要是增加人力和设备投入。

第四节　施工质量管理

一、在工程施工管理中推行全面质量管理

（一）全面质量管理的基本概念

1. 全面的质量标准

以往的产品质量，主要是指产品的使用价值，即产品的适用性、可靠性等技术特性。而按照全面质量管理的观点，产品质量除使用价值外，还包括经济性、交货期和技术服务质量等。用户要求的质量标准并不是固定的，而是不断变化和提高的。所以我们既要保证符合现有标准要求的产品质量，又要不断提高产品质量。

上述质量标准的综合性和动态性，就是全面质量标准的含义。全面质量管理，就是为达到上述全面质量要求所进行的管理。

2. 全过程的质量管理

由于工程项目是一个渐进的过程，如图 7-4 所示，在工程项目质量管理过程中，任何一方面出现问题，必然会影响后期的质量管理，进而影响工程的质量目标。因此，工程的质量不仅决定于施工阶段的质量，还涉及勘测设计、材料和施工设备的质量，以及使用阶段技术服务的质量。作为施工单位，不仅要加强施工全过程的质量控制，还应做好对设计质量的审核，做好对进场材料和设备的检验。

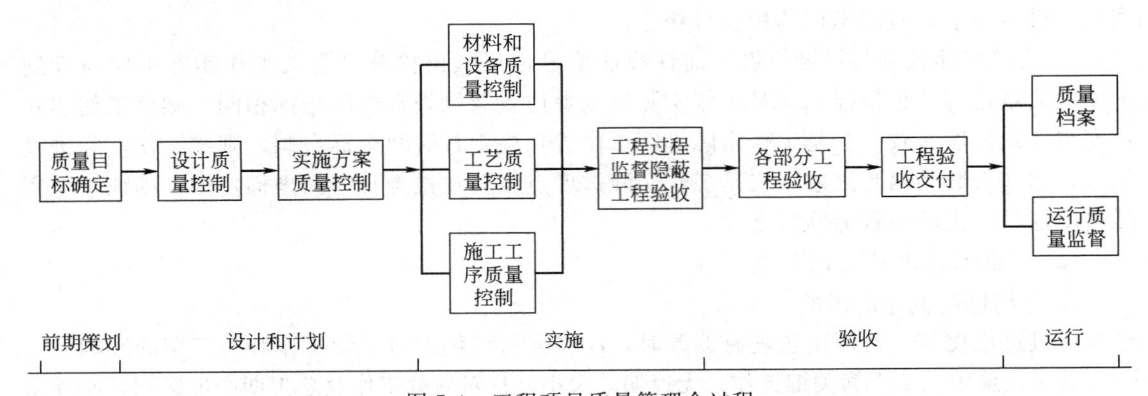

图 7-4　工程项目质量管理全过程

对影响产品质量的上述全部过程实施管理，就叫全过程的管理，这种全过程的管理，突出了预防性，即事前的质量控制。

对于施工质量管理按施工质量形成过程分为施工前准备阶段进行的质量控制，施工过程中的质量控制，以及施工所完成的产品的质量控制。

3. 全员参与的管理

在实施全过程的质量管理时，从项目经理至每位员工，他们的工作都直接或间接与产品质量的形成有关。所以，质量管理需要全体员工的参与，而不是只由少数专业管理人员去做。

4. 全面运用各种管理方法和技术的科学管理

即以科学的态度，采用科学的方法（包括数理统计的、经济的、心理学的方法）进行的科学管理。

（二）全面质量管理的基本方针和原则

1. 贯彻“质量第一”的方针

质量是企业信誉的基础，也是市场竞争的需要，所以质量问题应引起全体员工足够的重视。

2. 贯彻“预防为主”的方针

好的质量不是检验出来的，而是生产出来的。质量管理并不是仅靠对成品的严格检验

（当然成品检验也是必要的），更重要的是在产品形成过程中进行严格的控制，对产品质量形成全过程的每个环节采取预防措施，以保证产品的质量。

3. 用数据说话

在质量管理中，要尽可能地运用质量检验和实验数据来判别质量的优劣，采用数理统计的方法对质量进行控制，使质量管理科学化。

4. 要有广泛的群众基础

市政工程的质量是由项目管理的工作质量来保证的，没有项目管理的工作质量，也就没有市政工程的质量。而项目管理的工作质量涉及各个部门和每位职工。所以说，质量是广大职工共同创造出来的，而不是靠少数人检验出来的。

5. 要有严密的组织保证

要搞好全面质量管理，需要严密的组织保证。为此就要设立相应的机构，配备一定的人员，并明确划分其职责和权限。

根据以上分析可见，无论从质量管理的深度或广度来看，全面质量管理比单纯的质量检验更加科学合理。二者的比较见表 7-2。

表 7-2　单纯质量检验与全面质量管理的比较表

单纯质量检验	全面质量管理
1. 主要是事后“把关”	1. 以预防为主，事前“把关”
2. 缺乏科学的方法来预防和控制质量	2. 运用数理统计方法，使质量管理数据化
3. 侧重于领先的少数部门、少数检验人员和技术人员	3. 企业各部门、全体人员共同参与管理
4. 主要限于施工过程	4. 贯穿于勘测设计、材料设备准备、施工、使用全过程
5. 限于保证现有质量标准	5. 还要不断提高质量标准
6. 管理缺乏标准化、制度化	6. 管理实行严格的标准化、制度化

二、建立健全质量责任制

建立健全质量责任制就是把有关质量管理的具体要求落实到每个部门和每个工作岗位，把有关的各项工作都组织起来，形成一个严密的质量管理工作体系。

完整的质量管理工作体系，必须有组织上的保证和健全的规章制度，主要是责任制度。组织上的保证，在于建立和健全公司、项目经理部、施工处和班组的质量管理小组。

相应的责任制包括责任管理部门的质量责任制、质量管理人员的质量责任制、工人的质量责任制。

三、市政工程施工过程中的质量控制

质量控制就是对质量事故的防范，是质量管理工作的重点。

市政工程施工过程中的质量控制，就是对公路施工项目的各个环节、各个工序进行质量控制。

1. 原材料的质量控制

对原材料的质量控制包括以下几方面。

（1）严格按质量标准订货、采购、包装和运输。

（2）材料进场要按技术验收标准进行检查和验收。

（3）按规定条件和要求，进行堆存、保管和加工。

对采购的材料、半成品，如果到货时才进行验收，一旦发现不合格，就会影响按时供应。

因此，对比较重要的材料和半成品，要把质量管理延伸到供应或生产单位。可采用的办法有：了解材料供应或生产单位在管理上是否能保证质量；对供应和生产单位进行定期访问和调查；或者派出常驻检查员，执行材料的供应监督，按合同规定在技术上、管理上给予帮助等。

2. 施工机械设备的质量控制

施工机械设备的质量也是一个很主要的因素。首先，要做到在用的机械设备无隐患、技术性能良好；其次，对于精密仪器和仪表等应保持正常的灵敏度和精确度。

3. 施工工艺和施工工序的质量控制

（1）加强施工工艺管理　工艺，就是施工的技术和方法。工艺控制好了，就可以从根本上减少废品和次品，提高质量的稳定性。加强工艺管理，主要是及时督促检查已制定的施工工艺是否得到认真执行，是否严格遵守操作规程等。

（2）施工过程中的工序控制　好的产品或工程质量是通过一道道工序逐渐形成的。要从根本上防止不合格品的产生，就必须对每道工序进行控制，以便及时发现缺陷并迅速予以排除，本道工序验收不合格不准进入下一道工序的施工。

4. 测量与试验检查

试验检查的中心任务是对原材料、混合料的试验和检查，对工艺过程的试验、检验，对结构物强度、路基、路面压实度和平整度的试验检查等。

测量检查的基本任务是保证工程几何要素和结构物的几何尺寸完全符合合同、图纸和规范精度的要求。

5. 质量控制的依据

（1）设计图纸、技术规范、质量检验评定标准。

（2）合同条款。

四、如何处理质量缺陷

质量缺陷是指施工中发生的质量问题。在施工过程中，质量缺陷的出现是不可避免的，但是，质量缺陷是可以尽可能减少的，特别是质量事故甚至是可以完全避免的。

1. 质量缺陷性质的确定

质量缺陷性质的确定，是最终确定缺陷问题处理办法的首要工作和根本依据。一般通过下列方法来确定缺陷的性质。

（1）了解和检查　是指对有缺陷的工程进行现场情况、施工过程、施工设备和全部基础资料的了解和检查，主要包括调查、检查质量试验检测报告、施工日志、施工工艺流程、施工机械情况以及气候情况等。

（2）检测与试验　通过检查和了解可以发现一些表面的问题，得出初步结论，但往往需要进一步的检测与试验来加以验证。

检测与试验，主要是检测该缺陷工程的有关技术指标，以便准确找出产生缺陷的原因。例如，若发现石灰土的强度不足，则在检验强度指标的同时，还应检验石灰剂量、石灰与土的物理化学性质，以便发现石灰土强度不足是因为材料不合格、配比不合格或养护不好，还是因为其他，如气候之类的原因造成的。检测和试验的结果将作为确定缺陷性质的主要依据。

（3）专门调研　有些质量问题，仅仅通过以上两种方法仍不能确定。往往有必要组织有关方面的专家或专题调查组，对质量缺陷进行综合分析研究，找出产生缺陷的原因，确定缺陷的性质。这种专题研究，对缺陷问题的妥善解决作用重大，因此经常被采用。

2. 质量缺陷处理方法

对于质量缺陷的处理，应当坚持原则，以保证缺陷处理后的质量能够满足要求。在实施过程中，可以结合工程实际情况，主要采用下列两种方法处理工程质量缺陷。

（1）整修与返工　缺陷的整修，主要是针对局部性的、轻微的且不会给整体工程质量带来严重影响的缺陷。如水泥混凝土结构的局部蜂窝、麻面，道路结构层的局部压实度不足等。这类缺陷一般可以简单地通过修整得到处理，不会影响工程总体的关键性技术指标。由于这类缺陷很容易出现，因而修整处理方法最为常用。返工的决定应建立在认真调查研究的基础上。是否返工，应视缺陷经过补救后能否达到规范标准而定。补救，并不意味着规范标准的降低，对于补救后不能满足标准的工程必须返工。如某承包人为赶工期曾在雨中铺筑沥青混凝土，监理工程师只得责令承包人将已经铺完的沥青面层全部推除重铺，温度过低的沥青混合料在现场被监理工程师责令报废等。

（2）综合处理办法　综合处理办法主要是针对较大的质量事故而言的。这种处理办法不如返工和整修简单具体，它是一种综合缺陷（事故）补救措施，能够使得工程缺陷（事故）以最小的经济代价和工期损失来重新满足规范和设计要求。处理的办法因工程缺陷（事故）的性质而异，性质的确定则以大量的调查及丰富的施工经验和技术理论为基础。具体做法可组织联合调查组、召开专家论证会等方式。实践证明这是一条合理解决这类问题的有效途径。

五、如何避免质量缺陷

出现工程质量问题的原因是多种多样的，有些是主观因素造成的，通过努力可以避免；有些则是客观因素造成的，虽然不能完全根除，但还是尽量避免，至少可将损失降低到最低限度。为避免质量缺陷，施工中应做好以下工作。

（一）制定正确合理的施工方案

施工方案，是承包人在施工前按照合同、规范的规定对其所使用的材料、工程设备和操作工艺等内容进行的具体计划和安排。施工方案必须满足两个基本条件，即方案的目标必须以技术规范的要求为基础；操作工艺必须切实可行并能保证为施工人员所执行。因此，它不仅涉及施工技术，更主要的是一个施工管理问题。制定施工方案的优点就在于它能使施工管理人员在施工前就能全面地分析和掌握施工过程中各个环节的施工难点，并通过人员、机械、材料的合理调配，采用必要的技术措施及预防措施，使工程施工得以顺利进行，避免出现工程质量缺陷。

施工方案的制定和审查应着重考虑以下两个问题。

1. 方案的制定方式

承包人在制定施工方案时有两种方式：“自上而下式”和“自下而上式”。

（1）“自上而下式”　就是施工方案由项目经理部一级制定，然后再向下面所属的施工队员贯彻落实。有的承包人只组织总工程师及几个主要负责人制定方案，这种方式有很多弊病。首先，由于施工方案包括人员、机械、材料及施工技术等各方面内容，而这种制定方法只能保证主要技术指标的正确和人员、机械、材料及材料在数量上的合理分配，而不易保证所制定的具体施工工艺方案与实际情况相一致；其次，方案在实施前，还需由上而下层层传达和布置，传达的过程往往成了一个“打折扣”的过程，甚至还发生过现场施工人员根本不知道还有“施工方案”这回事。另外，还由于承包人的基层单位没有参加方案的制定，对合同技术要求与传统施工方法的差异没有进行过分析和研究，更不会对施工方案进行改进，只有在发生质量事故后，才意识到施工方案原来是有缺陷的。实践表明，采用这种施工方案制定方法，施工过程中质量缺陷较多。

(2)“自下而上式” 这是一种比较科学的方式。首先，承包人将制定施工方案的任务交给最基层单位，由基层单体制定出方案的初稿后，再逐级上报会审，直至项目经理部最后终审并报监理工程师批准。这种制定方式，充分调动了全体施工人员的积极性，将责任下放到每个施工、管理及技术人员，要求大家必须充分了解并掌握技术规范要求。并就这些要求结合各自的专业岗位提出实施方案的措施。这样的方案综合了各方面的因素，吸取了各方面的智慧，因而是切实可行的。

2. 设备性能的掌握

一般来说，规范中对设备的安装和设备的性能指标有详细的规定和要求。但是，要想制定出一个较好的施工方案，还必须尽可能地了解和掌握设备的性能，特别是施工设备的优缺点，找出一个合理的设备组合方案。否则，即使用最先进的施工设备，也不能完全保证工程质量。

（二）认真做好试验测量工作

1. 做好试验工作

(1) 完备试验设备 试验设备的完备与否，直接关系到试验结果的完整性和准确性。首先，应当根据合同要求建立各级试验室，完备试验仪器；其次，所有的试验设备和试验仪器必须经过监理工程师的认可，承包人必须对所有试验仪器进行校准后方可使用。

(2) 真实的试验结果 试验结果是反映工程质量的数据形式，如果没有严肃认真的试验工作态度，没有真实的试验结果，要保证工程质量是不可思议的。

(3) 满足试验频率的要求，要用数据说话 规范对每道工序，包括材料的性能、各种混合料的配比、成品的强度等都规定了试验检测的频率，并且要求没有试验数据的工程一律不予验收。试验频率的高低，反映了试验结果对工程质量的代表程度，试验频率越高，对工程质量的评价就越准确。

2. 做好测量工作

测量是对工程几何尺寸进行控制的手段。规范要求，开工前监理人员要对施工放线进行检查，测量不合格不准开工，在施工过程中要进行控制和检查，对发生的误差随时调整，避免误差的积累。验收时，要对验收部位各项几何尺寸进行测量，不符合要求的要进行整修，甚至返工。

做好测量工作，是为了消除工程中存在的几何尺寸的缺陷。因此，加强放线测量和施工过程测量是测量工作的两个重要环节。

(1) 放线测量 放线测量是控制几何尺寸最基本、最关键的手段。测量偏差所造成的后果常常不是一般的质量缺陷，大多是严重的质量事故，如桥墩位置错误、路面超高反向等。因此，在正式施工前，对放线所依据的基准点、导线点等控制要素都要进行严格检查和复核，对所有的测量记录、报表要进行严格的审查。

(2) 施工过程测量 在施工过程中加强测量的控制和检查，是为了保证施工能够按几何尺寸的要求进行。施工中，由于施工现场繁杂，控制桩或控制点往往容易受到碰撞、破坏甚至丢失，其准确性很难完全保证，加上施工人员的施工水平不一。即使放线准确无误，几何尺寸质量缺陷仍有可能发生。因而加强测量控制与复核是避免这种缺陷最有效的方法。

要避免由于测量工作不足而带来的工程质量缺陷，除了加强测量检测工作，加强检测频率，最重要、最基本的一点就是必须要求承包人重视测量工作。做到建立完善的测量组织系统，充实测量技术力量，采用先进的测量手段和提供完备的测量设备。

（三）抓好施工关键部位和关键环节的施工

1. 严把原材料关

原材料进场后必须按规定的频率取样试验，不能以材料的出厂报告代替原材料的试验报告，对试验不合格的材料要清除出施工现场。

2. 测量和试验

应当随时对原始基准点、导线点、控制点进行复核，经常校核测量仪器，做好测量记录。关键部位和可疑点的检验不受试验频率的限制，可以增加试验次数。现场技术员应随身携带简单的测量仪器和试验器具，便于及时发现可疑点。

3. 结构物施工的关键部位和环节

（1）灌注桩施工　首先要保证施工的连续性。断桩大都是因施工的不连续造成的。施工管理人员和技术人员必须检查保证连续的措施是否可靠、齐全，如电力供应、水源情况、原材料供应、机具供应等。

（2）水泥混凝土拌和　由拌和场集中拌和的混合料发生质量问题的可能性很小，施工管理的重点应当放在分散的小搅拌机所进行的施工上。小搅拌机人为影响因素多，缺乏严格的计量系统，故要重点控制质量，同时注意避免离析现象的发生。有时还应注意搅拌场尘土飞扬对混凝土质量的影响。

（3）预制混凝土梁的管理　预制混凝土梁施工人员一般都比较重视，对于预应力梁，应充分注意预应力张拉及张拉后的注浆时间是否在规定的范围内，以及注浆过程、反拱度等情况。

（4）混凝土的养护　混凝土的开裂、强度损失等病害大都是由于养护不好造成的。如桥面板浇注完后，如果养护跟不上，出于桥面板较薄，蒸发面积较大，水分损失迅速，很容易发生开裂。

4. 道路施工

根据道路结构的不同，主要有下列关键环节。

（1）路基工程　路基工程的管理重点主要是层厚、含水量，这是影响路基工程质量的关键指标——“密实度”的主要因素。只要控制好层厚、含水量，就可基本避免土方工程密度不足的病害。

（2）底基层石灰土　一般来讲，石灰的质量指标已经被检验，所以施工时的控制重点应当放在控制用灰量、拌和均匀性、平整度和高程上。这些方面控制好了，养护能够跟上，则强度即可保证。密实度也是一个重要指标，也应引起足够的重视。在冬天和雨天施工应更加注意。

（3）水泥稳定级配碎石基层　混合料如果在能够自动控制计量的搅拌机上生产，则离析和摊铺时间首先是控制的重点。由于运输及摊铺的原因，很容易发生离析，若能及时发现，就能保证在水泥初凝前使缺陷得以避免。控制摊铺时间，是为了防止混合料过了初凝时间再摊铺、碾压，导致强度不足的病害。养护也是一个主要控制的方面。由于越来越接近面层，平整度和高程的控制更加重要。

（4）沥青混合料面层　加强对混合料的拌和、摊铺温度、碾压及高程、平整度控制，是避免质量缺陷最有效、最及时的办法。密实度主要通过碾压遍数来控制；事后的一系列室内外试验只是对成品的最终检验，而要避免缺陷的产生则应对拌和、摊铺温度、碾压、高程、平整度进行不断地检测、观察和调整。

第五节　施工成本管理

工程建设项目概、预算总金额由建筑安装工程费，设备、工具、器具及家具购置费，工程建设其他费用，预留费用四大部分组成。

一、工程成本概念

工程建设项目施工费用为建筑安装工程费（即工程建设项目概、预算总金额中的第一部分费用），在项目业主的管理之下，施工企业利用此费用具体组织实施完成项目施工任务。因此，施工企业进行成本管理研究的直接范围是建筑安装工程费。做好成本管理工作，首先必须清楚以下基本概念。

1. 工程预算价

工程施工企业在投标之前，一般都先按照概、预算编制办法计算建筑安装工程费。建筑安装工程费由五大部分组成：①直接工程费；②间接费；③施工技术装备费；④计划利润；⑤税余。

建筑安装工程费是工程概、预算总金额组成中的第一大部分。施工企业把建筑安装工程费称为工程预算价。

有时候，工程建设方将预留费用和监理费用以暂定金形式列入招标文件中，工程施工方在投标文件中也要相应地列入。但是，使用这些费用是由业主决定的，因此，工程施工企业在研究总造价、总成本时往往不予考虑。

2. 工程中标价

为了提高投标中标率，施工企业在投标报价时往往主动放弃了预算价中的施工技术装备费和计划利润的一部分或全部，有些情况下甚至还放弃直接工程费和间接费的一部分。

通过投标中标获得的建筑安装工程价款，称为工程中标价。

3. 工程成本

工程成本组成如下。

（1）项目部所属施工队伍及协作队伍的工、料、机生产费用和施工现场其他管理费。

（2）项目部本级机构的开支。

（3）由项目部分摊的上级机构各种管理费用，其中包括投标费用。

（4）上缴国家税金，也是总成本的一个组成部分。

4. 项目部责任成本

工程成本中的第一、第二两部分合并在一起，称为项目部工程成本，其额定值称为项目部责任成本。项目部责任成本是指项目部无额定利润的工程成本，是工程成本分解及成本管理工作的重点所在。

5. 项目部上级机构成本

项目部上级机构成本指工程总成本中的第三、第四两部分。在这里，应该注意的是项目部成本不等于工程施工总成本。施工总成本还应该包括发生在上级机构的成本（管理费）和应上缴国家的税金。项目部上级机构成本也是工程分解和成本管理工作的一个组成部分。

6. 工程利润

工程中标价（剔除暂定金和监理费用等）减去工程施工总成本后的余额是工程利润。在这里，应该注意到工程中标价（剔除暂定金和监理费用等）减去项目部成本，并不等于利润。只有再扣除由项目部分摊的上级机构各种管理费和上缴国家的税金之后，才是工程利润。

二、工程成本分解

工程成本分解，主要是指施工企业将构成工程施工总成本的各项成本因素，根据市场经济及项目施工的客观规律进行科学合理的分开，为成本管理及控制、考核提供客观依据的一项十分重要的成本管理的基础工作。一般来说，工程成本应从以下几个方面来分解。

1. 项目部责任成本

项目部责任成本，等于项目部所属施工队伍（包括协作队伍）的工、料、机生产费用和施工现场其他管理与项目部本级机构开支之总和。

项目部责任成本，由企业与项目部根据项目工程特征、投标报价、项目部机构设置、自有施工队和协作队伍等各方面情况，深入进行社会市场及施工现场调研后综合分析计算而来。

（1）项目部所属施工队伍（包括承包协作队伍）成本　当投标中标之后，施工企业应根据工程项目所在地的实际情况，再次对各项施工生产要素（主要指工、料、机）的市场价格进行现场调研，并根据切实可行的施工技术方案和《建筑工程施工定额》及有关规定要求，并按工程量清单提供的工程数量，重新计算出由项目经理部组织工程项目施工时的市场实际施工总价款。实际施工总价款，实际上就是项目经理部（不含项目部）以下的全部费用（即项目部所属施工队伍及协作队伍的工、料、机生产费用和施工现场其他管理费）。施工企业和项目经理只有以此为成本控制的基础依据，才能使工程项目施工成本管理及施工实际成本符合市场经济的客观规律。

在项目工程实施总价款的控制下，项目经理部可将各项工程分别具体划分落实到各施工队（自有施工队和协作队），并建立工程项目施工分户表，明确各施工队施工项目、工程数量、施工日期、执行单价、执行总价、责任人等内容，这样，既将施工任务落实到各施工队，又将执行价格予以明确控制并落实到责任人，又可防止人为因素而产生的工程数量不清、执行价格混乱等问题。

无论是自有施工队，还是承包协作队，都要在项目经理部直接管理之下，切实加强工程质量、施工进度和施工安全的管理，并使其符合有关规定要求，在此前提下，项目经理部根据各施工队完成的实物工程量按实施执行价格计量拨付工程款。一般来说，拨付给承包单位的工程进度款要低于其实际工程进度，并扣留质量保证金，待维修期满后方可结账付清余款。当承包单位提交了银行预付款保函时，可按项目业主对项目预付款比例或略低于这一比例对承包单位预付工程款；否则，不能对承包单位预付工程款。

在当前的建筑市场工程施工承包中，一般有两种承包方法：一是总包法，二是劳务承包法。总包法是指将中标工程项目中某些分项（单项）工程议定价格之后（包括工、料、机等全部费用），签订项目承包合同，由承包协作队伍承包完成项目施工任务。总包法项目经理部可以省心省事。但施工材料采购、原材料的检验试验、施工过程中的对外协调等事项，承包协作队可能难以胜任而导致影响施工进程；同时项目经理部也难以掌握工程质量及施工进度的主动权。

劳务承包法是指承包协作队只对某项工程施工中的人工费进行承包，完成项目施工任务。

在近年的工程项目实践中，通常以劳务承包法对承包协作队进行工程施工承包。通过项目部与承包协作队有机配合来完成项目施工任务。具体来讲，就是将某项工程以劳务总包的形式承包给协作队，签订项目承包合同。在项目施工中，人工及人工费由承包协作队自行安排调用，项目经理部一般不予过问，但施工进度必须符合项目总体施工进度计划。施工用材料则由项目经理部代购代供，其费用是计入承包工程费用之中。承包协作队要提供材料使用计划（数量、规格、使用日期），项目经理部要制定材料采购制度，保质保量并以不高于工地现场的材料市场价格向承包协作队按期提供材料确保顺利施工。这部分费用，在成本分解时，可列为材料代办费项目，以便对材料使用数量及采购供应价格进行有效控制。同样，劳务队伍使用的机械设备由项目经理部提供并计入承包工程费用之中。

(2) 项目部本级机构开支　项目部本级机构开支的费用，主要根据工程项目的大小、项目经理部人员的组成情况来综合考虑。由于项目经理部是针对某个工程项目而设置的临时性施工组织管理机构，一般随工程项目的完成而解体，因此，项目经理部的设置应力求精简高效，这样才有利于项目经济效益的提高。

项目部本级机构开支的费用主要包含间接费和管理费两大部分。间接费主要包含项目部工作人员工资、工作人员福利费、劳动保护费、办公费、差旅交通费、固定资产折旧费和修理费、行政工具使用费等；管理费主要包含业务招待费、会议费、教育经费、其他费用。

项目部责任成本，在项目工程成本中占有较大比重。在项目实施中，施工企业和项目经理部必须严格控制其各项费用在责任成本额定范围内开支，才能确保项目工程取得良好的经济效益。这是施工企业进行成本管理控制的关键所在。

2. 项目部上级机构成本

项目部上级机构成本，是指项目摊给上级机构的各种管理费用与税金之和。

(1) 上级机构管理费　主要是指项目部以上的各上级机构，为组织施工生产经营活动所发生的各种管理费用。主要包括管理人员基本工资、工资性津贴、职工福利费、差旅交通费、办公费、职工教育经费、行政固定资产折旧和修理费、技术开发费、保险费、业务招待费、投标费、上级管理费等各项费用。

上级机构管理费一般是根据上级机构设置情况及人员组成状况，采取总量控制的措施核定及控制费用开支的。目前，各级一般都是根据历年费用开支情况，进行数理统计分析后，逐级约定费额，并按规定要求上缴。上级机构管理费，一般占项目工程中标价的6%～7%。

(2) 税金　税金按实际支付工程款，由企业缴纳，有的由业主统一代缴。税金应上缴国家，但它是成本的一个组成部分。

将项目工程成本分解成了项目部责任成本（项目部所属施工队伍成本与项目部本级机构开支之和）与项目部上级机构成本两大部分，对分解开来的这两大部分费用，可分别由项目经理部和项目经理部的上级机构（企业）来掌握控制，项目经理部在责任成本限额内组织自有施工队和协作队实施项目施工，企业对项目部进行全过程成本监控管理，指导项目部在责任成本费用之内完成项目施工任务。企业对自身的各项管理费用开支必须进行有效控制，最大限度地降低上级机构成本费用，从而全面提高企业综合经济效益。

实践证明，只要按上述方法计算和分解工程成本，做到责任明确，互不侵犯，并切实有效地进行控制管理，施工项目可以取得良好经济效益。

三、工程成本控制

1. 项目部工、料、机生产费及现场其他管理费控制

（1）人工费控制　人工费发生在项目部所属施工队伍和协作队伍中。

协作队伍的人工费包括在工程合同单价之中，不单独反映。项目部按合同控制协作队伍的人工费。其内部管理由协作队伍法人代表进行，项目部一般不再过问。

项目部所属自有施工队伍的人工费，按预先编好的成本分解表中的人工费控制。应该注意到项目部自有施工队伍全年完成产值中的人工费总额应等于或大于他们全年的工资总额，否则人工费将发生亏损。

另外，还要注意加强对零散用工的管理，注意提高劳动生产率、用工数量、工日单价等。

自有施工队伍人工费控制还应该注意：尽量减少非生产人工数量；注意劳动组合和人机配套；充分利用有效工作时间，尽量避免工时浪费、减少工作中的非生产时间。

（2）材料数量和费用控制　在成本分解工作中已经计算好了全部工程所需各类材料的数量，确定好了材料的市场价格及总价；同时，已按自有施工队伍和协作队伍算好了完成指定工程所需的材料数量及总价，材料费用按此控制。

协作队伍所需材料数及总价，已在协作合同文本上明确，节约归己，超支自负。因此，协作队伍的材料数量和总价应自行控制，自己负责。

自有施工队伍应按承包责任书控制好材料数量和总价，实行节奖超罚的控制制度。

自有施工队伍在材料数量和费用控制时应该注意：按定额或工地试验要求使用材料，不要超量使用；降低定额中可节约的场内定额消耗和场外运输损耗；可回收利用品；减少场内倒运或二次倒运费用。

项目部材料管理人员在材料数量和费用控制方向负有重要的责任。他们对外购材料的市场价格、材料质量要进行充分调查，做到货比三家。选择质优价廉、供货及时、信誉良好的材料生产厂家。尽量避免或减少中间环节。一般情况下，要保证材料的工地价不超过投标中标的材料单价。遇有材料价格上涨，超过中标价的情况，应做好情况记录，保存凭证，及时通过项目部向业主单位报告，争取动用预留费用中的“工程造价增涨预留费”。

项目部材料管理人员要建立完善、严密的材料出入库制度，保证出入库数量的正确。入库要点收、记账，要有质量文件。出库也要点付、记收，领用手续完备。

项目部材料管理人员还要建立材料用户分账制度。对每一用户（各自有施工队伍、各协作队伍）应控制好材料数量及价款。

对周转件材料（如脚手架、钢模板等），要设立使用规则，杜绝非正常损耗。

加强材料运输管理，防止运输过程中因人为因素丢失而引起的严重损耗。

材料费用在工程项目成本中占有相当大的比重，有的项目发生亏损，主要原因之一就是材料使用严重超量或有的材料采购价格高于市场平均水平。因此，作为项目经理及项目施工管理人员，必须认真研究材料使用及采购中的问题，只有严格把住材料成本关，项目责任成本目标的实现才有充分的保障。

(3) 施工机械使用费的控制　施工机构使用费的控制，主要是针对项目部自有施工队伍使用机械而言。在成本分解工作中，已根据自有施工队施工项目特征计算出了所需各类施工机械及其使用费额，项目经理部应按其机械使用费额，责任承包给自有施工队，并加强控制管理，确保其费用不得突破。

协作队伍的施工机械使用费已全部包含在议定的承包工程项目总体价格合同以内，一般不再单独计列。因此，协作队的施工机械使用费自行控制，自己负责。

对自有施工队的施工机械使用费的控制主要应该注意以下几点。

① 严格控制油料消耗。机械在正常工作条件下每小时的耗油量是有相对规律的，实际工作中，可以根据机械现有情况确定综合耗油指标，再根据当日需要完成的实际工作量供给油燃料，不宜以台班定额核算供油料，从而控制油料耗用成本。

② 严格控制机械修理费用。要有效地控制机械修理费用，首先应从提高机械操作工人的技术素质抓起。对机械使用要按规程正确操作，按环境条件有效使用，按保养规定经常维护保养。对一般小修小保，应由操作工人自行完成。对于大中型修理及重要零部件更换，操作工人必须报经机械主管，责任人召集有关人员“会诊”。初步提出修理方案、报项目经理审批后才能进行大中型修理及重要零部件更换，对更换的零部件，应由项目机械主管责任人验证。对修理费用也必须进行市场调研，多方比较后选定修理厂家并议定修理价格。有的项目经理部就因机械使用效率很低，而油料消耗过大以及修理费用过高，从而导致经济效益很差甚至亏损。

③ 按规定提取并上交折旧费。一般来说，大中型施工机械都属于企业的固定资产，当项目施工需要时，即调配到项目部使用。因此，项目部必须按规定要求提取其折旧费并如数上缴企业。

④ 机械租赁费的控制。当自身机械设备能力不能满足项目施工需要时，可向社会市场租赁机械来协助完成施工任务。目前，机械租赁一般有三种形式。一是按工作量承包租赁；二是按台班租赁；三是按日（计时）租赁。按工作量承包租赁是比较好的办法，一般应采取这种方式；按日（计时）租赁是最不可取的，应该避免。因此，项目经理部在租赁机械时，要充分考虑到租赁机械的用途特征，选定适宜的租赁方式。对租赁机械价格，要广泛进行市场调查，议定出合理的价格水平。对不能按时完成工作量承包租赁又难以用定额台班产量考核的特种机械，在租赁使用中，必须注意合理调度，周密安排，充分提高其使用效率。其租赁费用，必须如实计入责任承包的机械使用费额之内。

⑤ 对外出租机械费用的控制。当自身机械设备过剩时，可视情况对外出租。在出租机械时，要根据机械工作特性选择合适的出租方式，拟定合理的出租价格，并签订租赁合同，同时还要注意防止发生“破坏性”使用问题。对出租赚取的经济收益，应上缴企业。

当协作队向项目部租赁施工机械设备时，同样要切实按照事先议定好的租赁方式和租赁价格，签订租赁合同，其费用可直接从施工进度工程款中扣留。

(4) 工程质量成本的控制　工程质量成本是指为保证和提高工程质量而支出的一切费用，以及未达到质量标准而产生的一切质量事故损失费用之和。由此可以看出，工程质量成本主要包含两个方面，一是工程质量保证成本，二是工程质量事故成本。一般来说，质量保证成本与质量水平成正比关系，即工程质量水平越高，质量保证成本就越大；质量事故成本与质量水平成反比关系，即工程质量水平越高，质量事故成本就越低。施工企业追求的是质量高成本低的最佳工程质量成本目标。

一般来说，工程质量成本可分解为预防成本、检测成本、工程质量事故成本、过剩投入成本等几个方面。

① 预防成本。预防成本主要是指为预防质量事故的发生而开展的技术质量管理工作、质量信息、技术质量培训，以及为保证和提高工程质量而开展的一系列活动所发生的费用。质量管理水平较高的施工企业，这部分费用占质量成本费用的比重较大，是施工单位坚持“预防为主”的质量方针的重要体现。如果施工作业层技术技能水平高，这部分费用相对就低；反之，这部分费用比较高。因此，施工企业应加强技术培训工作，全面提高施工操作人员的技术素质，一次培训投入可换取长久的经济效益。在选择协作队伍时，应充分注意技术素质及施工能力。这实际上也是降低成本的有效环节。

② 检测成本。检测成本主要是对施工原材料的检验试验和对施工过程中工序质量、工程质量进行检查等发生的费用。这是预防及控制质量事故发生的基础，应根据工程项目实际需要配置检测设备及检测人员和增加现场质量检查频次。

③ 工程质量事故成本。工程质量事故成本主要是指因施工原因造成工程质量未达到规定要求而发生的工程返工、返修、停工、事故处理等损失费用。这部分费用随质量管理水平的提高而下降。自有施工队伍和协作单位应切实加强质量管理，各自负责工程项目施工质量，最大限度地把这项费用降到最低。一旦发生质量事故，既加大了质量成本，降低了经济效益，同时又造成了不良的社会影响。事实上，质量事故损失费用就是工程施工的纯利润，因此，在工程施工中，要严格把守各道工序的质量关，提高工程质量一次合格率，防止返工及质量事故的发生。当前，工程项目施工普遍推行社会监理制，但施工企业切不可因此而放松自身对工程质量的有效控制与管理，应做到自检符合要求后才提交监理检查验收，切实把工程质量事故消灭在萌芽状态，这样才能有效降低质量成本，提高经济效益。

④ 过剩投入成本。过剩投入成本主要是指在工程质量方面过多地投入物质资源而增加的工程成本。过剩投入成本的发生，实际上是质量管理水平不高的突出表现。在施工现场可以看到，有的施工人员在拌制砂浆、混凝土时，往往以多投入水泥用量的方式来保证质量；有的砌筑工程设计要求用片石而施工中偏要用块石（有的甚至用料石）提高用料标准等，这都是典型的过剩投入增加工程成本的现象，这种做法是不宜提倡的。在实际施工中，我们应当严格按技术标准、施工规范、质量要求进行施工，片面加大物耗的做法不一定能创出优质工程，也是对工程质量内含的曲意理解，应当引起项目经理、技术质量人员及施工管理人员、施工作业人员的高度注意。

(5) 施工进度对工程成本的影响　施工进度的快慢，主要取决于工程项目总工期的要求。工程项目总工期，一般来说是由工程项目建设方（项目业主）确定的。业主在确定总工期时，应该充分考虑合理的工程施工进度。总工期过长，不利于投资效益的发挥；相反，总工期过短，会使施工企业疲于应付，引起劳动力、材料、施工机械设备的短期大量投入从而导致价格攀升，致使施工成本增加，尤其是在施工中期或中后期，如果建设方突如其来地要求施工企业提前工期，将会更加严重地引起施工成本的大量增加。在合理的工程总工期条件下，施工企业和项目经理部应根据工程项目的施工特点来安排好施工进度，既能保证工程如期完工，又能保证资金合理运作，这是项目经理部和施工企业必须共同做好的一项重要工作。

无原则地赶工，除了会影响工程质量，容易引发安全事故外，必然还会引起工程成本的大量增加。

（6）加强现场安全管理，防止安全事故发生，从而减小项目成本开支 确保施工现场人员的人身安全和机械设备安全，是施工现场管理工作的重要内容。一个工程项目的工程利润往往被一两次安全事故耗损一空，因此，在项目施工中，千万不能忽视安全管理工作，切实防止因安全管理工作不到位而影响项目经济效益。

2. 项目部本级机构开支控制

项目部本级机构开支，按预先编审后的成本分解表进行控制。

（1）工作人员工资、福利、劳保费 应控制项目经理部人数；工作人员队伍应该是高效精干的；控制好工资福利、劳保标准。

（2）差旅交通费 坚持出差申请制度；按规章标准核报差旅交通费；坚持领导审批制度。

（3）业务招待费 坚持内外有别原则：对内从简，对外适度；杜绝高档消费；坚持招待申请和领导审批制度。

3. 项目部上级机构成本控制

项目部上级机构成本按预先编审后的成本分解表进行控制，其重点和控制办法如下。

（1）项目部的各上级机构开支控制 其重点控制项目和控制办法与项目本级机构开支控制相同。

（2）上缴税金 各项目部的税金由上级机构统一执行。凡遇部分免税，则由项目部上级机构专列账户保存，经允许后方能作为利润的一部分动用。

四、工程成本考核与分析

1. 工程成本考核

施工过程中定期考核成本是成本控制的好办法。一般应该每隔 2～3 个月进行一次，直至工程结束。

考核从最基层开始，也就是说从自有施工队伍承包合同和协作队伍经济合同开始进行考核；考核工、料、机和其他现场管理费，考核经济合同执行情况；要认真进行工程、库存、资金等盘点工作。

要同时考核项目部本级机构和项目部上级机构的开支情况。

凡发生超过分解额的各个部分，都要查找其超出原因。相反，对于有结余的部分，也要查清原因。总之，各个分项是盈是亏都要弄清真正原因，从而达到总结经验、克服缺陷的目的。

2. 项目资金运作分析

项目资金来源一般包括由业主单位已经拨入的工程预付款和进度款；施工企业拨入的资金或银行贷款；协作队伍投入的资金或银行存款。拖欠材料商的材料款、协作队的工程款和欠付自有施工队伍的人工费、现场管理费也可以视为项目资金的来源。

项目资金的去向一般包括支付给自有施工队伍和协作单位的工程款；付给材料商的材料款；上缴给项目部上级机构的各项费用；支付给业主单位的工程质保金；归还银行贷款利息等。

工程施工过程中，承包人总希望能做到资金来源大于资金去向，有暂时积余，这对于保证工程顺利进行颇有益处。

相反，资金来源小于资金去向时，施工过程中流动资金不足形成多头拖欠（债务），影响工程顺利进行。遇到这种情况要具体分析，采取有效措施。譬如：业主预付款不到位，前中期工程进度过慢，部分项目正在施工尚未验收计量，已经验收计量的项目，业主方尚未拨款，企业自有资金或贷款不足等使得资金来源显得不足。又如：过早购入材料，机械设备闲置过多，造成资金积压，过早上缴项目部上级机构费用等。对于这些情况应及时采取措施扭转。

施工过程中要经常进行资金运作分析。

第六节　施工安全管理

施工有了安全保障，才能持续、稳定的发展，如果在施工中经常出现安全事故，施工生产必定会陷入混乱、甚至瘫痪状态，当施工与安全发生矛盾时，要把施工停下来进行安全整顿，消除不安定因素后，才能继续施工。没有施工安全就没有施工质量，也没有施工速度和施工效益。

在安全施工管理方面，要有必要的投入，既要保证生产安全，又要经济合理。单纯为了省钱而忽视安全生产，或单纯为了追求安全而不惜资金的高标准都不可取。

一、施工安全管理的基本原则和控制程序

1. 贯彻预防为主的原则

安全生产的方针是“安全第一，预防为主”。安全第一是从保护生产力的角度和高度，表明在生产范围内安全与生产的关系，肯定安全在生产活动中的位置和重要性。

进行安全管理不只是处理事故，主要还是在生产活动中，针对生产的特点，对生产因素采取管理措施，有效地控制不安全因素的发展与扩大，把可能发生的事故，消灭在萌芽状态。

2. 生产、安全同时管的原则

安全寓于生产之中，并对生产发挥促进与保证作用。因此，安全与生产虽有时出现矛盾，但在安全和生产管理的目标上却表现出高度的一致和完全的统一。

管生产的同时管安全，不只是对各级领导人员明确安全管理责任，同时，也向一切与生产有关的机构、人员明确了业务范围内的安全管理责任。由此可见，一切与生产有关的机构、人员，都必须参与安全管理并在管理中承担责任。认为安全管理只是安全部门的事，是一种片面的、错误的认识。

3. 坚持全面动态管理的原则

即在施工生产中，坚持全员、全过程、全方位、全天候的动态安全管理。

4. 施工安全管理的控制程序

施工安全控制的程序如图 7-5 所示。

（1）确定项目的安全目标。

（2）编制项目安全技术措施计划。

（3）项目安全技术措施计划的落实和实施。

（4）项目安全技术措施计划的验证。

（5）持续改进，直到完成建设工程项目的所有目标。

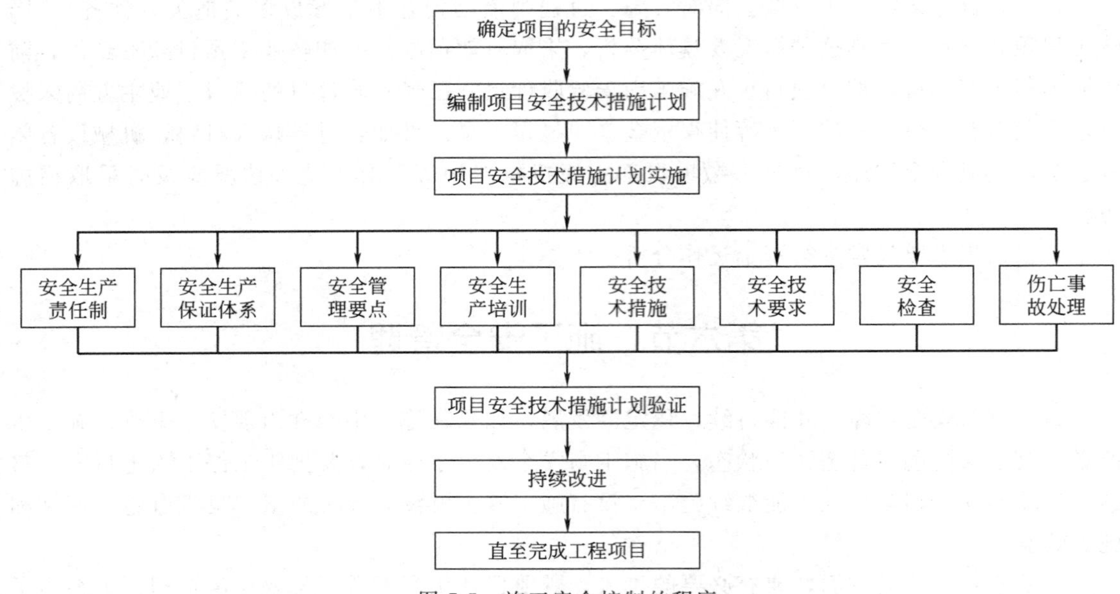

图 7-5 施工安全控制的程序

二、安全施工管理措施（安全生产责任制）

1. 落实安全生产责任制

(1) 建立和完善以项目经理为首的安全生产领导组织，有组织有领导地开展安全管理活动，承担组织、领导安全生产的责任。

(2) 建立各级人员安全生产责任制度，明确各级人员的安全责任。

① 项目经理是施工项目安全管理的第一责任人。

② 各级职能部门、人员，在各自业务范围内，对实现安全生产的要求负责。

③ 全员承担安全生产责任，建立安全生产责任制，从经理到工人的生产系统做到纵向到底，一环不漏。各职能部门、人员的安全生产责任做到横向到边，人人负责。

(3) 坚持“持证上岗”制度　一切从事生产管理和操作的人员，依照其从事的生产内容，分别通过企业、施工项目的安全审查，取得安全操作许可证，持证上岗。

特种作业人员，除经过企业的安全审查外，还需按规定参加安全操作考核，取得监察部门核发的《安全操作合格证》。施工现场如果出现特种作业无证操作现象时，施工项目经理必须承担管理责任。

(4) 一切管理、操作人员均需与施工项目经理签订安全协议，向施工项目经理作出安全保证。

(5) 安全生产责任落实情况的检查，应认真、详细记录，作为分配、补偿的依据之一。

2. 加强安全教育与训练

安全教育与训练包括知识、技能、意识三个阶段。

(1) 安全知识教育　使操作者了解、掌握生产操作过程中潜在的危险因素及防范措施。

(2) 安全技能训练　使操作者逐渐掌握安全生产技能，获得完善化、自动化的行为方式，减少操作中的失误现象。

(3) 安全意识教育　在于激励操作者自觉遵守安全生产操作规程。

安全教育的内容要随实际需要而确定。

结合施工生产的变化、适时进行安全知识教育。

结合生产组织安全技能训练，干什么训练什么，反复训练，分步验收。

安全意识教育应随安全生产的形势变化，确定阶段教育内容。可结合发生的事故，进行增强安全意识、坚定掌握安全知识与技能的信心、接受事故教训的教育。

受季节、自然变化影响时，要针对生产环境、作业条件的变化进行教育，其目的在于增强安全意识，控制人的行为，尽快适应变化，减少人的失误。

采用新技术、新设备、新材料、新工艺之前，应对有关人员进行安全知识、技能、意识的全面安全教育。

3. 安全检查

安全检查是发现不安全行为和不安定状态的重要途径，是消除施工生产中事故隐患、落实整改措施、防止发生事故的重要方法。安全检查的形式有普遍检查、专项检查、定期检查与不定期检查。

4. 实行作业标准化、规范化

在施工操作人员产生的不安全行为中，有的不知道正确的操作方法，有的为了快而省略了必要的操作步骤，有的按自己的习惯进行操作。按科学的作业标准规范施工操作人员的行为，有利于减少或消灭不安全行为，减少人的操作失误，从而避免安全事故的发生。

5. 做好安全事故的调查与处理工作

(1) 发生事故后，以严肃、科学的态度去认识事故，实事求是地按照规定、要求报告。不隐瞒，不虚报，不避重就轻是对待事故科学、严肃态度的表现。

(2) 积极抢救负伤人员的同时，保护好事故现场，以利于调查事故原因。

(3) 分析事故，弄清发生过程，找出造成事故的人、物、环境状态方面的原因。分清造成事故的安全责任，总结生产因素管理方面的教训。

(4) 以事故为例，召开事故分析会进行安全教育，使所有生产部位、过程中的操作人员，从事故中看到危害，激励他们的安全生产动机，从而在操作中自觉遵守安全规定，主动消除不安全状态。

(5) 采取预防类似事故重复发生的措施，并组织彻底的整改，使预防措施完全落实。经过验收，证明危险因素已完全消除时，再恢复施工作业。

安全事故调查与处理的目的是为了今后吸取教训，避免类似事故的发生。

三、市政工程施工中常见的安全事故与原因分析

1. 市政工程施工中常见的安全事故

(1) 物体打击　如坠落物体、滚石、撞击、碰伤等。

(2) 高空坠落　如从高架上坠落，或落入深坑、深井等。

(3) 机械设备事故引起的伤害　如绞伤、碰伤、割伤等。

(4) 车祸。

(5) 坍塌　如临时设施、脚手架垮塌及岩石边坡塌方等。

(6) 爆破及爆炸事故引起的伤害　如炸药、雷管、锅炉和其他高压容器爆炸引起的伤害等。

(7) 起重吊装事故引起的伤害等。

(8) 触电（包括雷击）等。

(9) 中毒、窒息　如煤气中毒。

(10) 烫伤、灼伤。

(11) 火灾、冻伤、中暑。

(12) 落水等。

2. 工程施工安全事故原因分析

(1) 安全责任制不明确。

(2) 现场缺少必要的安全设施。

(3) 从领导到一般职工思想麻痹，安全意识差。

(4) 机械设备年久失修，开关失灵、仪表不准、超负荷运转或带病作业。

(5) 缺乏安全技术措施。

(6) 忽视劳动保护。

(7) 工人操作技术不熟练，违章作业。

(8) 领导违章指挥。

四、市政施工安全事故的预防

坚持预防为主，消除事故隐患。小事故要当大事故抓；别人的事故要当自己的事故抓。另外，不应把搞好安全生产单纯看做技术性的工作，而必须从思想上、组织上、制度上、技术上采取相应的措施，综合治理才能奏效。

1. 思想上予以重视

首先是领导的思想要重视。要改变对安全生产漠不关心的官僚主义态度。纠正只管生产，不管安全；只抓进度，不抓安全；不出事故不抓安全的错误倾向。其次，要加强对职工进行安全生产的思想教育，使每个职工牢固树立“安全第一”的思想。

2. 建立健全安全生产有关制度

首先要建立安全生产责任制，包括各级领导部门的安全管理责任制和职工的安全操作责任制，真正做到“安全生产，人人有责”。其次，要坚持安全生产检查制度。通过检查及时发现问题，堵塞事故漏洞，防患于未然。第三，要坚持安全生产教育制度。第四，要建立安全事故处理制度。事故发生后，应认真吸取教训，防止同类事故重复发生。对事故要按照“三不放过”的原则进行处理，即事故原因分析不清不放过；事后责任者和群众没有受到教育不放过；没有新的防范措施不放过。

3. 制定切实可行的安全技术措施

市政施工过程中的安全技术措施，如针对土石方工程、高空作业、超重吊装以及采用新工艺、新结构工程的特点制定的安全技术规程；机械设备使用中的安全技术措施，如使用前通过检验排除隐患，按性能使用，超负荷运转应经过验算、加固和测试，以及加设安全保险、安全信号、危险警示和防护装置；改善劳动条件和作业环境的技术措施，如开展文明施工活动，做到施工现场整洁有序，平面布置合理，原材料、构配件堆码整齐，各种防护齐全有效，各种标志醒目，合理使用劳动保护用品，改善照明、通风、防伞、防噪声、防振动等方面的技术措施。

第七节　施工项目生产要素管理

一、施工项目生产要素的管理

生产要素是指形成生产力的各种要素，或者是指生产力作用于项目的各种要素。如人力、材料、机械设备、技术、资金等。可以归并为两类：人和生产资料。作为项目实施的基本要素，也被称为项目资源。因而，项目生产要素管理亦称为项目资源管理；生产要素计划亦称为资源计划。另外，从项目投入产出的关系来看，也被称为项目投入或投入比。

施工项目生产要素的管理，是指按照项目一次性特点和自身规律，对生产要素的配置与组合进行有效地计划、组织、协调和控制的系统管理方法。具体包括如下内容。

（1）生产要素的优化配置　是指根据施工需要，有效地计划组织生产要素，适时、适量、比例适当、位置适宜地配备和投入。

（2）生产要素的优化组合　是指投入施工项目的生产要素，在施工过程中搭配适当，协调地在项目中发挥作用，有效地形成生产力，生产出合格产品。

（3）对施工过程中的生产要素进行动态管理　项目实施过程是一个不断变化的过程，对生产要素的需求在不断变化。对生产要素进行动态管理就是指根据不断变化的实际情况，对生产要素不断地进行配置、组合和调整，以适应变化后的计划或标准。动态管理的目的和前提是优化配置和组合，动态管理是优化配置和组合的手段和保证。动态管理的基本内容就是按项目的内在规律，有效地计划、组织、协调、控制各生产要素，使之在项目中合理流动，在动态中寻求平衡。

（4）在施工项目运行过程中合理使用资源，达到节约资源的目的。

现代项目管理理论更多地把生产要素管理归纳为项目资源管理。项目资源管理尤其侧重于项目资源需求的测定和项目资源计划的编制、执行及控制。项目资源管理理论中的一些概念已经在建筑施工项目管理的实际当中出现并使用，如下面的一些概念。

① 资源安排描述　什么资源在什么时候是可用的，以及在项目执行过程中每一时刻需要什么样的资源，是项目计划安排的基础。当几个工作同时需要某一种资源时，计划的合理将特别重要。

② 资源日历　资源日历影响一个特别的资源或者资源的种类。比如一个项目组可能在休假或者在培训中，劳动合同可能限制工作人员一周只能工作数日。

③ 资源能力　资源能力决定了可分配资源数量的大小。

④ 资源计划　资源计划涉及决定什么样的资源（人、设备、材料）以及多少资源将用于项目的每一份工作的执行过程之中，因此它必然是与费用估计相对应的。资源计划的结果主要是制订资源的需求计划，资源的需求安排一般应分解到具体的工作上。

本书基于市政工程施工项目管理的实践知识，按照生产要素管理的基本理论体系结构进行介绍。

二、生产要素管理的重要性和复杂性

1. 生产要素管理的重要性

生产要素的投入作为项目实施必下可少的前提条件，这些投入的费用（或代价）实际上是项目经济产出扣除利润和税金后的全部，所以生产要素的合理使用与节约是项目成本节约及控制的主要途径。如果生产要素投入不能保证，考虑得再周详的项目计划（如工期计划）与安排也不能实行。

在项目施工过程中，由于生产要素的配置组合不当给项目造成的损失会很大。例如，由于生产要素供应不及时就会造成施工活动不能正常进行，整个工程停工或不能及时开工，损失时间，出现窝工费用。

此外，由于不能经济地使用各项生产要素或不能经济地获取生产要素而造成成本增加。由于未能采购符合规定的材料，使材料或工程报废；或采购超量、采购过早，而造成浪费、仓储费用增加等。

所以，加强项目生产要素管理在现代建筑施工项目管理中是非常重要而有意义的。

2. 生产要素管理的复杂性

项目生产要素的管理又是极其复杂的，主要原因如下。

（1）生产要素种类多，供需量大　由于项目施工过程的不均衡性，使得生产要素的需求和供应不均衡，生产要素的品种和使用量在施工过程中会变化起伏，甚至会大幅度地变化起伏。

（2）生产要素投入过程的复杂性　例如要保证劳动力的使用，则必须安排招聘、培训、调遣以及相应的现场生活的设施等。在相应的每个环节上都不能出现问题，这样才能保证施工活动的顺利实施。

（3）项目实施方案的设计和规划与项目要素投入和使用上的交互作用　在进行实施方案设计和规划时必须考虑生产要素的投入能力及水平，否则会不切实际，出现不必要的变更。实施方案设计和规划上的任何差错变更都可能导致生产要素投入上的变化，出现生产要素使用上的浪费。项目生产要素的配置组合不是被动地受制于项目实施方案的设计和规划，而应积极地对其进行制约，作为它们的前提条件。

（4）要求在生产要素的投入和使用中加强成本控制，进行合理优化。

生产要素的投入受外界影响大，作为外界对项目的制约条件，常常不是由项目本身所能解决。例如，市场价格、供应条件的变化，由于政治、自然、社会的原因造成供应拖延等。这些是生产要素管理存在的外部风险。

对于一个建筑施工企业来讲，生产要素管理不是仅针对一个项目的问题，而必须在多个项目中协调平衡。

三、施工项目生产要素管理的基本工作

（1）编制生产要素计划　编制生产要素计划的目的，是对资源投入量、投入时间、投入步骤作出合理安排，以满足施工项目实施的需要。计划是优化配置和组合的手段。

（2）生产要素的供应　使编制的计划得以实现，施工项目的需要得以保证。

（3）节约使用生产要素　即根据每种生产要素的特征，采用科学方法进行动态配置和组合，协调投入，合理使用，不断纠正偏差，以尽可能少的生产要素投入，满足项目的使用要求，达到节约的目的。

（4）进行生产要素投入、使用与产出的核算，实现节约使用的目的。

（5）进行生产要素使用效果的分析　一方面是对管理效果的总结，总结经验和问题，评价管理活动；另一方面又为管理提供储备和反馈信息，以知道以后（或下一循环）的生产要素管理工作。

四、现代施工项目生产要素的管理内容

1. 对劳动者的管理

随着国家和建筑业用工制度的改革，建筑施工企业现在已经有了多种形式的用工，包括固定工、合同工和临时工，而且已经形成了弹性结构。在施工任务增大时，可以多用农民合同工或农村建筑队。任务减少时，可以少用农民工或农村建筑队，以避免窝工。由于可以从

农村招用年轻力壮的劳动力，劳动力招工难和不稳定的问题基本得到了解决，也改变了队伍结构，加强了施工项目（第一线）用工，促进了劳动生产率的提高。我国建筑施工劳动生产率长期不能提高的状况得到了改善。农民工和临时工到企业中来，既不增加企业的负担，又不增加城市和社会的负担，因而大大节省了福利费用，减轻了国家和企业的负担，适应了建筑施工和施工用工弹性和流动性的要求。建筑业用工的变化，也为农村富余劳动力的转移和贫困地区的脱贫致富提供了机会。

施工项目中对劳动者的管理其目的在于提高劳动效果，提高劳动效率的关键在于劳动者的质量和思想素质。因此，不仅要注意使用，更重要的是重视对他们的培训，提高他们的综合素质。

2. 对材料的管理

建筑材料按在生产中的作用可分为主要材料、辅助材料和其他材料。其中主要材料指在施工中被直接加工，构成工程中有助于产品的形成，但不构成实体的材料，如钢材、水泥、木材、砂、石等。辅助材料指在施工中有助于产品的形成，但不构成实体的材料，如促凝剂、脱模剂、润滑物等。其他材料指不构成工程实体，但又是施工中必需的材料，如燃料、油料、砂纸、棉纱等。另外，周转材料（如脚手架材、模板材等）、工具、预制构配件、机械零配件等，都因施工中有独特作用而自成一类，其管理方式与材料基本相同。

建筑材料还可以按自然属性分类，包括金属材料、硅酸盐材料、电器材料、化工材料、金属材料等，它们的保管、运输各有不同要求，需分别对待。

施工项目材料管理的重点在现场，在使用；节约和核算。就节约来讲，其潜力是最大的。

3. 对施工中资金的管理

施工项目的资金，从流动过程来讲，首先是投入，即将筹集到的资金投入到施工项目上；其次是使用，就是支出。资金管理，也就是财务管理，主要有以下环节：编制资金计划、筹集资金、投入资金（施工项目经理部收入）、资金使用（支出）、资金核算与分析。施工项目资金管理是收入与支出问题，收支之差涉及核算、筹资、贷款、利息、利润、税收等问题。

4. 对机械设备的管理

施工项目的机械设备，主要是指作为大型工具使用的大、中、小型机械，既是固定资产，又是劳动手段。施工项目机械设备管理环节有选择、使用、保养、维修、改造、更新。其关键也在使用，使用关键是提高机械设备的管理，寻找提高利用率和完好率的措施。利用率的提高靠人，完好率的提高在于保养与维修，这一切又都是施工项目机械设备管理深层次的问题。

5. 对施工中技术的管理

技术是指人们在改造自然、改造社会的生产和科学实践中积累的知识、技能、经验及体现它们的劳动资料。

技术的含义很广，指操作技能、劳动手段、劳动者素质、生产工艺、试验检验、管理程序和方法等。任何物质生产活动都是建立在一定的技术基础上的，也是在一定技术要求和技术标准控制下进行的。随着生产发展，技术水平也在不断提高，技术在生产中的地位和作用也越来越重要。对施工项目来说，由于其单件性、露天性、复杂性等特点，就决定了技术的作用更显重要。施工项目技术管理，是对各项技术工作要素和技术活动过程的管理。技术工作要素包括技术人才、技术装备、技术规程、技术资料等；技术活动过程指技术计划、技术运用、技术评价等。技术作用的发挥，除决定于技术本身的水平外，在很大程度上还依赖于技术管理水平。没有完善的技术管理，再先进的技术也难以发挥作用。施工项目技术管理的任务有四项：一是正确贯彻国家和行政主管部门的技术政策，贯彻上级对技术工作的指示与决定；二是研究、认识和利用技术规律，科学地组织各项技术工作，充分发挥技术作用；三是确定正常的生产技术秩序，进行文明施工，以技术保工程质量；四是努力提高技术工作的经济效果，使技术与经济有机地结合起来。

本章小结

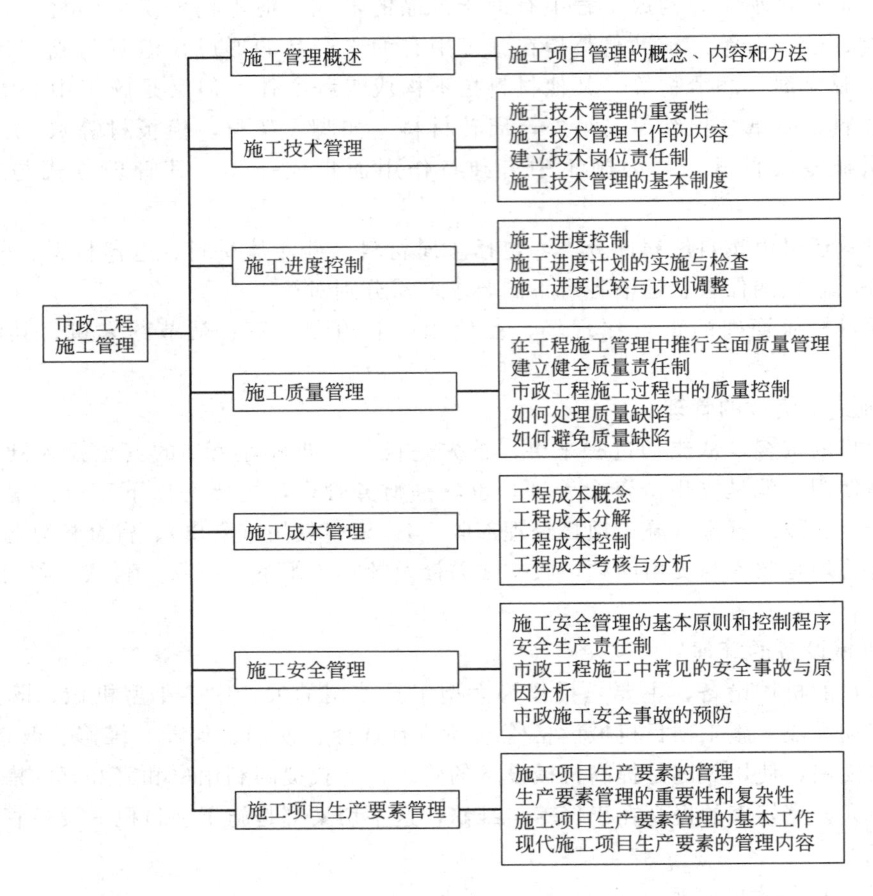

复习思考题

1. 什么是施工项目管理？它的特征有哪些？
2. 施工项目管理主要方法有哪些？什么是目标管理方法？
3. 施工项目技术管理工作包括什么内容？技术岗位责任制中各个岗位的职责是什么？
4. 什么是技术交底？它包括哪些内容？

5. 影响施工进度的因素有哪些？
6. 进度控制中，横道图比较法的优缺点是什么？前锋线比较法的步骤是什么？
7. 什么是全过程的质量管理？
8. 工程成本控制包括哪几个方面的控制？如何进行工程成本考核？
9. 施工安全管理的基本原则和控制程序是什么？
10. 施工项目生产要素的管理内容是什么？

第八章　市政工程竣工验收

【知识目标】

● 了解施工工程竣工验收的概念。

● 理解施工竣工验收的依据，什么是施工单位竣工预验，工程项目移交和竣工的区别。

● 掌握市政工程项目施工质量的验收标准，施工质量检查评定验收的基本内容及方法，竣工验收的准备工作，竣工图的绘制要求，工程质量不符合要求时的处理，竣工验收程序、步骤，竣工验收质量核定，竣工验收组织的构成，竣工验收权限的划分，竣工验收的内容，工程项目的保修期限、流程。

【能力目标】

● 能解释施工工程竣工验收的概念。

● 能写出施工竣工验收的依据，施工质量的验收标准，什么是施工单位竣工预验，工程项目移交和竣工的区别，竣工验收组织的构成、内容，工程项目的保修流程。

● 能应用施工质量检查评定验收的标准、基本内容及方法，竣工验收质量核定，竣工验收权限的划分，工程项目的保修流程。

● 能操作竣工验收程序、步骤，竣工验收质量核定。

● 能处理工程资料的主要验收内容，工程质量不符合要求时的应对。

第一节　竣工验收概述

工程的竣工验收是指建设单位收到施工单位的建筑工程竣工验收申请报告后，根据建筑工程质量管理法律制度和建筑工程竣工验收技术规范标准，以及建设合同（勘察设计合同、建筑承包合同、建设监理合同等）的约定，组织设计、施工、工程监理等有关单位对建筑工程查验接收的行为。

同时，竣工验收是工程项目建设全过程的最后一个程序，是全面考核基本建设工作，检查是否合乎设计要求和工程质量的重要环节，是投资成果转入生产或使用的标志。竣工验收对促进项目及时投产、发挥投资效益、服务社会、总结经验教训都有重要作用。

一、市政工程质量验收

市政工程质量验收是对已完工的工程实体的外观质量及内在质量按规定程序检查后，确认其是否符合设计及各项验收标准的要求，是否可交付使用的一个重要环节。正确地进行工程项目质量的检查评定和验收，是保证工程质量的重要手段。

针对市政工程施工规模较大、专业分工较多、技术安全要求较高等特点，国家相关行政管理部门对市政工程项目的质量验收标准制定了相应的规范，以保证工程验收的质量，工程验收应严格执行规范的要求和标准。

二、市政工程项目施工竣工验收的依据

（1）可行性研究报告。

（2）上级主管部门的有关工程审批、修改、调整的文件。

（3）设计文件、设备技术说明书、设计变更洽商记录。

（4）工程承包合同。

（5）现行的施工验收规范。

从国外引进的新技术和成套设备的项目，以及中外合资建设项目，还要按照签订的合同和国外提供的设计文件进行验收。

三、市政工程项目施工质量验收标准

竣工验收必须符合以下要求。

（1）市政工程项目施工质量验收均应在施工单位自行检查评定的基础上进行。

（2）参加市政工程项目施工质量验收的各方人员，应该具有规定的资格。

（3）建设工程项目的施工应符合工程勘察、设计文件的要求。

（4）隐蔽工程应在隐蔽前由施工单位通知有关单位进行验收，并形成验收文件。

（5）单位工程施工质量应该符合相关验收规范的标准。

（6）涉及结构安全的材料及施工内容，应有按照规定对材料及施工内容进行见证取样的检测资料。

（7）涉及结构安全和使用功能的重要部分工程、专业工程必须进行功能性抽样检测。

（8）工程外观质量应由验收人员通过现场检查后共同确认。

四、市政工程施工质量检查评定验收的基本内容及方法

（1）分部分项工程的内容进行抽样检查。

（2）施工质量保证资料的检查，包括施工全过程的技术质量管理资料，其中又以原材料、施工检测、测量复核及功能性试验资料作为重点检查内容。

（3）工程外观质量的检查。

五、竣工验收的准备工作

在竣工验收之前，应做好下列竣工验收的准备工作。

1. 完成收尾工程

收尾工作的特点是零星、分散、工程量小，主要内容有以下几方面。

（1）检查施工中有无丢项、漏项，一旦发现，立即派人解决，事后定期检查。

（2）做好成品保护工作，全部完成的部位或查项后修补完成的部位及装修标准高的工程，一旦完成立即严加封闭。

（3）有计划地拆除施工现场的各种临时设施和暂设工程，拆除各种临时管线，清扫施工现场，组织清运垃圾、杂物。

（4）有步骤地组织材料、工具以及各种物资的回收、退库，向其他施工现场转移等。

（5）做好电气线路和各种管线的交工前检查，进行电气工程的全负荷试验。

2. 竣工验收资料的准备

（1）工程项目竣工验收的资料　工程项目的开工报告、竣工报告；图纸会审和设计交底记录、设计变更通知单、技术变更核实单；分项、分部工程和单位工程技术人员名单；工程

质量事故发生后的调查处理资料；水准点位置、定位测量记录、沉降及位移观测记录；材料、设备、构件的质量合格证明资料，试验、检验报告；隐蔽验收记录及施工日志；竣工图及工程项目一览表；质量检验评定资料等。

(2) 竣工图的绘制　建设项目竣工图，是准确、完整、真实记录各种地下、地上建筑物及构筑物等详细情况的技术文件，是工程竣工验收、投产交付使用后的维修、扩建、改建的依据，是生产（使用）单位必须长期妥善保存的技术档案。

竣工图的绘制要求为：凡按原设计图纸施工没有变动的，则由承包商在原施工图上加盖“竣工图”标志后，即为竣工图；凡在施工中，虽有一般性设计变更，但幅度不大，能将原施工图加以修改补充作为竣工图的，可以不重新绘制，由承包商负责在原施工图上注明修改部分，并附以设计变更通知单和施工说明，加盖“竣工图”标志后，即为竣工图；如果设计变更的内容较多（如有结构形式改变、工艺改变、平面布置改变及其他重大改变），不宜再在原施工图上修改补充者，应按变更造成原因由建设单位、设计单位或施工单位分别绘制，由施工单位负责在新图上加盖“竣工图”标志并附以有关记录和说明，作为竣工图；改建或扩建工程，如涉及原有建设项目并使原有工程的某些部分发生工程变更者，应把与原有工程有关的竣工图资料加以整理，并在原有竣工图上增补变更情况和必要的说明；各项基本建设工程，特别是基础、地下建（构）筑物、管线、结构、井巷、洞室、桥梁、隧道、港口、水坝以及设备安装等隐蔽部位都要绘制竣工图。

六、当工程质量不符合要求时的处理

(1) 经返工或更换设备的工程，应该重新检查验收。

(2) 经有资质的检测单位检测鉴定，能达到设计要求的工程，应予以验收。

(3) 经返修或加固处理的工程，虽局部尺寸等不符合设计要求，但仍然能满足使用要求的可以按技术处理方案和协商文件进行验收。

(4) 经返修和加固后仍不能满足使用要求的工程严禁验收。

总之，施工项目竣工验收是工程建设的一个重要阶段，是工程建设的最后一个程序，是全面检验工程项目施工是否符合设计要求和施工质量的重要环节，是建设投资效益转入生产和使用的标志，同时也是施工项目管理的一项重要工作。通过竣工验收，可以检查承包合同执行情况，促进工程施工项目及时投产和交付使用，发挥投资效益，全面总结建设经验，考核建设成果，为今后的建设工作积累经验。

第二节　竣工验收程序

一、施工单位竣工预验

施工单位竣工预验是指工程项目完工后要求监理工程师验收前由施工单位自行组织的内部模拟验收。内部预验是顺利通过正式验收的可靠保证，为了不使验收工作遇到麻烦，最好邀请监理工程师参加。预验工作一般可视工程重要程度及工程情况，分层次进行，通常有下述三层次。

(1) 基层施工单位自验　基层施工单位，由施工队长组织施工队的有关职能人员，对拟报竣工工程的情况和条件，根据施工图要求、合同规定和验收标准进行检查验收。主要包括竣工项目是否符合有关规定，工程质量是否符合质量检验评定标准，工程资料

是否齐全，工程完成情况是否符合施工图及使用要求等。若有不足之处，及时组织力量，限期修理完成。

（2）项目经理组织自验　项目经理部根据施工队的报告，由项目经理组织生产、技术、质量、预算等部门进行自检。经严格检验并确认符合施工图设计要求，达到竣工标准后，可填报竣工验收通知单。

（3）公司级预验　根据项目经理部的申请，竣工工程可视其重要程度和性质，由公司组织检查验收。也可分部门（生产、技术、质量）分别检查预验，并进行评价。对不符合要求的项目，提出修补措施，由施工队定期完成，再进行检查，以便决定是否提请正式验收。

二、施工单位提交验收申请报告

施工单位决定正式提请验收后，应向监理单位送交验收申请报告，监理工程师收到验收申请报告后，应参照工程合同的要求、验收标准等进行仔细审查。

三、根据申请报告作现场初验

监理工程师审查完验收申请报告后，若认为可以进行验收，则应由监理人员组成验收班子，对竣工的工程项目进行初验；在初验中发现的质量问题，应及时以书面通知或以备忘录的形式告诉施工单位，并令其按有关的质量要求进行修理甚至返工。

四、正式验收的人员组成

在监理工程师初验合格的基础上，便可由监理工程师牵头，组织业主、设计单位、施工单位和质量监督站等参加，在规定时间内进行正式验收。

五、竣工验收的步骤

竣工验收一般分为两个阶段。

1．单项工程验收

单项工程验收是指一个总体建设项目中，一个单项工程已按设计要求建设完成，能满足生产要求或具备使用条件，且施工单位已经预验，监理工程师已经初验通过，在此条件下进行的正式验收。由几个建筑安装企业负责施工的单项工程，当其中某一企业所负责的部分已经按设计完成，也可组织正式验收，办理交工手续，交工时应请总包施工单位参加，以免相互耽误时间。施工过程中，隐蔽工程在隐蔽前必须通知建设单位（或工程监理）进行验收，并形成验收文件。

2．全部验收

全部验收是指整个建设项目已按设计要求全部建设完成，并已符合竣工验收标准，施工单位预验通过，监理工程师初验认可，由监理工程师组织以业主单位为主，由设计、施工和质监站等单位参加的正式验收。在整个项目进行全部验收时，对已经验收过的单项工程，可以不再进行正式验收和办理验收手续，但应将单项工程验收单作为全部工程验收的附件而加以说明。

现场竣工验收的步骤如下。

（1）项目经理介绍工程施工情况、自检情况以及竣工情况，出示竣工资料（竣工图和各项原始资料及记录）。

（2）监理工程师通报工程监理中的主要内容，发表竣工验收的意见。

（3）业主和质监站、设计院等根据在竣工项目目测中发现的问题，按照合同规定对施工单位提出限期处理的意见。

(4) 暂时休会，质检部门会同业主及监理工程师讨论工程正式验收是否合格。

(5) 复会，由监理工程师宣布验收结果，质监站人员宣布工程项目质量等级。

3. 办理竣工验收签证书

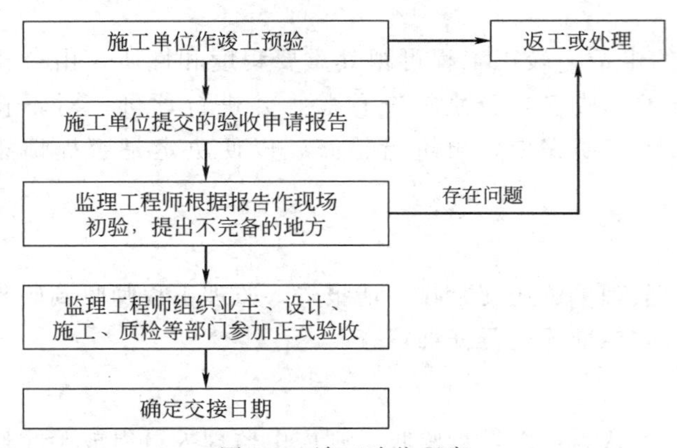

图 8-1 竣工验收程序

竣工验收签证书，必须有三方的签字、盖章方可生效。

竣工验收程序示意图见图 8-1。

六、竣工验收质量核定

建设工程竣工质量核定是政府对竣工工程进行质量监督的带有法律性的手段，也是竣工工程验收交付使用必须办理的手续。

竣工工程质量核定的范围包括新建、扩建、改建的工业与民用建筑、设备安装工程、市政工程等。一般由城市建设机关的工程质量监督部门承监，竣工工程的质量等级以承监工程的质量监督机构核定的结果为准，并发给《建设工程质量合格证书》(见图 8-2)。

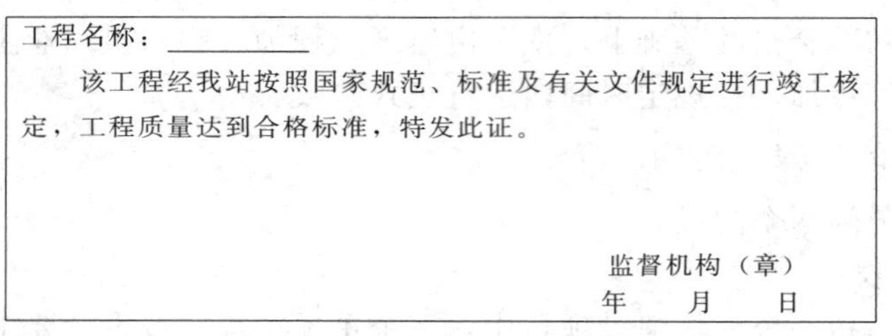
工程名称：__________

该工程经我站按照国家规范、标准及有关文件规定进行竣工核定，工程质量达到合格标准，特发此证。

监督机构（章）

年　月　日

图 8-2 建设工程质量合格证书

核定的方法、步骤和条件如下。

1. 自检

单位工程完工后，施工单位要按照国家检验评定标准的规定进行自检。符合有关技术规范、设计文件和合同要求的质量标准后，提交业主单位。业主单位组织设计单位、监理单位、施工单位及有关方面，对工程质量评出等级，并向承监工程的监督机构提出申报竣工工程质量核定。

2. 申报竣工工程质量核定的条件

(1) 必须符合国家和本市或地区规定的竣工条件和合同中规定的内容。委托工程，必须提供监理单位对工程质量进行监理的有关资料。

(2) 必须有有关各方签认的验收记录。对验收各方提出的质量问题，施工单位进行返修的，应有建设（监理）单位的复验记录。

(3) 提供按照规定齐全有效的施工技术资料。

(4) 保证竣工质量核定所需的水、电供应及其他必备条件。

3. 核定

承监工程的监督机构，受理了竣工工程质量核定后，按照国家的《工程质量检验评定标准》进行核定，经核定为合格或优良的工程，发给《合格证书》，并注明其质量等级。《合格证书》正本1件，发给业主单位；副本2件，分别由施工单位和监督机构保存。工程交付使用后，如工程质量出现永久性缺陷等严重问题，监督机构将收回《合格证书》，并予以公布。

经监督机构核定为不合格的单位工程，不发给《合格证书》，不准投入使用。责任单位在进行限期返修后，再重新进行申报、核定。在核定中，如施工技术资料不能说明结构安全或不能保证使用功能的，由施工单位委托法定检测单位进行检测。核定中，凡属弄虚作假、隐瞒质量事故者，由监督机构对责任单位依法进行处理。

第三节 竣工验收组织与内容

一、竣工验收组织

1. 竣工验收组织的构成

(1) 项目参建各方 主要包括项目建设单位、勘察设计单位、施工单位、监理单位和接管单位。

(2) 验收委员会（验收组） 通常由计划、建设、项目（工程）主管、消防、银行、环保、物资、劳动、统计等有关部门组成验收委员会（验收组）。验收委员会（验收组）的职责如下。

① 负责审查建设的各个环节，听取有关单位的工作报告。

② 审阅工程技术档案资料，并实地查验建筑工程和设备安装工程情况。

③ 对工程设计、施工和设备质量、环境保护、安全卫生、消防等方面做出客观的、实事求是的全面评价。

④ 签署验收意见，对遗留问题提出具体解决意见并限期落实完成。不合格工程不予验收。

(3) 专家组 竣工验收通常还要请有关专家组成施工组、设计组、生产准备组、决算组和后勤组等专家组，负责各个专业的审查工作。

2. 竣工验收权限的划分

大中型建设项目（工程）以及由国家批准的限额以上利用外资的项目（工程），由国家组织或委托有关部门组织验收，省建委应参与验收；地方大中型建设项目（工程），由省级主管部门组织验收；其他小型建设项目（工程），由地市级主管部门或建设单位组织验收。

二、竣工验收的内容

工程项目竣工验收的内容一般分为工程资料验收和工程质量验收两大部分。

1. 工程资料验收

工程资料是项目竣工验收和质量保证的重要依据之一，主要包括工程的技术资料、财务资料和项目开工报告、项目竣工报告等综合资料。施工单位应按合同要求提供全套竣工验收所必需的工程资料，经监理工程师审查符合合同要求及国家有关规定，且准确、完整、真实的条件下，监理工程师方可签署同意竣工验收的意见。工程资料的主要验收内容有：

(1) 对材料、成品、半成品、设备构件的质量合格证明材料验收；

(2) 对试验、检验资料验收；

(3) 对隐蔽工程记录及施工记录验收；

(4) 对竣工图验收。不仅要审查竣工图的绘制是否符合基本要求，还要审查是否与实际情况相符，发现不准确或不完整的地方，应通知施工单位采取措施进行修改和补充。

2. 工程质量验收

为确保工程质量，使其符合安全和使用功能的基本要求，不仅要审查施工项目的完成情况，还要审查施工项目的完成质量和使用功能。工程质量的主要验收内容如下。

（1）对建筑物的位置、标高、轴线是否符合设计要求审查验收；

（2）对基础工程及隐蔽工程的记录资料审查验收；

（3）对结构工程、门窗工程和装修工程审查验收；

（4）对建筑设备、工艺设备和动力设备的安装工程审查验收。

第四节　工程移交与保修

一、工程项目的移交

施工项目竣工和施工项目产品的移交是两个完全不同的概念。所谓施工项目竣工是针对承包单位而言，它有以下三层含义：一是承包单位按合同要求完成了工作内容；二是承包单位按质量要求进行了自检；三是施工项目的工期、进度、质量均满足合同要求。而施工项目产品的移交则是对工程的质量进行验收之后，由承包单位向业主进行移交施工项目产品所有权的过程。能否移交取决于承包单位所承包的施工项目产品是否通过了竣工验收。因此，施工项目产品的移交是建立在施工项目竣工验收通过基础上的。

施工项目经竣工验收合格，就可着手办理工程移交手续，即将施工项目产品的所有权移交给建设方。移交手续应及时办理，以便使建设项目早日投产使用，充分发挥投资效益。

在办理施工项目产品移交前，施工方应当编制竣工结算书，以此作为向建设方结算最终拨付工程价款的依据。

在施工项目产品移交时，还应将成套的工程技术资料进行分类整理、编目建档后移交给建设方，同时，施工方还应将在施工过程中所占用的房屋设施进行维修清理，打扫干净，连同房门钥匙全部予以移交。

二、工程项目的保修

工程竣工交付使用后，均存在这样或那样的质量问题，影响到业主的正常使用及施工单位保修资金的顺利回收和市场信誉。为此双方常常浪费大量的精力、财力、人力来处理工程保修期间的各种质量问题。因此，同其他商品一样，市政工程项目的保修也是施工组织与管理中一个重要的环节。

建筑工程竣工验收后，在保修期限内出现保修范围内的质量缺陷，施工承包单位应当履行保修义务，予以修复。工程项目的保修在实际具体操作上由项目回访和保修两部分构成。

1. 工程项目的回访

施工项目在竣工验收交付使用后，承包方应当编制回访计划，并主动对交付使用的工程进行回访。回访计划包括以下内容。

（1）确定主管回访保修业务的部门。

（2）确定回访保修的执行单位。

（3）被回访的发包人（或使用人）及其施工项目的工程名称。

（4）回访时间安排及主要工程内容。

（5）回访工程的保修期限。

每次回访结束，执行单位应填写回访记录，主管部门依据回访记录对回访服务的实施效果进行验证。回访记录应包括参加回访的人员、回访发现的质量问题、建设单位的意见、回访单位对发现的质量问题的处理意见、回访主管部门的验收签证。

回访一般采用以下三种形式。

（1）季节性回访　大多数是雨季回访屋面、墙面的防水情况，冬季回访采暖系统的情况，发现问题，及时采取有效措施加以解决。

（2）技术性回访　主要是了解在工程施工过程中所采用的新材料、新技术、新工艺、新设备等的技术性能和使用后的效果，对发现的问题应及时加以补救和解决，同时也便于总结经验，获取科学依据，为今后进一步改进、完善和推广创造条件。

（3）保修期满前的回访　这种回访一般是在保修期即将结束之前进行回访。

2. 施工项目的保修

建设工程承包单位在向建设单位提交工程竣工验收报告时，还应当向建设单位出具质量保修书。建设工程质量保修书的主要内容有质量保修项目内容及范围、质量保修期、质量保修责任和质量保修金的支付方法等。

在正常使用条件下，国家对建设工程施工项目的最低保修期限如下。

（1）基础设施工程、房屋建筑的地基基础工程和主体结构工程为设计文件规定的合理使用年限。

（2）屋面防水工程，有防水要求的卫生间、房间和外墙面的防渗漏为5年。

（3）供热与供冷系统为2个采暖期与供冷期。

（4）电气管线、给水排水管道、设备安装和装修工程为2年。

（5）其他项目的保修期限，由发包方与承包方约定。

建设工程施工项目的保修期，自竣工验收合格之日起计算。

在保修期内，属于施工单位在施工过程中造成的质量问题，施工单位要负责维修，不留隐患。一般施工项目竣工验收通过后，把应拨付给各承包单位的工程款保留5%左右，作为保修金，按照合同在保修期满退回承包单位。如属于设计原因造成的质量问题，在征得甲方和设计单位认可后，施工单位应协助修补，其费用由设计单位承担。

工程项目的保修流程见图8-3。

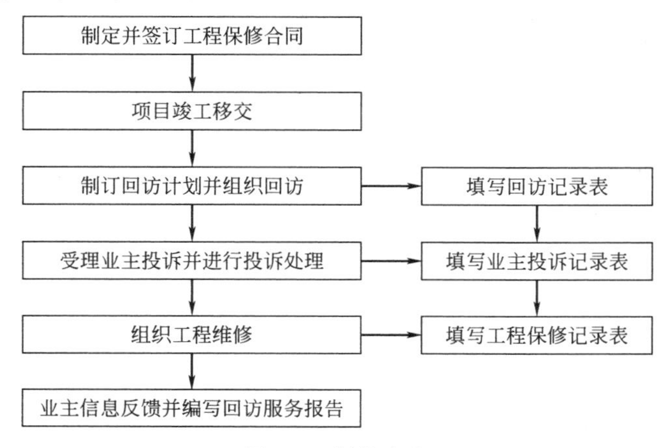

图8-3　保修流程

施工单位在接到用户来访、来信的质量投诉后，应立即组织力量维修，发现影响安全的质量问题应紧急处理。项目经理对于回访中发现的质量问题，应组织有关人员进行分析，制定措施，作为进一步改进和提高质量的依据。

施工单位对所有的回访和保修都必须予以记录，并提交书面报告，作为技术资料归档。项目经理部还应不定期地听取用户对工程质量的意见。对于某些质量纠纷或问题应尽量协商解决，若无法达成统一意见，则由有关仲裁部门负责仲裁。

本章小结

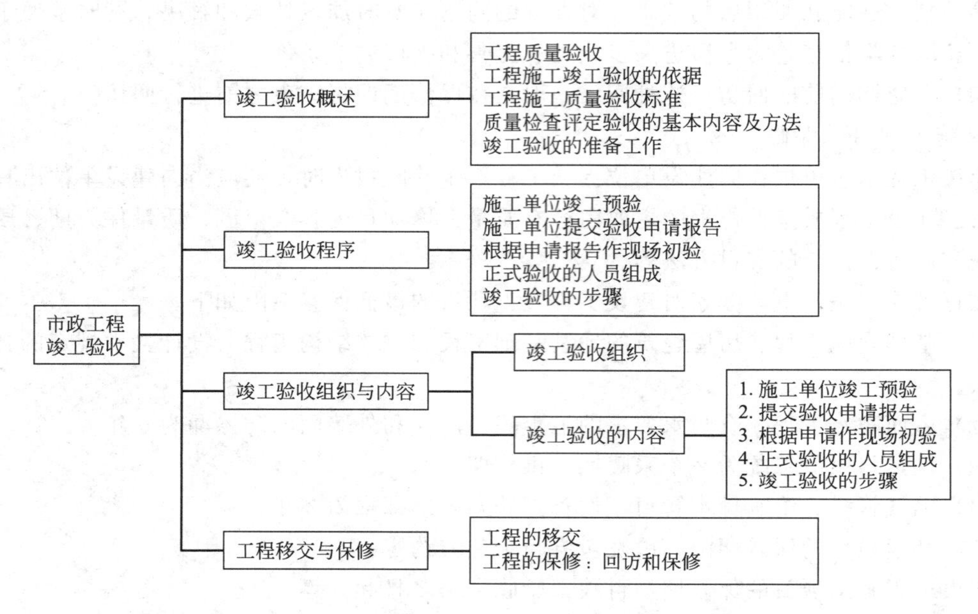

复习思考题

1. 工程竣工验收的依据和标准是什么？
2. 竣工验收的准备工作包括哪些内容？
3. 为什么要进行施工单位的竣工预验？预验的层次有哪些？
4. 竣工验收的步骤是什么？
5. 竣工验收的内容有哪些？
6. 简述工程移交和工程竣工的差异。
7. 工程项目的保修流程是什么？

附录　某城市道路桥梁施工组织设计实例

第1章　编制依据、原则、范围及说明

1.1　投标范围

根据招标文件要求，本次招标范围为××中街立交（北湖渠西路至南湖渠西路）工程，全长1400m，包括××中街主、辅路道路及挡土墙、上跨京承高速路和地铁13号线的主路桥、人行天桥、U形槽、闭合框架通道和雨水、污水、信息管道等市政公用管线，以及绿化、照明、交通工程及人行过街设施等工程。

1.2　编制依据

1.2.1　招标文件及相关资料

(1) ××中街立交（北湖渠西路至南湖渠西路）工程招标文件、补遗文件和设计图纸。

(2) 现场实地考察。

(3) 我单位的施工技术水平、管理水平和施工机械装备能力。

(4) 北京市、国家和交通部颁发的有关施工技术、环保、安全质量验收规范、标准、法规文件。

(5) 业主下发的有关文件

①《北京市××公司精品工程实施标准细则》。

②《北京市××公司小型混凝土预制构件质量管理办法》。

③《北京市××公司小型混凝土预制构件材料及技术要求》。

1.2.2　施工管理文件

(1) 北京市文明施工管理规定。

(2) 北京市《市政基础设施工程资料管理规程》。

(3) 我单位ISO 9001:2000质量管理体系文件。

(4) 我单位ISO 14001环境管理体系文件。

1.3　编制原则

根据招标文件要求，以招标文件和现场踏勘为基础，针对工程特点、难点、重点，结合我单位的施工特长、经验、技术、设备能力，本着“安全为先，质量为本”的安全质量原则，以“确保安全，提高质量，均衡生产，文明施工，降低成本，如期高效”的项目管理思路，根据以下原则进行施工组织设计的编制。

(1) 确保实现招标文件所要求的工期、质量、安全、环保目标。

(2) 充分考虑本工程的特点、重点及施工难点。施工组织设计以确保现况道路畅通、交通安全、现况管线安全为原则，尽量减少对现况交通的干扰，保证交通线路的安全通畅；同时，采用成熟、可靠、先进、有效的施工方法，技术措施合理。

(3) 充分发挥企业技术实力、施工机械设备配套能力及项目管理优势。

(4) 以总体施工部署、施工进度安排、主要施工项目及关键工序的施工方案和技术保证措施为本施工组织设计的重点内容。

(5) 采用新技术、新工艺，提高工程质量，降低施工成本。

(6) 采用监控系统和信息反馈系统指导施工。

(7) 地面及地下按照北京市文明工地标准做好文明施工。

1.4　章节说明

本《施工组织设计》针对××中街立交（北湖渠西路至南湖渠西路）工程项目编制，依据建设单位提供的招标文件、施工初步设计图纸和相关的技术规程、规范以及标准编制的。

本册内容由“编制依据、原则、范围及说明”、“工程概况及特点分析”、“施工组织与总体部署”、“施工准备”、“施工总体平面布置”、“主要施工方案及工艺”、“交通疏导方案”、“地上、地下障碍物、管线保护措施”、“季节性施工措施”、“施工进度计划安排及工期保证措施”、“质量保证体系及主要质量保证措施”、“安全保证体系及安全保证措施”、“文明施工、环境保护体系及措施”、“消防、保卫、健康体系及措施”、“与业主、监理、设计及其他相关单位的协调配合措施”、“技术资料目标设计及管理措施”、“突发事件的应急预案及措施”、“履约、廉政保证措施”、“计量支付及确保民工工资措施”共19章组成，各章主要内容分述如下。

第1章　编制依据、原则、范围及说明

本章主要内容是简要介绍本施工组织设计内容编排，各章节所包含的主要内容；介绍本施工组织设计所依据的招标文件、设计图纸及有关质量、技术、安全和文明施工等规范文件；介绍编制原则和本工程的施工范围。

第2章　工程概况及特点分析

本章“工程概况”是对招标文件及施工组织设计有密切关系的内容的理解和概括；“工程特点、重点、难点及对策”是对本工程施工过程的认识。

第3章　施工组织与总体部署

本章包括“精品工程管理各项指标”、“施工总体安排”、“施工总体原则”、“施工组织机构”、“施工总体流程”、“各主要工序施工方法概述”、“施工进度计划”、“劳动力使用计划”、“主要机械设备计划”、“施工用水、用电及施工材料计划”和“资金使用计划”。主要介绍了本工程控制的质量、进度、安全、文明施工和环境保护目标；根据本工程特点、工程量、周边环境和业主要求的总工期，对工程做总的部署和计划安排。

第4章　施工准备

本章主要介绍了施工前所做的各项技术、生产、试验、物资材料、机械设备及质量工作的准备。

第5章　施工总体平面布置

本章阐述了施工场地规划、临时设施布置、封闭围挡施工、机械和材料进出场路线和各种临设相对位置关系。

第6章　主要施工方案及工艺

本章是施工组织设计的主要内容，按照地下管线（雨水、污水、信息管道）工程、桥梁工程、人行过街天桥工程、钢筋混凝土闭合框架通道、U形槽工程、道路工程（路床、基层、面层及附属工程）工程顺序，详细编制了各分部分项工程施工工艺流程和施工方案。

第7章　交通疏导方案

本章分析了现况京承高速路、××中街道路现状交通情况，跨京承高速路主线桥施工对京承高速路和地铁13号线交通影响及京承路东侧施工对现况××中街交通影响，根据工程现场实际情况，编制了本工程各部位施工详细的交通组织方案，确保不中断交通施工和现况交通畅通。

第8章　地上、地下障碍物、管线保护措施

本章根据施工场区内现况地下管线位置和地上构筑物情况，针对现况管线相对拟建桥梁、U形槽及雨水和污水管线相对关系，编制了施工中保护现况管线及地上构筑物的具体措施。

第9章　季节性施工措施

本章根据本工程经历冬季和整个雨季，根据冬季和雨季施工项目，详细阐述了冬季和雨季的施工措施，确保工程质量。

第10章　施工进度计划安排及工期保证措施

本章从施工组织管理、施工资源、工序安排、工程关键线路、施工网络计划、技术、质量、材料、机械、劳动力和环境等方面详细阐述了确保工期的各项措施。

第11章　质量保证体系及主要质量保证措施

本章编写了质量保证体系、精品工程的保证措施、本工程质量目标，从施工管理、施工技术、原材料、试验检测、重点项目的质量控制等方面详细阐述了确保本工程质量的措施。

第12章　安全保证体系及安全保证措施

本章编制了为确保工程安全的保证体系，从保证现况交通和管线安全运行、钢箱梁吊装施工、施工用电、主要施工项目安全技术措施等方面制定施工安全措施，保证施工安全。

第 13 章 文明施工、环境保护体系及措施

本章从现场管理、施工围挡、施工道路、用电管理、机械管理、材料管理、环卫卫生、安全防护、环境保护及防止扬尘等方面详细阐述了保证文明施工和环境保护措施。

第 14 章 消防、保卫、健康体系及措施

本章阐述了现场消防措施、安全保卫管理、施工人员职业道德教育、施工人员健康和安全等内容。

第 15 章 与业主、监理、设计及其他相关单位的协调配合措施

本章主要介绍了与业主、监理、设计、质量监督部门及拆移和加固相关管线的管理单位配合措施。

第 16 章 技术资料目标设计及管理措施

本章主要内容为施工过程中资料管理和施工后竣工资料编制等。

第 17 章 突发事件的应急预案及措施

本章内容是项目部成立突发事件紧急应急小组，施工监控量测控制，突发事件按照规定紧急处理措施等内容。

第 18 章 履约、廉政保证措施

本章内容包括履约保证目标、体系、履约保证措施及计量支付保证体系。

第 19 章 计量支付及确保民工工资措施

本章阐述项目部计量支付体系、项目部各职能部门计量工作职责、项目部定期组织成本分析、及时提供计量资料和按时发放劳务队工资，不拖欠民工工资等内容。

编制其他说明：在认真、全面、系统地阅读并领会招标文件的基础上，在认真采集信息和收集编标资料的基础上，在认真现场踏勘的基础上，我们认真分析了本工程的特点、重点和难点，如钢箱梁吊装施工技术组织、预应力体外索张拉等列为本工程的特点、重点并提出合理的解决方案和对策。

第 2 章 工程概况及特点分析

2.1 工程概况

2.1.1 工程规模及建设意义

××中街立交西起北湖渠西路，东至南湖渠西路。道路全长 1.4km。道路性质为城市主干路，红线宽 40m。本工程范围位于规划成府路的最东端，与京承高速相交修建立交，该立交的实施将极大地改善望京地区的出行问题。

2.1.2 工程环境

(1) 地理环境 工程施工面被现况京承高速及轻轨分割成东西两部分。西侧部分北湖渠西路至富成花园北门为一幅路形式，机非混行车道宽为 9m，人行步道宽为 4.5m，交通量不大，有部分市政管线。富成花园北门至设计终点南湖渠西路无现况路，只是在京承高速东侧部分有一条现状京承高速辅路与现状××中街相接，双向行驶机非混行车道宽 15m，对部分管线施工及匝道施工造成影响，施工时须考虑导行。

立交范围的东南侧规划有长途公交枢纽，该长途公交枢纽是一座集城市铁路、公共交通、长途汽车站等多种客运方式的综合换乘枢纽站。西南侧紧邻富成花园，西北侧为姜庄湖公园用地。

(2) 地上及地下构筑物情况 现况北湖渠西路至富成花园北门有一条 *DN*400 上水管，一条污水管。其他管线集中在现况京承高速两侧及姜庄湖至××中街的现况路上，其中京承高速西侧沿线为路灯电缆，东侧沿线有路灯电缆、*DN*500 天然气管和 *DN*1200 上水管。京承高速两侧及姜庄湖至××中街的现况路上有 36 孔电信、路灯电缆、天然气管和上水管。另外，设计起点和终点与现况接顺处有多种市政管线。

京承高速西侧高压线与规划的主桥净空最小处 4m，施工前高压线需导改。

京承高速东侧有部分临时房尚未拆迁。

2.1.3 项目设计说明

本立交形式为变形的苜蓿叶型全互通立交。

Z5 匝道为东向南方向，解决望京地区车辆进入市区的左转匝道。

由南向西方向的转向车辆从京承高速驶出，左转入成府路为 Z1 匝道，主要解决四环路的交通压力，同时为进入奥运中心区的车辆提供便利条件。

由北向东方向的转向车辆，从京承高速驶出，通过苜蓿叶左转匝道Z6匝道，驶入成府路，实现转向。

由西向北方向的转向车辆，通过南湖渠西路驶出成府路，经南湖渠西路、南湖北二街西沿路右转，进入京承高速实现转向。

Z2、Z4、Z7匝道分别为东向北、北向西、西向南方向的右转匝道。南向东右转进入望京小区的车辆经南湖北二街西沿路实现。

在“长途公交枢纽”北侧增加一条长途公交枢纽北侧路，为公交专用道，长途公交车辆通过立交转向后，利用长途公交枢纽北侧路进出公交枢纽站。

成府路两侧设有连续的自行车及人行步道，由西向东分别通过通道1、2汇集一处，利用现况预留桥下穿京承高速及轻轨，下穿段做U形槽，行人、自行车为双向。公交车站拟设在京承高速西侧，建一座人行天桥，用于行人换乘。另设两处自行车停车区，使该区域形成一套完整的人行及自行车系统。使乘客在成府路上的公交车站、城铁望京西站、规划长途公交枢纽之间方便换乘。

(1) 横断面设计

① 标准断面。本段成府路道路红线为40m，横断面为：3m(人行步道)＋3m(非机动车道)＋3.5m(绿化带)＋21m(机动车道)＋3.5m(绿化带)＋3m(非机动车道)＋3m(人行步道)＝40m。

② 跨京承高速主桥横断面为：0.6m(护栏)＋14.75m(3条机动车道加集散车道)＋0.5m(中央分割带)＋14.75m(3条机动车道加集散车道)＋0.6m(护栏)＝31.2m。

③ 桥下自行车及人行步道：1m(人行步道)＋6m(非机动车道)＋1m(人行步道)＝8m。

④ 匝道

单向单车道匝道：0.75m(土路肩)＋7m(机动车道)＋0.75m(土路肩)＝8.5m

单向双车道匝道：0.75m(土路肩)＋8m(机动车道)＋0.75m(土路肩)＝9.5m

双向双车道匝道：0.75m(土路肩)＋10m(机动车道)＋0.75m(土路肩)＝11.5m

(2) 路面结构

① 主路路面结构组合

改性沥青SMA-13：4cm

中粒式沥青混凝土AC-20I：5cm

粗粒式沥青混凝土AC-30I：7cm

基层石灰粉煤灰砂砾：(16＋16)cm

底基层石灰粉煤灰砂砾：18cm

总厚度：66cm

② 交匝道及地方路路面结构

细粒式沥青混凝土AC-13I：4cm

粗粒式沥青混凝土AC-30I：7cm

基层石灰粉煤灰砂砾：(16＋16)cm

底基层石灰粉煤灰砂砾：16cm

总厚度：59cm

③ 京承高速路面结构组合

改性沥青马蹄脂碎石混合料SMA-16：5cm

粗粒式沥青混凝土AC-25I：6cm

粗粒式沥青混凝土AC-30I：7cm

基层石灰粉煤灰砂砾：(18＋18)cm

底基层石灰粉煤灰砂砾：18cm

总厚度：72cm

④ 非机动车道路面结构组合

细粒式彩色沥青混凝土AC-13I：3cm

中粒式沥青混凝土AC-25I：5cm

基层石灰粉煤灰砂砾：18cm

底基层石灰粉煤灰砂砾：18cm

总厚度：44cm

⑤ 人行步道结构组合

混凝土方砖或盲道砖：5cm

1∶3水泥砂浆卧底：2cm

石灰粉煤灰砂砾混合料：15cm

总厚度：22cm

(3) 桥梁工程　主桥上部结构为：0～4轴为(25.8＋3×30)m预应力混凝土连续箱梁，4～7轴为(48＋55＋48)m预应力钢混凝土组合箱梁，7～10轴为3×25.8m预应力混凝土连续箱梁，10～13轴为3×30m预应力混凝土连续箱梁。

下部结构公用墩处及钢箱梁中墩每半幅采用双柱盖梁，(非公用墩每半幅采用双柱墩)墩径1.3m及1.5m，墩柱下设两桩承台，桩径为1.5m，两承台间以系梁连接；匝道部分中墩为矩形墩，墩柱下设4桩承台，桩径为 1.2m，桥台采用柱接帽梁式桥台；钻孔灌注桩基础。

天桥采用钢混凝土组合箱梁，通道为现浇闭合框架。

(4) 污水工程 本次招标污水工程共有两条：富成花园北侧至北湖渠西路新建一条 ϕ500 污水管线，向西接入北湖渠西路；长途公交枢纽北侧路预埋一条 ϕ400 污水，接入拟建南湖渠西路污水管。

(5) 雨水工程 京承高速西侧域水流向分两部分：大部分雨水进入西侧雨水方沟沿京承高速西侧进入北小河；部分雨水随 U 形槽下雨水管线穿越高速路同东侧部分雨水进入规划雨水泵站，经泵站提升至东侧雨水方沟，京承高速东侧其他雨水同时汇集进入 $W \times H = 2400\text{mm} \times 1600\text{mm}$ 方沟沿京承高速东侧进入北小河。

(6) 信息管道工程 本标段信息管道工程包括 1400m 电信管块铺设、24 孔直埋电信钢管 30m、人孔井 24 座。

2.1.4 工程地质及水文地质条件

(1) 沿线地形地物特征 道路穿越现状公园、高尔夫球场、房屋、高速公路及轻轨铁路等，地形基本平坦。

(2) 地层土质概况 表层为人工填土层 (Qme)，包括房渣土 (A)、低液限黏土 (CL)、低液限粉土 (ML)。人工填土层含有砖块、碎石、灰土、灰渣，拟建道路沿线人工填土层变化较大，厚度一般在 0.8～2.8m。

道路人工填土层以下为第四纪冲洪积层 (Qal＋pl)，包括低液限黏土 (CL)、低液限粉土 (ML)、高液限粉土 (CH)、局部为含细粒土砂 (SF)、粉质土砂 (SM)。

(3) 地下水概况 招标文件提供地质资料：厂区地下水静止水位标高 35.06～36.72m (埋深 2.3～3.6m)，地下水类型属台地潜水。其水位年态变化一般为：6～9 月份水位较高，其他月份相对较低，年变化幅度一般为 1～2m。厂区 1959 年最高水位标高接近自然地面，近 3～5 年最高地下水位在场区西南部接近自然地面，向东北逐渐降低到 37.80m。

2.1.5 主要工程量

依据现有图纸、资料，汇总主要施工项目工程量如下。

(1) 道路工程 见附表 2-1。

附表 2-1 道路工程

项目	单位	数量
路基挖方(含清除不适宜材料)	m^3	61346
路基填方(含选料回填)	m^3	84163
石灰粉煤灰砂砾(16cm)	m^2	92456
石灰粉煤灰砂砾(18cm)	m^2	37409
沥青混凝土 SMA-13I(4cm)	m^2	25134
沥青混凝土 SMA-16I(5cm)	m^2	4037
沥青混凝土 AC-16I(4cm)	m^2	40660
沥青混凝土 AC-20I(5cm)	m^2	36546
沥青混凝土 AC-25I(6cm)	m^2	4037
沥青混凝土 AC-30I(7cm)	m^2	69831
彩色方砖步道	m^2	22669
各型混凝土大方砖平缘石	m	7692
各型立缘石	m	19240
混凝土树池	座	436
装配式挡土墙	m	80

（2）桥梁工程　见附表 2-2。

附表 2-2　桥梁工程

项　目	单　位	数　量
主路桥		
钻孔桩	颗	115
承台	座	30
墩柱	颗	49
盖梁	座	10
桥台	座	3
钢箱梁安装	t	1683
现浇箱梁混凝土	m^3	7150
防撞栏杆	m	940
人行过街天桥		
钻孔桩	颗	20
承台	座	18
墩柱	颗	14
钢桥制安	t	618.6
U 形槽		
无收缩抗渗 C30 混凝土	m^3	10620
混凝土装饰栏杆	m	918
配重级配钢渣	m^3	4188
闭合框架通道及通道桥		
无收缩抗渗 C30 混凝土	m^3	1353
防撞护栏	m	15

（3）雨水工程　见附表 2-3。

附表 2-3　雨水工程

项　目	单位	数　量
雨水口(单箅/双箅)	座	24/166
雨水口支管(*D*300/*D*400)	m	620/480
混凝土承插口雨水排水管道(*D*400/*D*500/*D*600/*D*700/*D*800/*D*1000/*D*1400/*D*1600)	m	151/440/138/243/307/194/90/182
2000×1200 混凝土盖板雨水方沟	m	50
2000×1400 混凝土盖板雨水方沟	m	373
2200×1400 混凝土盖板雨水方沟	m	680
2400×1600 混凝土盖板雨水方沟	m	639
2-2000×1200 混凝土盖板雨水方沟	m	24
混凝土大方砖护砌雨水明沟	m^2	3695

（4）污水工程　见附表 2-4。

附表 2-4　污水工程

项　　目	单　　位	数　　量
混凝土柔性接口管道(D400/D500)	m	541/511

（5）信息管道工程　见附表 2-5。

附表 2-5　信息管道工程

项　　目	单　　位	数　　量
电信管块铺设	m	1400
24 孔直埋电信钢管	m	30
各型人孔井	座	24

2.2　工程特点、重点、难点及主要对策

（1）创精品工程，工程质量要求高　成府路是位于北四环至北五环之间贯穿东西向的一条城市主干道，西起中关村大街地区，向东可进入望京地区，为北部地区北四环与北五环之间重要的东西向交通通道，全线实现规划后，可有效缓解北四环路的交通压力，同时是解决道路沿线交通出行的主要道路。

本工程是奥林匹克公园市政配套工程，业主对该工程推行比优质工程要求更高的精品工程战略，决定了该项目施工的质量高标准、高要求。我公司在施工中积极响应业主的精品工程战略思想，贯彻“高标准规划城市，高质量建设城市，全面实现新北京、新奥运的构想，努力创造一批世纪建设精品，充分展示首都现代化建设的新形象”的精神，加快首都国际化大都市建设进程。严格按照《北京市××公司精品工程实施标准细则》，成立由项目经理为组长的“精品工程实施领导小组”，在技术力量、施工管理、工人素质等方面狠下工夫，执行比优质工程更高的技术、质量标准，实施更加规范化、标准化的安全生产、文明施工措施，完善“精品工程施工自保体系”，严格按照业主关于精品工程的标准和实施办法组织施工，创建精品工程。

（2）确保交通畅通和交通安全是本工程顺利实施的重要保证　本工程主桥钢箱梁上跨京承高速路，京承高速路上车流量大、车速快，钢箱梁吊装及桥面板、桥面系的施工，对现状交通影响大，施工必须确保现况交通畅通、交通安全和施工安全。

主要对策：施工前编制合理的施工方案，把施工对交通的影响降到最低；施工前编制合理的交通导改方案，上报业主和交通管理部门审批，交通导改方案批准后实施；进场后优先安排 Z3、Z8 匝道施工，尽早形成规划 Z3、Z8 匝道路面下面层，主路桥上跨京承路施工时，将 Z3、Z8 匝道作为疏导京承高速交通的一部分，施工期间保证京承路畅通；成立交通协调小组，设立专职交通协管员，配合交关部门指挥交通；在施工区周围及两端设立明显的交通标志和警示标志，提醒司机提前减速满行或绕行；夜间提供充足照明；服从交通管理部门统一指挥。

本工程在京承高速东侧辅路现况交通影响长途公交枢纽北侧路、Z8 匝道及南湖北二街西沿路的施工，需合理组织交通。

主要对策：优先安排南湖北二街西沿路和南湖渠西路施工，南湖北二街西沿路和南湖渠西路下面层铺筑完成后将进出××中街的交通导入，再进行长途公交枢纽北侧路等的施工。

（3）搞好安全文明施工和环境保护工作是本工程实施前提保障　本工程西侧道路两侧分别为富成花园、北辰高尔夫球场、姜庄湖公园，主路桥南侧为地铁 13 号线望京西站，且本工程为奥林匹克公园市政配套工程，特殊的地理位置和工程意义，要求必须做好安全文明施工和环境保护工作。

环境的保护与治理是北京市环境保护工作的重点。根据第 29 届奥运会组委会和北京市奥运场馆建设指挥部办公室下发的有关安全文明施工、环境保护和奥运工程绿色施工文件精神，针对北方地区气候干燥，春季容易产生沙尘的特点，在施工期间必须控制扬尘，施工过程中设立专职洒水车辆负责沿线施工运输道路和场地洒水工作，减少扬尘污染；我单位将投入骨干力量实施本工程的安全文明施工和环保工作，将重点做好环保工作和施工扰民问题。施工中要按标准做好施工区封闭围挡施工，减少施工噪声，降低环境污染，杜绝施工遗撒，防止扬尘，合理节约使用水、电，避免水资源的浪费，加强绿化工作，增强改善生态

环境意识，将保护环境卫生作为本工程环境保护工作重点。我单位将成立文明施工与环境保护领导小组，做好文明施工与环境保护工作，合理安排施工进度计划，减少对周围单位、居民出行的影响，最大限度地减少扰民与民扰现象，保证施工顺利进行。施工中创“绿色工地”、“市级文明工地”。

（4）沿线地下现况管线较多，施工须加强保护　本标段京承高速路西侧北湖渠西路至富成花园北门有现状上水管、雨水管、污水管，京城高速路上有现状电信和电缆，京承高速路东侧有36孔电信、DN500天然气管和DN1200上水管、路灯电缆。拟建雨水管道、污水管道和U形槽通道多处与现状管线交叉，施工中须根据现况管线性质进行妥善保护。

主要对策：施工前，根据业主提供的现况管线分布图及综合管线规划图，对现状管线进行全面物探调查，找出与拟建管线、U形槽通道、桥梁下部结构相矛盾的管线，摸清现况管线的埋深和走向，绘制实际的地下管线分布图，并在现场做出明显标记，防止施工中受到损坏。经与业主、监理及管线管理单位协商后，编制每条管线详细的改移及保护措施，按照报批的方案分别进行改移、加固或悬吊保护，确保施工中现况管线正常运行。

（5）施工中做好与拆迁及相关管理部门配合，积极配合业主拆迁、推进拆迁进度，开创施工局面，确保工程进度。

本工程桥梁上跨京城高速路、地铁13号线，且××中街立交匝道多处与京承高速路衔接。道路和桥梁施工中须局部拆除京承高速路护栏、防护网及城铁部分防护网，桥梁上部钢箱梁吊装时，要根据现场情况组织交通导改，施工中须积极做好与京承高速路、地铁13号线及交通管理部门的配合。

本工程京承高速路西侧拟建道路上现况有活动板房、料库等，靠近京承高速路附近有两处高压线路，高压线最低点位于主路跨线桥2～3号轴之间，高压线路距拟建桥面最小净空仅4m，桥梁上部预应力混凝土箱梁施工前须配合业主和电力管理部门对高压线进行改移；京承高速路东侧拟建道路上现况有料库、门面房、厂房和居民平房未拆迁，进场后我单位将配备专职拆迁员、施工机械积极配合业主进行拆迁，为业主分忧，同时根据拆迁进度见缝插针安排施工，确保工程进度。

（6）桥梁结构工程是本工程施工重点　本工程主路桥上跨京城高速路和地铁13号线，桥梁上部结构采用预应力混凝土现浇箱梁和钢混凝土组合箱梁，钢混凝土组合箱梁采用预应力体外束，施工中须严格控制钢箱梁预制和预应力工程质量，加强对预制厂家管理。现浇箱梁混凝土模板采用大块双覆光面胶合板，确保混凝土内坚外美。

（7）本工程经历冬季和雨季，以季节性施工为重点，做好冬季保温和汛期防汛工作。本工程施工正赶上冬季并经历整个雨季，且施工区域内地下水位高，做好季节性施工是本工程的重点，尤其是解决好雨期的土方回填、路面基层和面层铺筑及施工区域内的排水工作。

主要对策：安排好雨期（冬季）施工，处理好雨期（冬季）施工各要素的关系，技术保障措施要求考虑详细周全，现场措施及时、有效。开工后，冬季主要安排桥梁桩基和承台施工，墩柱施工搭设暖棚保温养护，在雨期来临之前，路基土方填筑和雨污水管线基本完成，完善施工区域及周边区域排水系统，确保汛期排水畅通。

我单位将成立专门的雨季（冬季）施工领导小组，有效落实防汛计划，确保现有雨水系统的正常运行，同时并对雨水口、雨水管加强保护，减少工程对道路、河道正常排汛的影响，保证施工进度和质量。

第3章　施工组织与总体部署

针对本工程特点、难点、重点，结合我单位的施工特长、经验、技术、设备能力，按照系统工程理论进行总体规划。工期以Project项目管理软件进行计划控制；质量以ISO 9001/2000质量保证体系实行全过程控制；安全以“预防为主，常抓不懈”，保证道路交通安全和施工安全。施工技术以解决难点工序施工为主要内容，实行技术骨干定岗负责，专家动态指导，组织有效攻关。实现“一流的施工队伍，一流的工程质量，一流的服务信誉”的战略目标。

3.1　精品工程管理目标

3.1.1　工期目标

招标文件规定工期：2004年12月30日开工，2005年12月25日完工，工期日历天数为361天。

我单位工期目标：计划于2004年12月30日开工，2005年12月10日完工，总工期346日历天，比招标文件要求总工期提前15天完工。

3.1.2 工程质量目标

本工程的质量目标是：达到北京市市政工程质量验收标准的合格等级，实现过程精品控制，创市优工程。

工程竣工优良率：≥95%。

3.1.3 安全生产目标

严格按照国家安全制度和规定，达到“三无一杜绝”、“一创建”的目标，无重大机械设备事故、重大交通和火灾事故；无一次性直接经济损失在5万元以上的其他工程事故；杜绝因公死亡，轻伤率控制在3‰以内，创建北京市安全文明工地。

3.1.4 文明施工目标

以《北京市建设工程现场文明施工管理办法》及甲方有关安全文明要求为标准，工程弃渣、污水排放、机械噪声和扬尘控制及生活垃圾均按照文明施工和环保管理办法执行，创“北京市文明施工样板工地”。为本单位赢得声誉，为业主增添光彩，为环保做出努力。

3.1.5 环境保护目标

认真贯彻执行国家、北京市环境保护的法律法规、环境标准和第29届奥运会组委会有关文件要求，采用清洁工艺，坚持清洁生产，不断提高全体参建员工的环保意识，综合利用各种资源，最大限度地降低各种原材料的消耗，节能、节水、节约原材料。废气、废水、各种废弃物达标排放，从严把握噪声标准，控制施工噪声、扬尘污染。保护城市绿地，维护城市交通正常秩序，创北京市环保型绿色施工工地。

3.2 施工总体指导思想和原则

保质量、保工期、保安全、保畅通、抓重点、促平衡、空间占满、时间用足，科学安排分阶段交通导改，精心组织施工。确保业主招标文件的总体和阶段性的工期和质量要求，以此为中心，进行施工计划安排；确保工程质量；确保行人与车辆的安全；确保施工现场现状管线的安全与正常运行；确保现况交通畅通；施工区按规范要求围挡封闭施工，保护环境，创造绿色工地；所有施工一次成优，严禁返工。

施工总体部署：积极配合拆迁，创造工作面，把握桥梁施工重点，见缝插针安排管线和道路施工，做到多工作面平行施工、工序流水作业，空间占满、时间用足，对现况路局部修整，设立规范标准的交通标志和施工标识，施工始终保持现况交通，优先施工不受交通影响的主线桥预应力混凝土箱梁、雨污水管线、Z3匝道、Z8匝道和南湖北二街西沿路，为现况路处管线、钢混凝土组合梁和长途公交枢纽北侧路施工创造交通导改条件，然后进行交通导流，使工作面全面展开，施工现况路上管线和道路，最后全幅铺筑路面表面层，实现车辆和行人按规划通行。

3.3 施工组织机构

组建“××中街立交工程项目经理部”（如附图3-1所示）。项目经理部由工程计划部、技术质量部、物资设备部、经营财务部、行政保卫部、综合办公室等职能部门组成。根据工程量和各分项工程分布特点，项目经理部下设立桩基降水作业队，结构作业一、二、三队，钢箱梁加工安装作业队，专业管线作业队，土方作业队，路面作业队和附属工程作业队。

每个施工队作业内容如下。

桩基降水作业队：负责主桥、新建天桥、改建天桥桥梁桩基及施工降水。

结构作业一队：负责主路桥承台、系梁、墩柱、盖梁、预应力混凝土箱梁施工。

结构作业二队：负责1号、2号、3号闭合框架通道及Z8匝道0+563.063结构加宽闭合框架施工。

结构作业三队：负责××中街立交区内U形槽结构施工和装配式挡墙施工。

钢箱梁加工安装作业队：负责主路桥4～7轴钢箱梁加工和安装、新建人行过街天桥和改建人行过街天桥钢箱梁加工和安装。

专业管线作业队：负责雨水、污水、信息管道及其他专业管线施工。

土方作业队：负责标段内清理与掘除、沟槽开挖、土方运输、路基填筑等土方作业。

路面作业队：负责路面基层二灰稳定砂砾铺筑、路面面层沥青混凝土铺筑施工。

附属工程作业队：负责路缘石安装、雨水口砌筑、砌块挡墙砌筑、路基边坡防护及排水沟渠铺砌等施工。

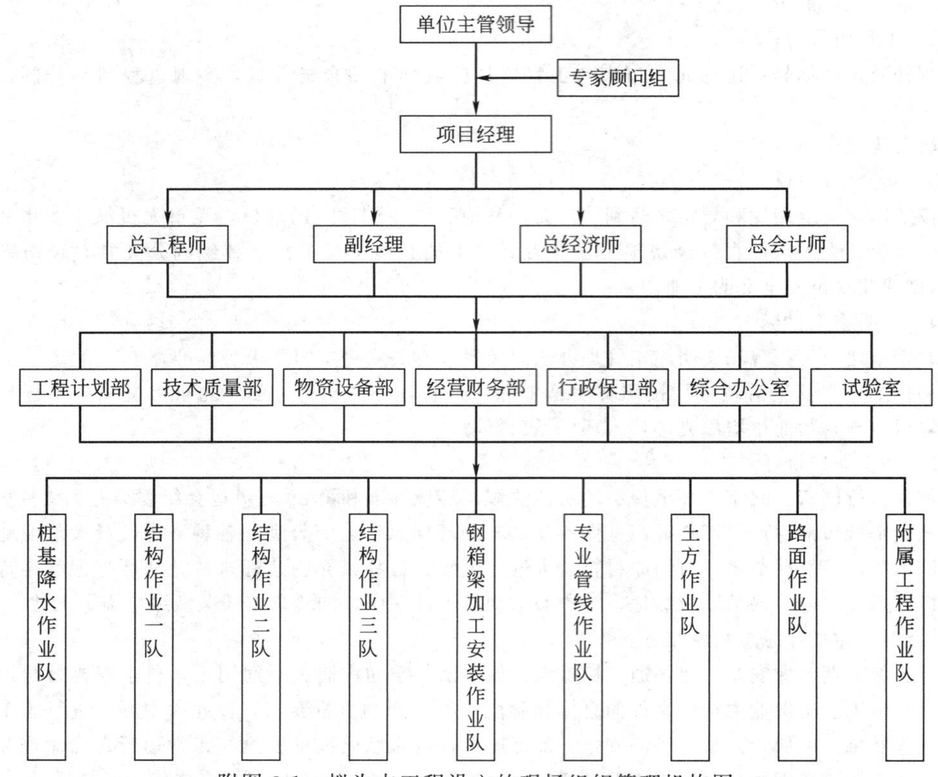

附图 3-1 拟为本工程设立的现场组织管理机构图

3.4 施工总体安排

本工程开工正值冬季，根据招标文件要求的总工期、工程量、各分部分项工程的施工位置和施工方法、冬季和雨季施工特点，结合本项目拆迁进度情况，工程按照时段和部位进行安排。

(1) 2004 年 12 月 30 日～2005 年 3 月 15 日施工安排 本阶段施工为冬季施工阶段，开工后，正值冬季，且临近春节，根据现场考察，施工区域内拆迁尚未进行，本阶段主要安排以下工作。

① 完成现场临建的建设，人员、机械设备、物资进场，编制实施性组织设计，建立现场试验室及标养室。

② 进行现场调查工作，图纸与现场相结合，确定分段施工范围和施工、交通组织方法。

③ 根据施工计划提出周密的材料使用计划和机械使用计划，并会同监理工程师对信誉好、质量好的厂家进行考察，确定供货厂家和供货厂家备案。

④ 完成地上、地下管线及障碍物详细调查，对影响结构施工的现况管线编制详细的拆改移、加固保护方案并报业主、监理和管理部门审批，方案审批后，具备条件的，提前进行管线拆改移及加固，为后期安全施工创造条件。

⑤ 完成现况交通调查，编制详细的交通组织方案并报交通管理部门审批。

⑥ 完成各分部分项工程施工方案编制和报批工作，办理各分项工程开工手续，为工程全面开工和顺利进展奠定坚实的基础。

⑦ 配合业主进行拆迁，创造全面开工条件。

⑧ 安排受温度和拆迁影响小的桥梁桩基、承台施工，根据承台施工进度和施工现场实际条件，安排墩柱施工，墩柱施工时采用暖棚保温养护。

⑨ 本工程雨水管道采用钢筋混凝土柔性承插口管，施工受温度影响小，本阶段根据施工准备及现场条件见缝插针安排主路桥下和 U 形槽下雨水管道施工，做到争取时间，确保工程质量、施工安全的前提下，推进工程进度往前赶，合理缩短工期，为雨水管道上部 U 形槽施工和桥梁上部结构现浇箱梁搭设支架创造条件。

(2) 2005年3月16日～2005年6月20日施工安排　本阶段北京地区干旱少雨，温度时宜，是施工的黄金季节，重点安排以下工程施工。

① 桥梁工程施工安排。主路桥以京城高速路为分界，0～4号轴预应力混凝土箱梁和7～13号轴预应力混凝土箱梁分两个作业面平行施工，桥梁下部结构施工全部完成，桥梁上部结构完成箱梁现浇混凝土施工；4～7号轴钢混凝土组合梁段完成桥梁下部结构，上部钢箱梁厂家制作基本完成，达到安装钢箱梁条件。

② 雨水、污水管线施工安排。本着由下至上的原则安排雨污水管线施工，优先安排闭合框架通道下和路基下雨水管道施工，为闭合框架通道和路基填筑施工创造条件；下穿京承高速路U形槽下雨水管道全部完成，为U形槽施工创造条件；现况路和主路桥下以外雨水管道全部完成，现况路上拟建雨污水管道，待现况交通导改在新建道路上后再施工，根据桥梁上部结构施工进度和桥梁支架拆除进度，见缝插针安排主路桥下雨水管道施工，以加快施工进度。

③ 闭合框架通道及箱涵施工安排。闭合框架通道下雨水管道施工完成后，立即组织闭合框架通道施工，2005年5月31日前全部完成，为台背路基填筑创造条件；Z8匝道0+563.063处为京城高速路现况桥梁结构加宽段，本阶段要重点安排，以便尽早完成Z8匝道路基和路面下面层，为主路桥钢箱梁安装时交通导改创造条件。

④ U形槽施工安排。U形槽施工根据所处位置分段安排施工，N1匝道、B1匝道、Z3匝道和Z8匝道下U形槽优先安排施工，以便为各匝道路基填筑创造条件，为主路桥上部钢箱梁安装时交通导改创造条件；U形槽其他段根据桥梁施工进度和现场实际条件安排施工。

⑤ 装配式挡墙施工安排。装配式挡墙分别位于Z4匝道和Z7匝道外侧，待装配式挡墙附近雨水管道施工完成后立即安排装配式挡墙施工，为Z4匝道和Z7匝道路基填筑创造条件。

⑥ 道路施工安排。本阶段雨量小，是路基填筑施工黄金时段，做到雨季来临前，路基填筑基本完成；路基填筑以Z3、Z8匝道为重点，Z3、Z8匝道为××中街立交连通京承高速路出入口，本阶段完成Z3、Z8匝道下面层，为主路钢箱梁安装交通导改创造条件。

⑦ 附属工程施工安排。以疏挖现况排水沟渠、排水沟渠边坡护砌为重点，以便在雨季来临前，完善施工区及周边排水系统，为雨期防汛做好充分准备。

(3) 2005年6月21日～2005年9月10日施工安排　本阶段正值北京地区汛期，降雨量大，施工要做好防汛工作，本阶段主要施工桥梁钢混凝土组合梁部分及桥梁附属工程、路面基层和面层、剩余的U形槽和道路附属工程，具体安排如下。

① 桥梁工程工作安排。主路桥完成上部结构预应力张拉、混凝土桥面铺装、桥面防水、防撞护栏、桥面排水系统、路灯管线预埋，具备铺筑沥青混凝土铺装条件。

② 道路工程工作安排。剩余路基填筑全部完成，路面基层和底面层铺筑全部完成，雨水口和路缘石安装全部完成，路基边坡防护全部完成，进一步完善路基、路面排水系统。

③ U形槽施工安排。主路桥桥梁支架拆除后，施工剩余的U形槽工程，本阶段U形槽及U形槽上挂板安装及护栏全部完成，U形槽内路面基层和底面层铺筑全部完成，具备铺筑表面层条件。

④ 雨水、污水工程工作安排。本阶段京承高速路东侧已将现况路交通导改在新建南湖北二街西沿路上，主要施工现况路上雨水管道和主路桥下剩余雨水管道，本阶段雨水管道施工全部完成。

(4) 2005年9月11日～2005年10月31日施工安排　本阶段主要施工路面中面层和路面面层，主路路面面层SMA-13、SMA-16受温度影响大，为确保铺筑质量，必须在10月15日前铺筑完成，10月31日前新建××中街立交工程具备按规划交通通车条件，主要施工安排如下。

① 道路工程。路面中面层铺筑在9月底前铺筑完成，路面上面层铺筑在10月10日之前完成，并要争取时间，力争在9月底之前完成，进一步完善方砖步道等道路附属工程。

② 桥梁工程。桥梁上部沥青混凝土铺装全部完成，桥梁伸缩缝安装全部完成。

③ 雨水工程：本阶段雨水检查井井筒及井盖安装全部完成，主要安排管道内清理，对管道、溜槽、踏步、井筒等全面检查和修缮，编制竣工资料，上报管理单位验收。

(5) 2005年11月1日～2005年12月10日施工安排　本阶段主要完成现场清理、竣工资料编制和竣工交验。

3.5 各分项工程的施工顺序

3.5.1 各分项工程施工顺序流程图（见附图 3-2）

3.5.2 各分项工程施工顺序流程文字说明

（1）桥梁工程施工顺序说明　本标段主路桥包括预应力混凝土箱梁和钢混凝土组合箱梁两部分，优先施工两侧预应力混凝土箱梁，待两侧预应力混凝土箱梁张拉、封锚完毕后，安装钢箱梁，施工预应力钢混凝土组合箱梁。

桥梁工程施工按照桩基→承台、系梁→墩柱、桥台→盖梁→现浇预应力混凝土箱梁搭设满堂红支架→支箱梁模板→现浇箱梁混凝土→箱梁张拉、封锚→钢箱梁吊装→钢混凝土组合梁现浇混凝土→钢混凝土组合箱梁张拉、封锚→桥面铺装及桥梁防撞护栏→桥面沥青混凝土铺筑→伸缩缝安装顺序进行施工。

（2）道路施工顺序说明　接复测控制桩→清表及拆迁障碍物→管线施工→特殊路基处理→永久及临时排水设施施工→路基分层填筑→路面底基层→下基层→上基层→乳化沥青封层→沥青混凝土下面层铺筑→沥青混凝土下面层铺筑→路面表面层施工顺序进行施工。

路基填筑施工的同时，根据路基填筑进度穿插安排路基边坡防护和排水工程施工，路面基层施工的同时，穿插安排路缘石、方砖步道、管线预埋等附属工程施工。

（3）雨水、污水工程施工顺序说明　本工程雨水、污水管道分布面广，雨水管纵横交错，施工时须根据现场情况，根据道路工程主路和匝道、U 形槽、通道等施工先后顺序进行安排。污水管道均为钢筋混凝土承插柔性接口管道，雨水工程包括钢筋混凝土承插柔性接口管道和雨水盖板方沟多种形式。

钢筋混凝土承插柔性接口管道施工顺序：测量放线→沟槽开挖及验槽→砂垫层→胶圈撞口→检查井砌筑→闭水试验或闭气试验（污水管道闭水）→回填土。

雨水方沟施工顺序：测量放线→沟槽开挖→垫层混凝土→基础混凝土底板→砖砌侧墙及检查井→盖板安装→回填土。

（4）U 形槽工程施工顺序说明　U 形槽工程施工顺序：测量放线→沟槽开挖及验槽→垫层混凝土及防水→钢筋混凝土底板→钢筋混凝土侧墙→侧墙防水→钢渣混凝土配重→路面结构施工→地袱及护栏安装→回填土。

（5）闭合框架通道施工顺序说明　本工程 Z2 匝道通道为钢筋混凝土闭合框架通道，施工顺序为：测量放线→基坑开挖及验槽→垫层混凝土→钢筋混凝土底板→钢筋混凝土侧墙及顶板→台背回填→桥头搭板→地袱及护栏安装。

（6）信息管道工程施工顺序说明　本工程信息管道工程包括直埋钢管和砌筑管块两种形式，砌筑管块施工顺序为：沟槽开挖→混凝土底板→砌筑管块和人孔→回填土。

3.6 施工进度计划

3.6.1 总计划工期

（1）招标工期　根据《招标文件》，规定本工程合同工期为：2004 年 12 月 30 日开工，2005 年 12 月 25 日完工，工期日历天数 361 天。

（2）投标工期　通过认真分析招标文件，结合我单位现场考察情况和我单位制定的施工方法和施工组织确定投标工期为：2004 年 12 月 30 日开工，2005 年 12 月 10 日完工，总工期 346 天，较招标工期提前 15 天完工。

3.6.2 阶段性工期安排

（1）2005 年 12 月 30 日～2005 年 1 月 20 日，施工准备阶段，工期 22 天。

完成现场临建的建设，人员、机械设备、物资进场，编制实施性组织设计，建立现场试验室及标养室；进行现场调查工作，图纸与现场相结合，确定分段施工范围和施工、交通组织方法；根据施工计划提出周密的材料使用计划和机械使用计划；完成地上、地下管线及障碍物详细调查，对影响结构施工的现况管线编制详细的拆改移、加固保护方案并报业主、监理和管理部门审批。

（2）2005 年 1 月 21 日～2005 年 3 月 15 日，冬季施工阶段，工期 54 天。

2005 年 3 月 15 日前，桥梁桩基、承台完成 90％以上，墩柱完成 40％以上；雨水 21 号检查井至 25 号检查井段全部完成，雨水管道完成 30％以上。

（3）2005 年 3 月 16 日～2005 年 6 月 20 日，管线、路基、桥梁、通道施工阶段，工期 97 天。

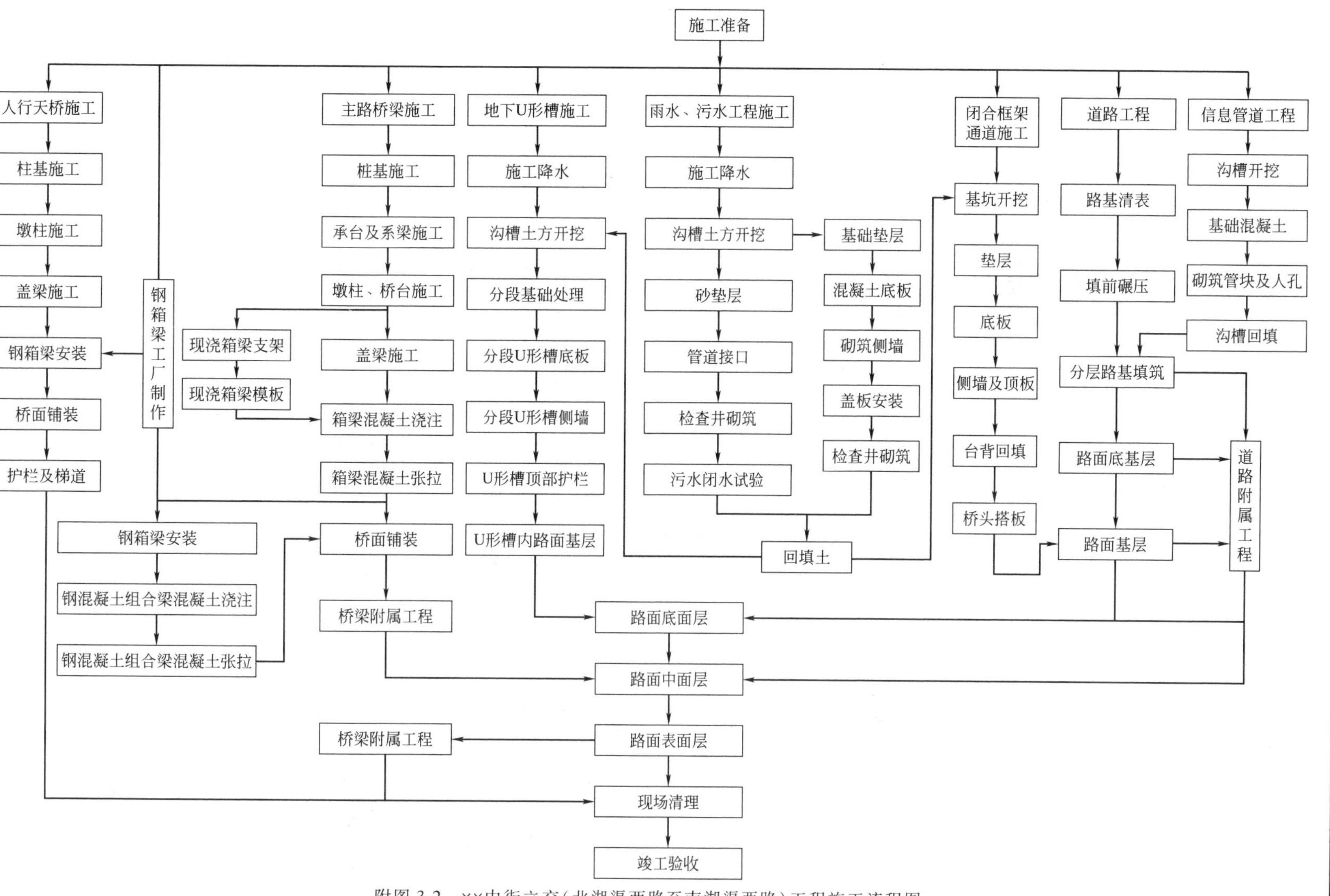

附图 3-2 ××中街立交（北湖渠西路至南湖渠西路）工程施工流程图

2005年6月20日前污水管线全部施工完成，雨水管线施工完成90%以上，沟渠疏通及沟渠护砌全部完成；信息管道工程完成80%以上；Z3、Z8匝道路基、路面基层和下面层全部完成，其他段路基填筑完成80%以上；桥梁下部结构全部完成，预应力混凝土箱梁现浇混凝土完成，完成钢箱梁加工，具备钢箱梁安装条件；新建人行过街天桥和改建人行过街天桥下部结构全部完成，具备安装钢箱梁和梯道条件；装配式挡墙施工全部完成；U形槽完成40%以上。

(4) 2005年6月21日～2005年9月10日，钢混凝土组合梁、路面基层、面层及U形槽施工阶段，工期82天。

桥梁上部结构钢混凝土组合梁施工全部完成，新建人行过街天桥和改建人行过街天桥全部完成；路基填筑、路面基层和路面下面层铺筑全部完成，具备铺筑中面层和表面层条件；雨水管道施工全部完成。

(5) 2005年9月11日～2005年10月31日，路面面层铺筑和桥梁伸缩缝安装施工阶段，工期51天。

2005年10月15日前路面中面层、路面上面层沥青混凝土铺筑全部完成；2005年10月31日前桥梁伸缩缝安装全部完成；信号灯、路灯、交通标志基础及绿化管线施工全部完成，新建道路和立交工程具备按规划交通通车条件。

(6) 2005年11月1日～2005年12月10日，现场清理、竣工资料编制、工程交验阶段，工期40天。

本阶段完成现场清理整治，编制竣工资料，组织工程交验，实现新建道路和立交工程竣工通车。

3.7 劳动力使用计划

3.7.1 各阶段劳动力投入表

根据本工程工程量、工期和各分部工程的特点，我单位将逐月作出劳动力使用计划，保证劳动力充足，根据进度计划，提前组织劳动力进场，并做好技术、质量及安全交底，对重点工序、新工艺进行专业技术培训，召开动员会，做好特殊工种的准备工作。同时做好农忙季节特别是节假日期间劳动力补充计划。施工中统筹安排劳动力，农忙季节照常施工，确保合同工期的实现。

根据施工阶段的不同，参加施工劳动力所需工种专业各不相同，在不同施工阶段开工之前都要对劳动力的专业、工种进行相应调整，以满足施工要求，保证施工进度。施工作业队由我单位从事综合市政工程多年的专业队、桥梁专业作业队、降水专业作业队和基础工程专业作业队组成，施工工人由项目部统一调配，钻机、吊车、挖掘机、摊铺机等大型机械操作手、中高级技术工人为我单位自有职工，配合劳务队伍为在我单位注册的、成建制的、常年与我单位合作的、具有丰富桥梁施工、基础施工和综合市政工程施工经验的作业队。在施工期间严格按ISO 9001标准要求，对所有人员进行标识，挂牌持证上岗。

本工程正常进驻施工工人778人，高峰期达1530人。详见附表3-1分月劳动力用量计划表。

附表3-1 分月劳动力用量计划

时间	桩基降水队	桥涵结构作业队	U形槽结构作业队	专业管线作业队	土方作业队	路面作业队	附属工程作业队	合计
2004年12月	20	30	0	60	20	0	0	130
2005年01月	60	150	0	150	30	0	0	390
2005年02月	60	150	30	150	30	0	0	420
2005年03月	120	330	60	450	40	30	0	1030
2005年04月	120	450	90	500	80	50	60	1350
2005年05月	130	450	90	600	80	80	80	1500
2005年06月	80	450	90	700	50	80	80	1530
2005年07月	80	350	90	600	50	100	120	1390
2005年08月	80	200	90	400	50	120	120	1060
2005年09月	60	80	70	200	50	120	120	700
2005年10月	0	40	20	120	20	120	80	400
2005年11月	0	20	20	40	10	40	20	150
2005年12月	0	10	10	20	5	20	0	65

3.7.2　劳动力用量计划直方图

详见附图 3-3。

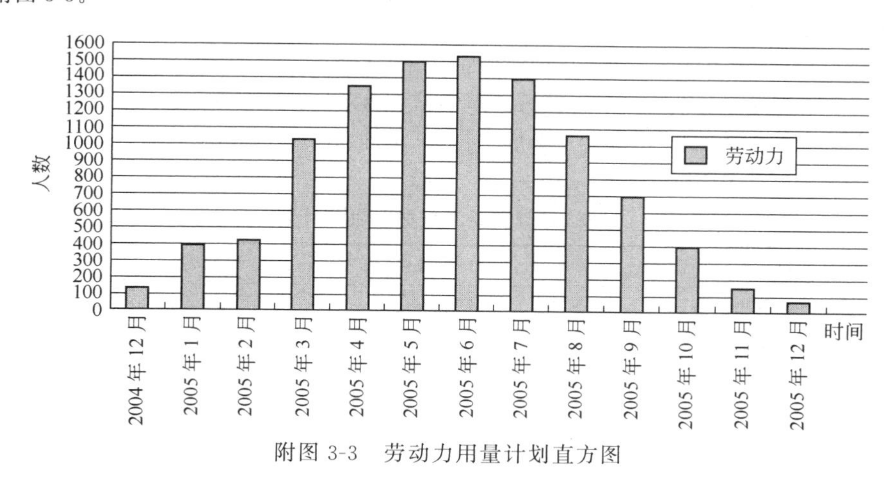

附图 3-3　劳动力用量计划直方图

3.7.3　主要工种劳动力最大用量表

本工程主要技术工人由模板工、钢筋工、混凝土工、电焊工、混凝土喷射工、机械工等工种组成，并配备一定数量的普通工。详见附表 3-2。

附表 3-2　主要工种劳动力最大用量表

工种	人数	工种	人数
钢筋工	196	管道工	80
混凝土工	120	电工	6
模板工	160	测量工	10
机械工	30	各类司机	40
防水工	50	起重工	10
电焊工	30	普通工	550
瓦工	150	后勤人员	30
路工	80	合计	1530

注：以上人员作为参考，必要时根据施工情况增减人员。

3.7.4　主要工种劳动力最大用量饼状图

详见附图 3-4。

3.8　主要材料供应计划及供应方案

本工程使用的所有材料，由项目经理部统一编制材料计划，统一在经质量监督站备案、业主及监理认可的生产厂家中进行招标择优采购，杜绝使用来路不明的原材料。材料部提前定购各种施工原材料、成品（半成品）、构配件，签订供应合同，保证材料供应及时、充足。

工程主要材料根据总体施工进度计划编制一次性备料计划及施工材料使用计划，并根据实际工程进展及时调整，确保工程顺利进行。

每月按材料的购置计划备齐资金，以确保物资供应。特殊材料项目部将提前一个月购买存放于工

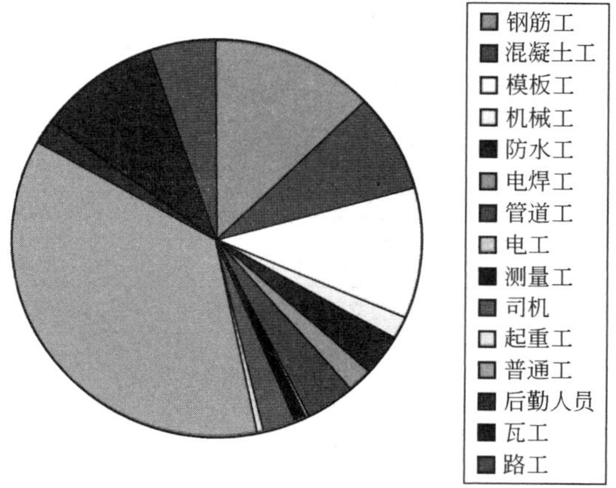

附图 3-4　劳动力最大用量饼状图

地，以满足工地施工需要。

混凝土采用商品混凝土，商品混凝土由经质量监督站备案、业主及监理认可的生产厂家提供，项目部将按分包管理合同要求供应商提供商品混凝土，以保证混凝土施工的连续性。少量自拌混凝土和砂浆，按月计划提前购买水泥、砂和碎石，并有一定的储备量，以保证施工生产。

材料进场实行检验制度：原材料取样送检，构配件进行外观检查并查验出场合格证，未经检验或经检验不合格的材料，一律不得在工程中使用。项目总工和质量员、材料员对此负责。

主要工程材料供应计划详见附表 3-3。

附表 3-3 主要工程材料供应计划

序号	项目名称	材料规格	单位	数量	备注
1	钢筋	20MnSi Q235	t	2390	消耗料
2	连接钢板	20MnSi Q235	t	2170	消耗料
3	毛勒缝		m	201.164	消耗料
4	美佳缝		m	160.7	消耗料
5	塑胶铺装		m^2	104	消耗料
6	APP 防水	APP 卷材	m^2	1703	消耗料
7	钢箱梁 Q235B	20MnSi Q235B	t	17537.4	消耗料
8	体外束	$\Phi^J 15(7\Phi 5)$	t	22.6	消耗料
9	混凝土	C10	m^3	187	消耗料
10	混凝土	C25	m^3	8094.4	消耗料
11	混凝土	C30	m^3	1980.5	消耗料
12	混凝土	无收缩抗渗 C30	m^3	12049.1	消耗料
13	混凝土	无收缩 C35	m^3	73.1	消耗料
14	混凝土	C40	m^3	1493.2	消耗料
15	混凝土	C45	m^3	5605.9	消耗料
16	混凝土	C45 无收缩	m^3	1982.7	消耗料
17	沥青混凝土	SMA-13 Ⅰ	m^3	2292	消耗料
18	沥青混凝土	SMA-16 Ⅰ	m^3	202	消耗料
19	沥青混凝土	AC-13 Ⅰ	m^3	342.4	消耗料
20	沥青混凝土	AC-16 Ⅰ	m^3	1626.4	消耗料
21	沥青混凝土	AC-20 Ⅰ	m^3	1827.3	消耗料
22	沥青混凝土	AC-25 Ⅰ	m^3	242.3	消耗料
23	沥青混凝土	AC-30 Ⅰ	m^3	4888.2	消耗料
24	二灰稳定砂砾		m^3	81490.4	消耗料
25	彩色步道方砖	25cm×25cm×5cm	块	362708.8	消耗料
26	混凝土大方砖平缘石	24.5cm×99.5cm×10cm	块	7692	消耗料
27	甲 2L 型立缘石	12cm×30cm×74.5cm	块	3722	消耗料
28	乙 1 型立缘石	12cm×30cm×49.5cm	块	5425	消耗料
29	乙 2 型立缘石	8/10cm×30cm×49.5cm	块	4559	消耗料
30	乙 3 型立缘石	10cm×20cm×49.5cm	块	14264	消耗料
31	混凝土树池	150cm×150cm	座	436	消耗料

续表

序号	项目名称	材料规格	单位	数量	备注
32	单箅		座	24	消耗料
33	双箅		座	166	消耗料
34	雨水口混凝土管	$D300$	m	620	消耗料
35	雨水混凝土管	$D400$	m	480	消耗料
36	钢筋混凝土柔性接口管	$D400$	m	151	消耗料
37	钢筋混凝土柔性接口管	$D500$	m	440	消耗料
38	钢筋混凝土柔性接口管	$D600$	m	138	消耗料
39	钢筋混凝土柔性接口管	$D700$	m	243	消耗料
40	钢筋混凝土柔性接口管	$D800$	m	307	消耗料
41	钢筋混凝土柔性接口管	$D1000$	m	194	消耗料
42	钢筋混凝土柔性接口管	$D1400$	m	90	消耗料
43	钢筋混凝土柔性接口管	$D1600$	m	182	消耗料
44	2000×1200 雨水方沟		m	50	消耗料
45	2000×1400 雨水方沟		m	373	消耗料
46	2200×1400 雨水方沟		m	680	消耗料
47	2400×1600 雨水板方沟		m	639	消耗料
48	2-2000×1200 雨水方沟		m	24	消耗料
49	混凝土大方砖护砌边沟		m^2	3695	消耗料
50	C15 豆石混凝土		m^3	55.6	消耗料
51	抗震设施甲		套	62	消耗料
52	抗震设施乙		套	29	消耗料
53	桥梁防撞栏杆		m	959.3	消耗料
54	复合不锈钢栏杆		m	865.2	消耗料
55	A 型防撞护栏		m	80	消耗料
56	挡墙混凝土装饰栏杆		m	780	消耗料
57	混凝土网格护坡		m^2	150.8	消耗料

3.9 主要施工机械设备供应计划及保证状况

我单位将为本工程配备充足的施工机械，实现机械化作业，应用现代管理手段，保证工期和质量。

本工程各分项工程关键设备包括以下几种。

① 桥梁工程：旋挖钻机、吊车、钢筋加工设备、电焊机、对焊机、混凝土泵车、张拉设备等。

② 管道工程：挖掘机、吊车、自卸车、电焊机、对焊机、打夯机、降水设备等。

③ 闭合框架通道及 U 形槽工程：挖掘机、吊车、钢筋加工设备、电焊机、对焊机、打夯机、降水设备等。

④ 道路工程：挖土机、推土机、压路机、装载机、平地机、摊铺机等。

主要施工机械详见附表 3-4。

附表 3-4 主要施工机械设备计划表

机械设备名称	型号产地	功率、吨位、容重	单位	数量/台	备注
推土机	TY220	165kW	台	2	自有
推土机	TY140-1	102kW	台	2	自有
挖掘机	SK320	200kW,1.6m^3	台	2	自有
挖掘机	SE280	126kW,1.27m^3	台	2	自有
装载机	ZL50D	162kW,3m^3	台	2	自有
装载机	ZL50	154.5kW,3m^3	台	2	自有
自卸载重汽车	T815S1	15t	台	30	自有
自卸载重汽车	T815	15t	台	30	自有
静力压路机	YZ16	80kW,16t	台	2	自有
振动压路机	SD175D	108kW,18t	台	2	自有
振动压路机	SD150D	80kW,15t	台	2	自有
振动压路机	CA30	80kW,12t	台	2	自有
双钢轮振动压路机	DD130	108kW,13t	台	2	自有
双钢轮振动压路机	DD110	92kW,10t	台	2	自有
双钢轮振动压路机	CC422	93kW,10t	台	2	自有
双钢轮压路机	DX-70	7.3kW,0.7t	台	2	自有
轮胎压路机	XP260	93kW,26t	台	2	自有
沥青混凝土摊铺机	ABG525	126kW,9～15m	台	3	自有
沥青混凝土摊铺机	ABG423	126kW,9～12m	台	2	自有
蛙式打夯机	HZ3-132	2.5kW	台	8	自有
手持式冲击夯	BS600	2.2～2.7t	台	4	自有
木工刨板机	MB-1043	4kW	台	2	自有
洒水车	LS10-8	8t	台	2	自有
旋挖钻机	R618	95kW	台	4	自有
循环钻机	KQ1500	ϕ1000～2500mm	台	8	自有
混凝土输送泵车	CJJ5250	210kW	台	2	自有
混凝土搅拌运输车	CJJ5180	210kW,6m^3	台	10	自有
汽车起重机	NK800E	236kW,80t	台	2	自有
汽车起重机	KAT050	50t	台	2	自有
液压起重机	QY-20B	20t	台	2	自有
钢筋切断机	GQ40-2	2.8kW	台	3	自有
钢筋弯曲机	GW40	3kW	台	3	自有
钢筋挤压机	GJ-20	20t	台	3	自有
钢筋对焊机	YQ-200A	150kVA	台	3	自有
钢筋对焊机	YQ-160A	100kVA	台	3	自有
张拉设备	YCW-250	250t	台	4	自有
张拉设备	YCW-400	400t	台	4	自有

续表

机械设备名称	型号产地	功率、吨位、容重	单位	数量/台	备注
机动翻斗车	句容	8.8kW	台	8	自有
空压机	YW9/7	83.3kW，$9m^3/min$	台	2	自有
平板振捣器	ZW350×600	1.5kW	台	4	自有
混凝土路面抹光机	HMD800	12kW	台	4	自有
真空吸水泵	HZG-60	5kW	台	2	自有
潜水泵	WQ20-30	$30m^3$	台	15	自有
混浆泵	3PN	5kW	台	15	自有
高压泥浆泵	SNC-H300	$55m^3$	台	6	自有
变压器	安徽	400kW	台	2	自有
发电机	75GF	75kW	台	2	自有
发电机	50GF	50kW	台	2	自有

3.10　现场试验设备、仪器及检测设备供应计划和保证状况

在开工后7天之内，在现场建立符合业主和监理要求的现场试验室一座，承担本标段相关试验检测项目，试验室由我单位试验检测中心配备试验仪器、试验设备和指导试验工作，并经过业主指定的政府监督部门认定，在监理工程师的指导监督下进行工作，保证工程质量始终处于受控状态，并可按要求为监理工程师提供满意的服务。

我单位将安排有丰富经验的试验员、质量员负责工程的质量检验和材料取样，所有人员全部持证上岗，按照工程进度计划提前作好各项原材料的检验和试验及水泥稳定土和混凝土配合比设计。

现场试验设备、仪器及检测设备详见附表3-5。

附表3-5　现场配备主要的试验设备、仪器及检测设备

序号	机械项目(种类、型号、产地)	数量	出厂年份	完好率	功率	能力
1	万能材料试验机　NYL-300D	1	2001	95	1.5kW	30t
2	压力试验机　NYL-200	1	1998	90	1.5kW	20t
3	混凝土抗渗仪　HS-40	1	1999	95		$20kg/cm^2$
4	混凝土振动台($1m^2$)	1	1999	95	1.5kW	200kg
5	抗折机　DKZ-600	2	2000	95	1.5kW	60t
6	振动测试仪　DSVM-2A	2	2002	95	1.1kW	
7	回弹仪　HT-225A	2	1999	95		
8	混凝土取芯机　ELE	1	1998	95	2.2kW	
9	沸煮箱　FZ-31A	1	2002	95	4kW	
10	烘箱　HG-202	1	2003	95		
11	混凝土标养设备　HBS-2	1	2000	90	3kW	18组
12	水泥安定性沸煮箱　ZF	1	2001	90	4kW	
13	水泥胶砂流动度测定仪　LD-2	1	1998	95	0.37kW	
14	水泥凝结时间测定仪　NST	1	1999	90		
15	液塑限联合测定仪　FG-Ⅲ	1	1998	95		
16	砂浆沉入度仪　SC-145	1	2001	90		

续表

序号	机械项目(种类、型号、产地)		数量	出厂年份	完好率	功率	能力
17	硬度计	HD1-1875	2	2001	95		
18	台秤	100kg	1	1998	90		
19	架盘天平	1000g	1	2004	95		
20	核子密度仪	MC-3	2	2001	95		
21	精密水准仪	HI004	4	1999	95		
22	经纬仪	TDJ2	2	2002	90		
23	全站仪	TP1610	2	2002	90		

3.11 施工供水、供电计划

3.11.1 施工供水计划

施工场地有现况自来水管线和消火栓，施工和生活用水与自来水管网所联系报装水表和接 *DN*75 给水管引出，分别接到施工现场各处及生活办公区。同时现场配备 2 台洒水车，用于洒水降尘和施工用水运输。

3.11.2 施工供电计划

本工程用电包括施工、生活用电，场区内有现况高压线，进场后，与朝阳区供电局联系，分别在拟建××中街立交西北角和东南角报装一台 400kVA 变压器，施工用电缆全部采用架空或埋地架设，每隔 80m 设电闸箱，采用树干式引导供电，配电采用二级以上的保护，做到一机一闸，并就近设置开关箱。同时准备 2 台 75kW 的发电机，以备停电时使用及桩基施工时临时电源。

3.12 资金使用计划

3.12.1 验工计价

在每月底 25 日，将工程完成数量进行盘点，对工程质量进行总结，及时上报监理工程师。

3.12.2 资金运用

为保证资金的正常周转，设立专用账号，做到专款专用。在每月月底根据工程的进展情况，及时制订资金需求计划，合理调配资金。在资金运用方面遵守的原则是，首先满足工程关键工序的资金使用，其次根据生产计划，找出对下道工序起到制约作用的项目，进行合理调配，使整个施工过程中，资金都能够得到有效利用。

3.12.3 资金使用计划

本标段工程规模大，投入的人力、机械和资金也相应增大，为保证工程按期开工和正常运行，拟编制以下资金使用计划，详见附表 3-6。

附表 3-6 合同用款估算表

从开工月算起的时间/月	甲方/监理工程师的估算		投标人的估算			
	分期/%	累计/%	分期		累计	
			金额/元	%	金额/元	%
第一次开工预付款				10		10
1～2				15		25
3～4				15		40
5～6				15		55
7～8				15		70
9～10				15		85
11～12				10		95
缺陷责任期				5		100
小计	100			100		

3.12.4　资金保证措施

（1）充分有效地运用每月工程款，按资金需求计划进行调拨。

（2）灵活进行资金调配和平衡，保证人、机、料管理费的正常支出和生产的正常运行，绝不能因资金的短缺而影响生产。

（3）每月按时进行验工计量，保证每月工程款按期到账。

（4）在工程前期准备阶段或中期阶段，若出现工程款不能满足生产需要时，单位有足够的储备资金来补充，满足生产需求。

（5）加强生产管理和资金管理，充分有效地运用资金，保证资金有效利用率达100%。

（6）在临近节日期间，提前做好资金的储备工作。节日期间的材料购买计划、劳动力工资需求等引起的资金准备要在节前半个月做好计划，准备足够的现金，以便在节日前购置储备材料和足额支付民工费及节日期间的劳动力工资发放。

第4章　施工准备

工程开工前，根据设计单位提供的图纸资料、沿线地下构筑物和管线资料、地质勘察资料，进行设计交底、图纸会审和测量交桩，做好现场技术准备、劳动力准备、物资准备、设备准备等工作。进场后及时做好场地的三通一平和临时设施的搭建工作，同时做好地下管线的复查及测量点位复测等工作。

4.1　施工现场准备

进入现场后，积极配合业主单位，做好红线内建筑物的拆迁工作，包括路面上原有电线杆、路灯、树木及建筑等，对已经了解的地下管线挖设探坑以便最终确定管径、深度等具体情况，组织力量进行现况管线调查，绘制现况管线分布图，与各管线所属单位共同制定管线的保护、改移方案，实施管线改移，保证管线运行安全，为全面开工创造条件，由于管线、杆线拆迁进度不能满足工程的工期要求时，施工中需与有关管理单位联系，对地下管线设施采取悬吊或加固保护措施。

对京承高速路上主路桥施工编制详尽的交通导行方案，上报业主、监理和交通管理部门，保证交通导行方案在正式实施前得到批复，不因此而拖延工期。

施工现场安排专职交通协管员和安全员，负责协助疏导指挥车辆，保证交通安全；安排文明施工员，负责对交通导行线进行日常维护，保证路况良好。提前委托交管部门对交通协管员进行上岗培训，保证其按时、顺利上岗。

4.2　技术准备

（1）在接到施工图纸后，认真组织技术人员熟悉图纸，编制详细的施工组织设计，对特殊过程、重点部位制定具体的施工方案，待方案批准后，组织各工种施工人员进行技术交底。

（2）组织技术及管理人员对施工现场范围内的建筑物、地下管线进行调查，做到心中有数，并针对性地制定保护和预防措施。

（3）组织技术及测量人员检查验收控制桩，并做好控制桩保护工作。

（4）配备齐全有效的施工规范、规程、验收标准，制定技术资料管理目标，建立健全资料管理体系。

（5）及时编制各种材料计划，提供给材料管理部门。

4.3　劳动力准备

（1）本工程工期紧、任务重，为了顺利完成该项施工任务，我单位现场设立项目部，由我单位领导亲自挂帅，协调各个部门工作。

（2）为全面落实施工安排的组织保障，更好地组织施工，切实加强技术管理、质量控制，我单位拟调派在技术、质量、材料、政工、安全、经营等方面有较强能力的人员组成本项目的管理机构。

（3）根据劳动力计划和工期安排，选择信誉良好、有较强施工组织能力、肯吃苦的专业施工队伍负责施工作业。

（4）进场前对全体施工人员进行入场教育，对重点工序、新工艺工法进行专业技术培训，召开动员会，做好特殊工种的准备工作。

4.4　物资准备

本工程使用的所有材料，由项目经理部统一编制材料计划，统一在经质量监督站备案、业主及监理认可的生产厂家中进行招标择优采购，杜绝使用来路不明的原材料。材料部提前定购各种施工原材料、成品（半成品）、构配件，签订供应合同，保证材料供应及时、充足。

材料进场实行检验制度：原材料取样送检，构配件进行外观检查并查验出场合格证，未经检验或经检验不合格的材料，一律不得在工程中使用。项目总工和质量员、材料员对此负责。

（1）根据现场平面布置，在开工前做好物资材料堆放的临设搭建工作。

（2）与供货商签订供货协议，明确双方材料供货范围及责任。

（3）开工前落实各项施工用料计划，按照贯标程序要求选定合格厂家和产品，签订供货合同，并分期分批组织材料进场。

（4）为了减少周转材料租赁费用，原则上不准将周转材料堆放在现场，因此对各种材料的入场时间、数量等要提前做好计划，设专人负责，分阶段陆续进场，保证施工正常使用。

（5）钢模和支护体系材料根据设计选择合格的厂家进行加工。

4.5 设备准备

（1）在施工区设置汽车吊或履带式起重机作为竖向吊运设备。

（2）前期施工的部分机械设备于开工前5日组织进场。进场前做好维修、保养及调试等工作。

（3）后续施工机械随施工进度陆续组织进场。

4.6 生产准备

（1）对施工现场进行调查，确定进入现场的水、电接入口，办理相关手续，布置好场内临电、临水线路走向。

（2）根据施工进度计划，及时做好劳动力、物资、设备的准备工作，制定现场管理、消防保卫和环境卫生管理措施。

（3）掌握现场地上地下障碍情况，向业主及监理提交拆迁报告和地下障碍物的保护方案。

（4）调查联系渣土消纳场地，并办理渣土消纳手续。

（5）开工前按标准做好临设的搭建工作。

4.7 建立测量控制系统

（1）项目经理部测量班与业主办理接桩手续后，对重要控制点进行复核，确认无误后，妥善保护。

（2）根据施工需要建立施工现场临时测控网，测控网的精度满足施工需要。建立定期复核制度，对重要测控点每月复核一次，保证测量精度。

4.8 建立质量检测系统

（1）根据施工承包合同的具体要求确定本工程的最终质量等级，制订本工程的质量目标，建立工程质量保证体系和质量管理体系。

（2）项目经理部设专职质检工程师和质量员，在项目总工的领导下开展工作，全权负责施工现场的质控工作。质检员要求持证上岗，并制定岗位责任制。各作业队设专职或兼职质量员，负责作业队内部工序自检工作。

（3）制定工序质量评定标准，并组织质量管理人员进行学习。

（4）施工现场设立符合业主和监理要求的"现场试验室"，并配备完善的试验仪器设备和专职试验员，完成现场试验工作，部分专项试验，由业主或监理指定试验机构完成。试验员全部持证上岗。

（5）认真落实施工试验有见证取样和送检工作。按照相关文件、监督部门的要求制订有见证取样和送检计划，确定见证人和承担有见证试验的试验室，填写《有见证取样和送检见证人备案书》送质量监督站和承担有见证试验的试验室备案。

（6）开工前，向监理工程师提交有见证取样送检项目和数量控制清单及见证取样计划，作为有见证取样送检的控制依据。

（7）作好各种原材料试验及砂浆、混凝土配合比设计。

（8）施工现场执行工序报验制度，各作业队在工序自检合格的基础上，请项目部专职质检员验收，合格后请监理验收；未经验收的不允许转序。

第5章　施工总体平面布置

5.1 施工总体布置原则

根据设计图纸及甲方所提供的施工现场拆迁范围，结合本工程现场特点，京承高速路将施工区划分为西区和东区，京承高速路以西现况主要为绿地和临时建筑平房，施工区南侧为富成花园，北侧为北辰高尔夫球场和姜庄湖公园别墅区；京承高速路以东施工区域主要为绿地、未拆迁的门面房、厂房和居民区平房。施工总体布置在满足施工作业和生产管理的前提下，本着少占地、少拆迁、保护绿地和环境，尽量减少对现况交通干扰及经济合理的原则，按照文明施工及安全生产的要求，对施工现场进行布置。

5.2　施工场地内临时设施

5.2.1　施工围挡

根据施工招标文件和第29届奥运会组委会下发的文件要求，根据本工程现场条件和特点，进场后，在京承高速路两侧沿规划道路红线位置采用标准统一硬质围挡板搭设围挡，规划道路红线内沿施工区两侧设置施工围挡，将施工区与交通区分离，并按施工部署要求设置施工道路出入口。围挡高度2.5m，色彩标志整齐美观，围挡支撑牢固可靠，底部砌筑砖基并抹光。在现况路两侧围挡上设置夜间警示灯。

5.2.2　施工大门

施工大门分别设置在本工程起点北湖渠西路与成府路交叉路口东侧和施工终点南湖渠西路与××中街交叉路口西侧，施工大门前按文明施工规定设立标志牌，大门内侧施工临时路采用C15混凝土硬化，门口设洗车槽，大小为5m×3m，用混凝土浇注，上设钢格栅，供施工车辆出工地时冲洗。同时，在大门内侧设门卫值班室，门卫负责现场保卫及出入登记检查工作。

5.2.3　施工临时道路

本工程施工区域内有现况路，路网发达，京承高速路西侧富成花园北门至京承高速路无现况路，施工临时路利用现况路和新建场区内临时路相结合，进场后，在京承高速路西侧沿南侧红线位置修建一条宽7m的施工临时路，临时路结构底部为30cm厚灰土，面层为C15混凝土。施工过程中，派专人对临时路进行清洁和洒水养护，防止扬尘，做到雨天不泥泞、晴天不扬尘、冬天无冰冻，始终保持场区内道路洁净和畅通。

5.2.4　临时设施搭建

(1) 项目部、监理办公室、试验室和作业队驻地建设　施工临时设施主要包括项目经理部及监理工程师办公室，工地办公及会议室、试验室、生活用房、食堂、浴室、厕所等临建设施。项目经理部和监理工程师办公室计划租用立交区东侧南湖渠西街西侧平房及大院，内设办公室、会议室、现场试验室和停车场；各作业队驻地采用集装箱活动板房在场区内搭建，各种配套设施满足招标文件、业主和监理工程师要求。

(2) 钢筋加工场、木工棚和料场布置　钢筋加工场、木工棚和料场分别设置在京承高速路东西两侧匝道5和匝道1区域内，主路桥的北侧，便于主路桥、U形槽和闭合框架通道施工。

(3) 施工用电布置　临时用电在京承高速路东西两侧××中街立交西北角和东南角分别报装一台400kVA变压器，沿主路方向每隔80m设置电闸箱，电源采用三相五线制，供电采用树干式引导供电。配电要有二级以上保护，做到一机一闸，并就近设开关箱。配电箱体全部采用玻璃钢体，酚醛布夹层绝缘板，单面配线，电缆采用 $(3\times75+2\times16)\text{mm}^2$ 的橡胶电缆。施工现场供电线路采用埋设电缆和架空电缆，埋地电缆采用穿钢管法，以保护电缆。

(4) 施工临时用水及排放　施工场地有现况自来水管线和消火栓，施工和生活用水与自来水管网所联系报装水表和接 $DN75$ 给水管引出，管线沿施工道路一侧布置，埋深0.8m，分别接到施工现场各处及生活办公区。临时用水管埋入地下80cm，以防冬季冻管。

生活污水的排放：大门口设洗车池，食堂设隔油池，厕所设化粪池，污水经处理后排入附近的污水井，埋地支管采用 $DN200$ 的混凝土管，干管采用 $DN300$ 的混凝土管，起点埋深0.5m，坡度为0.5%。

(5) 临时通讯设施布置　在办公区和监理工程师办公室各报装两部程控电话，一台用于计算机上网，并配一定数量的移动电话、对讲机，以方便施工生产和对外联络。

第6章　主要施工方案及工艺

6.1　雨水工程施工方案

本标段雨水工程包括混凝土雨水排水管道、混凝土砌块混凝土盖板雨水方沟和混凝土大方砖护砌雨水明沟三种形式。

6.1.1 混凝土雨水排水管道

本标段混凝土雨水排水管道包括 D400、D500、D600、D700、D800、D1000、D1400、D1600 共 8 种管径，管道总长度 1745m，管道均采用钢筋混凝土柔性接口管，1200 砂石基础。

(1) 施工测量　管线开工前期测定管线中线、检查井位置，建立临时水准点；测定管道中心时，在起点、终点、平面折点、纵向折点及直线段的控制点测设中心桩；在挖槽见底前、灌筑混凝土基础前，管道铺设或砌筑前，及时校测管道中心线及高程桩的高程。

(2) 施工降水　根据勘测水文地质资料，设计管线大部分落在第四纪冲积层，包括低液限黏土、低液限粉土、高液限黏土、局部有粉土质砂及含细粒土砂。拟建场区内共分布有 3 种类型的地下水，分别为台地潜水、层间水及地下静水。台地潜水水位标高 35.19～39.08m，层间水水位标高 32.56～35.22m，具有一定承压性，地下静水水位为 35.06～36.72m。混凝土雨水排水管道 24# 检查井至 25# 检查井段，管道底高程 34.708m，施工中须根据雨水管道槽底不同标高，采取不同形式的排降水措施。本工程主要采用轻型井点方式进行降水，将地下水降至沟槽下 0.5m 以下。

工艺流程：测量放线→成孔→填滤料、下管→洗井→敷设集水管→抽水。

① 测量放线。根据开槽上口边线位置，在距槽边 1.5m 的位置准确放出各管井的井位，设立临时井位桩，并妥善保护。

② 成孔。采用反循环钻机成孔，孔径 600mm，孔深 12m。钻机准确就位后，保证钻进连续进行，不中断。钻进至设计深度，经验孔合格后，在孔底填 20～30cm 滤料，滤料采用洁净的粗砂。

③ 填滤料下管。井点管采用 D=400mm 的无砂管，在管节的接口处，首先包裹一层 40 目尼龙滤网，再裹一层 18 目尼龙滤网，然后用细铅丝牢固绑扎。下管时，保证井点管居中，并在井点管与井壁间填充滤料，自然地面以下 1.0m 范围内用黏土封堵，防止漏气，保证降水质量。

④ 洗井。采用“压缩空气法”进行反复洗井，直至井点管中冒出清水为止。

⑤ 敷设集水管。集水管采用 D=159mm 的钢管，集水管分段连接，然后用连接管将井点管与集水总管、水泵相连，形成管路系统。

⑥ 抽水。降水系统接通后，进行抽水试验，对局部的漏水进行封堵，然后连续抽水作业，7 天后，即可开槽。抽出的废水统一排放到指定地点，避免造成环境污染。

⑦ 质量标准。降水井：井位偏差≤1/6d；孔深≤100cm；孔径≤20cm；垂直度≤1/100L。滤料要求洁净，降水井要封堵严密，降水井要反复冲洗，直至冒出清水、无明显浑浊为止。

(3) 挖槽

① 采用机械挖槽人工配合清底。机械挖槽时确保槽底土壤不被扰动，槽底高程以上留 20cm 左右不挖，待人工清挖。

② 开槽前详细调查规划管线与现况管线位置相对关系，复核交叉管线高程，若规划管线与现况管线高程矛盾，及时与设计、业主联系调整高程或拆改移现况管线，管线开槽过程中，遇到地下管线，要摸清情况及时保护，需保留的，按我单位悬吊标准图做悬吊保护。

③ 严格控制槽底高程和宽度，防止超挖。

④ 本工程现场无存土条件，开挖土方全部外运。

⑤ 槽深小于 3m 时，边坡为 1∶0.33，槽深大于 3m 时，边坡为 1∶0.5。

⑥ 槽边 1m 处沿沟槽走向设 1.2m 高红白漆护栏，并围防汛埂，以防雨水冲槽。

⑦ 沟槽开挖后，项目部质检人员、测量人员和试验人员对沟槽底宽、坡度、中心线等进行检查，对槽底按规定频率进行钎探，及时邀请业主、设计、勘测单位和监理单位联合验槽。

(4) 下管、稳管

① 管道下管、安装施工工艺为：排管→下管→清理管腔、管口→清理胶圈→上胶圈→初步对口找正→顶装接口→检查中线、高程→用探尺检查胶圈位置→锁管。

② 砂基经自检和现场监理验收合格后，下管稳管。下管采用 20t 吊车，人工配合，专人指挥。下管时必须轻吊轻放，用专用吊装带吊装，一方面避免损坏管材，另一方面保护砂基表面不受破坏。为防止管道横向移动，在管道两侧用 4 个预制混凝土楔形垫块以 90°对管道加以支撑，其纵向位置为每组距管端1/5 处。

③ 下管前进行外观检查，管材上须有合格印章，边脚整齐无破损，发现裂纹、管口有残缺者不得使用，管节的质量必须符合《混凝土和钢筋混凝土排水管》的质量标准要求。

④ 下管时使管节承口迎向水流方向，钢筋混凝土管进井严禁采用承口进井，管道与井相接时，采用长度不大于半管长度的管节与井室相接。

（5）稳管接口

① 接口的主要工具为：三脚架、20t 吊车、手拉葫芦（5t）、毛刷、钢丝绳和润滑剂（洗涤灵溶液）。

② 接口时，首先将承口和插口清理干净，去除水泥渣等毛刺，然后在插口上安装专用橡胶圈，橡胶圈必须到位，安好后的橡胶圈不得出现卷曲现象；橡胶圈在使用前逐个进行检查，对于有破损、气泡、割裂、飞边等现象的必须剔除。

③ 在插口和承口上均匀涂刷润滑剂（洗涤灵溶液），使管口光滑便于滑进。

④ 对管时，采用边线法和中线法两种方法控制管道中心线及管内底高程。

⑤ 将两端管材用钢丝绳套紧，连接手拉葫芦，用手拉葫芦将插口拉进承口，与此同时，用三脚架（或吊车）将管口部分适当吊起，以减少管身与管基的摩阻力。在插口拉进承口的过程中，必须保证插口管与承口管同心，保证管口四周均匀拉进，橡胶圈顺利挤进，不得出现麻花、鼓包现象。

⑥ 下管由人工配合机械下管。平口管材管口要进行凿毛，宽度不小于抹带宽度。

⑦ 稳管前将管子内外清扫干净，稳管时根据高程线认真掌握高程。调整管子高程时，所垫石子石块必须稳固。

（6）检查井施工　检查井井室底板采用 C15 混凝土，井室采用 240 厚 MU10 小型混凝土砌块，Mb 水泥砂浆砌筑，管径或管沟≥1500 时采用 ϕ800 混凝土预制砌块井筒，否则采用 ϕ700 混凝土预制砌块井筒，踏步采用经过热处理的球墨铸铁踏步或塑钢踏步，具体应用施工时根据管理单位要求而定。

① 砌筑排水检查井时，对接入的支管随砌随安，管口伸入井内 3cm。

② 严格控制井室的几何尺寸在允许偏差之内，流槽直顺、圆滑。井室内的踏步，安装前刷防锈漆，在砌砖时用砂浆埋固，随砌随安，不得事后凿洞补装，并及时检查踏步的上下，左右间距及外露尺寸，保证位置准确无误。

③ 砌圆井时随时掌握直径尺寸，收口时每次收进尺寸，三面收口的最大可收进 4～5cm，不得出现通缝。

④ 砌块勾缝砂浆塞入灰缝中，压实拉平，深浅一致，横竖缝交接处应平整。凹缝比墙面凹入 3～4mm，勾完一段应及时将墙面清扫干净，灰缝不应有搭茬、毛刺、舌头灰等现象。

（7）管道回填施工　沟槽回填质量是市政工程施工质量控制的重点之一，业主为此专门下发了指导管道回填的技术文件：《城市道路工程各类地下管线回填技术标准》，在本工程的管道回填中，我单位将严格按照本规定，结合本项目实际，编制专项管线回填技术方案，报监理审批后，指导回填作业，确保回填质量和路基质量。在业主下发的指导性文件的基础上，结合本工程的特点，制定以下管道回填质量保证措施。

① 一般控制措施。沟槽的回填，严格执行《城市道路工程各类地下管线回填技术标准》，先填实管侧三角部分，再同时填管道两侧，然后回填至管顶以上 0.5m 处（未经检查的接口要留出）。如沟内有积水，必须全部排尽后，再行回填。

管两侧及管顶以上 0.5m 内的回填土，不得含有碎石、砖块、垃圾等杂物。距离管顶 0.5m 以上的回填土内允许有少量直径不大于 0.1m 的石块。

填土分层夯实或碾压，每层虚厚不大于 0.2m，管道两侧及管顶以上 0.5m 内的填土必须采用小型机械夯实，当填土超出管顶 0.5m 时，小型压路机碾压，每层松土厚度不大于 0.3m。

在管道回填过程中保护管道本身的安全，回填时管道两侧对称进行，高差不超过 30cm，保证管道不发生位移或损伤。

分段回填时，相邻段的接茬留台阶，每层台阶宽度≥厚度 2 倍。

回填密实度标准（见附图 6-1）：

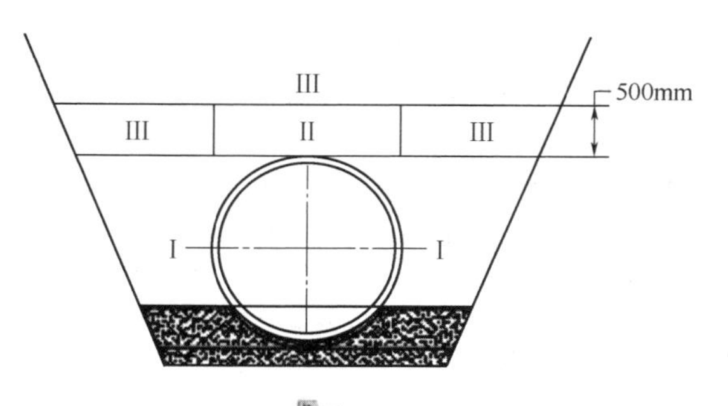

附图 6-1　回填密实度标准

A. 胸腔（Ⅰ区）≥95%（轻型击实）。

B. 管顶以上 50cm 范围内（Ⅱ区）>87%（轻型击实）

C. 管顶以上 50cm 至路床（Ⅲ区）按路床以下深度划分回填密度，执行《市政工程质量检验评定标准》（DBJ 01—11—95）重型击实标准。

② 路基范围内的管线回填措施。位于道路进出口位置的管线沟槽，采用素土回填，槽壁开挖台阶后分层回填，在管顶以上 60～100cm 用 9%灰土回填 40cm。

③ 道路路面范围内检查井周围的回填。检查井周围 100cm 范围内，在路面结构层以内部分采用二灰砂砾掺 5%水泥回填。路面结构层以下至槽底采用 9%灰土回填。

④ 道路范围内雨水支管和雨水口的回填。雨水支管采用二灰砂砾掺水泥或全部采用 C10 混凝土回填，高度与二灰砂砾顶面相平。

雨水口周围采用 C10 混凝土回填。

⑤ 回填质量控制工作的其他要求。基槽清理完毕后，报监理工程师验收，严禁擅自回填。回填作业现场配置质控试验人员，随时检验，层层报验，监理验收合格后，方可进行下一层回填作业。

6.1.2 混凝土砌块混凝土盖板雨水方沟

本标段混凝土砌块混凝土盖板雨水方沟包括 2000×1200 混凝土盖板方沟 50m，2000×1400 混凝土盖板方沟 373m，2200×1400 混凝土盖板方沟 680m，2400×1600 混凝土盖板方沟 639m，2-2000×1200 混凝土盖板方沟 24m。混凝土砌块混凝土盖板雨水方沟底板采用钢筋混凝土，侧墙采用小型混凝土预制块砌筑，砌块强度 MU10，Mb 水泥砂浆砌筑，盖板采用钢筋混凝土盖板，采用 ϕ800 混凝土预制砌块井筒，检查井圈及井盖采用“五防”重型球墨铸铁井盖。

(1) 沟槽开挖　混凝土砌块混凝土盖板雨水方沟局部沟槽较深，先进行降水，开槽后，邀请设计人员、业主、管理单位、监理单位和勘察部门联合验槽，根据验槽结果对沟槽基底进行处理。

(2) 垫层、底板　沟槽经管理单位和监理单位验收合格后，采用 10cm×10cm 方木支模，浇注 C10 混凝土垫层，保温养护，然后，绑扎底板钢筋，采用钢模板支模，浇注底板 C25 混凝土底板。

(3) 侧墙砌筑　侧墙采用小型混凝土预制块砌筑，混凝土预制块由业主、管理单位和监理单位认可的厂家集中加工，砌筑侧墙时，先将混凝土底板与墙体接触面进行剔凿和清扫，并用水冲洗干净。根据图纸墙体尺寸，在底板顶面上用墨线弹出墙体轴线和宽度线，待底板混凝土强度达到 1.2N/mm^2 后进行墙体砌筑；墙体砌筑上下错缝，内外搭接，严禁有竖向通缝，砌筑采用五顺一丁砌法，最下和最上一层采用丁砖砌筑。砌筑时根据墙厚采用单面挂线或双面挂线，墙高超过 1.2m 时，立好皮数杆，控制好灰缝和各部位标高。

(4) 砂浆抹面　墙体抹面：侧墙水泥砂浆分两道抹成，第一道砂浆抹成后，用杠尺刮平，并用木抹子搓平，然后用铁抹子分两遍压实赶光。

(5) 盖板安装　钢筋混凝土盖板由业主、管理单位和监理工程师认可的厂家集中加工预制，进场时质检员检查盖板外观质量、出厂合格证及相应钢筋、混凝土原材料检验试验资料，符合设计规定方可使用。盖板安装前，将墙顶清扫干净，洒水润湿，抹找平砂浆，并放好安装位置线，再铺砂浆，采用吊车安装盖板。盖板就位后相邻板底错台不许大于 10mm，盖板端部压墙长度允许偏差为 10mm，板缝及板端的三角灰采用水泥砂浆填抹密实。

6.1.3 混凝土大方砖护砌雨水明沟

本标段京承高速路西侧雨水方沟现况过路涵排入现况明渠，由于现况明渠断面不够，本次施工须对现况明渠进行翻建和疏挖，明渠疏挖长度 450m，然后采用混凝土方砖衬砌。

(1) 沟槽开挖方式与混凝土盖板方沟相同，沟槽开挖后，邀请业主、管理单位、勘测单位、设计单位和监理单位验槽，验槽合格后，边坡必须修理平整、密实，边坡坡度经监理工程师检查合格后铺筑 25cm 厚砂砾垫层，采用平板夯或小型压路机碾压密实，密实度达到 93%以上。

(2) 挂线铺砌混凝土大方砖，水泥混凝土预制块砖铺设由下向上施工，施工中在保证坡率的同时，整平、夯实边坡，保证边坡干燥密实。

(3) 施工中要经常检查平整度，各种缝线对齐，宏观面平整、顺直、美观，各个砖下必须落实，不得有悬空现象。

（4）混凝土大方砖、坡脚砖和坡顶砖均由业主、管理单位和监理单位认可的厂家集中预制。

（5）混凝土大方砖采用7.5号砂浆勾缝。

6.2　污水工程施工方案

本标段污水管线总长度1052m，其中$D=400$管长541m，$D=500$管长511m，污水管线全部采用钢筋混凝土柔性接口管，开槽施工，120°砂基。

污水管线开槽、下管、稳管、井室施工工艺与雨水钢筋混凝土柔性接口管工艺相同，但污水管道和检查井的密闭性要求更高，需要做闭水试验。检查井井筒全部采用ϕ800预制钢筋混凝土井筒或混凝土预制砌块井筒。

污水管线和检查井砌筑完成后，在沟槽回填土前，进行闭水试验。

闭水试验：闭水试验在管道填土前进行，并在管道满水后浸泡1～2昼夜再进行，闭水试验的水位为试验段上游管内顶以上2m，闭水试验时对接口和管身进行外观检查，以无漏水、无严重渗水为合格，渗水量的测定时间应不少于30min。闭水试验允许渗水量：以符合市级管道工程验收标准为准。

6.3　信息管道工程施工方案

本工程同步实施信息管道工程，信息管道工程包括电信管块铺设和直埋电信钢管两种形式，含二立型电信管块400m，四平型电信管块1000m，24孔直埋电信钢管30m，人孔井共20座。

6.3.1　电信管块铺设

采用机械开槽，人工开挖见底，施工时根据现场情况和沟槽深度进行降水。混凝土垫层采用木模施工，管道基础成型后，表面要平整、无断裂且无明显接茬、欠茬，混凝土表面不起皮、不粉化。管道进人孔处、管线交叉处、地基处理处管道基础均要加筋。

水泥管道的铺设要符合下列规定：电信管块的顺向连接间隙不得大于5mm，上下两层管块间及管块与基础间的垫层厚度为15mm，允许偏差不大于5mm。两层管块的接续缝要错开管长的1/2左右。并铺管块的管间的垫层厚为15mm，两行管块接缝要错开管长的1/2左右。铺设水泥管道时，要在管块的对角位置设两根拉棒，以试通管孔；其拉棒外径要小于管块标准直径3～5mm。拉棒长度：铺直线管时为1200～1500mm；铺弯管时曲率半径不小于36m的为900～1200mm。铺设管底垫层砂浆的饱和程度要不低于95%，不准出现凹心，不准用石块等垫管块的边、角。管块要平实铺卧在水泥砂浆垫层上。两行管块间的竖缝充填水泥砂浆，竖缝砂浆的饱满程度不低于75%。

电信管块的接缝方法采用抹浆法。具体做法要符合下列规定：两管块接缝处采用宽为（80±10）mm，长为管块周长加80～120mm的纱布，均匀地包在管块接缝上。接缝纱布包好后，要先刷清水，并要在达到饱和程度后再刷水泥浆。接缝纱布刷完水泥浆后，要立即抹1∶2.5的水泥砂浆。纱布上抹的水泥砂浆厚度为12～15mm，其下宽度为100mm，其上宽度为80mm，允许偏差不大于5mm。采用抹浆法接缝管块，纱布不准露在砂浆以外，水泥砂浆与管身粘结牢固，质地坚实，表面光滑，无飞刺，无欠茬。用1∶2.5的水泥砂浆抹管顶缝、管边缝、管底八字时，表面要粘接牢固、平整光滑、无欠茬、不空鼓。

6.3.2　直埋电信钢管铺设

直埋电信钢管采用镀锌钢管敷设，用扁铁连成整体，管接缝采用大一号钢管焊接，焊接时管缝要朝上，焊接前须打磨管口，防止毛刺损伤光缆。焊接完毕，所有焊接处均涂刷防锈漆。钢管进人孔井处，管口设胀口。

6.3.3　人孔井砌筑

本工程小号直通井12座，中号三通井8座，中号四通井4座。

机械开槽，人工清槽见底，基坑验收合格后支模浇注垫层，绑扎钢筋，浇注人孔井底板，人孔基础在浇注混凝土前要将模板内的杂物等清理干净，并挖好积水罐安装坑。积水罐安装坑要比积水罐外形四周大100mm，坑深比积水罐高度深100mm；积水罐中心要正对人孔口圈中心，允许偏差不大于50mm，基础表面要从四周向积水罐方向做20mm泛水。

砌筑墙体时，砌体平面要平整、美观，严禁有竖向通缝；砂浆要饱满，其饱满度要不低于80%；缝宽度在10mm之内，同一缝的宽度要一致。砌体转角的咬茬两侧要一致，砂浆要饱满严实。砌体与基础必须垂直，砌体四角要水平，砌体的形状、尺寸须符合设计要求。

砖体在抹面时要将墙面清扫干净，内墙面抹1∶2.5的水泥砂浆，厚15mm。外墙面抹1∶2.5水泥砂浆，厚 20mm；砌体抹面要平整、压光、墙角垂直。清水墙的勾缝要整洁、深浅一致、无遗漏。

人孔基础与墙体要结合严实，不漏水。并用 1∶2.5 水泥砂浆抹八字。抹墙体与基础内、外八字时，要严密、贴实，表面平光，无欠茬、不空鼓、无断裂等现象。

安装人孔预埋铁件时，要符合下列要求。

(1) 穿钉与墙体要垂直，穿钉规格要符合设计要求。

(2) 上下穿钉要在同一垂线上，允许垂直误差不大于 5mm，间距偏差不大于 10mm。

(3) 相邻两组穿钉的间距偏差不大于 20mm，并符合设计要求。

(4) 穿钉露出墙面的长度为 50～70mm，露出部分要无砂浆等附着物，穿钉螺母齐全有效，外露部分须有防护措施。

(5) 穿钉安装必须牢固，不松动。

(6) 拉力环要露出墙面 80～100mm，并与管道底保持 200mm 以上距离。

(7) 拉力环安装必须牢固，不松动。

6.4 桥梁工程施工方案

6.4.1 桥梁工程概况

本标段××中街立交桥主路桥上跨京承高速路和地铁 13 号线轻轨，桥梁长度 439.24m，全桥分四联，上部结构为：0～4 轴为 (25.8＋3×30)m 预应力混凝土连续箱梁，4～7 轴为 (48＋55＋48)m 预应力钢混凝土组合箱梁，7～10 轴为 3×25.8m 预应力混凝土连续箱梁，10～13 轴为 (3×30)m 预应力混凝土连续箱梁；下部结构公用墩处和钢箱梁中墩每半幅采用双柱盖梁（非公用墩每半幅采用双柱墩），墩径 1.3m 和 1.5m，墩柱下设两桩承台，桩径为 1.5m，墩柱处桩长 35m，两承台间以系梁连接；匝道部分中墩为矩形墩，墩柱下设 4 桩承台，桩径为 1.2m，桥台采用柱接帽梁式桥台，桩径 1.2m，桥台处桩长 30m。

根据工程地质情况，桥区施工区域表层为人工填土层，其下为第四纪沉积层。表层为厚 0.3～2.1m 的人工堆积亚黏土、房渣土层、碎石填土层，标高 33.66～38.06m 为亚黏土层；标高 30.70～31.96m 以下为细砂、中砂④层，轻亚黏土；标高 13.75～15.2m 以下为卵石，圆砾⑦层，细、中砂⑦b 层；标高 6.44～7.96m 以下为重亚黏土、黏土⑧层，轻亚黏土、中亚黏土⑧a 层，重亚砂土、轻亚黏土⑧b 层；标高1.95～3.2m 以下为中亚黏土、轻亚黏土⑨层，重压黏土、黏土⑨a 层，重亚砂土、轻亚砂土⑨b 层；标高－3.45～1.80m 以下为卵石⑩层，细砂，粉砂⑩a 层，重亚黏土、轻亚黏土⑩b 层。

6.4.2 施工工艺流程

桥梁工程施工工艺流程为：钻孔灌注桩→承台及系梁→墩柱、桥台→盖梁→支座安装→现浇预应力混凝土箱梁（钢箱梁安装及浇注钢混凝土组合梁）→桥面铺装→桥梁附属工程。

6.4.3 钻孔灌注桩

工艺流程：场地平整→桩位放样→制备护壁泥浆→护筒埋设→钻机就位→复验桩位→钻孔→成孔至设计高程→提钻→清孔→桩底检查→钢筋笼隐检→吊放钢筋笼→下导管→水下灌注混凝土并回收护壁泥浆→拔除护筒。

(1) 搭设工作平台　施工前，对施工场地进行清理，清除桩位周围各种杂物，整平夯实，便于施工机械出入，便于钻进作业。

(2) 测量放样　利用复核后的导线点、水准点，用全站仪精确定出桥桩的中线位置，然后分别沿顺桥向和横桥向设置牢固的控制桩。桥梁桩位必须反复校核，护筒埋置后，再次进行校核，确认无误后进行“米”字拴桩，为钻头找中、钢筋骨架找中等后续工作创造条件。

(3) 埋设护筒　护筒采用 10mm 钢板制作，护筒内径比设计孔径大 30cm，每节长1.5～2.0m，纵向焊接接长。

护筒采用人工埋设，并设导向支架。护筒埋入原状土深度不小于 1.5m，护筒顶端高出地表 30cm，护筒平面位置允许偏差≤50mm，倾斜度偏差≤1%。

(4) 泥浆制备　根据工程地质情况，桩基范围以黏土、砂土及卵石为主，桩孔钻进过程中采用膨润土悬浮泥浆作为护壁泥浆，泥浆密度控制在 1.2kg/cm^3 左右。钻进时，保持护壁泥浆始终高出孔外水位 1.0～1.5m，以保证在钻进过程中不塌孔。

(5) 钻孔　根据桥区地质特点，选用旋挖钻机成孔和正反循环钻机。就位后的钻机底座保持平稳，不发生倾斜和位移；钻头中心采用桩定位器对中，定位允许偏差≤20mm。

钻进不得干扰相邻桩混凝土强度的增长，必须在中距5m内的任何桩的混凝土浇注完成24h后才能开始。钻机开钻后保持连续作业，钻进过程中经常检查桩径、中心位置、垂直度和泥浆密度。如有偏差，及时采取措施进行调整，保证桩基施工质量。

(6) 清孔　钻孔达到设计深度且成孔质量符合要求后，采用换浆法清孔。清孔时，孔内水位保持足够的水头，以防塌孔。清孔后，孔底沉淀物厚度不超过设计要求的沉淀值。在钻孔终了和清孔后，对孔径、孔深和倾斜度用专用仪器测定。

钻孔质量应达到以下条件。

平面位置：单排桩小于5cm。

钻孔直径：不小于桩的设计直径。

倾斜率：不大于1%。

深度：不小于图纸设计。

(7) 钢筋笼的制作与安装　钢筋笼要求在固定平台上制作成型，制作误差要求：

主筋间距：±5mm　　　箍筋间距：0，20mm

钢筋笼直径：±5mm　　钢筋笼长度：+5mm，−10mm

钢筋笼成型后，经质检员和监理工程师检验合格后方可使用。

钢筋骨架分节制作，运至现场后吊装连接。钢筋骨架在吊装下孔前，在骨架周径上绑扎弧形垫块，以保证钢筋保护层厚度；垫块间距沿桩长不超过2m，横向圆周不少于4块。放入钢筋骨架时用四根钢管作导向，保证钢筋骨架尽量对中，不伤孔壁并保证保护层厚度。钢筋骨架采取四点固定，防止掉笼或上浮。

(8) 灌注水下混凝土　采用导管灌注水下混凝土。导管直径300mm，厚4mm，每节长2m，采用法兰连接，导管底端至钻孔底空隙为25～40cm。孔身、孔底经监理工程师验收且钢筋骨架安放后，立即灌注混凝土，混凝土连续浇注不得间断。灌注首批混凝土后，导管埋入混凝土中的深度不小于1m，在浇注过程中始终保持导管在混凝土中埋置不小于2m。灌注的桩顶标高高出设计标高0.5～1m，以保证桩身混凝土强度；多余的部分在承台施工前凿除。

(9) 成桩检测　成桩后，对基桩进行自检，自检方式和频率为100%的无破损检测，自检合格后，接受业主和监理组织的质量检查，检测合格才可进行下一步工序的施工。

6.4.4　承台、系梁施工

(1) 测量放样　利用复核后的导线点、水准点，用全站仪精确定出桥梁承台的中心线位置，然后分别沿顺桥向和横桥向设置牢固的控制桩。按照设计图纸，准确放出承台的边线，边线测设完毕进行反复校核，保证基础位置准确。

(2) 基坑开挖　先测量放出开槽上口线。对于有现况地下管线经过的地段需先进行地下管线调查。人工挖探坑，确定现况地下管线位置、高程，与承台位置没有冲突才可进行开槽施工。开槽采用人工配合机械开挖，每边开挖宽度比基础尺寸大60cm，以便于模板支撑。开挖后的基坑四壁垂直，基底平整，并在基坑一角留积水坑，做好基坑内的排水与防水工作，防止基底浸水软化。开挖后的基坑尽快浇注垫层混凝土，防止基底渗水或进水泡槽。基坑开挖至设计要求深度后，及时进行基坑检验、核实基底地质，若与设计不符，报请监理工程师确认并尽快提请设计单位处理，按设计单位处理意见或加固措施处理。

(3) 钢筋绑扎与模板支撑　基坑开挖后，浇注垫层混凝土，垫层混凝土在最后成活时，用木抹赶压平整、密实，防止裂缝发生。

按设计图纸绑扎承台钢筋，承台模板采用定型钢模板拼装而成，模板拼装时，在钢筋与模板间绑扎砂浆垫块，保证钢筋与模板间的保护层厚度符合设计要求。模板采用顶丝与黑钢管配合支撑，顶丝一端支撑于模板体系，另一端支撑在基坑四壁，保证模板稳固可靠。如附图6-2所示。

(4) 混凝土浇注　由质量、监理人员对基础模板的中线、净空、高程、平整度、直顺度进行完复测，没有问题后方可进行基础混凝土的浇注。沟槽内混凝土浇注使用流槽（高差不大于3m）。如高差在3m以上或混凝土罐车无法靠近的情况下，要使用混凝土泵车进行混凝土浇注。严禁在高差过大或距离较远的情况下使混凝土依靠重力下落进入模板，使混凝土出现材料离析现象。流槽在使用前要用水湿润。

混凝土分层浇注，每层厚度不大于30cm，浇注间隔时间不大于20min。承台四周要同时进行混凝土浇

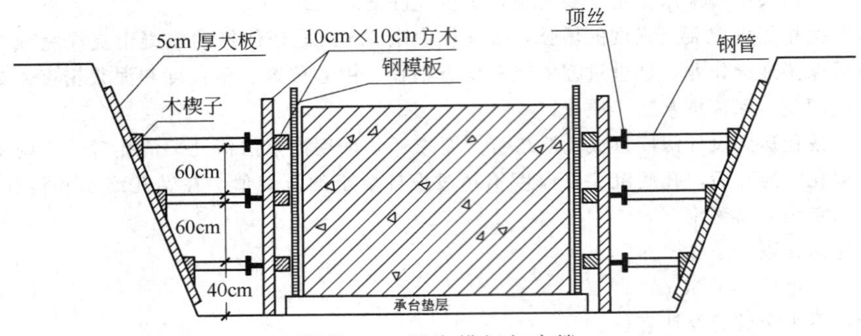

附图 6-2　承台模板与支撑

注，以免承台模板承受过大的不均匀侧压力。

混凝土使用插入式振捣器或平板振动式振捣器振捣。插入式振捣器按梅花型均匀布置振捣，间距40cm。插入下一层混凝土中 5～10cm 并停留 3～5s。

当混凝土表面无明显气泡泛起与下落，证明混凝土已经振捣密实。不得过振、漏振。

在振捣混凝土过程中应随时对模板与支撑进行检查，如发现有漏浆或支撑松动现象要及时加固。

承台混凝土浇筑完初凝后进行收面，使用木抹子至少压实三遍，用铁抹子赶光。

6.4.5　墩柱施工

(1) 墩柱模板　墩柱采用预制定型钢模板，由厂家加工成型后运至现场。在使用前需进行打磨及除锈。尤其是模板接缝处，要求错茬高差小于 1mm。要求模板打磨至露出金属光泽为止，在使用前均匀涂抹脱模剂。

模板拼装时在接缝处加模板条、墩柱钢模板底部用水泥砂浆抹三角防止漏浆。

钢模板使用吊车就位，顶部用 4～6 根风绳拉紧加固。四周用垂球控制模板垂直度。

墩柱钢筋使用塑料垫块控制墩柱混凝土保护层厚度。

在墩柱四周搭设施工用临时脚手架平台，顶部加防护网，满铺大板，边侧设爬梯（见附图 6-3）。

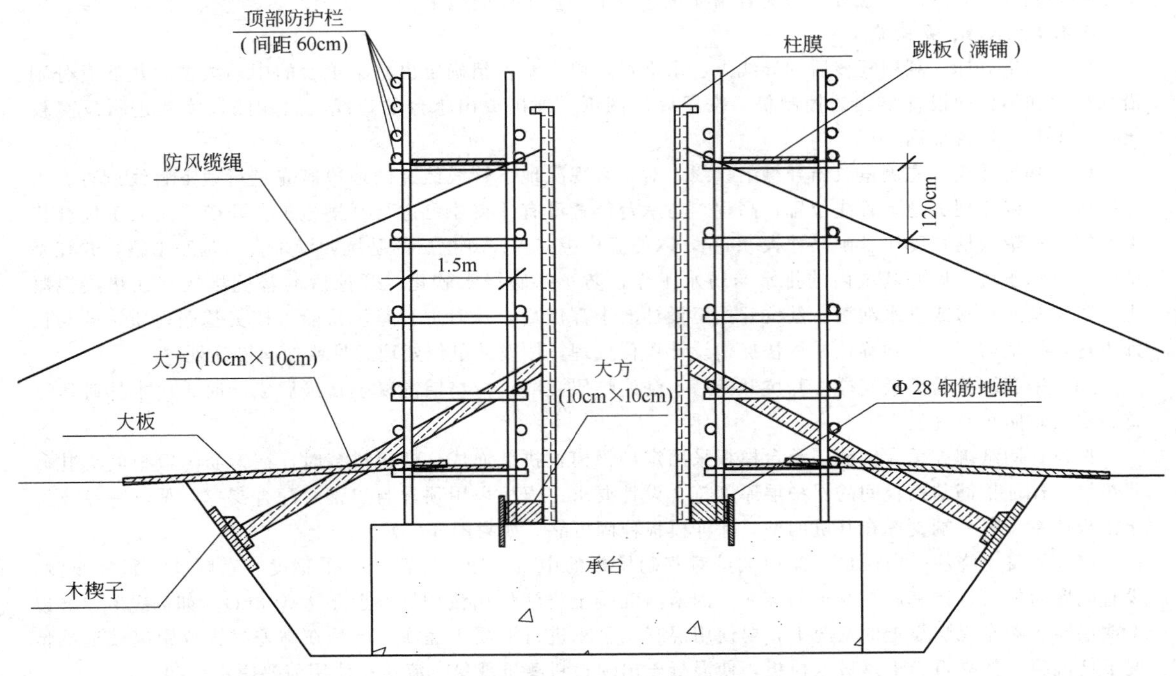

附图 6-3　墩柱模板示意图

（2）墩柱钢筋　墩柱钢筋单独进行绑扎，绑扎前搭设施工平台，要求平台牢固、可靠、易于施工。

先将柱内加强箍筋和柱中 4～6 根主筋点焊成型，检查钢筋笼外形、尺寸无误后才能继续进行剩余主筋的焊接。主筋安装完毕后，先在主筋上用粉笔标出箍筋间距，并从一端开始绑扎箍筋。箍筋搭接按规范不小于 45d。

墩柱成型经监理验收合格后与承台钢筋进行组装。先在承台垫层、上层钢筋上分别定出墩柱中心，调整墩柱钢筋使其三中心点成一直线后，将墩柱钢筋与承台钢筋进行固定。

（3）墩柱混凝土　由于墩柱混凝土方量不大，为保证墩柱混凝土浇注的连续性，同时进行两个墩柱混凝土施工，合理利用机械，减少等待时间。

墩柱使用吊车加料斗浇注混凝土。料斗下安装串筒，混凝土经串筒落入墩柱模板中，料斗距混凝土面高差不大于 50cm。

混凝土分层浇注。每层厚度不大于 30cm，浇注间隔时间不大于 20min。

混凝土使用插入式振捣棒振捣。先振捣柱中位置，然后在靠近模板 10cm 位置依次按圆形振捣。振捣棒要快插慢拔，振捣棒须垂直或略倾斜插入混凝土中，使棒头全部没入混凝土中，并应插入下一层混凝土中 5～10cm 并停留 3～5s。

墩柱混凝土浇至设计高程以上 2cm 左右，多余部分在施工盖梁时将表面水泥浆凿除至露出石子，以保证墩柱与盖梁混凝土结合面质量。

墩柱采用塑料布和棉被覆盖，外部采用钢管架和棚布搭设暖棚，内设电暖气保温，墩柱喷洒养护剂养护 48h 以上，方可拆模。拆模时使用 25t 吊车配合，起钩要匀速进行。防止模板与墩柱表面发生磕碰。

6.4.6　盖梁施工

总体施工流程：场地平整、夯实→搭脚手架→上顶托、工字钢及方木→测盖梁底板高程→安装盖梁底模→搭临时钢筋绑扎平台→绑扎钢筋→穿波纹管→绑扎加强筋→安装螺旋筋、锚垫板→穿钢绞线→安装侧模→安装端模→模板加固及支撑→盖梁混凝土浇注→养护→张拉预应力筋→孔道灌浆→拆盖梁支架→箱梁浇注→张拉预应力筋并灌浆。

（1）盖梁底模、侧模采用定形钢模板。模板在使用之前经过除锈打磨等技术处理，涂刷专用脱模剂后使用。

钢模板由专业厂家定做，成型后运至现场，以保证盖梁模板整体平整度、直顺度及接缝质量。

模板在拼接时，接缝用密封胶条填塞并压实。模板拼好后用腻子将拼缝错边刮平，均匀涂刷脱模剂。

盖梁支撑主要采用碗扣支架体系。碗扣支架立杆间距 60cm×60cm，水平杆间距 90cm 一道，在外侧加 2～3 道剪刀撑。顶丝上沿横向扣 10cm×10cm 方木，在方木上沿纵向间距 50cm 铺 10cm×10cm 方木（见附图 6-4）。

碗扣式支架搭设完成后由测量人员、质量人员进行复测，检验方木顶高程、平整度。合格后方可进行

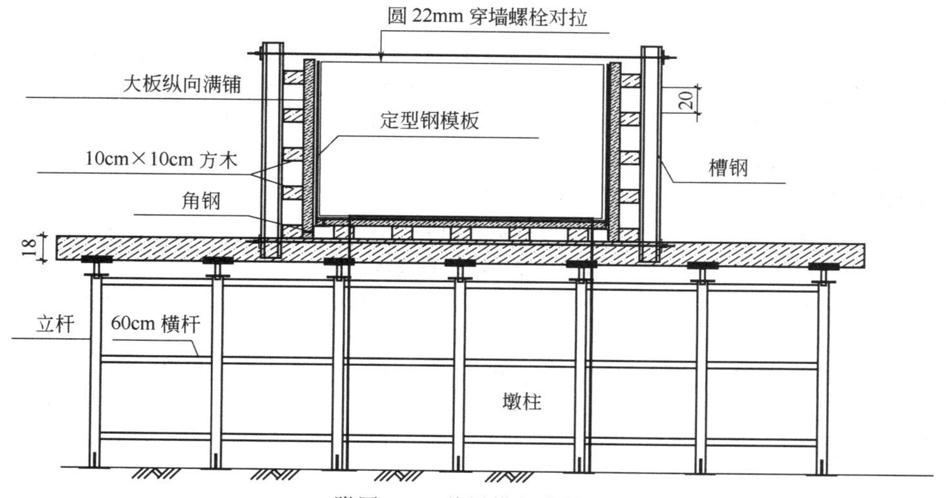

附图 6-4　盖梁模板支撑图

盖梁底模的吊装。施工时注意钢木结合要严密。

模板加固主要采用对拉螺栓，在盖梁钢模板上下穿圆 20 的螺栓，螺栓外侧为两根 10# 槽钢。螺栓纵向间距 1m。

(2) 为加快钢筋的绑扎速度，在盖梁底模上搭设绑钢筋用的临时脚手架平台，使盖梁钢筋底部离底模有 10～20cm 的空隙。钢筋在脚手架上进行绑扎，在盖梁钢筋整体成型后再将脚手架平台拆除，将盖梁钢筋落在盖梁底模上。

先将主筋按图纸数量放于临时平台上，将箍筋按设计位置穿于主筋上。在箍筋上用粉笔标出主筋位置后按间距进行固定。垂直、水平钢筋尺寸间距都满足设计要求，严格按图施工，确保不丢筋、不漏筋。

盖梁主筋成型后焊接波纹管、定位筋，纵向 50cm 一道。穿波纹管，复核位置、尺寸无误后将波纹管与定位筋用铅丝绑扎好。安装螺旋筋及锚垫板，锚垫板必须与波纹管轴线垂直。

(3) 盖梁钢筋模板、钢筋及钢绞线经验收合格，浇注混凝土。混凝土采用泵送，人工插入式振捣。

6.4.7 支座安装

本工程桥梁盖梁或墩柱上部安装 GJZ400×500×66 支座，先由测量人员放出支座中心位置点的高程控制点。

按照设计高程和平面位置浇注支座垫石混凝土，强度符合设计要求后表面凿毛处理，将表面浮浆清除。

支座安装前核对其型号规格，现场搅拌环氧砂浆，按 1.5cm 厚摊铺。在 20min 内将支座安装完毕。粘贴后从纵横两个垂直方向反复校核其高程，确保准确无误。粘贴好的支座做好成品保护，防止碰撞与晃动。

6.4.8 预应力混凝土连续箱梁

主路桥上部结构 0～4 轴为 (25.8+3×30)m 预应力混凝土连续箱梁，7～10 轴为 (3×25.8)m 预应力混凝土连续箱梁，10～13 轴为 (3×30)m 预应力混凝土连续箱梁。

施工工艺流程：支架地基处理→模板支架安装→梁板模板安装→绑扎梁板底筋及梁腹板筋→安装箱梁芯模及波纹管→绑扎箱梁上层筋及预埋护栏筋→箱梁浇注混凝土→养生→预应力张拉→注浆、封锚→养生。

(1) 支架地基处理及支架搭设　由于梁体支架作为现浇混凝土的临时承重结构，因此要求基底均有较高的强度和刚度，因此要对基底进行处理后，方可实施支架施工。

预应力混凝土连续梁采用满堂红支架整体现浇，支架地基采用 40cm 的 3∶7 灰土进行处理，将桥梁支架地基部位碾压密实。支架安装前下铺 15cm×20cm 厚木板一层，板底用砂找平。同时将地基两侧顺桥向各设排水沟一道，排水系统要畅通，以免雨水浸泡地基。

支架采用碗扣式杆件拼装而成，顺桥向：杆件间距采用 90cm×60cm，横桥向：梁体部分选用 60cm×60cm，翼缘板部分选用 90cm×60cm。支架底层设“扫地横杆”，并沿顺桥向和横桥向两个方向设“剪刀撑”，保证支架稳固可靠。

支架搭设时在支架底部铺通长垫板，然后安装脚手架底托，安装碗扣支架主杆及水平杆，安装支架可调顶托，安装纵向工字钢、横向方管及翼缘支架，铺装模板。

(2) 模板及支架预压　底模支完后，进行等载预压，以减少和消除支架的非弹性变形和地基不均匀沉降，确保混凝土梁的浇注质量。预压采用砂袋，加载时分级加载，每级荷载为 20t，每级加载后持荷不少于 30min，最后一级持荷时间 1h，然后再逐级卸载，分别测定各级荷载下支架的变形值。根据测定值调整支架高程。如发现沉降过大或出现局部破坏，要找出原因并重新计算设计支架。根据混凝土的弹性和非弹性变形及支架的弹性和非弹性变形值设置梁体预拱度。

(3) 箱梁模板支撑　箱梁模板采用 15mm 厚双面覆膜胶合板模板，梁的外露面一律采用整张模板拼接，不能安装整张模板时，制作小窄模，阴阳角采用专用钢模板处理，模板安装要求标高及坡度、截面尺寸等符合设计要求，拼缝要求板面平整，拼缝处加装密封胶条，防止漏浆，符合施工规范要求 (见附图 6-5)。

(4) 钢筋绑扎及波纹管管道定位　梁板钢筋在钢筋加工厂加工制作后分类编号运往现场，在现场绑扎、定位、加固，施工时同模板及预应力管道的布设穿插进行。其主要工艺流程为：绑扎底板下层钢筋→绑扎腹板钢筋→绑扎底板上层钢筋及上下层定位筋→波纹管安放→安放芯模→绑扎顶板下层钢筋→绑扎顶板上层钢筋及上下层定位钢筋→检查管道和锚垫板位置。

同时在施工中必须注意以下事项。

① 底板上下层的定位钢筋下端必须与最下面的钢筋焊牢。

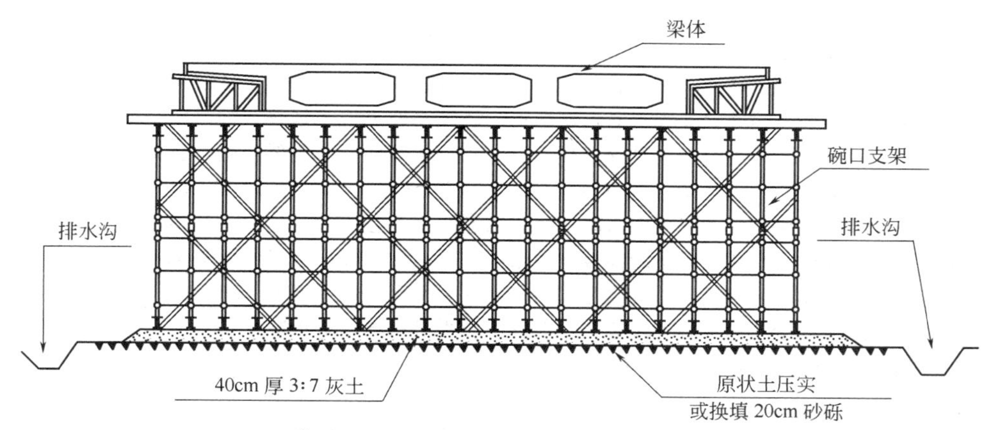

附图 6-5 现浇连续箱梁模板支撑体系图

② 钢筋与管道相碰时，只能移动，不得切断钢筋。

③ 预应力管道沿着箱梁纵向逐节加长，多数都有竖弯曲线，所以管道定位要准确牢固，接口处不得有毛刺、卷边、折角等现象；接口要封严，不得漏浆。混凝土浇注后及时通孔、清孔，发现堵塞及时处理。

(5) 安装箱梁芯模 箱梁芯模采用结构稳定、不易变形的木质芯模：以3cm木条做骨架，外包三合板和塑料布，共同构成芯模。对已绑扎的钢筋，经业主及监理工程师检验后，安装芯模，将芯模固定好后，绑扎顶板及翼缘板钢筋，并预埋护栏钢筋和安装端头模板。

(6) 箱梁混凝土浇注 浇注混凝土前检查钢筋的数量、尺寸、间距及保护层厚度是否符合设计要求，检查模板尺寸、形状是否准确，接缝是否严密，模板支撑是否牢固，预埋件和预留孔是否齐全，位置是否准确，用空压机吹风或用水冲洗，以清除模板内的碎屑、垃圾。经验收合格后浇注混凝土。

箱梁混凝土用泵连续浇注。箱梁混凝土按照从低向高、从下向上的顺序，采用“赶浆压茬法”分层浇注，分层振捣。梁的全部横断面斜向分段，水平分层连续浇注。混凝土到场后由试验员、质检员现场检测坍落度，将其控制在14～16cm。

浇注的混凝土采用插入式振捣器振捣，按从低向高、从下向上的顺序分层振捣，每层厚度不超过30cm。振捣程度以混凝土中不再有大量气泡冒出为宜，既不可漏振，又不可过振。

加强对箱梁芯模底部混凝土的振捣，防止芯模下部出现空洞和气泡。在混凝土振捣过程中，注意保护波纹管，避免撞破波纹管导致漏浆。

箱梁混凝土连续浇注，浇注完成后从梁顶预留人孔将内模拆出，拆除后将人孔封好。顶层混凝土振捣后，用木抹、铁抹分别赶光、压实，妥善保护，防止表面被破坏。

(7) 混凝土养生 梁体混凝土采用土工布或麻袋片覆盖洒水养护，混凝土浇注完毕后，待混凝土强度达到1.2MPa后，立即采取洒水覆盖措施保证构件有充足的水分，以防止混凝土表面开裂。

养护时间不少于7天，养护期间保持混凝土表面湿润，防止开裂。

(8) 后张法预应力施工 当混凝土强度符合设计要求时方可进行预应力张拉。

① 施工机具配置。每个张拉作业施工面配置以下施工机械：张拉设备2套、灰浆泵一台、灰浆搅拌机一台。

② 预应力材料检验。钢绞线进场后，进行外观检验，检查钢绞线表面是否有裂纹、毛刺、机械损伤或氧化皮、油迹等有害物质。同时分批进行力学性能试验，包括母材试验、松弛试验、疲劳试验等。

波纹管在使用前逐根进行外观检查，表面不得有砂眼，咬口牢固，不得有松散现象，表面不得有严重锈蚀。当对其质量产生疑问时进行力学试验。

锚夹具到场后，进行硬度试验和静载锚固试验，保证其硬度符合规范要求，锚固效率系数≥0.95。

③ 张拉机具配套校验。油泵与千斤顶在使用前进行配套校验，得到油压表读数与张拉力间的关系曲线，校验后的千斤顶、油泵和油压表必须配套使用，不得混淆。

④ 预应力钢束制作及定位。钢绞线下料用砂轮切割机，下料长度应考虑千斤顶张拉时的工作长度(80～100cm)。切割时在距切口1～2cm处用胶布缠裹或用绑丝扎牢，防止切口松散。预应力钢束用CS15

穿束机穿入。

本工程将钢绞束穿入波纹管内，再根据设计图所给预应力筋的曲线坐标，确定波纹管坐标，焊接钢筋托架。然后将波纹管固定在钢筋托架上，托架间距 50cm。波纹管的铺设严格按设计给定孔道坐标位置控制。在梁张拉端与锚垫板连接处，波纹管插入锚垫板，插入深度不大于锚垫板的喇叭口直线段长度，并保证锚垫板与孔道垂直，接头处用密封胶带缠裹严密以防止漏浆。在预应力钢绞线与钢筋位置有冲突时，调整普通钢筋以保证预应力筋位置准确。严格控制锚垫板安装位置，锚垫板与钢筋绑扎牢固并与模板贴紧。为保证与孔道对中垂直，用木楔调整角度。灌浆孔用棉丝或同直径管丝封堵以防止浇注混凝土时堵塞。锚下螺旋筋紧靠锚固板安装；浇注混凝土时锚端处使用 30 插入式振捣棒，以免弄破波纹管或使锚垫板偏位。

⑤ 排气孔的制作。排气管用 ϕ15mm 高压塑料管制作，排气管的长度以高出梁面混凝土 25～30cm 为宜。排气孔的弧形压板用 22# 铅丝绑扎牢固，接茬处用胶带严密缠绕防止漏浆。

排气管中插入 Φ8 钢筋，并将端部封严，以防异物掉入。

⑥ 预应力施加。预应力张拉采取双控，以拉应力为主，以伸长值做校核，理论伸长值与实测伸长值偏差控制在±6%以内。预应力张拉采取两端对称、分级张拉，并做好张拉原始记录。

按《公路桥涵施工技术规范》规定，本工程所有钢绞线束均采用超张拉方法，张拉程序如下：

0→初应力（10%～15%）σ_k 分级张拉→105%σ_k 持荷 5min→σ_k

σ_k：张拉控制力，其中 R_b=1860MPa。连续箱梁 $\sigma_k=0.7R_b$=1302MPa。

两端对称张拉时，油泵操作人员要保持联络，以保证两端张拉同步进行。每束钢绞线断丝、滑丝不得超过 1 根，每个断面断丝之和不得超过该断面钢丝总数的 1%，且在任何情况下都不允许钢绞线整根拉断。

⑦ 孔道注浆。张拉完毕后预应力孔道尽快灌浆。压浆前，用环氧树脂砂浆将锚环与钢绞线间的缝隙封闭，防止压浆时漏浆。

压浆采用 525 普通硅酸盐水泥，水灰比为 0.36。外加剂和膨胀剂的选用需经现场监理工程师批准，水泥浆稠度控制在 14～18s。

压浆时，灰浆泵压力控制在 0.5～0.7MPa，并有一定的稳压时间，压浆达到孔道另一端及排气孔排出与规定稠度相同的水泥浆为止。压浆完毕，浇注封锚混凝土，卸落支架及底模，进行质量验收。

6.4.9 钢混凝土组合箱梁

本工程主路桥上跨京承高速路和地铁 13 号线轻轨，主路桥上部 4～7 轴为（48+55+48）m 预应力钢混凝土组合箱梁。

施工流程：钢箱梁制作→搭设临时支架→钢箱梁运输及吊装→钢箱梁拴接→浇注钢箱梁底板混凝土→安装转向器及锚垫板→灌注钢套管与转向器之间的水泥砂浆→穿体外索→绑扎桥面板钢筋→浇注横梁及桥面板混凝土→张拉墩顶普通预应力束→张拉体外索→灌注锚区早强灌浆料及体外索与转角器之间的水泥砂浆→拆除临时支架→桥面铺装及防撞护栏施工。

（1）钢箱梁加工制作　钢箱梁拟委托资质合格并经业主和监理工程师认可的专业厂家加工制作，根据图纸结构和施工现场情况，采取分段制作厂内试拼装的方法，厂家加工时我方要设专人驻场对其加工过程进行监管，对胎模进行验收后方可进行梁体加工制作。

钢结构件出厂前组织监理、业主、设计单位进行出厂核验，厂家需提供出厂文件，包括产品合格证；钢材及其他材料质量证明书；施工图、拼装简图；焊缝重大修补记录；工厂试装记录；高强度螺栓摩擦系数的实测资料；隐检验收单。

经验收合格的钢箱梁对其拼装板进行编号，并用油漆在明显位置标识清楚。在钢箱梁上划出安装基准轴线和安装位置线。

（2）钢箱梁运输　钢箱梁吊装运输前，项目部技术负责人和吊装单位商定吊点位置及吊点的具体结构形式和技术要求，完成吊点制作。和吊装单位一起到现场落实运输进入现场路线、确定钢箱梁运输车、吊车停放位置及退场路线。做好吊运区域各种障碍的清理工作，以及施工现场的电源、照明、焊接设备、安全防护等各项工作，复查安装用临时支架的牢固性、可靠性和安全性。电焊机等设备进入现场。

钢箱梁安装前，对桥墩、墩顶高程、中轴线及每孔跨径进行复测，在墩顶上标出安装轴线位置，以保证钢梁的拱度及中心线位置准确。

检验合格的钢梁分段用炮车运输。运输路线需报交通部门审批。安装顺序依吊装方案进行。

施工过程中，派专人指挥交通，并请交管部门协助设置各种交通标志，如限速、限高等，防止发生交通事故及保证结构安全。

为尽量减少吊装作业对现况交通的影响，梁体吊装工作计划安排在车辆较少的夜间进行，计划从晚上23：00～凌晨5：00为吊装时间。吊装钢梁时，请交通管理部门给予配合，京承高速路现况交通临时导改在新建Z3、Z8匝道上绕行，封闭京承高速路部分车道，确保车辆通行畅通。

（3）临时支墩的搭设　钢箱梁的拼装施工工序为：架设临时支墩→架设各段裸钢梁→裸梁拼接→填充墩顶无收缩混凝土→现浇桥面板→形成全截面→中墩固接→张拉预应力钢束→拆除各临时支墩→桥面系施工。

主路桥钢混凝土组合梁上跨京承高速路和地铁13号线轻轨，采用分段吊装，所以架设临时支墩（见附图6-6～附图6-8），支墩宽2.4m，长度与梁宽相同；采用30×30碗扣支架进行搭设；支墩刚度满足设计要求。

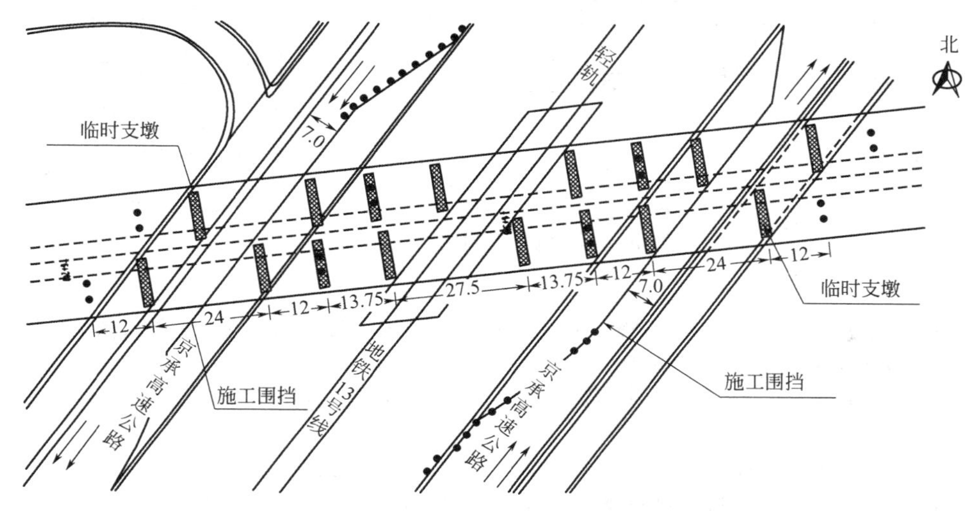

附图6-6　钢箱梁安装临时支墩平面图

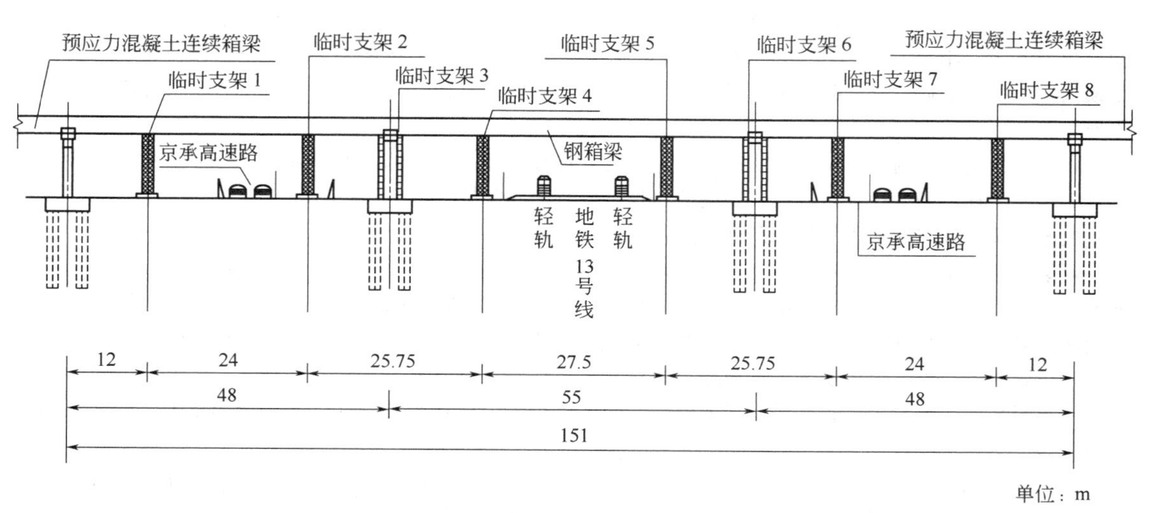

附图6-7　钢箱梁安装临时支墩立面图

搭设临时支墩的地基，清除表面渣土后碾压，临时支架架设在京承高速路以外土基上时要先清除松散土，夯实后填30cm无机料基础，再采用C25素混凝土进行硬化处理，提高地基承载力，防止地基发生变形。位于京承高速路上的临时支墩，临时支架架设在沥青混凝土路面上，铺10cm×10cm方木直接架设。

临时支墩选用碗扣式支架进行组装，在保证受力的情况下，尽量缩小支架平面尺寸，保证占地面积

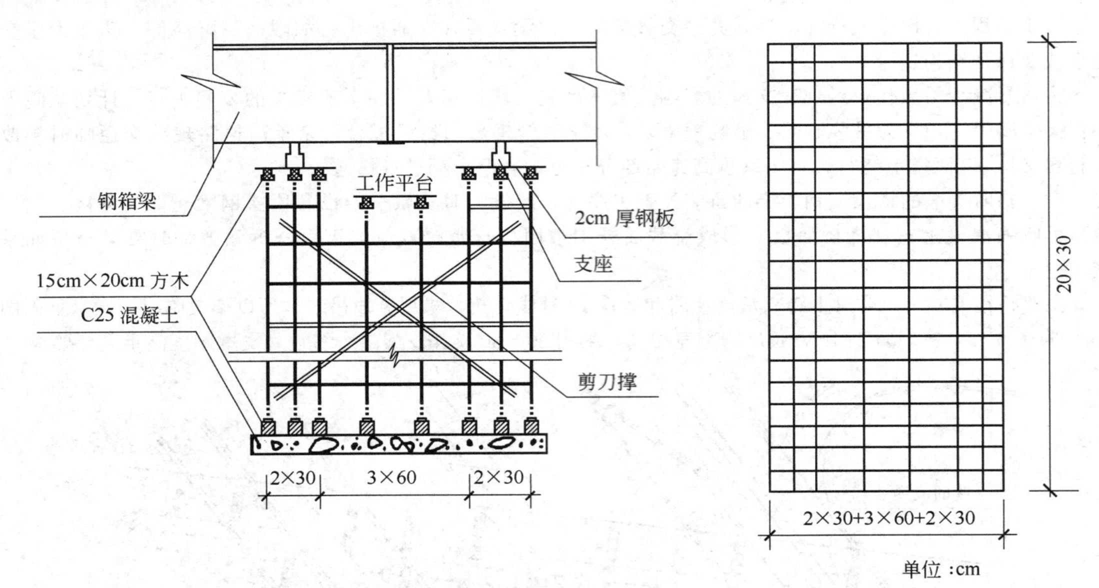

附图 6-8　钢箱梁临时支墩示意图

最小。

临时支墩按照设计给定位置进行搭设，采用“预压法”消除支架变形。支架顶端安放千斤顶或砂箱，按照梁体设计高程准确调整支架高程。

临时支墩四周用围挡板进行封闭，并搭设安全网，设立防撞墩以及明显的施工标志、警示标志，保证施工安全。

在支架两侧用混凝土隔离墩保护，支架外侧满布密格安全网，防止坠物威胁行车安全。

(4) 钢箱梁安装　本标段钢箱梁跨越京承高速路和地铁 13 号线轻轨，钢箱梁跨越轻轨分段长度 27.5m，钢箱梁最大自重 50t，采用两台 80t 吊车吊装钢箱梁。

钢箱梁吊装前，拆除桥区两侧京承高速路上波形护栏及轻轨防护网，在轻轨与京承高速路之间排水边沟内预埋 Φ700 钢筋混凝土管，上部采用级配砂砾回填至与京承高速路路面相平，分层碾压密实，确保下雨期间边沟排水畅通；钢混凝土组合梁施工完毕后，拆除临时支架及预埋钢筋混凝土管，清除砂砾，恢复现况地貌。

钢箱梁结构安装前，对桥台、墩顶高程、中线及每孔跨径进行复测，不超过允许偏差后方可安装。在构件和墩柱上标出轴线位置，以保证钢梁的建筑拱度及中心线位置正确。

安装前按照施工图清查构件和零件的数量、标号，进行全面的质量检查。

对装运过程中产生缺陷和变形的杆件，须予以矫正、处理，符合要求后，方得使用。各段箱梁均采用两台 80t 吊车起吊，按吊装方案设计顺序逐一安装。吊装时必须有专职信号员进行信号作业。起重机司机和起重工必须得到指挥人员明确的信号后方可进行起重吊装作业。在起吊过程中严禁构件处于悬臂状态，防止产生过大的拱度。每段安装完后使用全站仪复测高程和平面位置。

钢梁吊装时，设专人负责观察支架的强度、刚度和位置，检查钢梁杆件的受力变形情况，如发现问题及时处理。

(5) 钢箱梁拴接　钢箱梁采用大六角高强螺栓（M24、M22）栓接，高强螺栓在安装前须检查连接摩擦面是否平整。钢箱梁拼装前，清除栓孔内和接头钢板表面的污物。安装使用的临时螺栓和冲钉，须符合下列规定：不少于安装孔数的 1/3，临时螺栓不少于 6 个，冲钉不宜多于临时螺栓的 30%。

高强螺栓、螺母和垫圈在使用前，进行清点、分类造册、外观检查、探伤检查，螺纹有碰伤的应用锉刀修整，有缺陷的要慎重研究，决定能否使用。表面上和螺栓螺纹内有油污或生锈的采用煤油清洗，清洗后于螺母的螺纹内及垫板的支承面上涂以少许黄油，以减小螺母与螺栓间的摩擦力。拼装钢箱梁所使用的高强螺栓长度必须与拼装图所示一致。拼装钢箱梁时，为保证几何尺寸的精度，先用冲钉固定板束位置，其他孔眼均穿上高强螺栓。初步夹紧板束悬臂安装时，先穿的螺栓终拧后，再用螺栓换下冲钉。高强螺栓须顺畅穿入孔内，不得强行敲入，穿入方向全桥一致，以便操作和养护检查。安装高强螺栓时，构件的摩擦面保持干燥，不得在雨中作业。高强螺栓的安装由螺栓群中央向外处拧紧，必须在当天终拧完成。高强螺栓连接的板叠接触面要平整。当接触间隙在1.0～3.0mm时，将高的一侧磨成1∶10的斜坡，打磨方向与受力方向垂直；大于3mm时加垫板，垫板的处理方法与构件相同。

高强螺栓的施拧在构件中心调整完毕后进行，施拧时只准在螺母上施加扭矩。螺栓的施拧分为初拧和终拧。初拧使用定扭矩扳手，扭矩为终拧的50%。

终拧扭矩按下列公式计算：

$$TC=K\times PC\times D(\mathrm{N\cdot m})$$

式中　K——扭矩系数；

PC——施工预紧力，$PC=P\times 1.1(\mathrm{N\cdot m})$；

D——高强螺栓螺纹直径。

高强螺栓终拧完毕后须进行检查：高强大六角螺栓扭矩在终拧1h以后，24h以内完成。扭矩检查时将螺母退回30°，再拧至原位测定扭矩，该值大于规定值的10%为合格；每一螺栓群检查的数量为其总数的5%，每个节点不得少于6个。其不合格者不得超过总数的20%，若超过此值，则应继续抽查直至累计总数80%的合格率为止，对欠拧者应补拧，超拧者应更换。

钢梁在全部组拼、高强螺栓拧紧后，经检验合格，将安装过程中损坏的漆表面进行修补打磨后，进行面漆的涂刷。

钢箱梁吊装完成后，由测量人员在钢梁纵、横梁上测量其实际标高，复核预拱度，并及时将测量结果反馈给设计及有关人员，如有必要，可采用千斤顶调整标高。

(6) 浇注底板混凝土　钢箱梁拴接后，根据设计图纸给定尺寸浇注底板混凝土。

(7) 安装转向器、锚垫板和穿体外索　本工程钢混凝土组合梁预应力束采用钢绞线体外束$\phi^{J}15$($7\phi5$)，一部分钢绞线处于混凝土之中，一部分钢绞线处于混凝土之外，钢箱梁制作时，在钢箱梁横隔梁上及钢束曲线折点位置根据设计图纸给定的钢束坐标位置预留孔，在预留孔处安装钢束转向器，转向器钢套管四周通过加劲板与钢箱梁横隔梁焊一起。严格控制锚垫板安装位置，锚垫板固定牢固，保证与孔道对中垂直。

转向器及锚垫板安装检验合格后，在钢套管与转角器之间灌注水泥砂浆，穿体外束。

(8) 安装桥面板支架及模板　钢箱梁就位栓接完成后，安装钢箱梁翼板外挑模板三角架，三角架采用$\phi48$的钢管焊制。外挂三角架间距80cm，用$\phi22$的高强螺栓与钢箱梁连接，三角架下端采用可调顶撑，顶紧在钢箱梁的侧壁上，纵向采用脚手架连接，保证三角架的稳定性。

三角架顶铺设50mm木板，然后铺模板，模板采用12mm厚双覆光面胶合板，模板拼装提前做好模板设计。

钢混凝土组合梁现浇板内模采用50mm厚木板，背肋用50mm×100mm方木，模板表面钉塑料布，以防漏浆，也方便拆模。安装预制模板时注意，在钢横隔梁翼板处留下位置，以利上部结构与翼板剪力钉紧密结合。

(9) 绑扎桥面板钢筋，浇注横梁及桥面混凝土　模板验收合格后，立即组织人员按照设计图纸配置钢筋的型号，并根据不同部位的钢筋尺寸绑扎钢筋，焊接成型的钢筋骨架必须稳定牢固，浇注混凝土时不得松动或变形。普通钢筋与预应力钢束位置发生矛盾时，可适当调整普通钢筋位置，钢筋与模板间须设置足够数量与强度的垫块，确保钢筋保护层达到设计要求。绑扎钢筋做好足够的支撑须保证钢筋的准确性。

钢筋、预应力束及各种预埋件检查验收合格后，浇注桥面板C45无收缩混凝土，混凝土采用泵车浇注，采用插入式振捣器振捣密实，振捣时，振捣棒严禁碰触芯模和螺旋管。桥面高程控制采用平面振捣梁的轨道顶标高控制，当混凝土达到桥面高程时，用平板振捣器初平，滚杠提浆，人工二次抹压平整。

(10) 张拉预应力钢束　桥面板混凝土强度达到设计要求后张拉预应力钢束，先张拉墩顶普通预应力钢束，再张拉体外索中间长束，最后张拉两端短束，张拉方法采用悬浮法张拉。张拉程序如下：$0\rightarrow\sigma_0\rightarrow 2\sigma_0\rightarrow\sigma_k$（锚固）。

体外索张拉完成后，立即灌注锚区砂浆及转向器与体外索之间的砂浆。拆除临时支架，恢复京承高速路波形护栏和地铁13号线轻轨两侧护网，拆除临时预埋管，清除临时地基填料，恢复原地貌。

6.4.10 桥面混凝土铺装

首先将梁体表面拉毛处理，用钢刷清除表面的浮皮，用水冲洗干净，然后绑扎钢筋网片，再进行冲筋：按设计标高做灰饼，然后根据灰饼冲筋，灰饼与冲筋所用混凝土要与铺装层混凝土同标号。混凝土铺筑分区进行，对称安放振动梁导轨并调整好高度。为避免铺装混凝土出现收缩、干裂现象，桥面铺装混凝土选用半干硬性防水混凝土，自卸汽车运送，人工浇注，行夯振捣；混凝土摊铺时，混凝土面高程应高出设计高程2～3cm，先用插入式振捣器振捣密实，再用双钢管振动梁沿导轨进行表面振捣及整平。人工用木抹子抹平，初凝后进行二次抹面，并用拉毛器拉毛。覆盖彩条布或塑料薄膜养护7天，防止混凝土出现裂纹。

6.4.11 桥面防水

本桥的桥面防水材料为APP防水卷材。

防水涂料施工前，对桥面混凝土铺装进行检查验收，保证表面平整粗糙，但无起砂、浮尘、尖刺等影响防水层工程质量的不良现象。防水施工前桥面混凝土表面平整牢固，用空压机或水冲洗洁净，面干后，均匀涂刷底油，等到面干后将聚酯砂面油毡粘接层用汽油喷灯烤融后，人工将卷材铺平，用橡胶刮板压实覆盖在混凝土表面。施工接缝处防水卷材要上下层搭接，并顺水流方向由较高一侧卷材压住较低一侧卷材。

施工中施工人员注意随时保护防水层，禁止随意踩踏及放置物品，保证粘接紧密，无空鼓、脱层、裂缝、翘边、褶皱现象。桥面防水由具有相应资质的专业作业队施工。

防水层施工完毕后，做好成品保护工作，防止车辆碾压破坏，影响防水效果；防水层经监理验收合格方可进行沥青混凝土铺装层的施工。

6.4.12 桥面附属工程

(1) 防撞护栏　防撞护栏采用现浇，预埋件安放齐全，每间隔10～15m，设缝1cm。提前做好定型模板设计、加工。

(2) 挂板　采用预制钢筋混凝土挂板，现场吊车吊装。核对桥梁边线高程及预埋件位置后，测放出地袱位置，用吊车将挂板吊装就位铺装，挂板下方用干硬性水泥砂浆填充密实，地袱间缝宽1cm，并在伸缩缝位置断开，间隙与伸缩缝同宽。分块找平、找直顺，将预埋件相互焊接牢固，保证外型整体直顺、圆滑、美观。安装支架及吊装过程要保证安全。

(3) 伸缩缝安装　桥面沥青混凝土铺装施工时伸缩缝槽内沿底面铺一层无纺布并用二灰砂砾填充密实，沥青混凝土铺装层施工完成后进行桥面伸缩缝施工。本工程伸缩缝采用毛勒缝，采用MR-80单组仿毛勒伸缩缝和MR-160型双组仿毛勒伸缩缝。

开槽：标出要开挖沟槽的边线。沟槽的宽度一般为50cm，用切割机锯开并开挖至规定深度。一般不小于5cm。

清理：清除沟槽四周及接缝处的砂石、淤泥等杂物。用水冲洗泥沙和浮土。用空气压缩机喷吹，清除松动的部分。

安装：将伸缩缝吊施放入槽内，进行找平、调直与预埋筋固定，浇注混凝土，混凝土坍落度控制在6～8cm，表面压光、压实，无纺布覆盖保湿养生。

开放交通：安装完成后，混凝土强度达到设计强后可开放交通。

(4) 桥头搭板施工　台背回填至石灰、粉煤灰砂砾混合料基层时，进行桥头搭板施工。按设计图纸准确控制搭板基底高程，放出搭板边线，绑扎搭板钢筋。搭板模板采用定型钢模板拼装而成，保证搭板外层钢筋与基底、模板间有足够的保护层。搭板钢筋、模板验收合格后，浇注混凝土；混凝土浇注前，将搭板基底洒水湿润，保证混凝土与基底有良好接触。混凝土成活后洒水养护。

6.5 人行过街天桥工程施工方案

本标段在南湖渠西路口新建一座人行过街天桥，人行天桥上跨现况××中街主路和辅路，在主辅路分隔带处设墩柱，两侧步道处设置梯道。上部结构采用连续钢箱梁，主梁截面为单箱双室，桥面铺防滑塑胶板，梯道为简支钢箱梁加钢踏步板，梯道面及平台面铺防滑塑胶板、不锈钢栏杆；下部结构主墩和梯墩为带盖梁的钢管混凝土“T”形墩柱，主墩基础、梯墩基础为桩基础。

6.5.1 钻孔灌注桩

新建和改建人行过街天桥钻孔灌注桩基础桩径均为ϕ1200mm，施工工艺与主路桥工艺相同。在钻孔前须详细调查钻孔桩附近现况管线，确保施工时管线安全。

6.5.2　桩帽施工

先测量放出开槽上口线。对于有现况地下管线经过的地段需先进行地下管线调查。由人工挖探坑，确定现况地下管线位置、高程，与承台位置没有冲突才可进行开槽施工。

采用机械挖槽、人工清槽。测量人员跟铲盯槽。随时测量槽底高程、槽底宽度。要求槽底不得超挖，需留下15cm用人工清除至原状土。

成槽后需对槽底土质进行检查，槽中土质干燥、均匀连续，否则根据具体情况进行换填等加固处理。

桩帽垫层施工前根据中心、高程数据放出垫层模板的边线与高程控制桩。使用红机砖进行垫层模板。模板砌筑好后要进行校准，边线、高程误差小于质量标准方可进行下道工序。混凝土垫层为C10，厚度10cm。

桩帽外模使用定形钢模板。内模（杯口）使用竹胶模板拼装而成。模板接缝处要使用模板条，以防止漏浆。模板使用方木与钢管组合固定。

在桩帽垫层上放出主筋、箍筋位置线。钢筋严格按照设计图纸的上、下位置进行安装。受力钢筋焊接设置在内力较小处，并错开布置。在接头长度内（$35d$），同一根钢筋不能有两个接头，接头的截面面积占总截面面积的百分率不大于50%。钢筋绑扎位置按梅花形间隔布置。排距位置应以主筋间距为主。在上、下主筋外侧与模板之间安装混凝土或塑料垫块，以保证钢筋保护层厚度。

由质量、监理人员对基础模板的中线、净空、高程、平整度、直顺度进行完复测，没有问题后方可进行基础混凝土的浇注。

沟槽内混凝土浇注使用流槽作业，混凝土分层浇注。每层厚度不大于30cm，浇注间隔时间不大于20min。桩帽四周要同时进行混凝土浇注，以免桩帽模板承受过大的不均匀侧压力而发生位移。

在振捣混凝土过程中要随时对模板与支撑进行检查，如发现漏浆或支撑松动现象要及时加固。桩帽外模混凝土浇注完初凝后进行收面，使用木抹子至少压实三遍，用铁抹子赶光。

6.5.3　桥墩施工

（1）桥墩采用预制T形钢柱，工程进场后首先落实预制墩柱的预制加工工作，避免因加工不及时而延误工期。

（2）对桩帽内壁（杯口内壁）进行凿毛处理，桩帽经监理验收合格后，进行预制钢墩的安装定位。安装前应仔细检查钢墩的各种焊接构件，尤其应对其剪力钉进行全面的检查，剪力钉采用专门的焊接机具和焊接工艺进行施工。预制钢墩柱底部用事先预埋的钢筋固定，上部用钢丝绳对称拉紧，垂直偏差不大于墩柱长度的0.3%。

（3）墩柱安装　为减少两次搬运，均采用运输安装一次完成，将墩柱直接吊下安装杯口，在吊装前做好道路平整压实及施工车辆的疏导工作。

① 构件在出厂前弹好中心线。

② 在杯口底测好高程，事先调整好，保证高程不变。

③ 在承台顶面弹好中心十字线，测出高程。

④ 现场备好木楔，支好2～3台经纬仪，画好中心，搭好工作台，以方便施工人员施工，同时也起着固定墩柱的作用。

⑤ 安装时随时检查。量测墩柱间距和垂直度，待安装就位后在杯口内浇注微膨胀C35细石混凝土。并分层振捣密实，分层厚度不大于30cm。且注意振捣质量，以防过振和漏振。

（4）杯口外采用C20混凝土二次浇注施工，二次浇注模板采用定型原钢模。混凝土浇注前，再次复核墩身模板垂直度，同时清除槽内杂物。采用分层浇注振捣。要保证桥墩下部与桩帽之间的混凝土振捣质量，保证不漏振、不过振。尽量避免有风天气进行混凝土浇注施工。对于二次浇注时的墩柱包封外露面在混凝土浇注完初凝后进行收面，使用木抹子至少压实三遍，用铁抹子赶光。

6.5.4　钢箱梁制作、运输及安装

人行过街天桥上部钢箱梁制作、运输和吊装与主路桥钢箱梁工艺相同。钢箱梁吊装完毕后，按照规范、图纸要求进行连接，主梁现场拼接采用对接焊缝连接，采用坡口形式，腹板、下翼缘板采用X形坡口，上缘翼板采用V形坡口，焊缝厚度不小于被焊件最小厚度。横隔板与上下翼缘板刨平顶紧不焊。主梁

所有焊缝检验质量等级采用一级标准，焊接工艺应符合设计规范。

6.5.5 桥面铺装及护栏安装

(1) 桥面铺装 桥面铺装采用防滑塑料板，板厚1.5cm，桥梯为简支钢箱梁加钢踏步板，桥梯面及平台面铺设防滑塑料板，梯步为金刚砂防滑预留条。

(2) 栏杆安装 本桥栏杆采用不锈钢材料，使用相应焊条焊接，立杆用扁不锈钢裁切制成，其裁切形成的锐角磨圆滑。全桥立杆均需与水平面垂直安装。其垂直偏差允许±2mm。主梁段扶手随主梁向上起拱。

全桥立杆布置原则：首先在扶手和地袱转角处设一根立杆，由此将全桥栏杆分割成若干尺寸段，各尺寸段的立杆间距需≤140mm。栏杆伸缩缝按20m间距布置，在结构缝处设伸缩缝。

6.6 闭合框架通道工程施工方案

本标段Z2匝道上跨B2辅路，设置1～6m钢筋混凝土闭合框架通道桥一座，通道长8.27m，闭合框架通道采用C30混凝土，其中顶板侧墙和底板均厚为60cm。

开工前详细调查影响施工的现况管线，积极配合所属单位，进行必要的拆、改、移和保护措施，防止损坏。施工前，对施工场地进行清理，清除周围各种杂物，整平夯实，便于施工机械、车辆出入作业。

6.6.1 工艺流程

测量放样→基槽开挖、处理→垫层浇注→底板钢筋绑扎及支模→底板浇注→清理凿毛→侧墙内及顶板侧模支立侧墙钢筋绑扎→侧墙外模支立→浇注侧墙及顶板混凝土→养生→台背回填及翼墙施工→桥面系施工→桥头搭板施工。

6.6.2 测量放样

按照设计位置测设出通道桥轴线桩，拴桩保护。根据设计图纸尺寸及相对关系，放出通道桥基槽开挖线、结构边线。

6.6.3 基槽开挖

开槽前放出开槽边线，人工配合挖掘机进行开槽，每次超挖深度不超过0.5m，边开挖，边人工修整边坡，将边坡上的浮土清理掉。人工修整坡时，坡面不平整度不大于20mm。

严格按照设计要求，测定中线和高程，槽底预留20cm由人工清底，以防超挖。基槽开挖完成后，测量出标高，严格控制槽底高程和宽度，防止超挖。

施工时防止雨水进入沟槽，将槽边设挡水土埂，使其流入指定地点，用水泵将水抽除。在槽侧留80cm作业，挖一道30cm深的排水沟，在通道进出口处挖集水坑，用备用水泵及时将水抽走，保证基槽的干燥。在槽边1m处沿沟槽走向设1.2m高红白漆护栏。

基槽开挖完成后，施工单位按规范及相应单位的要求进行地基承载力检验。根据现场土质情况，请地质勘察单位、设计、监理、业主对槽底进行检验。如基底达不到设计要求，则采取相应措施进行基础处理。如在低温情况下施工，必须预防槽底受冻，避免冻融降低地基土承载力。

6.6.4 垫层施工

验槽合格后，支垫层混凝土模板，进行垫层混凝土浇注。混凝土搅拌车运输，采用流槽下混凝土。为保证垫层高程，对垫层进行高程点加密。两侧用高程控制线控制高程，用自制振捣梁振捣密实，及时洒水养护。

6.6.5 闭合框架结构施工

根据通道结构形式，闭合框架分两步施工，第一步施工至底板以上30cm。第二步施工侧墙及顶板。钢筋另设加工厂，在场外加工完成后运至施工现场，在现场进行安装。

(1) 底板结构施工 垫层强度达到5MPa后，即可绑扎底板钢筋，支立底板模板，浇注底板混凝土。底板侧模使用组合钢模板，方木做横立带，利用槽壁进行支撑。支撑方木不得与土直接接触，要垫大板。混凝土浇注前，严格检查侧墙预埋筋位置。底板混凝土浇注至底板上口30cm处。

(2) 侧墙及顶板结构施工

① 底板浇注完毕，混凝土强度达到2.5MPa后将侧墙位置凿毛清理干净后，绑扎侧墙钢筋，支立侧墙内外模模板。为了保证通道桥混凝土外观质量，支模采用碗扣脚手架组合钢模体系（详见附图6-9），侧墙采用大块钢模板，八字钢模在外进行加工。使用碗扣脚手架时要先挂小线，保证横平竖直，并适当加设水平剪刀撑，以保证其整体性和稳定性。钢模板在使用前必须清理板面并均匀涂刷脱模剂，严禁污染钢筋。

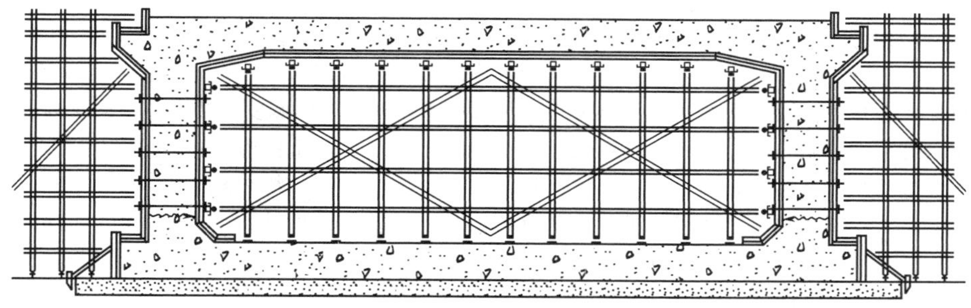
附图 6-9 闭合框架混凝土通道模板示意图

侧模在混凝土强度达到 50%，顶模达到混凝土设计强度 70%时，方可拆模。侧模在混凝土强度能保证其表面及棱角不因拆除模板而受损坏，底模待混凝土强度达到设计强度 50%以后，方可拆除。拆除的模板要清理干净并刷油保护，对螺栓眼用干硬混凝土进行封堵填塞。

② 混凝土由搅拌站供应，罐车运输，泵车浇注。在浇注侧墙前，先浇 5cm 厚与混凝土同标号砂浆，以利于结合，防止烂根。对称、分层浇注及振捣。在浇注到侧墙顶时，适当比顶板倒角底角位置高出 3～5cm，留出清凿位置。

③ 在较低温度下施工侧墙时，采取措施使侧墙与底板结合面达到 5℃以上的温度，浇注完侧墙后采取措施使侧墙与底板的结合面继续保持正温，直至新浇的混凝土获得规定的抗冻强度。可采取暖棚加热养护，并注意保持湿度，必须养护 1 周后方可拆模。

6.6.6 通道桥台背回填施工

在通道桥混凝土强度达到设计强度后，分层、对称回填，密实度不小于 96%。台背回填长度按设计要求进行。材料使用砂砾或监理工程师批准的材料。

6.6.7 桥头搭板施工

当台背回填砂砾施工完毕后，在其上放搭板边线并测量其高程与设计值是否相符，如果相符，则在其上绑扎钢筋支模板。

钢筋支模板完成后进行自检，合格后请监理工程师验收，合格后浇注混凝土，浇注混凝土前，先将砂砾顶面用清水润湿。混凝土浇注完成后，洒水覆盖塑料薄膜养护。

6.7 U 形槽工程施工方案

本标段道路两侧非机动车和人行道在××中街立交桥区主路桥处交汇在一起，采用 U 形槽下穿京承高速路和地铁 13 号线轻轨预留 3 孔桥，交汇处 U 形槽净宽 8m、长 221m，其他段 U 形槽净宽 6m，U 形槽为整体式断面。施工时，由于该区域地下水位较高，须先进行降水作业，然后进行结构施工。

6.7.1 施工降水

U 形槽结构底板标高最小为 34.106m，根据地质勘察资料及现场实际条件，拟建场区台地潜水水位标高 35.19～39.08m，层间水水位标高 32.56～35.22m，具有一定承压性。U 形槽开槽施工前，须先将地下水位降至沟槽以下 0.5m 以下。施工降水采用轻型井点降水工艺，沿 U 形沟槽两侧布置井点，施工工艺与雨水管道降水施工相同。

6.7.2 土方开挖

沟槽采用机械开挖，京承高速路预留 3 孔桥下采用小型挖掘机开挖，严格控制槽底标高，严禁超挖，边挖边清，人工清槽见底，达到要求的槽底标高。排除沟槽表面积水，进行地基承载力检测，如达不到设计要求进行换填处理。

6.7.3 下 U 形槽结构施工

（1）砂砾及 C10 垫层施工　开槽见底后组织设计、勘察、监理和管理单位共同验槽，达到设计要求地基承力后，进行 30cm 砂砾垫层施工，砂砾垫层采用平板振动夯或小型振动压路机碾压密实，然后支模，浇注 30cm 厚 C10 混凝土垫层，混凝土采用平板振捣器振捣密实。

（2）底板结构施工　垫层强度达到 5MPa 后，即可绑扎底板钢筋、支立底板模板，浇注底板混凝土。底板使用普通定形钢模板拼装。钢模板使用前要进行除锈，不得使用弯曲、变形的模板。模板反面使用 U

形卡卡紧，不得漏卡。模板均匀涂抹一层脱模剂。

模板固定使用方木与钢管。靠近模板先放立撑后放横撑。模板、立撑与横撑之间用铅丝绑紧。并保证一块模板上不少于两根立撑且间距不大于80cm，两道横撑之间距离不大于60cm。在正对立撑的位置安装斜撑。斜撑使用顶丝顶到放在沟槽边坡一侧的方木与大板上。在模板内侧要安装支撑，防止内模净空变小。

模板安装好后要进行校准，边线、高程误差小于质量标准方可进行下道工序。

模板安装好后如不立刻进行下道工序，就需对其进行保护。要防止水浸泡。

模板拆除24h前需报监理工程师批准，非承重侧模板，在抗压强度达到2.5MPa时，方可拆除，以保证其表面及棱角不致因拆模而受到损坏。

由于U形槽底板存在纵坡，因此底板混凝土一次浇注至侧墙底部。

由质量、监理人员对基础模板的中线、净空、高程、平整度、直顺度进行完复测，没有问题后方可进行基础混凝土的浇注。

混凝土坍落度一般情况下为10～14cm。混凝土浇注采用泵车和拖式泵。

平整施工现场，确定泵车及罐车就位地点。根据泵车的悬臂长度及布料管长度，确定操作半径，尽量减少泵车移动次数。混凝土罐车进出场地应平整、坚实、宽阔。现场材料堆放场地便于运输。要求混凝土浇注间隔时间不大于30min，以防止混凝土施工中出现施工缝。

混凝土到现场后要对其进行检验，合格后方可使用。主要检验以下几点：

① 混凝土开盘时间，出场时间，运至现场的时间。

② 混凝土开盘鉴定，混凝土配合比齐全、无误。

③ 在现场进行混凝土和易性的检测实验，要求混凝土坍落度在要求范围以内。

④ 混凝土无离析现象，混凝土未初凝。

检验合格后要立即使用。在浇注过程中根据浇注方量，制作混凝土试块。试块必须现场制作，并符合实验规范要求。

混凝土分层浇注。每层厚度不大于30cm，浇注间隔时间不大于20min。混凝土使用插入式振捣器或平板振动式振捣器振捣。插入式振捣器按梅花形均匀布置振捣，间距40cm。并插入下一层混凝土中5～10cm并停留3～5s。

当混凝土表面无明显气泡泛起与下落，证明混凝土已经振捣密实。不得过振、漏振。

在振捣混凝土过程中应随时对模板与支撑进行检查，如发现漏浆或支撑松动现象要及时加固。

在混凝土浇不过程中安排专人对各种预埋件进行检查，如发生错位要及时调整。

混凝土初凝后终凝前用人工抹面。用木抹子压实，且不少于三遍。

混凝土表面要洒水养护，保证混凝土始终处于湿润状态。如大气温度过高，则在混凝土表面上覆盖塑料布保湿。

(3) 侧墙结构施工　侧墙钢筋与底板钢筋一起绑扎完成，由于侧墙钢筋直径较大、较高，施工时必须做好固定措施，防止倒塌。

由于侧墙不外露，施工时重点保证混凝土结构尺寸和内在质量，施工内侧模板使用尺寸为2000mm×1500mm组合钢模板，外侧采用普通组合钢模板（见附图6-10）。

模板使用前必须进行仔细的检查，边角无变形，整体平整度偏差小于2mm方可使用。模板选用模板漆作为脱膜剂。

先搭设施工用脚手架并安装好纵向支撑，纵向支撑临时加固好后才能进行模板的安装。

模板安装好后防止随意晃动造成的整体错位，并尽快进行加固。

在模板与主筋之间用塑料垫块保证钢筋保护层。垫块与主筋之间用扎丝绑紧。垫块梅花形布置，间距100cm。

使用组合梁作为模板竖向支撑，间距1.0m。底部利用底板预埋块固定，顶部将前后竖向肋用对拉螺栓进行固定。斜撑设在距侧墙顶高1/2处。横向使用两根高8cm槽钢并行放置作为横向加强肋。

为保证侧墙沉降缝施工质量，制作侧墙定型钢模固定止水带，保证沉降缝垂直。

侧墙混凝土浇注宜安排在夜间进行，浇注速度不宜太快或太慢，控制在0.8m/h。

侧墙高度大，需由人下至模板内部进行振捣操作，在施工中要随时注意不能破坏钢筋间距与位置。混

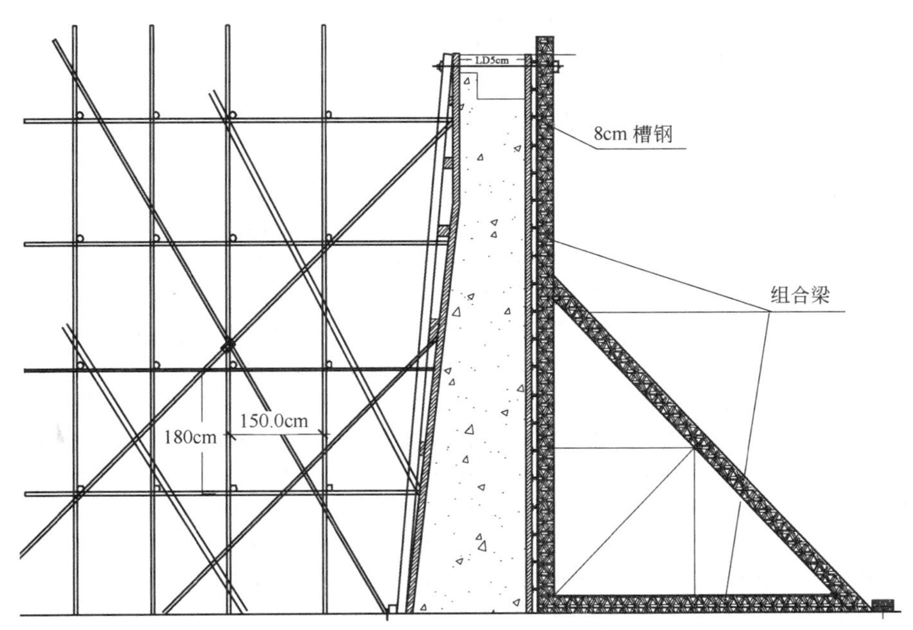

附图 6-10　U 形槽侧墙模板示意图

凝土浇注采用泵车下料。混凝土坍落度 14～16cm，为防止混凝土飞溅，模板内间距 6m 设 PVC 下料管。混凝土浇注层厚 15～20cm，减小分层浇注间隔，防止混凝土分层产生色差，便于混凝土散热。混凝土强度达至设计强度的 30%时将侧墙模板放松，进行保温养护，混凝土养护期不得少于 14 天。

混凝土养护：在侧墙搭设暖棚，内设电暖气，并喷洒养护剂养护。

伸缩处橡胶止水带严格按设计位置进行安装，伸缩缝板进行加固，保证浇注混凝土时不发生错位。使用整条止水带，在结构中不得有接缝。后施工一侧的止水带要注意保护，防止在施工前发生破损。

侧墙外侧防水，施工前将背墙清理干净，无毛刺、尖角。涂刷底漆，混凝土表面干燥，在其表面完成防水施工，在施工过程中防止出现空鼓、漏防、卷曲等问题，油层涂涮均匀，厚度一致。

(4) 配重级配钢渣施工　U 形槽侧墙施工完毕，拆除侧模后，分层回填级配钢渣，级配钢渣采用自卸车运输，推土机推平，洒水湿润，采用双钢轮压路机碾压密实。级配钢渣回填至设计要求位置后，上部施工路面结构。

(5) 台背回填土　侧墙台背回填分层压实，工作面宽度较小时使用蛙式夯压实，结构边角处采用冲击夯压实，压实度不得小于 95%。

6.8　道路工程施工方案

6.8.1　路床

(1) 测量放线　施工时全段每 50m 设置一组中心桩，每 100m 测设一临时水准点。各流水作业段每 20m 设一组边桩，并按设计道路基层横断面放出围边坡脚线。

(2) 路床修筑及平整　路床使用自卸车上土，推土机摊铺，并检测土壤含水量。如含水量不足，采用悬耕犁、圆盘耕翻晒或洒水车洒水，使土壤达到最佳含水量要求（或高于最佳含水量 1%），路床表面使用平地机平整至规范要求。基层每层两边留出 0.3m 的压实余宽。

(3) 压实　整平的填铺层，使用大吨位静碾，先静压，然后用高振幅、低频率振动碾压，待压路机有反弹现象时，改用低振幅、高频率碾压，碾压速度不超过 65m/min。含水量不超过最佳含水量的 2%。

无法采用压路机压实的地方，使用手扶蛙夯进行夯实，达到无漏压，确保碾压均匀。对一些死角范围，采用手扶蛙夯进行夯实，使这些地方的压实度达到规定的压实度以上。

每层碾压完毕，检测土壤压实度，素土采用环刀法、级配砂砾采用灌砂法进行检测，经监理工程师检测验收合格后，再进行下一层摊铺。

检测报验：每层压实度合格后要由测量人员布设高程桩、中心桩，检测每层回填厚度、路基宽度及路基高程，并将压实度检测资料一并汇总，上报监理工程师进行检查验收，对自检不合格的局部填土可采取换填级配砂石、并碾压密实的方法进行处理，然后再进行报验。

6.8.2 路面底基层、基层

本合同段主路道路底基层为18cm石灰粉煤灰稳定砂砾混合料、主路基层为（16+16)cm石灰粉煤灰稳定砂砾混合料，匝道及其他路底基层为16cm石灰粉煤灰稳定砂砾混合料，基层为（16+16)cm石灰粉煤灰稳定砂砾混合料。底基层石灰粉煤灰稳定砂砾混合料采用推土机配合平地机铺筑，基层石灰粉煤灰稳定砂砾混合料全部采用2～3台ABG423摊铺机联合摊铺，以取得好的路面平整度。

为保证施工质量，减少环境污染，本工程中使用的石灰粉煤灰稳定砂砾混合料全部从经业主提供和监理考察认可的具有相应生产资质的混合料生产厂家购买。

（1）混合料供货厂家的选定　开工前，由技术、质量、材料、试验等部门有关人员对业主提供的信誉好的混合料生产厂家进行资质考察，并取样试验，将结果报告业主和监理工程师，经审批后，确定其生产厂家。为确保基层、底基层混合料强度，项目部派试验工程师常驻混合料拌和厂，加强混合料生产过程质量控制，混合料运输到现场时，项目部试验室对到场混合料做现场滴定试验，检测混合料中石灰的钙镁含量，对检测不合格的材料及时清理出场。做到不合格的材料严禁用于本工程。

（2）试验路段施工　开工前14天由技术质量部编制试验段施工方案的书面说明送交监理工程师，在通过验收的下承层上采用监理工程师批准的配合比、混合料厂家、摊铺、碾压、检测设备和人员组织，在监理工程师指定的路床上修筑单幅不小于200m的试验路段，检验施工设备能否满足运输、摊铺、拌和、压实的施工方法，检验施工组织合理性、一次施工长度的适应性等。测量人员在道路上恢复中线（直线段每20m一组中心桩，曲线段每10m一组中心桩)，在路基边线30cm处设边桩，标出各层设计标高，基层混合料全部采用2台ABG423摊铺机成梯队联合摊铺，采用英格索兰SD-175、SD-150、SD-100、CA-25振动压路机和XP260胶轮压路机分不同方式组合碾压。试验段施工中，记录混合料厂家供应能力、摊铺机摊铺速度、满足混合料运输的车辆数、达到规定压实标准时压路机碾压速度、压实遍数、压路机碾压最佳组合方式、人员组织情况等，测量室测出路床顶面、混合料虚铺顶面和达到规定压实度后混合料顶面标高，计算出混合料松铺系数，现场试验室和中心试验室对混合料进行各项技术指标检测。试验段完成后，及时向监理工程师提供试验段总结报告和底基层、基层开工报告，经监理工程师批准后，以此指导大面积石灰粉煤灰稳定砂砾混合料施工作业。

通过试验段施工提出减少离析、易于摊铺、避免早期干缩裂缝、兼顾平整度与压实度要求的工艺配套措施。

（3）混合料运输　拌和好的混合料采用自卸车运至施工路段，根据拌和站的生产能力及摊铺能力配合好自卸汽车的数量，装车时，保证车斗内装载高度均匀，以防离析；运输时对车上的混合料加以覆盖，以防运输过程中水分蒸发；运输混合料的自卸车，在已完成的铺筑层表面上通过时，速度要缓，禁止急刹车，以减少不均匀碾压破坏表层强度；拌和好的混合料要尽快运到现场摊铺。

（4）混合料摊铺与整形

① 路面底基层铺筑。底基层采用推土机配合平地机摊铺。根据路段的长度、宽度、试验确定的一次铺筑厚度及松铺系数，计算各段所需要的混合料数量及运料车每车的卸料距离，并每隔5m在路槽两侧钉设高程桩，作为垫层铺设的基准高程。利用装载体积一定的自卸车将二灰稳定砂砾混合料根据计算的堆放距离由远至近卸置在路基上，用推土机和平地机将其均匀地摊铺在预定的宽度上进行初平，使其具有平整的表面、符合规定的路拱和合适的松铺厚度。摊铺后的混合料，无粗细颗粒离析现象，否则进行补充拌和，再用平地机整平和整形。先用SD-100压路机静压一遍，以暴露潜在的不平整，再用平地机进行精平和整形，使底基层达到要求的路拱和纵坡，然后按试验路段所确定的施工方案，采用SD-175、SD-150压路机在全宽全厚范围内将底基层均匀地压实，检测压实度合格后，再采用自行式轮胎压路机进行赶光碾压。

② 路面基层铺筑。为提高本工程路面平整度，本合同段7m宽以上基层采用两台德国进口的ABG423摊铺机形成梯队作业，其余基层采用1台ABG423摊铺机全宽摊铺。施工时保证运输能力与摊铺机的生产能力互相协调，减少停机待料现象。

在验收合格的下承层上，清除浮土和杂物，并洒水润湿下承层，测量工程师每5m放控制桩，并放出3条摊铺机准线，组织两台ABG423摊铺机就位，一台死板ABG423摊铺机靠中央隔离带一侧在前，内侧以钢丝基准线控制高程，中间以铝梁基准线控制高程，松铺厚度以试验段总结的厚度控制，一台活板 ABG423 摊铺机靠主辅路隔离带一侧行走在后，内侧以前一台摊铺机摊铺面为基准面控制高程，外侧以钢丝基准线控制高程。两台摊铺机成梯形摊铺，前后相距不大于 15m，摊铺速度控制在 3m/min 左右，摊铺时混合料充满摊铺机搅龙 2/3 高度，保证摊铺的混合料平整、不离析；摊铺时混合料的含水量要大于最佳含水量 0.5%～1.0%，以补偿摊铺及碾压过程中的水分损失。在摊铺机后面设专人消除粗细集料离析现象，特别是粗集料窝或粗集料带要及时铲除，并用新混合料填补或补充细混合料并拌和均匀；摊铺要连续进行，每天摊铺完工时，将摊铺机抬起熨平板并稍移出摊铺面，先将摊铺机附近及其下未经压实的混合料铲除，采用 3m 直尺检测平整度，再将已碾压密实、高程、平整度符合要求的末端挖成一横向与路中心垂直的断面；混合料施工如因故中断超过 4h，设横向接缝，先将摊铺机附近及其下未经压实的混合料铲除，再将已碾压密实且高程符合要求的末端挖成一横向与路面垂直向下的断面，然后再摊铺新的混合料（见附图 6-11）。

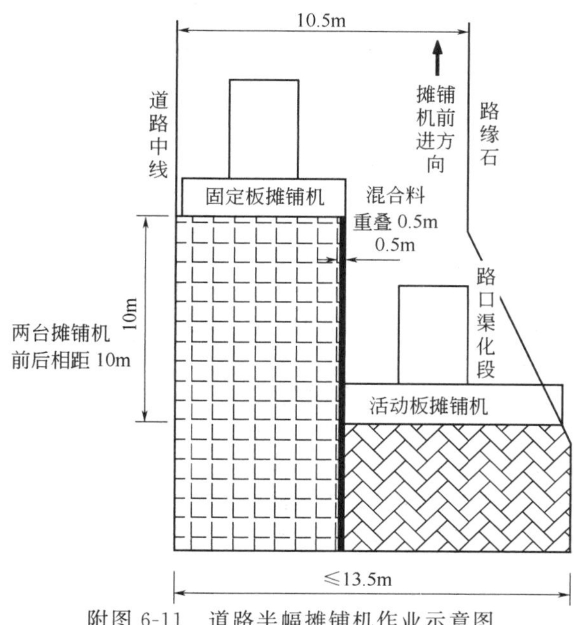

附图 6-11　道路半幅摊铺机作业示意图
（本图适用于基层和下面层摊铺）

混合料分层摊铺，基层摊铺前调整两台摊铺机的摊铺宽度，使上下两层两台摊铺机摊铺的混合料接缝至少错开 50cm，同时确保上下层混合料横向接缝错开位置 1m 以上。

（5）混合料碾压　混合料经摊铺、整形、摊铺长度达到 50m 以后，检测混合料含水量等于或略大于最佳含水量时，立即进行碾压。本合同段采用一台英格索兰 SD-175、一台英格索兰 SD-150、一台英格索兰 SD-100 和一台 YL16 胶轮压路机碾压。碾压分初压、复压和终压，初压采用英格索兰 SD-100 压路机从低到高静压一遍，质检员采用 3m 直尺检测平整度，若有不平整或离析处，则人工铲平，消除离析部位；复压采用英格索兰 SD-175、英格索兰 SD-150 压路机低频高振幅碾压，碾压速度控制在 40～60m/min，每碾压一遍，试验员采用灌砂法检测混合料密实度，直到混合料密实度达到设计和规范规定的密实度以上为止；终压采用 YL16 胶轮压路机赶光碾压。碾压时，直线段由主辅路隔离带一侧向路中线碾压，超高段，由内侧向外侧碾压，每道碾压与上道碾压相重叠不小于 1/3 轮宽，使每层整个厚度和宽度完全均匀地压实到规定的密实度为止。压实后表面平整无轮迹或隆起，且断面正确，路拱符合要求，压实度达到重型击实试验确定的最大干容重的 98%以上；碾压过程中，混合料表面始终保持潮湿，如表面水蒸发得快，及时补洒少量的水；严禁压路机在已完成的或正在碾压的路段上“调头”和急刹车，以保证混合料表面不受破坏；混合料从开始到拌和，到压实成型的总时间不要超过 4h。

（6）混合料养护　混合料碾压成活后，立即封闭交通，洒水养生，养生期不少于 7 天，养生期间除洒水车外，严禁其他车辆通行，设专人看守交通和路面养护。如因特殊原因不能封闭交通时，将车速限制在 15km/h 以下，但严禁重型车辆通行。

6.8.3　乳化沥青透层施工

上基层碾压成型后，洒布乳化沥青和粒径为 5～10mm 的石屑进行养生。乳化沥青采用沥青撒布车进行洒布，喷洒用量为 1.2kg/m²。

在洒布沥青之前对路缘石用彩条布覆盖加以保护，以防污染，将基层表面的松散材料及尘土清扫干净，视其干燥程度适当洒水，当湿润程度不影响沥青的均匀洒布和渗透时方可进行洒布。

采用压力沥青撒布车洒布，用量符合设计要求，洒布均匀，不产生滑移和流淌，当发现浇洒沥青后有空白、缺边时，立即人工补洒，有积聚时予以清除。洒布之后，人工撒布碎石，碎石粒径 5～10mm，含水量3%以下，洒布量$8m^3/1000m^2$，撒料后及时扫匀，达到全面覆盖一层、厚度一致、集料不重叠也不露出沥青的要求，当局部缺料时，人工适当找补，局部集料过多时，将多余集料扫出。碎石撒布后，封闭交通，进行基层养护，养护期间禁止任何车辆碾压破坏。

6.8.4 路面面层

本标段路面面层主路为SMA-13（4cm）、AC-20I（5cm）、AC-30I（7cm），辅路面层为AC-13I（3cm）、AC-25I（5cm），京承高速路路面面层为SMA-16（5cm）、AC-25I（6cm）、AC-30I（7cm）；桥面沥青混凝土铺装层为9cm，分两层施工，主路采用2～4台ABG525摊铺机联合全幅摊铺，匝道及辅路采用1台摊铺机全幅摊铺。

沥青混合料从有资质并经甲方及质量监督站认可的厂家采购，用自卸车运至现场。施工准备阶段，对本工程中使用的沥青混合料的供货厂家进行实地考察，对其资质等级、履约能力、质量监督站备案情况进行摸底，在此基础上，选定沥青厂并将厂家的名单上报业主和总监办，由业主和总监办审核，确定供货厂家，及时对供货厂家的进场原材料进行抽样检测，优化配合比。

(1) 沥青混合料的运输　为确保沥青混合料的运输质量，采用15t以上自卸汽车运输。为防止沥青与车厢板的黏结，车厢底板和侧板喷涂一薄层油水混合液（柴油和水的比例为1∶3），但不得有余液积聚在车厢底部。每天施工结束将车槽清理干净，不得有凝结成团的混合料粘在车厢中。为保温、防雨、防遗洒及其环境保护的要求，运料车加装液压式自动篷盖，运料车经外观和温度检测合格后，关闭篷盖，运送至现场。

进场路口前50m用彩条布、麻袋铺路，设专人负责清理运料车车轮在路上粘的尘土。

运料车在卸料前打开篷盖检查温度和外观，有问题的暂停使用，待进一步查证后再作取舍。卸料由专人指挥，运料车不得主动与摊铺机接触，缓慢倒车向摊铺机靠近，停在摊铺机前30～50cm处，待摊铺机向前行驶与之接触，两机接触后即可卸料。这时卸料车挂空挡，由摊铺机推动向前行驶，直至卸料完毕离去。卸料后的自卸汽车不得擅自起斗卸油渣，剩余的油渣必须卸到指定位置，以确保作业面的清洁，避免对施工周边地区的环境污染。

为确保摊铺作业的连续性，每天按日产量和摊铺能力计算调配运输车辆，保证施工过程中摊铺机前方始终有运料车在等候卸料，开始摊铺时等候卸料的运料车不少于10辆。施工中保证拌和机、运输车与摊铺机的生产能力互相协调，以减少摊铺机停机待料或运料车严重积压的情况。

拌和站驻地质量员监控混合料拌和质量及出厂温度，外观或出厂温度有问题的混合料禁止出厂。保证运输车的保温、遮盖措施有效，减少运输过程中的温度损失。

沥青混合料卸料前，由现场质量员检测到场温度，不合格的混合料一律退货。

(2) 试验段施工　沥青混合料路面开工前，在监理工程师批准的路段上，用投入本项工程的全部机械设备及每种沥青混合料各修筑单幅长200m的试验路段，以证实混合料的稳定性以及运输、摊铺和压实设备的效率和施工方法、施工组织的适应性，获取各类沥青混合料施工生产的技术指标。

在监理工程师批准后选出已洒布乳化沥青透层油的单幅路段，按设计图纸在单幅路段两侧进行测量放线，每5m钉一桩橛，并用水准仪测出高程。将ABG423摊铺机组装就位并进行预热，按各类沥青混合料规范提供的摊铺系数计算摊铺厚度，开始进行摊铺。测出虚铺高程及温度后上压路机按事先拟订的方案进行碾压，每碾压一遍，在选出的桩号附近测出高程和压实度，直至压实度达到要求后方可赶光。12h后，对其厚度、密实度、沥青含量及矿料级配和项目进行取样试验，汇总各项技术资料，写出试验路段总结，包括施工作业注意事项、摊铺系数、摊铺与碾压温度以及碾压遍数，报监理工程师审批后进行大面积施工。

(3) 沥青混合料摊铺

① 标高及结构厚度控制。底面层和中面层摊铺时采用测量标高控制，摊铺直线段时，按设计高程在两侧路缘石每5m测设一个测墩，用钢绞线作为基准线用倒链拉紧，每段长度不大于150m，摊铺曲线段时，按设计高程在两侧路缘石每5m测设一个测墩，采用铝合金导杠为基准面。表面层摊铺时采用非接触式声呐平衡梁对结构厚度严格控制，并有效提高路面平整度。

沥青混凝土路面摊铺前，项目部测量班提前将测量工作准备好，在路面基层上每5m测设高程方格网。遇宽度渐变段时，标出摊铺机行走轨迹；遇超高段时，提醒摊铺机手注意高程变化；摊铺过程中，要随时检测高程和中线，发现问题及时调整。

② 摊铺作业。为保证沥青混合料摊铺质量，减少混合料的离析，主路正常段采用两台德国进口 9～15m 幅宽 ABG525 摊铺机进行摊铺，其中 1 台 ABG525 摊铺机为活板机（渐变段使用），加宽段采用 3 台德国进口 ABG525 摊铺机成平行梯形联合摊铺；辅路采用 1 台 ABG525 摊铺机（为活板机）整幅摊铺，路面 SMA-13 和 SMA-16 采用 4 台摊铺机联合全幅摊铺。为避免纵向接缝，前后两台摊铺机相距 10m，混合料重叠 50～100mm。固定板摊铺机靠中央隔离带一侧在前，活动板摊铺机靠外侧路缘石一侧在后，摊铺下面层和中面层时每 5m 布设一个测墩高程点，主辅路隔离带路缘石和中央隔离带路缘石一侧用地锚倒链固定钢索作为摊铺机的高程基准线，两摊铺机间采用测定的杠尺作为基准线，并设专人控制；固定板摊铺机走两侧高程基准线，活动板摊铺机外侧走钢索基准线，内侧以固定板摊铺机已摊铺面为基准面，走滑靴控制摊铺高程；摊铺表面层时，固定板摊铺机两侧安装非接触式声呐平衡梁行走在前，活动板摊铺机外侧安装非接触式声呐平衡梁行走在后，内侧以固定板摊铺机已摊铺面为基准面，走滑靴控制摊铺高程，以有效控制路面平整度和保证路面厚度（见附图 6-12）。

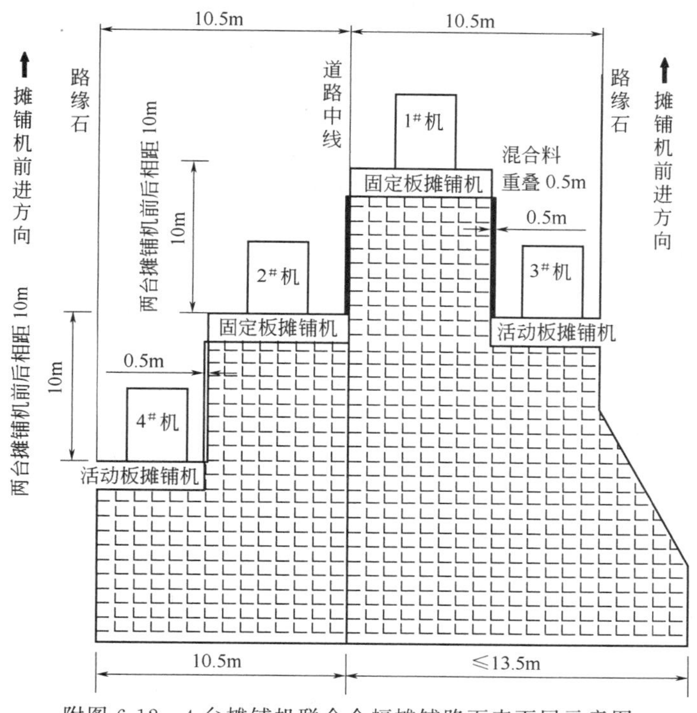

附图 6-12　4 台摊铺机联合全幅摊铺路面表面层示意图

将摊铺机按试验段确定的虚铺厚度组装就位。固定预热 30min，使熨平板温度不低于 100℃，并在熨平板下面拉线校测，保证熨平板的平整度。混合料运至工地的温度为 130～150℃（SMA-13、SMA-16 到场温度不低于 165℃），摊铺温度为 120～150℃（SMA-13、SMA-16 沥青混凝土摊铺温度不低于 160℃），由质检员检验沥青混合料的到场温度及外观，发现糊料、花白料以及油料温度异常等不合格材料，坚决废弃。将检验合格后的沥青混合料倒入摊铺机料斗，并启动摊铺机，按 2～3m/min 速度进行摊铺，当摊铺 5～10m 后，用细线横向检查摊铺厚度，横坡调整无误时继续摊铺。在摊铺过程中摊铺机连续均匀行走，保证无停机待料现象，施工过程中摊铺机前方至少保持 5 台运料车处于等待卸料状态，摊铺机料斗内任何时候都保持1/2～2/3 以上的混合料。在摊铺过程中，确保摊铺的混合料得到有效振动和压实，并无离析、撕扯、孔眼较大和横向垄埂等现象，摊铺机后设专人跟机，对局部摊铺缺陷进行人工修整。如有个别压碎骨料应在初压后及时清除，用点豆法进行填补，严禁大面积撒料。

当摊铺 50～100m 时，由质检员测出铺料的温度后，决定上压路机碾压。

地面有水或很湿时不进行铺筑，天气预报降水概率 60%以上的天气不进行摊铺。

(4) 碾压

① SMA-13、SMA-16改性沥青混凝土面层的碾压。分初压、复压和终压三阶段。要求"刚压、高频、低幅、紧跟、慢压"，SMA必须用刚性碾碾压，严禁用胶轮压路机碾压，"高频、低幅"碾压可防止表面石料损坏，保证石料有良好的棱角性和嵌挤作用。"紧跟、慢压"要求压路机紧跟摊铺机后在高温状态下碾压，碾压速度控制在40～65m/min，切忌低温条件下反复碾压。

初压：沥青混合料摊铺整型后，采用DD130压路机紧跟摊铺机静压一遍，初压温度为160℃，并不得小于140℃，碾压速度控制在35～50m/min，从低到高碾压，叠轮不小于1/3轮宽，压路机主动轮朝向摊铺机方向，DD130压路机轮宽，能取得好的路面平整度。

复压：采用DD110、CC422、DD130压路机高频、低幅各振压一遍，复压紧随初压后进行，碾压温度140℃，并不得低于130℃，碾压速度控制在40～60m/min，从低到高碾压，叠轮不大于20cm，压路机主动轮朝向摊铺机方向。碾压时质检人员采用核子密度仪检测碾压密实度，测温员检测碾压温度并做好记录，核子密度仪检测混合料密实度没明显变化时，说明混合料已碾压密实。

终压：主要是消除复压留下的轮迹，采用DD130和DD110压路机静压1～2遍，碾压温度为130℃，碾压终了温度不低于120℃，碾压遍数为1～2遍，以完全消除轮迹为准，碾压速度控制在45～65m/min。

路两侧靠近混凝土平缘石处沥青混凝土碾压：为避免混凝土平缘石损坏，采用DX-70手扶振动压路机碾压。

碾压过程中，向碾轮喷洒防黏剂，喷洒量以混合料不沾碾轮为准，切忌过量。

压路机起步要缓慢平稳，沿摊铺方向直线行驶，碾压速度均衡一致。

碾压过程中，尽量减少转向、调头或刹车。必须转向、调头或刹车时须缓慢、平稳地进行。碾压过程中，防止油污染和其他杂物污染。

设专职质检员指挥压路机碾压作业，对碾压遍数和段落做好标识，设置红、黄、蓝颜色彩旗，以明确碾压遍数及段落，红旗表示初压完，黄旗表示复压完，蓝旗表示终压完。

② AC-13、AC-20Ⅰ、AC-25Ⅰ、AC-30Ⅰ面层碾压。碾压分初压、复压和终压。碾压原则为："高频、低幅、高温、重压"。碾压与改性沥青混凝土不同，初压采用XP260胶轮压路机和DD130双钢轮压路机静压一遍，利用胶轮压路机高温下揉搓使摊铺的沥青混凝土致密，初压温度140℃，并不得低于130℃。复压采用DD130、DD110和CC422振动压路机振动碾压2遍，碾压温度不低于120℃。终压采用DD130和DD110压路机静压1～2遍，以完全消除轮迹为准，碾压终了温度不小于70℃。碾压速度与改性沥青混凝土碾压速度相同。

在碾压过程中采用自动喷水装置对碾轮喷洒掺加洗洁精的水，以免沾轮现象发生。

压路机不得在未压实成型的混合料面上停车，振动压路机在已压实成型的路面上行驶要停止振动。

沥青混合料不宜过压，要控制好碾压遍数并用核子密度仪进行检测。

对路边缘、拐角等部位采用手扶压路机进行加强碾压。

(5) 接缝的处理　路面摊铺前，先进行接缝设计，在主路中央隔离带开口、平交路口及主路渐变段位置，提前标出接缝位置，接缝原则是：主路尽量避免纵向冷接缝，纵向热接缝顺直，避免斜接缝。

接缝设置的原则：力求将接缝减到最少，必须设缝时尽量采用热接缝。

接缝的修整与处理，因接缝处往往是质量较薄弱的地方；因此，须派有经验的施工员对接缝进行修整与处理，把各种缺陷降到最低程度。

纵缝必须采用热接缝，非特殊情况不得使用冷接缝。两台或多台摊铺机平行作业时，后一摊铺带与前一摊铺带须有一定的重叠，使接茬处有足够的混合料，一般以5cm为宜。同时熨平板延伸到前一摊铺带一侧5～10cm，接缝处的碾压：两台摊铺机同时摊铺时，两幅一起碾压；前一摊铺带必须先压时，靠近后一摊铺带的一侧留20～30cm暂不压，留到与后一摊铺带一起碾压。

横缝大多为冷接缝，发生在每天摊铺作业结束处、施工中临时被迫暂停处。

横缝采用垂直端面平接缝。设缝的方法用挡木法，每天摊铺结束前，在预定结束的端部，放置与压实厚度等厚的木板挡块，木板外部撒一层砂。第二天施工时，撤走挡板和外部的混合料，用3m直尺找平，将端部平整度不符合要求的混合料凿去。被凿除的部分通过3m直尺检查平整度以确定是否有缺陷。

下次摊铺前在端面上涂刷适量黏结沥青。摊铺前，在接缝处涂上一层热沥青，并用热混合料将接缝处加热，料高15cm、宽20cm，10min后清除。摊铺时掌握好松铺厚度和横坡度，以适应已铺路面的高程和横坡。横缝的碾压，通常用双钢轮压路机先横向跨缝碾压，第一遍碾轮大部压在已完的路面上，只有10～

15cm压在新铺的一侧，以后每压一遍向新铺的一侧延伸15～20cm直至全部碾轮压在新铺的一侧；然后改为纵向碾压，直至达到要求的密度为止。相邻上、下两层横缝的位置应错开1m以上。压路机不易压实处用人工夯实、熨平，直至接缝处路面平整度达到要求为止。

（6）新旧路面接顺　新建辅路与现况辅路接顺时需对旧路面进行洗刨，面层接入旧路基层长度不得小于5m，新建辅路基层与旧路路基搭接度不少于2m。

（7）路面与各种管线井盖接顺　位于路面上的各种井盖应安排在路面表面层施工前进行施工，根据设计路面高程、道路横坡、纵坡确定井盖边角各点的高程，拉设十字线安放井盖。井盖采用混凝土进行固定，标号不得低于C30，井盖安装完成后要对混凝土进行保湿养护，在混凝土标号未达到设计强度前要封闭交通，防止混凝土受到扰动。井盖四周用于稳固井盖的外露混凝土在铺设面层前应喷洒粘层油，如果混凝土顶面高程低于中、底面层高度，在面层施工前使用沥青混凝土进行填补，并使用钢轮压路机、平板振动夯碾压密实，使顶面高程与中、底面层一致。在面层施工时，合理安排进出场车辆，严禁车辆挤压井盖。井盖周边面层沥青混凝土在进行初压前采用平板夯与人工配合进行找平初压，井盖与面层防止出现错台现象，然后进行面层沥青混凝土的全断面初压、复压、终压。

（8）初期保护　铺筑层在碾压完毕尚未冷却到50℃以下前暂不开放交通。局部路段必须提前开放交通时，洒水冷却，强制降温。

开放交通前，禁止重型车辆特别是重型压路机停放。开放交通初期，禁止车辆急刹车和急转弯。

在提前开放交通的路口，安排专人对路面进行看管，做好成品保护工作。

6.8.5　道路附属工程

（1）装配式挡土墙施工　本标段在匝道4和匝道7外侧设置钢筋混凝土装配式挡土墙。

① 工艺流程。基槽开挖及检测→石灰粉煤灰砂砾垫层施工→基础钢筋绑扎→基础模板支立→基础混凝土浇注→挡墙板安装与焊接→二次浇注基础混凝土→灌板缝混凝土、伸缩缝、泄水孔及反滤层施工→挡墙后背分层回填。

② 测量放线。测量人员严格按照业主与测绘院所定的施工中线、高程点控制挡墙的平面位置和纵断高程，实地放出基坑开挖线及高程控制线。

③ 挡墙板预制构件由专业厂家预制，供货厂家由业主指定或与业主、监理工程师经共同考察后选定。挡墙板进场后进行外观检查，其外露面应光洁、色泽一致，无蜂窝、露筋、缺边、掉角等现象，各部位尺寸符合设计要求，对外观检查不合格的挡墙板，严禁使用。现场配备25t汽车起重机、电焊机，人工配合安装、焊接挡墙板。

④ 基槽开挖前，对地下障碍物、现况管线进行调查，与其所属单位协商，进行必要的拆、改、移和保护措施，防止损坏。基槽采用挖掘机开挖，人工清底。开挖时严格按设计尺寸开挖挡墙基槽，不得超挖，保证基槽底面标高符合设计要求。基槽开挖后，按设计要求对地基进行承载力检测，合格后方可进入下道工序。

⑤ 装配式挡土墙基底设石灰粉煤灰砂砾混合料垫层，混合料的铺筑厚度随墙高的变化而变化。石灰粉煤灰砂砾混合料分层摊铺碾压，由于基槽深度和宽度的限制，采用人工蛙式夯夯实，分层厚度控制为≤20cm。在混合料摊铺碾压过程中，控制其含水率接近最佳含水率，保证垫层的密实性。

在二灰砂砾垫层施工过程中，预留挡墙基础凸榫槽，凸榫槽的尺寸符合设计要求。

⑥ 二灰砂砾垫层验收合格后，绑扎挡墙基础的下部钢筋，焊接预埋件。基础钢筋的型号、规格、尺寸及预埋件数量符合设计要求；基础模板支撑稳固，保证在混凝土浇注过程中，不跑模、不变形。

下部基础在现浇混凝土时，分两步支模，待第一次的现浇混凝土达到一定强度后，再进行第二次支模架板。

基础混凝土采用插入式振捣器振捣，加强对预埋件周围的振捣，保证预埋件具有足够的强度。

挡墙基础分段施工，分段长度不大于16m。段落间设伸缩缝。

⑦ 挡墙板安装。挡墙基础混凝土达到一定强度后，安装挡墙板。

挡墙板进场要经过逐一验收，其外观尺寸必须符合设计要求，表面平整、光滑、密实，无缺边掉角、蜂窝麻面等缺陷。

挡墙板采用吊车吊装，人工配合，就位后加以稳固支撑，防止倾覆，然后立即进行焊接施工。面板与基础之间的连接钢板必须满焊，焊缝高度不小于10mm，保证焊缝饱满，无气泡、焊渣、咬肉等缺陷。

⑧ 二次基础混凝土浇注。挡墙板焊接经验收合格，对第一次浇注的混凝土表面进行凿毛处理，清理干净后，立即绑扎二步基础筋，浇注二次基础混凝土。在混凝土振捣过程中，加强对挡墙板根部的振捣，保证挡墙板与基础间有较好的衔接。二次基础混凝土浇注仍采用支模灌注混凝土的办法。

⑨ 挡墙背后回填。基础二次混凝土强度达到要求后，及时分层回填夯实。

在距挡墙墙背 2m 范围内，采用人工碾压夯实，严禁使用重型压实机械，以保证挡墙板稳固。墙趾上部填土保证挡土墙最小埋深 1.05m 并向外做成 4%的横坡，避免积水下渗影响墙身稳定。

⑩ 挡墙板接缝、伸缩缝及泄水孔的施工。现场拼装挡墙板时，板间设 0.02m 宽的拼接缝，接缝圆口槽内现浇豆石混凝土。挡墙基础及墙身分段施工，分段长度不大于 16m，段落间设 0.02～0.03m 的伸缩缝(沉降缝)，伸缩缝内填塞沥青模板，并用沥青麻筋封顶。在安装墙面板的同时，设置泄水孔、反滤层、隔水层，其施工严格按照图纸进行。

(2) 路缘石施工　从预制厂进路缘石时由质量员现场检验，确认合格后方允许使用。路缘石及大方砖需外观良好，不能有缺棱掉角。在乳化沥青透层施工前铺砌，路缘石下面采用 2cm 厚砂浆卧底。铺砌后用水泥砂浆勾缝，并在基础后背回填素土并夯实，表土完成后标高比路缘石、集水井或其他结构物低 5cm。铺砌好的路缘石，必须缝宽均匀、线条顺直、顶面平整、砌筑牢固。每 10m 钉 1 个桩，路缘石内侧上角挂线。勾缝采用 10# 水泥砂浆，配比由试验室给出。缝宽 1cm，缝顶面比路缘石或大方砖顶面低 1cm。勾缝处要无杂物。卧底及砌缝砂浆采用搅拌机现场拌和，拌和水泥砂浆时基层上垫铁皮，以免污染基层。做好后养生 3 天，每天洒水养护，防止碰撞。稳固方砖用橡皮锤敲平，缝宽用 1cm 厚木板控制。

(3) 路面排水和雨水口施工　工艺流程：基层验收合格→测量放线→人工挖槽→浇注雨水口平基→砌筑井墙→安装井圈、井篦→养护及成品保护。

雨水口支管在路面基层铺筑之后挖槽施工，两侧肥槽尺寸 30cm。支管采用“四合一法”施工，支管要直顺，管内要清洁，不得有错口、反坡、凹兜存水、管内接口灰浆外露（舌头灰）及破损现象。

雨水口支管采用 C15 混凝土包封，混凝土强度达到 75%强度前不得开放交通，施工车辆通过时要采取保护措施。

雨水口与道路工程配合施工。按设定雨水口位置及尺寸开挖雨水口槽，每侧留出 30～50cm 宽的肥槽。槽底夯实，当土质松软时，换填石灰土，及时浇注混凝土基础。

在基础放出井墙位置线，并安放雨水管，管端面井室内墙齐平，管端面应无破损。砌筑井墙时，灰浆要饱满，随砌随勾缝，雨水管与墙间砂浆要饱满，管顶发砖旋，井墙砌至要求标高。井周回填要符合路基要求，当井周空隙较小时，用低标号混凝土灌注。

安放井框、井篦时，井框及井篦需完整、无损，安装平稳、牢固。

(4) 人行步道　本道路人行步道铺设彩色混凝土方砖，下卧 2cm 厚 7.5# 水泥砂浆。步道砖由经考察选定或业主指定厂家统一供货，步道砖到场经质量员检验合格后方可使用。

步道基层为 15cm 二灰稳定砂砾混合料，采用手扶压路机碾压密实，基层压实度用“灌砂法”检测，要求不低于 93%。采用半干硬性水泥砂浆，随拌随用；方砖四角砂浆要求密实、饱满，每一块方砖都要经专用橡胶锤反复击打，直到不再下沉，确保方砖砌筑稳固、可靠，无翘曲、晃动现象。砌筑成活的方砖达到纵、横缝直顺，表面平整，缝隙均匀一致，与相邻构筑物衔接平顺。

砌筑完成后，用过筛的细砂拌水泥“扫缝”。砌筑完毕的人行步道立即封闭交通，禁止行人和任何车辆、重物碾压，防止破坏。人行步道养护时间不少于 7 天。

(5) 交通标志基础、管线预埋及路灯灯座　我单位将积极配合有关单位进行绿化管、信号灯、路灯管线预埋和灯座的施工，确保工程质量。

(6) 隔离带回填土　回填土前将隔离带内的建筑渣土清理至原状土，并将其运至指定弃土点。选用适宜植物生长的优质土壤回填，并积极维护已植树木、花草，为其健康成长提供良好的条件。

第 7 章　交通疏导方案

7.1　现场交通状况及施工对现况交通影响分析

本工程主路桥上跨京承高速路和地铁 13 号线轻轨，主路桥与京承高速路和地铁 13 号线轻轨交角 49.95°，主路桥桩基、承台、墩柱、盖梁及桥梁上部钢箱梁运输、吊装均与现况交通相关联（见附图 7-1)。

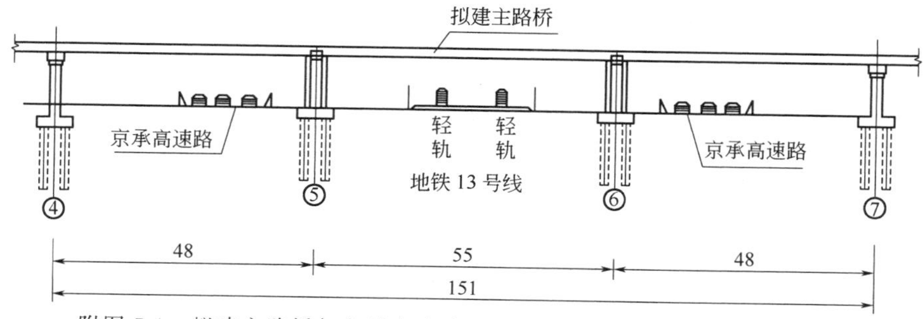

附图 7-1　拟建主路桥与京承高速路及地铁 13 号线轻轨相对关系立面图

现况京承高速路为双向六车道高速公路，京承高速路进京和出京道路位于地铁 13 号线东西两侧，京承高速路单幅路面宽度 15.5m，3 个机动车道加连续紧急停车带，根据现场调查，京承高速路每天车流量 5 万～6 万辆，白天车流量较大，夜间车流量小，车速快。

地铁 13 号线轻轨位于京承高速路左右幅之间，地铁在早 5:00～晚 22:30 期间运行，轻轨与京承高速路之间现况为浆砌混凝土方砖排水沟。

京承高速路东侧现况辅路为××中街进出四环的道路，现况路宽 12m，双向交通，机非混行，过往车辆和行人多。

本工程主路桥⑤、⑥墩柱位于地铁 13 号线轻轨两侧，⑤、⑥墩处桥梁桩基、承台及墩柱施工时，对城铁运行影响小，但须拆除该段城铁外侧防护网及京承高速路内侧波形防护栏，便于机械进场。

主路桥上部钢箱梁安装时，须搭设临时墩柱，临时墩柱搭设在现况京承高速路上，占用京承高速路部分车道，在钢箱梁安装期间，须临时组织交通导改。

主路桥钢箱梁安装时，在地铁 13 号线轻轨两侧搭设临时支墩，临时支墩距轻轨轨道外 3m 处，钢箱梁吊装时，须选择在晚 23:00～凌晨 5:00 城铁停止运行期间进行，不影响城铁正常运行。

拟建长途公交枢纽北侧路与现况××中街路基本重合，施工时为不影响现状交通，先将现状交通导改到新建南湖北二街西沿路后再施工。

××中街立交 Z3、Z8 匝道共 4 处与现况京承高速路相接，施工 Z3、Z8 匝道与京承高速路接顺段，须占用京承高速路两侧紧急连续停车带施工。

7.2　交通导改原则

交通导改方案本着“不中断现况交通，确保现况道路畅通，确保交通安全和施工安全，最大限度地减少施工与交通的相互干扰”的导改原则。

施工中，根据现况路平面位置、现况路和规划道路及拟建管线的相对位置关系，结合现况路两侧沿线单位、店铺和居民区的实际情况，合理安排施工工序、划分施工区段，分时段组织交通导流的方法组织施工，施工中始终保持通行交通路面宽不低于现况路面宽，保证现状交通畅通。同时对周边市民及过往群众进行大力宣传，争得广大市民的理解与支持，确保施工期间周边社会道路基本畅通。

7.3　交通疏导方案

本工程在施工期间成立社会交通疏导领导小组，专门负责社会交通疏导、交通安全的问题，负责协调各管理部门，领导小组将由项目经理任组长，总工及副经理任副组长，确保交通疏导安全、顺利进行。社会交通疏导领导小组组织机构见附图 7-2。

7.3.1　跨京承高速路和地铁 13 号线主路桥施工交通疏导方案

跨京承高速路和地铁 13 号线主路桥仅④～⑦轴桥梁施工对现况交通有影响，其他部位施工远离现况路，不影响现况交通。

(1) 桩基、墩柱及盖梁施工时交通疏导　主路桥⑤、⑥轴墩柱位于京承高速路及地铁 13 号线之间，桩基、墩柱和盖梁施工时，为方便钻机、吊车等机械进场，确保京承高速路车辆通行畅通和安全，拆除部分京承高速路内侧波形护栏，用硬质围挡沿京承高速路内侧车道围挡，京承高速路左侧一个车道封闭，京承高速路通行车辆由外侧两个车道和紧急连续停车道上通行（保证京承高速路单幅 3 个车道通行 11.7m 宽），围挡外侧挂红灯，围挡迎车方向一侧摆放消能筒及红锥筒，前方按规定设置左侧道封闭、前方施工等交通

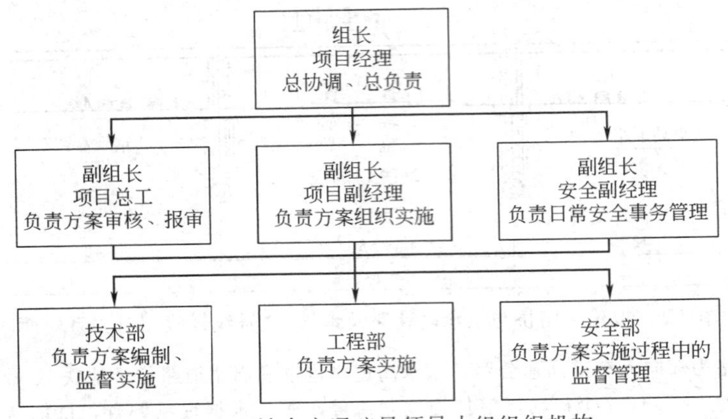

附图 7-2 社会交通疏导领导小组组织机构

标志（见附图 7-3、附图 7-4）。

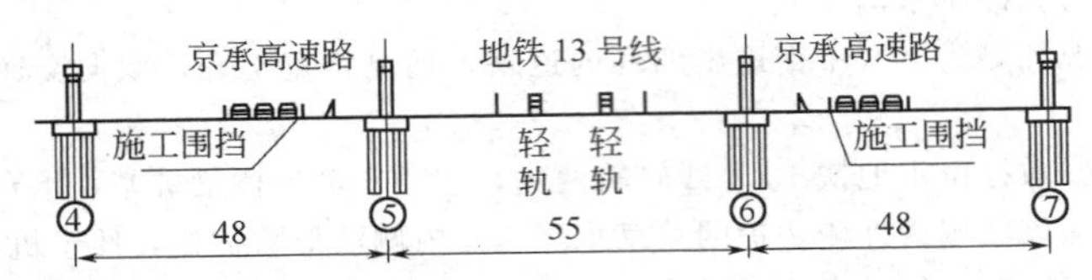

附图 7-3 主路桥桩基、墩柱及盖梁施工交通疏导立面图

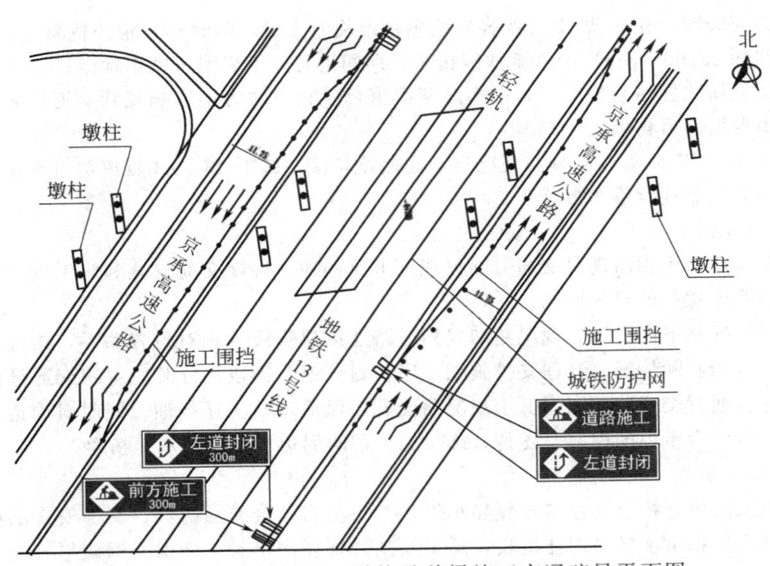

附图 7-4 主路桥桩基、墩柱及盖梁施工交通疏导平面图

（2）主路桥上部钢箱梁安装施工时交通疏导　主路桥上部钢箱梁安装须搭设临时支架，临时支架位于跨中 1/4 处，钢箱梁与京承高速路交角 49.9°，临时支架搭设须占用京承高速路两个车道，为确保临时支墩搭设和钢箱梁吊装时京承高速路行车畅通，进场后，与京承高速路相接的 Z3 和 Z8 匝道施工重点安排，钢箱梁临时支架搭设时，Z3 和 Z8 匝道路面下面层铺筑完成，主路桥下在 Z3 匝道和 Z8 匝道外侧各修建一条宽 8m 的临时路，临时路基层采用 30cm 砂砾＋20cm 二灰稳定砂砾混合料，临时路面层铺筑 4cm 厚 AC-13 混凝土。钢箱梁临时支架搭设时，单向确保不少于 3 个车道通行（京承高速路上单幅 2 个车道通行，临时路上 2 个车道通行）。

主路桥钢箱梁分段安装，选择在夜间 23:00～凌晨 5:00 之间车辆较少时段进行，并尽量缩短吊装时间。

主路桥上部钢箱梁吊装，优先安装跨地铁13号线轻轨段上部钢箱梁，然后再安装京承高速路上钢箱梁。

安装地铁13号线轻轨处上部钢箱梁时，在Z3匝道与京承高速路接口处（出口），设置消能筒、红锥筒、警示灯、交通导向、前方施工请绕行等交通标志牌，进京车辆绕行Z3匝道及新建临时路，再由Z3匝道进京承高速路入口处，进入京承高速路。在Z8匝道与京承高速路接口处（出口），设置消能筒、红锥筒、警示灯、交通导向、前方施工请绕行等交通标志牌，出京车辆绕行Z8匝道及新建临时路，再由Z8匝道进京承高速路入口处，进入京承高速路。钢箱梁安装选择夜间23:00～凌晨5:00之间城铁停运期间进行，不影响城铁正常运行。钢箱梁安装前，与地铁13号线管理部门商定钢箱梁安装时间，临时拆除轻轨两侧防护网，待钢箱梁安装完成后，及时恢复轻轨两侧防护网。

交通导改时间：2005年7月1日～2005年8月10日。

7.3.2　Z3、Z8匝道与京承高速路相接出入口施工时交通疏导方案

本工程Z3、Z8匝道为进出京承高速路出入口，Z3、Z8匝道与京承高速路衔接处施工时，须拆除拟建出入口处现况京承高速路波形护栏，拆除混凝土六棱砖方格护坡，再挖台阶分层填筑路基，然后开挖台阶，铺筑路面基层和面层，使新旧路面衔接紧密、平顺。出入口路基和路面施工时，为确保现况交通安全和施工安全，施工前，在出入口处沿京承高速路方向前后各50m沿京承高速路外侧车道与紧急连续停车带交界处采用硬质围挡，围挡不占用京承高速路现况车道，围挡将施工区和通行区隔开，围挡迎车方向摆放红锥筒、消能筒、导向标志、限速慢行标志和警示灯，确保京承高速路车辆通行安全和畅通。

交通导改时间：2005年3月1日～2005年6月10日。

7.3.3　长途公交枢纽北侧路、N2辅路施工交通疏导方案

××中街立交东南侧现况××中街路位于拟建长途公交枢纽北侧路和N2辅路之间，新建道路施工对现况交通影响小，施工时，优先安排现况路以外南湖北二街西沿路和南湖渠西路，南湖北二街西沿路和南湖渠西路下面层铺筑完成后，将现况交通导改在新建南湖北二街西沿路和南湖渠西路上通行，再施工长途公交枢纽北侧路、N2辅路。

7.3.4　雨水、污水管线施工交通疏导方案

本工程拟建雨水、污水管线京承高速路以东局部与××中街现况路交叉，其余部分均在现况路以外，施工不影响现况交通，对于与现况路交叉的管线，待现况交通导改在新建南湖北二街西沿路和南湖渠西路上后，再施工现况路上管线，确保雨水、污水管线施工不影响现况交通。京承高速路以西，新建雨水管线均在现况路以外，施工不影响现况交通；新建污水管线，位于富成花园北门至北湖渠西路之间现况路上，施工时，优先施工主路南半幅，待主路南半幅下面层形成后，在污水沟槽南侧围挡，北侧作为施工区，南侧作为通行区，通行区路面宽不小于7m，确保污水管线开槽施工不影响现况交通正常通行。

7.3.5　市政管线横穿路口和居民、单位出入口交通组织方案

本工程雨水、污水、信息管道及其他专业管线开槽施工经过沿线单位或居民门口时，为确保现况道路畅通和沿线单位车辆、周边居民正常出行，利用夜间行人和车辆较少时段管线开槽，开槽后立即采用工字钢铺设钢板搭载重桥和临时便桥，保证交通通行（见附图7-5）。并在开槽前一个路口提前设置交通指示牌，提醒司机尽早绕行，以减轻施工区交通压力。

7.4　交通安全保证措施

(1) 施工中坚决贯彻“安全第一，预防为主”的方针。必须严格贯彻执行各项安全组织措施，切实做到管生产的同时管安全。

(2) 成立“施工交通管理领导小组”，设专职“交通协管员”和“安全员”，统一着装，并经相关部门进行专业培训后，持证上岗。

(3) 结合以往市区道路施工经验，编制切实可行的交通导流方案，经交通管理部门审批后实施，由专职的“交通协管员”和“安全员”负责交通导流方案的落实，密切配合交管部门，在需要导行的路口设置交通标志牌和安全施工宣传牌并设专职交通协管员，协助交管部门疏导行人及车辆，确保交通安全和施工安全。

(4) 施工管理人员必须对所有作业人员进行安全教育、纪律教育，不断提高管理人员和所有作业人员的安全意识和自我安全防范意识；管理人员必须及时下达各道工序的书面安全交底。

(5) 严格按照GB 5768—1999的要求，在施工区两端设置规范的交通标志、标线、标牌，提示车辆提前减速并绕行。施工现场迎车方向白天50m、夜间80m提前设置施工标志、闪灯。所有交通标牌按照交管

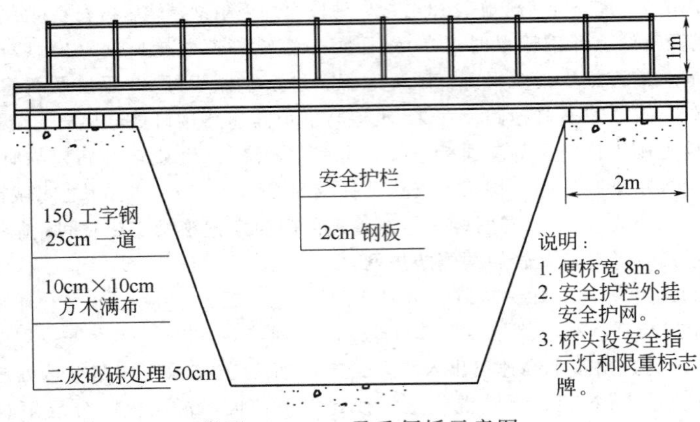

附图 7-5 40t 承重便桥示意图

局要求统一规格、形式。

(6) 施工导行路外侧全部采用封闭围挡，并在围挡板外侧粘贴反光膜，施工作业区外边设置黄色频闪灯，同时加强周边夜间照明亮度。在导行路口处，利用红锥筒和消能筒迎行车方向将辅路进行围设，保证进口切线宽度不小于 4m，在前方 150m 位置开始设消能筒、限速标志、导行标志牌。在机动车与非机动车的隔离线上码放红锥筒，夜间施工保证足够的照明灯、交通安全标志灯及交通专用闪光牌、红帽子，在施工区段内的所有施工人员均穿戴反光标志背心，围挡上边挂警示灯。

(7) 在施工区设置足够的照明装置，为场内施工和场外车辆通行提供足够的照明。

(8) 遇有特殊情况服从交管部门的指挥。

(9) 施工期间，我项目部安排足够的安全交通人员，由项目部管理班子成员带队，对施工段进行巡视，充分掌握道路交通情况，发现问题及时就地解决，保障安全施工顺利实施，保证施工顺利进行。

(10) 施工人员进入京承高速路与地铁 13 号线之间的施工区域时，主要从京承高速路及地铁 13 号线下预留 3 孔桥下通过，严禁横穿京承高速路。

(11) 在施工区设置足够的照明装置，为场内施工和场外车辆通行提供足够的照明。

第 8 章 地上、地下障碍物、管线保护措施

8.1 地上、地下障碍物及现况管线调查及分析

根据业主给定的现况管线图、招标图纸及现场实地管线调查，京承高速路西侧至北湖渠西路主要地下管线有 *DN*400 上水管和现况污水管，*DN*400 上水管覆土深度 1.6m，拟建 ϕ500 污水管与现况上水管顺行，有两处交叉，拟建污水管在现况上水管下方，污水管线开槽施工时，须对现况给水管进行悬吊处理。京承高速路西侧地上影响施工的有两趟高压线路，高压线路位于主路桥②～③轴，高压线与拟建主路桥桥面最小净空 4m，桥梁施工前，须进行高压线改移。

京承高速路路基两侧分布有两条路灯电缆、路灯杆、*DN*500 天然气、*DN*700 天然气、*DN*1200 给水管和 24 孔电信，Z3 和 Z8 匝道与京承高速路相接出入口施工时，须拆京承高速路现况波形护栏，拆除路基边坡混凝土六棱砖防护，开挖台阶后分层填筑路基，施工时，须拆除部分路灯杆，对现况电缆进行保护；现况 *DN*500 天然气、*DN*700 天然气、*DN*1200 给水管主要位于路基下方，路基填筑时，需进行妥善保护。

京承高速路东侧现况××中街下主要管线有 *DN*800 给水管、*DN*500 天然气、36 孔电信（内穿两根光缆，覆土深度 1.6m）及路灯电缆线，地上主要障碍物有路灯杆、树木及房屋等。拟建雨水管线两处横穿现况路和现况管线交叉，雨水开槽施工时须对现况管线进行悬吊或加固等措施进行保护，对现况高压线杆进行加固处理。

京承高速东侧有部分临时房尚未拆迁，进场后，必须积极配合业主进行拆迁，对于距离沟槽近且不拆迁房屋根据现场实际情况制定保护措施。

进场后，需对现况管线进行详细的调查及物探、坑探，将现况管线类型、位置、埋深等标识在地面上，并绘制详细的地下管线图，同时根据设计图纸，放出规划管线位置，对规划管线和现况管线交叉点，核算

现况管线和规划管线高程，若有冲突，及时联系设计单位、业主或作洽商变更设计高程或积极与管线管理单位联系，编制详细的拆改移现况管线方案，待业主和管线管理单位批准后实施；若高程不冲突，则编制详细的管线保护方案报业主、管线管理单位和监理，审批后对管线进行加固、悬吊等保护措施。

8.2　地上设施加固

(1) 地面上需要加固的设施主要包括沟槽附近的强电弱电线杆以及绿化树木。对于开槽后距槽边较近的线杆、树木、建筑物等设施需进行加固，防倾倒或滑入槽中，一般采用拉纤或支撑两种方式。

(2) 开槽前，先对沟槽附近的设施进行可靠的加固处理。首先从地表高度用两根工字钢将被加固线杆或树木夹住，工字钢间用螺栓对拉，将被加固线杆或树木紧紧夹住；然后用两根工字钢在与扫地工字钢相垂直的方向，给被加固物打斜撑，确保线杆或树木不发生倾倒。

(3) 开槽后，注意观察加固线杆或树木的位移情况，发现问题，及时处理。对于槽边有大型建筑物不能拆除，则需在开槽前进行打混凝土桩加固或开槽后喷护壁保护等。

8.3　地下现况管线的保护

(1) 施工区域存在大量的现况管线，我单位将把对现况管线的保护作为施工的重点，在沟槽开挖前，投入一定力量进行现况管线的调查摸底工作，制定切实可行的管线保护措施，开槽前在现场作出明显标识，防止意外损坏，保证各条现况管线在施工期间正常运行。

(2) 根据设计要求需要进行改移的管线，提前与管线所属单位联系，及早向业主、监理及管线所属单位上报管线改移方案，争取尽快得到批复，保证工程顺利进行。

(3) 开槽施工时，在接近现况管线的位置，禁止使用机械开挖，采取人工开挖，避免损坏管线。

(4) 管线的悬吊保护计划采用工字钢横跨沟槽，作为主要承重结构，被悬吊管线用均匀分布的槽钢加以支撑，通过长杆螺栓，可靠地固定在工字钢上。

① 上水、天然气等钢质管道悬吊方案。对于上水等钢质管道，采用工字钢横跨沟槽悬吊，工字钢下垫10cm×10cm方木，方木放在两侧的槽帮上，工字钢两端支承长度不小于1.5m。管道下侧和工字钢上侧横放槽钢，槽钢间距不大于1m，上下槽钢用长杆螺栓相连，为防止滑丝，采用双螺母予以保护（悬吊具体做法见附图8-1）。

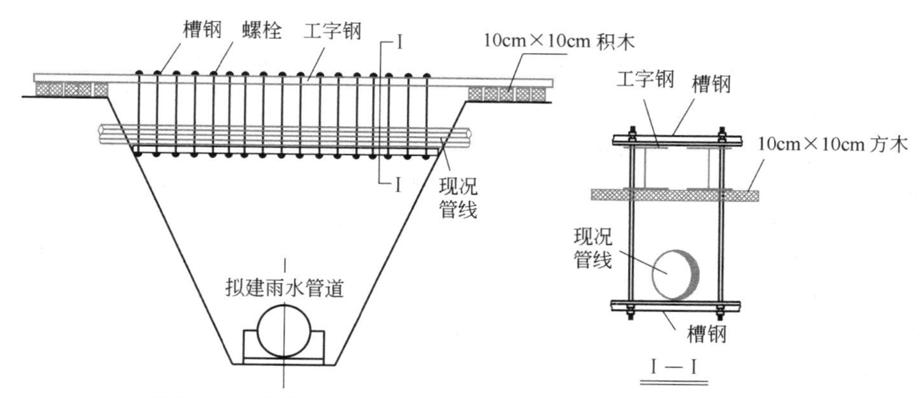

附图8-1　现况管线悬吊保护示意图一（钢质管道悬吊保护）

说明：本图适用于钢质管道的悬调保护。

② 电力电缆悬吊方案。电力直埋电缆，悬吊方法与煤气管道相同，直埋电缆下侧用特制的木质保护盒加以保护，形成刚柔相济的保护体系，电缆外裹缚阻燃草帘，防止损坏（具体做法见附图8-2）。

③ 电信管块悬吊方案。对于电信管块等整体性较差的管道，其悬吊的总体做法与煤气管线相同，悬吊时，将横向的槽钢放置在管道抹带接口的位置，防止管线大跨径悬空而发生折断；同时，在管道下侧通长放置5cm大板，使管道结构整体受力（具体做法见附图8-3）。

(5) 雨污水、给水（撞口）管道悬吊方案　对于雨污水、给水（撞口）整体性较差的管道，采用22# 双工字钢横跨沟槽悬吊，工字钢下垫10cm×10cm方木，方木放在两侧的槽帮上，工字钢两端支承长度不小于1.5m。管道下侧和工字钢上侧横放槽钢，槽钢间距不大于1m，上下槽钢用长杆螺栓相连，为防止滑丝，采用双螺母予以保护，将横向的槽钢放置在管道抹带接口（撞口）的位置，并在管道下纵向垫补墙木

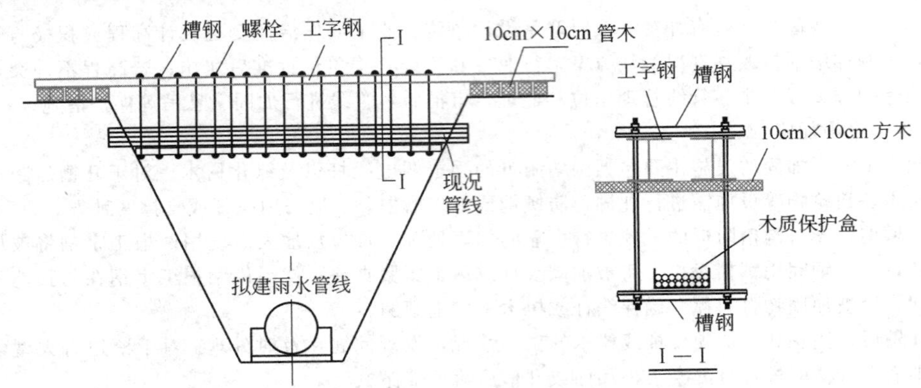

附图 8-2 现况管线悬吊保护示意图二（直埋电缆悬吊保护）

说明：1. 电缆下吊特制木质保护盒加以保护。2. 本图适用于直埋电缆的悬吊保护。

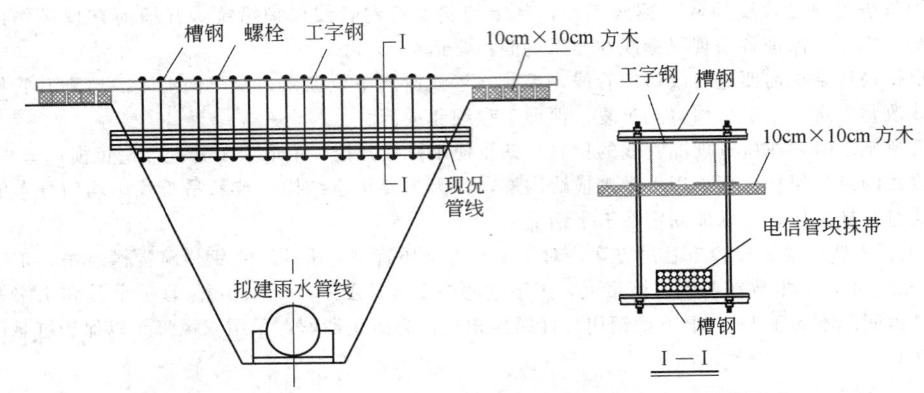

附图 8-3 现况管线悬吊保护示意图三（电信管块悬吊保护）

说明：1. 横向槽钢放置在电缆管块抹带换口处。2. 本图适用于电缆管块的悬吊保护。

板，防止管线大跨径悬空而发生折断。

(6) 沟槽回填现况管线的保护　管道铺设完成后，分层回填夯实，回填严格执行《城市道路工程各类地下管线回填技术标准》。现状管线在沟槽内的回填，根据管线不同性质，与管理单位、业主和监理工程师共同协商，确定沟槽回填管线保护方案，报业主、监理工程师和管线管理单位审批后实施。初步方案为：回填至现况管线下方时，管线下部机械不易夯实的部位，采用满包 C10 混凝土保护、管道底部砌筑砖墙保护、管道下部和两侧砌筑砖墙回填砂子灌水保护、下部砌筑砖墙保护和加套管保护等方式，采取何种形式的保护方案，均要通过管线管理单位、设计单位和业主审批后实施，避免上部道路施工时管道下部不密实而导致管道折断。

(7) 桥梁钻孔桩施工管线保护措施　桥梁桩基钻孔前，详细核对管线与桩基的距离，先人工挖孔至现况管线以下，埋设长护筒，然后钻机就位，避免钻孔损坏现况管线。

第 9 章　季节性施工措施

本工程开工正值冬季，施工经历整个雨季，冬季主要进行桥梁桩基、承台、墩柱、雨水、污水管线及管线焊接等受温度影响小的施工项目。雨期前路基填筑基本完成，雨期主要安排路面基层、面层和桥梁上部工程施工。冬季施工必须提前做好物资准备和技术保障，提前筹备越冬物资，制定切实可行的冬期施工措施，合理安排施工进度，确保工程质量。

9.1　冬季施工措施

根据工程进度计划，冬季施工期间安排地下管线和桥梁桩基、承台及墩柱施工，为保证施工质量，采取以下措施。

9.1.1 成立冬期施工领导小组

组长：项目经理

副组长：项目总工、项目副经理

组员：质量员、试验员、技术员、材料员

成立以项目经理为首的冬季施工领导管理小组，根据实际工程进度情况，编制好冬施方案，对施工工序安排、冬季施工措施、现场施工布置、人机料准备工作、安全防火措施、测温制度和质检制度的落实等工作进行全面部署。由项目部总工程师主持召开冬季施工交底会议，组织有关人员进行专业培训，学习相关知识，明确职责，经考试合格后上岗。

工程部门要准确掌握近期天气变化情况，及时调整施工安排，防止寒流突袭受损；由项目部专职试验员负责测量冬季施工期间的室外气温、施工场区（及暖棚）内气温及混凝土的出机、入模、养护温度并作好记录，严防结构受冻。

9.1.2 混凝土施工

混凝土选用硅酸盐水泥或普通硅酸盐水泥，水泥标号不低于325#，最小水泥用量不少于300kg/m^3，水灰比不大于0.6，混凝土拌和采用蓄热法施工，加热水温不得大于80℃。浇注混凝土宜掺入引气剂、引气型减水剂等外加剂，以提高混凝土的抗冻性。混凝土的含气量宜为3%～5%，预应力混凝土不得用引气剂或引气型减水剂。

混凝土内加入抗冻剂，提高混凝土的抗冻性。所使用的抗冻剂必须具有厂家提供的材料合格证。到现场后由施工单位、监理单位共同取样送检，经检验合格后，方可使用。

施工中，合理安排工序和混凝土浇注时间，尽可能避开大风天气和夜间施工，应选择气温较高的中午施工，施工前做好现场准备工作，混凝土到场后立即组织施工，同时要保证混凝土施工的连续性，尽可能提高工效，缩短混凝土在大气中直接曝露的时间，混凝土浇注完成后，应立即进行覆盖保温。蓄热法养护时混凝土不得低于10℃（外界气温不低于－20℃）。贯通式管道等结构两头要进行封堵。

做好施工测温记录，混凝土到场后入模温度不得低于5℃。混凝土强度达到3.5MPa后，每隔6h检测混凝土温度，做好测温记录。混凝土施工中必须在结构上预留测温孔，孔深20cm，孔径1～2cm。对测温孔位置进行编号并绘制成图。测温使用普通玻璃柱状温度计，测温时将温度计下端放入测温孔内，在测温孔周围进行围挡，与外界气温隔绝，5min后读取数值，读数时温度计应仍放在测温孔内。如发现混凝土温度较低时应立即采取保温措施，增加覆盖物厚度的同时进行围挡或采用其他防护措施。大气温度在－5℃以上时覆盖一层棉被，在－5～－15℃时覆盖两层棉被，当气温低于－15℃时采取加热、围挡、搭暖棚等更有效的措施防冻。混凝土抗压强度达到设计标号的40%及5MPa前不得使其受冻。

在正常混凝土试块制作基础上增加现场同条件养护试块：7天一组，14天一组。

根据同条件养护混凝土试块强度，管基、承台混凝土模板拆除时混凝土强度不得低于2.5MPa和混凝土的抗冻强度，当混凝土与外部气温相差大于20℃时，拆除模板时混凝土表面应加以覆盖，使其缓慢冷却。混凝土达到拆模强度后，拆模后要立即采取覆盖法养生。

管道基础，承台混凝土结构四周要立即进行回填土施工，回填作业要不间断连续进行，直至回填至混凝土结构上顶以上80cm或设计高度，利用土壤覆盖保温，防止出现混凝土在低温条件下影响强度增长。

桥梁墩柱混凝土浇注时，沿墩柱四周搭设暖棚，内设电暖气和电热毯保温，拆模后，包裹塑料布和棉被保温。

冬季施工混凝土强度在设计基础上提高一个等级。

9.1.3 砂浆砌体

砂浆拌和采用温水，并可根据日最低气温情况在砂浆中掺入2%～5%抗冻剂。水泥采用普硅425#水泥，砂子要过筛，不得夹带积雪、冰块。水泥砂浆要随拌随用，搅拌时间比常温时增加0.5～1倍，稠度应比常温施工时适当加大，不得长时间停放，发现冻结的砂浆要停止使用，为加速砂浆硬化，缩短保温时间，水泥砂浆中可掺加氯化钙等早强度。

墙体砌筑要选择在气温相对较暖和天气的中午进行，砌筑用砖要清洁，不得带有冰雪等物，施工完毕后外露面进行覆盖、围挡。

抹面施工必须在0℃以上和无风天气进行。能安放盖板的井室尽可能提前将井盖板安装好。井室无盖板时，施工中顶部用塑料布封挡。井室内管道进出口要进行封堵。抹面施工前采用热盐水将墙面刷净，然后进行抹面作业。抹面完成后要对外墙进行围挡保温。

砂浆抗压强度达到设计强度70%以前，不得使其受冻。

当一天中最低气温低于－15℃时，承重砌体砂浆标号在设计标号基础上提高一个等级。

9.1.4　挖槽

冬季挖槽要合理安排工序，减少晾槽时间；坚持随挖随清，随清随覆盖的原则，防止槽底冻结。

做好槽底排水措施，保证管道基底部位无积水和渗水。必要时在沟槽两侧设置盲沟和集水井及时排除积水，同时施工降水机组要连续运转，不得停顿，确保排水管道畅通。

槽底超挖时采用级配砂砾或碎石回填夯实。

沟槽放坡不宜过陡，削坡要及时，不得出现反坡和探头石。坡顶设拦水土埂。

9.1.5　管道回填

管道回填前应将槽底杂物清理干净，槽底不得有积水，残冰。

雨、污水管以下回填未受冻的砂或砂石，管基以上，管道周围必须回填未受冻的砂，外围可回填未受冻砂石。上水、煤气、电信管道采用砂回填。管顶50cm以上部分可采用未受冻的土、石灰土、砂、级配砂石等材料回填。

回填前须将沟槽底和边坡处的冻结土清除后才能进行回填。

回填砂每层虚厚不超过15cm，采用平板式振动夯夯实，施工中不得洒水，回填级配砂石及土每层虚铺厚度不超过20cm，采用小型振动夯夯实。

回填工作要连续进行直至回填至设计高度，回填材料要随来随填，不得堆放。

回填施工完毕进行下一工序施工前，工作面要进行覆盖，防止冻结。

9.1.6　焊接施工

钢筋焊接宜在室内进行，室外焊接时最低温度不得低于20℃，并采取预热防风等措施，焊接接头刚成活后不得立刻接触冰雪，应使其缓慢降温，冬季不进行预应力钢材施工。

冬季管道焊接施工必须严格按施工组织要求和相关焊接工艺要求进行。

钢制管道对口与焊接作业要连续进行，对口超前量不能大于3个管口。

施焊前清除管口处冰、雪、霜等杂物，对坡口处进行打磨去毛刺、飞边浮锈。

焊条要进行烘干，现场要放在专用工具箱中。当焊接时气温低于0℃，管道要进行预热处理，焊口每侧宽度不小于4cm，预热温度为100～150℃，当工作环境的风力大于5级和雪天或相对湿度大于90%时作业面应进行围挡，搭设简易工棚施工。

9.1.7　安全生产

每天收听天气预报，做好天气情况记录，在寒流到来前做好防冻准备工作。

冬季保温材料要符合消防要求，保温采用防火阻燃棉被。电气焊施工要远离易燃易爆物品。

冬季生活取暖严禁使用小煤炉、电热毯、电炉。严格控制用火制度，施工现场严禁明火取暖。

施工现场要设置足够的消防器材。

沟槽施工人员上下沟槽要安放架梯，间隔不大于50m。作业人员必须戴安全帽。槽边严禁有积水、冰面。槽边设置安全护栏，同时严禁地面水流入沟槽。

天气变暖，沟槽边坡出现冻融时，要及时检查边坡的稳定性，做好安全防范措施。

大风降雪天气不得进行吊装和高空作业。

冬季施工中对暴露的现况地下自来水管线，管外用棉被包裹，做好防寒措施。

加强生活区用火安全教育，未经许可，不得私自用明火取暖，防止火灾发生。

冬季施工期间，及时铲除标段内道路积雪，保证道路无积雪、无结冰，保证道路畅通无阻，保证交通安全。

9.2　雨期施工措施

本工程雨季来临时管道工程基本施工完毕，雨期施工期间主要施工项目有路床、路面底基层、基层和沥青混合料面层和桥梁上部结构施工。

(1) 调查现场及周边地区的排水出路方式、大雨时滞水时间、面积情况及开工后对现况排水系统的影响等，编制各种进度计划和雨期施工方案，报监理工程师批准，做好雨期施工各项准备。

进行入汛期前完成京承高速路两侧现况沟渠疏通与边沟护砌施工，保证边沟和北小河排水畅通。

(2) 雨季施工期间，项目部成立防汛领导小组和防汛抢险队，24h有主要领导值班，抢险队伍做好时刻投入抢险战斗的准备，保证雨期施工顺利进行、人员安全、设备完好。

防汛领导小组

组长：项目经理

副组长：生产副经理、项目总工

成员：质量组长　技术组长　工长

(3) 项目部成立三个防汛抢险队　每队不少于30人，各队配备潜水泵、草袋等防汛物资，做好雨期施工的物资准备。施工期间，准备足够的宽幅彩条布，作为雨天的覆盖用料。防汛设备器材平时不得挪用别处。

(4) 充分利用原有的现况排水沟渠　沟槽切断原有的排水沟或排水管道，如无其他适当排水出路，架设安全可靠的渡槽或渡管，保证现状排水系统畅通。

(5) 道路施工

① 路基填方。雨期填方施工要采取短、平、快的策略，充分发挥机械效能，缩短施工段落，上土、推平、碾压、验收一个工作循环要在一个工作日内完成，不得全线大面积施工。施工中如遇突来降水，要将填土及时推平、碾压，防止雨水大量浸透路基土，降水停止后，重新进行翻晒、找平、压实施工。

为保证施工进度，重点控制土源，保证到场后可立即进行下道工序施工，避免在工作面上长时间进行晾晒。现场存土要采取切实可行的防雨覆盖、防水措施。

土路基在降水过程中要有专人寻查排除积水。未经压实即遭雨淋的路基部位要全部清除、换填。

路基封顶层采用级配砂砾回填，减少降水对路基施工质量的影响。路基局部翻浆时要将翻浆部分土体全面挖除，分层换填级配砂砾处理，每层压实厚度不得大于20cm，换填部分下层采用小型振动夯压实，至与路基顶面同高时采用重型压路机压实，换填上一层处理宽度比下层至少宽出50cm，保证回填的均匀性。

② 基层施工。基层施工前要监听天气预报，避开阴雨天施工。

施工时现场要预备充足塑料布，用于突然降水时二灰材料的覆盖。

二灰材料施工要及时碾压成活，防止雨淋。运送车辆要采用封闭车厢。如到场二灰材料在未碾压前被雨淋，需全部清除，重新换料施工。

雨季施工要严格控制二灰材料的含水量，高温天气含水量可适当高于最佳含水量2%，阴雨天气含水量可适当低于最佳含水量1%。

③ 面层施工。降雨天不得进行面层摊铺施工，底层潮湿时，不得进行沥青混凝土混合料中、表面层铺筑施工。

施工中如遇突然降水，要暂时终止摊铺施工，将已摊铺的沥青混合料立即碾压密实，对未能碾压密实或温度过低的混合料要全部清除，重新进行摊铺施工。已到场的料要做好覆盖保温，防止雨淋。雨停后对现场沥青混合料油温进行检测，符合要求的可继续进行施工，如油温过低要退回厂家，不得用于工程。

(6) 桥梁工程

① 下部结构施工。桩基施工打桩的泥浆坑，雨季要做好防护，防止外溢，污染环境。泥浆不得随意排放，防止堵塞现况管道、河道。

桥梁模板安装完毕后如不及时进行混凝土浇注施工应用雨布覆盖，防止生锈影响混凝土质量；模板后背斜支撑、支架基础在雨后要及时检查，重新加固。大方量混凝土浇注施工前要监听天气预报，避开雨天作业。小方量混凝土施工现场要有防雨措施，墩柱、盖梁等外露混凝土结构施工如遇降雨必需搭设防雨棚，同时不得中断施工。混凝土初凝前遇降水，混凝土结构要进行覆盖，并做好地面、沟槽排水，防止雨水冲刷。

雨季结构施工要形成流水作业，减少钢筋在空气中的暴露时间，预应力结构施工张拉、注浆作业要连贯，防止钢筋锈蚀。外露预应力钢筋要用塑料布保护，防止生锈。

② 上部结构施工。钢箱梁吊装作业前对施工场地进行平整压实，减小运输路线坡度，保证钢箱梁运输安全。吊车及运梁车施工区场地重点硬化，并保证排水畅通，防止雨水浸透地基，影响吊装作业。吊装作业遇大风、强降水、雷暴雨天气要立即终止。

现浇混凝土连续梁排架地基应高于现况地面，两侧设排水沟，防止雨后积水。基础采用灰土处理厚30cm，并使用重型压路碾压密实。混凝土施工要避开雨天进行。

钢箱梁临时支墩要坐落在坚实的地基上。

桥梁防水施工要避开雨水天气，同时下部混凝土铺装层表面要充分干燥，防止产生空鼓、粘贴不牢的质量问题。

(7) 材料管理　材料堆放要合理，水泥等怕潮材料要垫高并覆盖，钢筋防止雨淋生锈，钢筋加工在工棚内进行，钢筋必须放在地势较高的位置，并且下面用木方垫高0.3m，使钢筋与地面隔离。钢筋用苫布覆盖，防止雨淋生锈。

(8) 雨期施工安全文明施工措施　雨季施工安全重点是防止塌方和触电、雷击，同时是工程进行度的保证，要引起全体人员的高度重视，组织人员做好防汛排涝工作。

雨季施工加强临电检查，防止发生漏电伤人事故。各种钢筋加工设备，蛙夯、电锯等小型机具，必须放在遮雨篷内，不直接放在露天里。雨天操作时，必须穿戴合格的绝缘用品。严禁穿布鞋，严禁不戴绝缘手套进行机电设备操作。

雨季施工要加强现场照明，在危险段安装警示灯和反光牌。

雨季要加强临时道路的维护工作，确保交通畅通。危险的路基边坡要及时加固处理，防止塌方。土方运输要严防遗撒污染路面。

大雨天气停止一切高空和吊装作业，雨后要注意防滑。

施工现场及时排除积水，人行道的上下坡挖步梯。脚手板、斜道板、跳板上采取防滑措施，加强对支架、脚手架和土方工程的检查，防止倾倒和塌方。

雨季施工沟槽边坡应适当加大，边坡易冲刷部位采取覆盖措施，必要时进行支护，严防泡槽、边坡冲刷等危及边坡稳定的问题发生。

遇较强降水时，防汛小分队要及时出动排除地面积水，清理、检查现况排水通道，保证排水畅通。雨停后道路应做到无积水、无泥浆，行人车辆正常通行，必要时进行硬化处理。

雨季路边施工围挡应视情况及时洗刷干净，保持清洁、美观。

加强值班制度，凡预报有雨天气，施工单位主要领导要坚守工地，不得脱岗，一旦发生险情，要及时处理，并将情况上报有关部门。

保证防汛设施的完好，抢险人员能及时到位。防汛物资列为专项使用，不得随意动用。

第10章　施工进度计划安排及工期保证措施

本合同段工程施工项目多，涉及专业多，技术含量高，工期的制约因素多，要在合同工期内完成施工任务，必须从组织上统一指挥，从施工顺序上合理统筹安排各分部、分项工程，周密安排各道工序。一旦中标，我们将把本工程列为我单位重点工程，派遣组织力量、技术力量强的人员组成项目经理部，优先提供人力、物力、财力，确保合同总工期和关键工期。成立进度计划领导小组，由项目经理任组长，生产副经理、项目总工任副组长，对施工进度的实现实施领导和监督。项目经理对确认后的进度计划是否能够实现负全部责任。

10.1　目标工期

招标文件规定工期：2004年12月30日开工，2005年12月25日完工，工期日历天数为361天。

我单位工期目标：计划于2004年12月30日开工，2005年12月10日完工，总工期346日历天，比招标文件要求总工期提前15天完工。

10.2　工期保证措施

10.2.1　施工准备阶段组织保证

(1) 建立健全项目组织体系

① 尽早建立适合本工程特点的项目管理机构，使各级人员尽快进入角色，以保证各项施工任务的分解尽早得到落实。

② 按项目法组织施工，充分发挥资源优化配置、动态管理的优势。

③ 项目部主要管理和技术人员均由具有丰富工程施工经验的人员组成。项目经理、项目总工程师及项

目总经济师等构成领导决策层，相关人员自投标阶段开始至工程结束的整个施工过程中保持稳定不变。

④ 施工作业层实行集约化管理，充分发挥我单位技术优势。

⑤ 根据本工程性质及工程特点，施工作业层以我单位下属的一直从事综合市政工程、道路工程和桥梁工程施工任务的项目经理部为主要施工队伍，充分发挥施工优势，以保证各项施工任务的实施紧凑有序。

(2) 提前开展并完成各项施工准备工作

① 加快资源调配，确保人员、机械设备及所需物资及时进场。

② 以最快速度完成临时设施建设，为工程全面展开创造条件。

③ 尽快编制各分部、分项工程的实施性方案，及时报业主、监理审核批准，使工程尽快达到开工条件。

④ 结合本工程实际，制定工程管理及质量保证的各项具体措施和办法，实现标准化管理，为工程顺利实施奠定基础。

10.2.2 施工过程组织保证

(1) 实现信息化管理，及时调整工期计划及资源配置　运用梦龙及 project 项目管理软件编制总体施工进度计划，并确定关键线路，以此为依据，制定"月、周"施工进度计划及各分部、分项工程的施工进度计划，在计划实施过程中，及时采集各种施工信息并通过软件进行数据处理及分析，根据分析结果及时调整工期计划及资源配置，以确保工期。

(2) 强化业务系统职责，严格执行岗位责任制　强化各业务系统职责，严格执行岗位责任制，将各项施工任务落实到人，保证全部岗位职责覆盖项目施工的全方位，无缺口，无重叠，确保目标工期的实现。

(3) 严格执行工地会议制度

① 每天召开各作业队工作会，总结当日计划完成情况并安排次日工作计划，工作会由生产副经理主持，各作业队队长参加。根据现场情况组织临时协调会，加强现场指挥调度工作，使工程保持正常有序施工。

② 主动加强与业主、监理等有关部门的联系，每周定期召开有业主、监理、设计、施工单位参加的工程例会，会中总结一周的工程进展情况及下周工作计划，对急需解决和亟待处理的问题进行讨论，并制定相应措施，确保下步工作顺利实施。

(4) 及时组织分项、分部工程验收　对已完分项、分部工程项目特别是隐蔽工程及时组织验收，保证下道工序及时展开。

(5) 制定并强化成品保护措施　制定并强化成品保护措施，保证施工过程中不出现成品、半成品由于人为因素损坏而造成返工、返修，致使工期延误。

10.2.3 施工计划保证

(1) 编制工程进度计划

① 按照施工部署总体原则编制总体施工进度控制计划，并根据工程项目、工程量、施工条件及拟采取的施工工艺、拟投入的施工人员及机械设备等情况划分施工区段，以形成有效的平行施工和有序的流水作业。

② 工期控制计划中必须对各分部、分项工程施工计划进行分解，并依据分解计划，分析各工程项目、各工序的逻辑关系，确定关键线路工期，将各项资源进行合理配置及科学运用，从而通过确保关键线路工期的实现，最终保证总工期的实现。

(2) 编制物资采购计划

① 一次性备料计划。在接到施工图纸后，立即组织技术及有关人员进行图纸审核，并及时与设计单位联系对图纸问题进行澄清，及时编制一次性备料计划并报物资部门，使物资部门详细掌握工程所需各种材料及计划进场时间，保证各种材料能够提前联系、定购、储备，避免在施工过程中出现停工待料现象而使工期延误。

② 计划及追补计划。根据每月施工进度计划安排，定期向物资部门提供下月所需各种材料计划，同时，根据当月工程计划调整情况，对所需材料做出追补计划，从而使物资采购能够有的放矢，以保证月计划按期实现。

(3) 编制资金使用计划　根据总体施工进度计划，对季度及月资金需用量进行估算，并编制使用计划，保证工程预付款及工程结算款等能够合理运用，从而确保总体进度计划按期实现。

10.2.4 施工技术保证

技术上，技术人员根据进度计划要求，及早做好施工方案、技术交底、备料计划，积极采用新工艺、新技术，提高劳动生产率。工程上，做到能使用机械的不用人工施工，合理安排工序的衔接和插入，减少工序间的间歇时间，做到有序合理的流水施工，控制施工节拍，调节劳动时间，防止工序停顿，以缩短工期，达到工期目标的实现。

（1）认真识图，深入调查现场情况，根据实际情况编制切实可行的技术交底。对工程重点、难点，制定合理的施工方案，提前做好施工准备工作，技术保证措施得力。

（2）确定合理的施工工序，组织好各工序的交叉施工，充分利用工作面平行施工，加快施工速度，缩短有效工期。

（3）结合工程进度计划，编制详细的材料使用计划，保证材料供应满足施工需要。

（4）施工过程中坚决落实“三检”制，确保质量验收一次合格，避免返工现象发生。

10.2.5 施工环境保证

项目部设专人负责拆迁、地方关系的协调，为工程的顺利施工创造一个良好的外界环境。加强与业主、监理、设计和管理单位的联系，保证信息交流畅通。加强例会制度，解决矛盾，协调关系，保证按照施工进度计划进行。

第11章 质量保证体系及主要质量保证措施

11.1 质量目标

本工程的质量目标是：达到北京市市政工程质量验收标准的合格等级，实现过程精品控制，创市优工程。

工程竣工优良率：≥95%。

11.2 质量保证体系

根据业主对工程质量和工期的要求，我单位决定由具有同类型工程施工经验、实力雄厚的项目经理部承担该项目的施工，项目经理为国家一级资质的项目经理，总工程师由高级工程师担任。该项目经理部设技术质量部，下设实验室、资料室及测量室，单位质量部和技术部给予指导和监督，单位施工管理部负责协调单位各分包单位的工作。

我单位已顺利通过ISO 9000质量标准的认证。在本项目中，我单位将一如既往的贯彻我单位的质量方针，依据业主要求，结合本单位ISO 9000系统工作程序，严密组织，精心施工，以科学的管理和先进的技术，创造出“精品工程”。

为此，我单位将建立以项目经理为核心的质保体系；选派有丰富施工经验的人员（全部主要管理人员达到大专以上学历，现场旁站人员具有中专以上学历）进行逐级管理；成立专门的质量小组，负责开展创优的各项工作；配备专门的数码相机、摄像机，施工期间随时记录，全过程进行录像，以留下必要的隐检影像资料。施工质量管理中通过加强现场质检人员数量，进行全方位质量控制，由质检人员对主要工序进行24h旁站，将问题消灭在过程中。

本工程计划配备一名质量主管，4名桥梁质检员，2名道路质检员，2名管线质检员，1名试验室主任，3名试验员，3名现场试验检测人员。项目部设2名专职资料员，分别负责路桥、管线施工的技术资料收集、整理工作。质量保证体系详见附图11-1。

11.3 质量保证措施

11.3.1 施工管理保证措施

（1）项目经理部认真执行《建设工程质量管理条例》，实行工程质量负责人责任制和工程质量终身负责制，项目经理是质量第一责任人。项目经理部根据工程质量目标制定本工程的质量管理制度及创优规划，认真做好施工组织及各项制度、措施的落实。严格执行“工程质量一票否决制”。

（2）认真贯彻执行“百年大计，质量第一”的方针，加强对施工人员的质量教育、施工管理，强化质量意识。严格按照设计图纸、专用条款明确的规范和标准、国家及北京市有关标准规定的要求组织施工。

（3）严格执行国家、北京市、业主、监理工程师颁发的各项质量管理办法，接受市政工程质量监督站

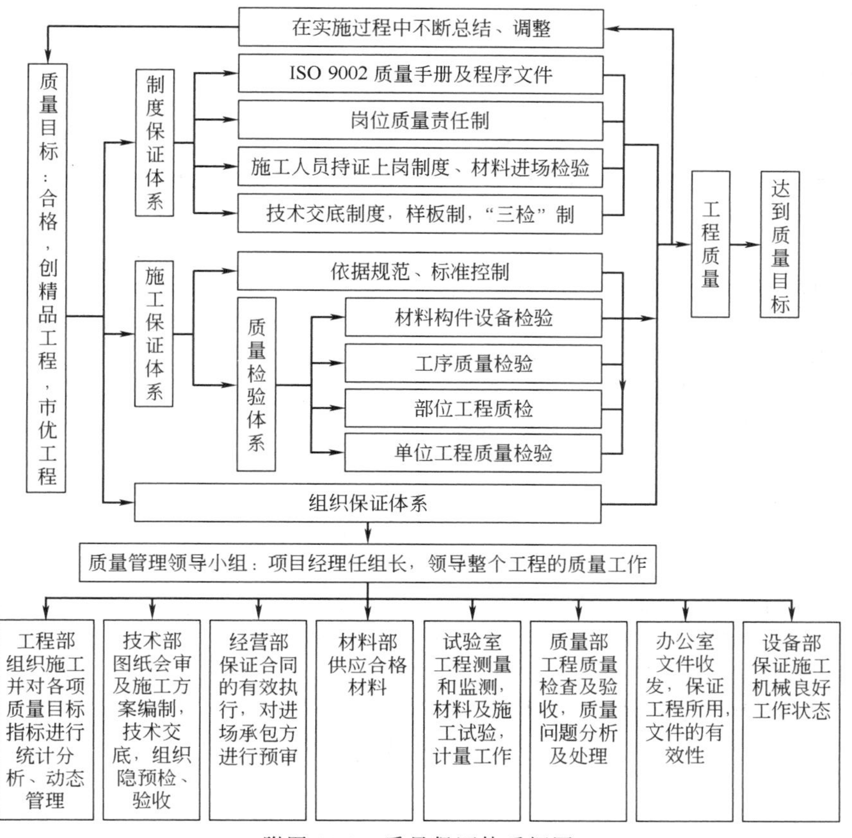

附图 11-1　质量保证体系框图

对建设工程质量实施监督管理。积极参加监理工程师组织的现场例会，认真落实会议纪要。

(4) 定期召开内部生产协调会，总结和检查前一阶段工期、质量、安全情况，有针对性地采取改进措施，布置下一阶段工作重点，确保工程质量得到持续改进和提高。

(5) 人员组织与安排　健全质量管理组织，完善质量保证体系。配齐配足施工管理、技术人员及技术工人，切实做到责任明确、工种齐全、奖罚及时，使每个人的切身利益与工程质量挂钩。

投入本工程的主要管理人员及施工技术人员，均参加过多项城市道路综合市政工程、桥梁结构施工建设，具有丰富的综合市政管线和桥梁工程施工经验。

为保证本工程的建设质量，成立以我单位总工程师为组长，由地质、基础、专业管线施工、防水、机械、工程试验等方面专家组成专家组，定期或不定期深入现场，帮助现场优化施工方案、解决施工技术难题。

配备熟练的技术工人，如隧道工、电工、电焊工、木工、混凝土工、架子工、起重工、钢筋工、施工机械操作等技术工人，严格执行持证上岗制度，对规定持证上岗的人员全部进行岗前培训，考试合格、取得岗位证书后上岗。

具体标准如下。

① 本项目的管理人员，均由取得相应的专业技术职称或受过专业技术培训，并具有一定的综合市政工程和桥梁工程施工及管理经验的技术、经济人员组成。

② 所有特殊工种人员、各种领班以上人员均具有符合有关规定的资质。专业工种人员均按照国家有关规定进行培训考核，获取上岗证及相应技术等级，持证上岗。新工人、变换工种工人上岗前将对其进行岗前培训，考核合格后上岗。

③ 施工中采用新技术、新工艺、新设备、新材料前，编制施工工艺及具体要求，组织专业技术人员对操作者进行培训。

（6）物资、设备管理措施

① 甲方供应的材料在使用前将材料出厂质量合格证书、施工单位检验、试验合格证书等送交监理工程师审批，监理工程师批准后再复检，合格后进厂使用。

② 自行采购钢筋、止水带、水泥等材料，按采购程序文件和作业指导书对分供方进行评审，采购前向监理工程师报送产品合格证明和样本，按合同、技术规范或监理工程师的要求，对产品进行检验和试验，合格后进行采购。对不符合设计或标准要求的，禁止进入施工现场。对符合设计和标准要求的进场材料，进行标识，实现材料质量可追溯，确保工程材料不被混用。

③ 所有进场材料分类分区保存，保证其整洁有序，不受天气及施工的影响，不影响周围设施的使用，不影响环境质量。

④ 施工组织安排的主要施工机械（包括备用机械）按时到达施工现场，并定期进行维修、保养，在施工期间保持状态良好，保证满足施工质量的需要。

11.3.2 施工技术保证措施

（1）严格执行设计文件、图纸及施工设计复核签字制度　总工程师组织经理部技术人员详细熟悉、审核施工设计图纸及资料，发现问题，及时报告监理工程师，审核完成并由总工程师签字后交付使用。

（2）严格执行技术交底制度

① 将各分项工程的技术标准、质量标准、施工方法、施工工艺、保证质量及安全措施等向领工员、工班长书面交底。

② 施工技术交底，执行书面交底，包括结构图、表和文字说明。交底资料详细准确、直观，符合设计、施工规范和工艺细则要求，交底资料经第二人复核确认无误签字后，交付领工员、工班长签收。交底资料妥善保存备查。

③ 工程开工前，项目经理部技术部门根据设计文件、图纸编制《施工手册》，向施工管理人员进行工程内容交底。《施工手册》内容包括工程名称、工程范围、工程数量、技术标准、质量标准、工期要求、结构尺寸等内容。

（3）严格执行测量复核签字制度

① 控制测量、施工测量，分两级管理。

② 工程范围内控制桩，由项目经理部精测组负责接收、使用、保管，并保护和保存好工程范围内全部控制网点、水准网点和自己布设的控制点。

交接桩时现场逐一查看、点交桩橛，双方在交接记录上详细注明控制桩的当前情况及存在问题的处理意见，并进行签认。

总工程师组织复测，复测精度按有关规定执行，如误差超过允许值范围，及时报告业主、监理工程师。

③ 根据监理工程师会同设计单位提供的工程范围内有关控制网点、水准网点，与控制桩点资料进行复测验算，施工测量放样前向监理工程师送施工测量报审表，放样后报监理工程师进行复测确认。

④ 施工过程中，作业队负责施工测量，进行施工放样、定位、控制桩点护桩测设保护和工序间检查复核测量。

认真贯彻执行测量复核制度，外业测量资料由第二人复核，内业测量成果经二人独立计算，相互校对。

⑤ 测量原始记录、计算资料、图表真实完整，并妥善保管。工程竣工后，按设计图纸进行竣工测量，确保达到设计要求，并绘制竣工图。

⑥ 测量仪器按计量部门规定，定期进行标定，并做好日常保养工作，保证状态良好。

（4）编制实施性施工组织设计，按施工网络计划节点工期分段控制，实现均衡生产，保证工程质量。

（5）为了更好地建设好本工程，施工过程中不断进行施工方案优化工作，以求得施工方案的先进、科学和保证工程质量。

（6）为适应信息化管理的要求，我单位将进行施工技术信息化管理，即施工计划进度网络、工程质量、施工安全、资源管理、工况变化、设计变更、施工监测等全部进入计算机系统，采用先进的管理软件，对施工全过程进行控制，实现“一次调整，全盘优化”的目标。

（7）配备先进的试验检测仪器设备，按招标文件及有关技术规范要求对进场原材料、各种成品、半成品构件进行检验和试验。

(8) 工程设计变更　施工中不擅自对本工程设计进行变更。施工中提合理化建议，涉及对设计图纸或“施工组织”的变更及对材料、设备的换用，报请监理工程师批准后实施。

(9) 关键工序实施前编制详细的工艺细则及作业指导书，并有明确的技术要求和质量标准，并对有关人员进行培训和技术交底。

(10) 严格执行隐蔽工程检查制度　工序完成后经自检、互检、质检工程师专检合格后，填写隐蔽工程检查证，报监理工程师，经监理工程师检查签认后，再进行下道工序施工。

(11) 加强施工监测工作，利用监测数据分析施工现状，并采取相应的处理办法。

(12) 由项目总工程师定期组织技术人员、质检人员、工班长、领工员等对施工现场进行检查，分析工程质量要点，制定预防措施。

(13) 建立健全全面质量管理体系，开展 TQC 工作；成立质量 QC 攻关小组，围绕以下重点工序展开活动。

① 结构防水施工工艺。

② 信息化管理。

③ 施工设计。

④ 预应力体外索。

11.3.3　原材料质量保证措施

(1) 原材料的采购

① 做好市场调查，从中选择生产管理好、质量可靠稳定的厂家，作为待定的供应商，按采购程序文件进行评审，建立质量档案。

② 从待定的供应商产品中按规定取样，送甲方认可的具有相应资格的试验室进行检验或试验。试验结果得出后，进行质量比较，从中选择最优厂家，报监理工程师批准后作为合格供应商，建立供货关系。

③ 建立供应商档案，随时对材料进行抽样，保证供应商所提供的产品合格。当材料质量出现变化时，加倍取样试验，试验结果报监理工程师，必要时按上述程序重新选择供应商。

(2) 原材料的运输、搬运和储存

① 原材料进场保证“三证”齐全，包括产品合格证、抽样化验合格证和供应商资格合格证。

② 对于易损材料，如止水带、防水卷材，运输和搬运时做好防护，防止变形和破损。

③ 原材料进场后按指定地点整齐码放，并挂标牌标识，标明型号、进场日期、检验日期、经手人等，实现原材料质量的可追溯。

④ 原材料进场后由专人保管，对水泥、钢材、防水材料、止水带等材料加盖或在室内保管，避免风吹日晒。

⑤ 在运输、搬运过程损坏或储存时间过长、储存方式不当引起质量下降的原材料，不使用在永久工程结构中，对此种材料及时清理分类堆放并标识，以免混用。

11.3.4　为确保质量所采取的检测试验手段及措施

(1) 认真贯彻执行国家、北京市及监理工程师有关规范和要求，对建设工程使用的原材料、半成品及现场制作的混凝土、砂浆试块、防水层施工、钢筋连接试件等项目的检测，实行见证取样送检制度。

(2) 项目经理部建立试验室

① 试验室。建立工程试验室。同时委托具有相应资质并经监理工程师批准的试验室进行现场工程试验室检测试验项目以外的检测试验工作。

试验工程师：长期从事试验工作，经验丰富并持有资格证书。

试验室检测设备见“拟配备本工程主要的材料试验、测量、质检仪器设备表”。

② 工程试验室所有仪器定期由计量部门标定，再由工程质量监督站对其进行技术资质审查合格并确定其试验范围后，进行试验检测工作。

③ 确定现场试验室人员为工程质量检测取样员。

④ 取样员在见证人员在旁见证下，按有关技术标准、规范的规定，从检验对象中抽取试样并采取有效措施封样。

⑤ 工地试验填写检测委托单，监护送样的见证人员在委托书上签字。

(3) 工程质量检测频率按相关规范、规程执行，配备交通车辆负责向质量检测单位送样。

混凝土试块养护管理方法：为确保混凝土试块强度的正确性，在现场试验室内建立符合规范要求的标准养生室。养生室的温度、湿度由专业人员管理。

到养护日期后，由现场试验室进行试验。

(4) 现场试验室完成的试验、检测项目，符合有关的规定。对试块、试件及有关材料，在监理工程师在场时进行检验和试验。

① 对所有原材料的出厂合格证和说明书进行检查，并登记记录。

② 对有合格证的原材料进行抽检，抽检合格者才能使用。

③ 经抽检不合格的原材料，书面通知物资部门并做出标识，隔离存放，防止误用，及时退货。

④ 对进场钢筋按规定进行抽检，抽检其焊接强度、脆性及韧性等，出具试验报告，符合设计及规范要求者方可使用。

⑤ 安排专人负责预拌混凝土生产过程的质量检测，每次浇注混凝土前，进行以下项目的检查（或按监理工程师要求），并做好记录。

a. 检查混凝土配合比，检查原材料（水泥、砂石、外加剂、掺和料等）是否符合规范要求，如有变化要及时调整混凝土配合比。

b. 检查原材料数量（含外加剂、掺和料数量），每班抽查不少于5次。

c. 记录搅拌速度和搅拌时间。

d. 检查坍落度是否符合要求，随机抽样，每班不少于3次。

e. 记录运送时间和搅拌时的温度。

f. 检查监督试件制作的全过程。

g. 检查养护条件以及试验设备是否符合要求。

⑥ 指定专人负责现场混凝土的检测、试件工作。

a. 混凝土灌注时，跟班检测、检查。

b. 测量混凝土坍落度，每班不少于5次，如不符合规范要求，及时调整配合比并重新拌制。

c. 记录预拌混凝土运送时间并与搅拌站取得联系，防止使用停留时间过长的混凝土。

d. 按规定在现场留取试件，试件组数符合有关技术规定。混凝土灌注期间若因特殊原因造成灌注中断时，及时报告监理工程师及有关人员并采取相应措施。

11.4 “精品工程”保证措施

11.4.1 完善体系，抓思想观念，树精品意识

打造“精品工程”，离不开完善的施工自保体系，在本项目中，我单位将按照业主制定的“精品工程施工自保体系标准”进行施工要素的配置，项目经理、项目总工、主要技术管理人员的资历不低于标准要求，保证生产组织系统、质控系统、计量支付系统、机械设备系统完备，为“精品工程”的实施保驾护航。

在本项目班子组建伊始，便组织班子成员认真学习《招标文件》和《北京市××公司精品工程实施标准细则》，深刻领会文件精神的内涵和精品工程的实质，深刻领悟建设精品工程、打造企业品牌对企业生存发展的重要性，把建设精品工程提高到事关企业生死存亡的高度上来看待，在项目部全体员工中营造一种“人人抓精品、处处为精品”的良好氛围，使精品意识深入人心。

11.4.2 建设精品，从根源抓起

建设精品工程，除牢固树立精品意识还必须从根源抓起，一抓原材料，二抓生产者。高标准、高质量的原材料是建设精品工程的基础。在本项目的实施过程中，我单位将狠抓原材料质量，由项目总工会同质检员、材料员、试验员共把原材料质量关。

需要重点控制的材料包括黑白料、混凝土构件、步道砖、商品混凝土、井筒井盖。

在材料定购前，进行广泛的市场调查，对其生产资质、质量监督站的备案情况、业主的认可情况全面摸底，参照业主提供的候选厂家名单，结合运距等因素择优选取。

对重要的原材料坚持先报批、后使用的原则，在进行实地考察的基础上，加强过程控制，严格准入机制。项目经理部派专职质量监督员，以总包人的身份，参与并监督材料加工生产质量，负责出厂前的验收、

标识，无项目部统一标识的产品谢绝进场。加强原材料生产的过程控制，严格准入机制，执行验收制度和复试制度。

材料进场时，由技术员、质量员、试验员、材料员联合验收，检查其出厂合格证及相关的试验报告；由现场试验员按照《现场试验检测规程》按批次取样复试，经复试合格方可使用，否则一律退场。

施工工人是建筑产品的直接生产者，施工技术水平直接关系到产品的质量。我单位将一如既往地择优选取、使用常年随我部施工，有良好同类工程业绩的专业施工队伍，要求他们是管理严格、成建制、技术精湛、施工规范的文明之师，为打造精品工程提供有力的人员保证。

确保作业队中技术工人比例不少于60%，组织完善，班组分工明确，配备有专职质量检查员，完成作业队内部自检自查工作，与项目经理部专职质检员共同完成工程质量检查和验收。

11.4.3 建设精品，在管理上下工夫

(1) 提高技术质量标准，执行比优质工程更高的技术和质量标准，从根本上提高质量。

(2) 加强施工组织管理，坚持施工过程三级验收制度 加强工序自检自查，及时消灭质量隐患。班组设专职质量检查员，项目部设专职质检工程师，与现场监理共同形成三级验收体系，坚持施工过程三级验收制度。

班组质量检查员负责工序自检自查，填写《工序自检记录》，自检合格后，会同项目部专职质检工程师共同验收，并填写《工序交接检查记录》和《工序质量检查评定表》，最后请现场监理进行验收，填写《工序报验单》和《隐蔽工程验收记录》。

(3) 加强施工过程控制，加大巡视旁站力度 加强施工过程控制，把质量隐患消灭在萌芽状态。施工中，工长、技术员、质检员、试验员深入施工一线，加大对一般工序的巡视、检查、抽查力度，对重要工序进行全过程旁站监督，及时发现问题、解决问题。

11.4.4 建设精品，抓施工过程标准化

“精品工程”不但要求高质量的产品，而且要求规范化的文明施工过程。环境保护与文明施工、施工安全及交通导行是施工过程中的三个重要环节，直接关系到工程的对外形象。在本项目的实施过程中，我单位将按照业主制定的施工过程标准化细则，在环境保护与文明施工、施工安全及交通导行三个方面实施标准的施工管理，以全新的形象展现在广大市民面前。

(1) 加强文明施工管理 严格组织管理：建立文明施工环保领导小组，由生产副经理任组长；根据施工现场特点和实际情况，制定环境保护与文明施工专项措施；项目经理部设专职文明施工员，负责施工现场的日常工作。

施工区域按照我单位有关规定，采用我单位标准围挡进行封闭，严禁无关人员进入施工现场，搞好文明施工与环境保护。项目部安排专人负责对围挡的清洁与维护，及时修缮被损坏的围挡板，保持施工区整洁美观。

现场按统一标准设立标识牌：施工平面布置图、安全生产制度板、环境保护制度板、文明施工制度板，分施工区明确负责人，接受各方监督。

严格执行政府规定，严格控制噪声污染、大气污染和施工振动，做到施工不扰民。散体材料、施工渣土的运输和消纳满足环卫和环保部门的要求。生产区、生活区井然有序，燃煤达标。

(2) 加强安全管理 建立施工安全领导小组，制定安全生产、消防保卫措施和方案，制定安全防护、临时用电、机械安全、消防保卫制度。

操作人员个人防护用品符合规定，安全帽、反光背心根据施工需要每人必备；沟槽放坡、脚手架、承重支架、大型模板等符合规定；施工人员无违章作业。开槽后，为临近的单位、居民搭设临时便桥，方便居民出行。

电工持证上岗；供电分级配电，照明灯具、配电箱、开关的安装符合规定；配电系统、发电机具、电气工具有接地或接零保护。

操驾人员持证上岗；机械设备的维修、使用符合规定，各类机械设置安装合理，仪表齐全有效，有安全保养记录。

有24h消防保卫值班及值班记录，防火标志和消防设施符合要求，临时建筑符合消防规定，剧毒、易燃易爆品有严格的管理制度，有保卫、消防等突发事件的方案、预案。

11.4.5 建设精品，引入竞争机制与奖惩机制

为切实提高工程质量，实现业主精品工程的目标，在本项目的实施过程中，我单位将引入竞争机制和奖惩机制。

首先在项目部管理层实施，把经济效益同工程质量挂钩，将工程任务划分为若干段，项目部管理层相应划分为若干组，每组成员由工长、技术员、质量员组成，各组之间展开竞争，对工期短、质量优的小组给予奖励，反之严惩不贷。同时在各作业队、班组之间展开竞争，奖优罚劣。

11.5 重点项目的质量控制

为保证本工程施工质量，实现质量目标，我公司计划在完善质量保证体系的同时，有针对性地加强施工过程控制，防止质量通病的发生。

11.5.1 台背回填质量控制

本标段台背回填是本次道路施工的一个重点。在本工程中，我单位将重点加强台背回填质量控制，避免出现台背跳车现象。

台背回填的质量是消除桥头跳车的关键所在，为保证台背回填质量，各个作业队都配有足够数量的蛙式打夯机。

台背填土顺路线方向长度，自台身起顶面不小于桥台高度加 2m，底面不小于 2m。

回填前，将基坑内的建筑垃圾及材料全部清除干净，如果有积水和淤泥，将积水抽干，淤泥挖除，并进行基底处理，换填 50cm 级配碎石，分两层夯实，使基底压实度达 98%以上时，方可回填。

采用换填砂砾材料时，对称分层填筑，采用小型压路机压实。每层压实厚度不超过 20cm。

台背死角范围的夯实采用专业打夯机——美国史丹利液压夯机以及蛙式打夯机进行夯实，距桥台 1.5m 外，用压路机进行分层碾压。压实度达 98%，回填表面平整、密实，均匀一致，排水良好，路拱合适，不得有翻浆、软弹、松散等。

11.5.2 混凝土质量控制

(1) 商品混凝土管理　项目部每月提供月生产计划，以书面形式向搅拌站提供混凝土需用量计划及混凝土浇注进度计划。

计划内容包括混凝土使用部位、混凝土强度等级及技术要求、使用时间及数量。

混凝土使用前 24h，向供应商提出具体用料计划。要求供应商必须按共同确定的配合比进行混凝土生产，并在使用前提供满足各项技术指标的混凝土的配合比。

每辆混凝土运输车必须有配料单和混凝土使用部位及性能的相关资料，到达施工现场后由项目部试验人员、监理工程师进行联合检查，确认合格后方可进入浇注工作面。

同时要对每车混凝土的数量、坍落度、和易性、含砂率、混凝土运输时间及混凝土温度进行检查，若不能满足要求不予签收。定期对混凝土搅拌站的水泥、砂、石、外加剂及计量器具进行检查，确保原材料及计量的准确。根据规范及施工要求，制取混凝土试件作强度试验。

(2) 混凝土工程施工组织管理

① 成立以项目副经理为组长的混凝土浇注施工管理组，主要负责实施混凝土浇注施工的有关组织管理工作，保证混凝土连续供应和按施工工艺组织施工，保证混凝土浇注质量。

② 根据混凝土浇注部位、工艺、数量合理安排人员及配备设备。成立混凝土浇注作业班，并对作业人员的职责作明确分工。混凝土浇注时，相关的质量、技术、机电、物资等部门派专人组成现场值班小组，专职负责落实混凝土供应、施工工艺、机电维修、浇注质量控制等工作，监督关键部位如防水结构等细部浇注，确保混凝土浇注质量。及时进行技术交底，明确质量、安全注意事项。设专职混凝土试验人员进驻商品混凝土拌和站，监督拌和站是否按配合比实施拌和，并协助组织运输。项目部派专人指挥商品混凝土运输车辆进出施工现场，确保道路畅通、安全。实行终身质量责任制，项目部与混凝土供应商签订质量责任合同，混凝土的质量与浇注施工有关人员的经济效益直接挂钩。

(3) 混凝土施工过程控制

① 混凝土拌和及运输。将商品混凝土拌和站质量管理纳入工程创优目标管理范围，督促拌和站根据混凝土的质量技术性能要求制定相应的控制措施。拌和站每次搅拌前，须检查拌和、计量控制设备的状态，保证按施工配合比计量拌和。同时根据材料的状况及时调整施工配合比，确保调整各种材料的使用量。制

定切实可行的混凝土运输路线方案，根据使用情况编排好拌和、运输计划，保证在规定时间内及时运到现场，实现连续浇注。

② 混凝土浇注前的准备。把好测量关，做好检查复核工作。做好电力、动力、照明、养生等准备工作。分别制定每一施工段的混凝土浇注实施方案，制定设备、人员、小型施工机具、浇注施工工艺交底及场地安排计划，配备适用的发电机以备急用。

③ 混凝土的浇注与振捣。浇注工艺随不同部位予以相应调整。不能引起混凝土离析，自卸高度控制在2m以内，大于2m用串筒、斜槽、溜管等方式浇注。应在合理时间内浇注完毕，浇注速度不能过快，否则易使模板侧向压力增大，捣固不充分，造成混凝土不密实。捣固人员应认真负责，不得漏捣，也不得振捣过度而引起混凝土翻砂和粗骨料下沉，混凝土振捣以混凝土表面浮浆光滑且不再沉落为止，插捣间距不大于捣固棒作用半径的1.5倍。底板混凝土初凝后至终凝前，进行人工提浆、压实、抹光，消除初凝期失水裂纹和渗水通道，提高底板的防水能力，增加与防水层的凝结力。防水构造的细部，箱梁混凝土在浇注时采用插入式振捣器与附着式振捣器配合振捣，保证箱梁浇注质量，防止表面出现蜂窝麻面。

④ 养护。编制详细的混凝土养护作业计划，报监理审核批准后实施。结构混凝土养护必须在浇注完毕后12h以内进行。

⑤ 拆模。拆模顺序为后支的先拆、先支的后拆；先拆除非承重部分，后拆除承重部分。较复杂的模板拆除须制定相应的拆模方案。拆模时间需视混凝土强度情况及结构类型而定，遵照招标文件和有关设计规范。

⑥ 混凝土质量检验、评定与验收。混凝土施工过程中，除按设计要求及相关技术规范要求进行质量评定及检查外，还应执行以下规定：原材料必须进行检查，如有变化及时调整混凝土配合比，并得到监理的批准和认可。在拌制和浇注地点测定混凝土坍落度，每工作班不少于二次。检查配筋、钢筋保护层、预埋件等细部构件是否符合设计要求，合格后填写隐蔽工程验收单，报监理检验认可。

工程验收时须提供下列资料：原材料质量证明，进场检验与试验资料，混凝土强度、厚度、外观尺寸等检查和试验报告。

⑦ 隐蔽工程检查验收记录。变更设计、工程重大问题处理文件；监控量测成果报告；其他业主、监理或城建档案馆要求提供的资料。

11.5.3　隐蔽工程的质量保证措施

（1）隐蔽工程验收程序　详见附图11-2。

（2）质量管理措施　隐蔽工程、关键工序和特殊工序的检查验收坚持自检、互检、专检的“三检制”。以班组检查与专业检查相结合。施工班组在上、下班交接前需对当天完成的工程的质量进行自检，对不符合质量要求的及时予以纠正。

各工序工作完成后，由分管工序的技术负责人、质量检查人员组织工班长，按技术规范进行检验，凡不符合质量标准的，坚决返工处理，直到再次验收合格。

工序中间交接时，必须有明确的质量交接意见，每个班组的交接工序都当严格执行“三工序制度”，即检查上道工序，做好本工序，服务下道工序。

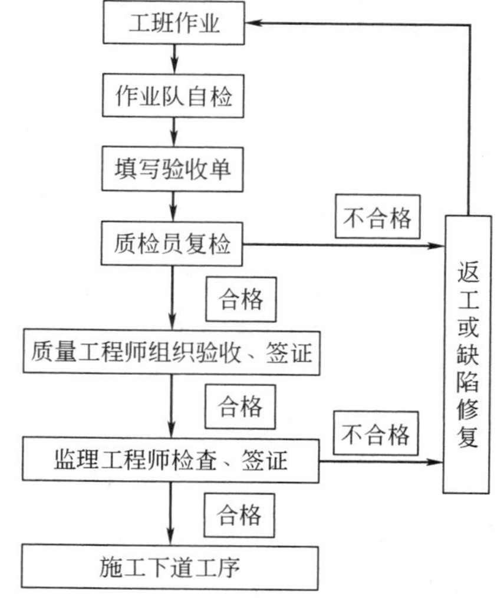

附图11-2　隐蔽工程验收程序图

每道隐蔽工程、关键工序和特殊工序完成并经自检合格后，邀请监理工程师验收，做好隐蔽工程、关键工序验收质量记录和检查签证资料整理工作。

所有隐蔽工程、关键工序和特殊工序必须经监理工程师签字认可后，方可进行下一道工序，未经签字认可的，禁止进行下道工序施工。

经监理工程师检查验收不合格的隐蔽工程、关键工序和特殊工序项目，经返工自检和复验合格后，重新填写验收记录，并向驻地监理工程师发出复检申请，经检查认可后，及时办理签认手续。

按竣工文件编制要求整理各项隐蔽工程、关键工序验收记录，并按ISO 9001—2000质量标准《文件、资料控制程序》分类归档保存。工序施工中的施工日志，隐蔽工程、关键工序和特殊工序验收记录，分项、分部工程质量评定记录等资料齐全。按《工程质量检验评定标准》要求，用碳素墨水填写，其内容及签字齐全，具有可追溯性。

11.5.4 质量预防预案

(1) 消除人为因素造成的工序质量缺陷 加强对施工人员“质量第一，顾客至上”的质量意识教育，确定岗位责任制，定期组织技能培训，提高员工操作技能。

(2) 消除环境因素造成的工序质量缺陷 加强现场管理，搞好文明施工、合理组织，确保工序施工有一个良好的施工环境。

(3) 消除施工方法不当造成的工序质量缺陷 坚持持证上岗，严格施工纪律，按规范组织施工，严格操作规程，确保施工方法得当。

(4) 消除机械、检验、测量、试验设备造成的工序质量缺陷 对机械设备定期进行维修和保养，结合本项目的实际情况，配置性能良好、配套的机械设备。定期对计量、测试设备进行周期鉴定，保证检验、测量、试验的准确性，推广和应用先进的计量设备和快速准确的测试技术，减少检验、测量、试验设备造成的工序质量缺陷。

(5) 消除材料因素造成的工序质量缺陷 物资采购各环节的控制工作，实行定点、定量采购，确保材料质量。

(6) 作好技术交底和质量记录，确保工序质量 项目总工程师需全面对设计图纸进行审核，掌握实用的各类规范，明确质量标准和技术要求，做好技术交底，参加人员应履行签字手续，形成状态过程的可追溯性。质检工程师应熟悉相关的技术规范、设计要求、验收标准，做好工序质量检查记录，负责隐蔽工程检查验收签认，填写工程质量评定表，建立事故（隐患）报告处理等行之有效的质量管理制度，使工程质量处于受控状态。

各隐蔽工程项目工序技术负责人，需熟悉设计图纸，理解设计文件精神，搞好技术交底，并做好质量记录。

11.5.5 收尾阶段质量保证措施

(1) 制订收尾阶段施工计划，对剩余工程数量、材料、机具、人员需求量作出具体安排，保证收尾阶段工程质量。

(2) 工程将要竣工前，由经理部主管生产的副经理组织有关管理人员及作业人员对收尾工程进行自验，清点未完及需要修补的项目，采取措施一项一项加以落实。

(3) 组织技术人员对竣工资料进行全面整理，编制装订归档，其整理标准按照甲方及监理工程师要求执行。

(4) 在工程交工验收之后，项目经理部制订质量回访计划，对已完工程存在的缺陷负责保修。

(5) 在工程交工验收之前，根据《建设工程质量管理条例》，国家关于工程质量保修的有关规定与甲方签订工程质量保修书，确定工程质量保修范围和内容，在质量保修期内，承担保修责任。在保修期发生质量问题，我单位将全力予以整修，确保业主满意。

第12章 安全保证体系及安全保证措施

为保证工程顺利进行，坚决贯彻“安全第一，预防为主”的国家安全生产方针，严格遵守国家、建设部、北京市的有关职业健康安全生产的政策及有关规定，切实保障职工在生产过程中的安全与健康。

12.1 施工安全生产目标

本工程施工安全生产目标为：“五无一杜绝”，“一创建”。

“五无”，即无工伤死亡事故，无重大交通事故和机械事故，无火灾、洪灾事故，无倒塌事故，无中毒事故。

“一杜绝”，即杜绝重伤事故。

“一创建”，即创建北京市安全文明工地；轻伤负伤频率控制在3‰以下。

12.2 安全生产保证体系

12.2.1 组织保证

成立由项目经理、项目副经理、项目总工程师、专职安全工程师组成的安全领导小组，其中，项目经理为第一责任人，项目副经理为安全生产的直接责任人，项目总工程师为技术负责人，专职安全工程师负责安全工作的落实，督促工人按有关安全规定进行生产。各施工队设专职安全员，各班组设兼职安全员管理本辖区日常的安全工作（见附图 12-1）。

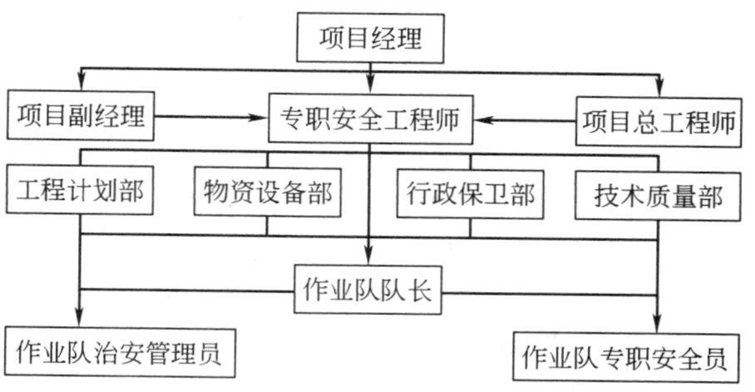

附图 12-1 职业健康与安全管理体系框图

12.2.2 制度保证

建立健全安全生产管理制度，有组织、有领导地开展安全管理活动。建立安全教育制度、安全考核制度、安全检查制度、事故分析制度、安全奖惩制度等。由各级安全组织监督检查，形成上下齐抓共管的安全管理网络，做到安全工作层层有人抓，工前有布置，工中有落实，工后有讲评。营造“安全生产，人人有责”的良好氛围。

12.2.3 责任保证

实行安全生产责任制，实行注册安全责任制。建立各级各部位安全岗位责任制，将岗位责任制与经济挂钩，切实落实各级管理人员和操作人员的安全职责。

12.3 主要施工项目安全技术措施

12.3.1 施工现场安全技术措施

① 施工现场的布置须符合防火、防风、防雷、防洪、防触电等安全规定及安全月施工的要求，施工现场的生产、生活用房及仓库、材料堆放场、修理间、停车场等须按建设单位批准的总平面布置图进行统一布置。

② 现场道路平整、坚实、畅通，危险地点须悬挂按照有关规范规定的标牌，夜间有人经过的坑、洞须设红灯示警，现场道路须符合《工厂企业厂内运输安全规程》GB 4378—84 的规定，施工现场设置大幅安全宣传标语。

③ 现场的生产、生活区要设足够的消防水源和消防设施网点，消防器材专人管理，不得乱拿乱动，并组成一个由 15～20 人的义务消防队，所有施工人员均熟悉并掌握消防设备的性能和使用方法。

④ 各类房屋、库棚、料场等的消防安全距离符合管理部门的规定，室内不得堆放易燃品。严禁在木工加工场、料库等处吸烟；现场的易燃杂物随时清除；严禁在有火种的场所或其近旁堆放。

⑤ 氧气瓶不得沾染油脂，乙炔发生器必须有防止回火的安全装置，氧气瓶与乙炔发生器要隔离存放。

⑥ 施工现场临时用电，严格按《施工现场临时用电安全技术规范》的有关规定执行。

⑦ 临时用电线路的安装、维修、拆除，均由经过培训并取得上岗证的电工完成，非电工不准进行电工作业。

⑧ 电缆线路须采用“三相五线”接线方式，电气设备和电气线路必须绝缘良好。

⑨ 室内配电柜、配电箱前要有绝缘垫，并安装漏电保护装置。

⑩ 各类电器开关和设备的金属外壳，均设接地或接零保护。

⑪ 防火、防雨配电箱，箱内不得存入杂物并设门加锁，专人管理。

⑫ 移动的电气设备的供电线使用橡胶电缆，穿过场内行车道时，穿管埋地敷设，破损电缆不得使用。

⑬ 检修电气设备时必须停电作业，电源箱或开关握柄上挂“有人操作、严禁合闸”的警示牌并设专人看管。必须带电作业时要经有关部门批准。

⑭ 施工现场用的手持照明灯使用 36V 的安全电压，在潮湿的基坑用的照明灯则采用 12V 电压。

⑮ 围挡施工前先根据疏导方案，配合交管部门在相关路段利用非高峰期设置分道线、限速等警示标志，在施工范围一定路段内设置交通安全和导向疏导标志，并用锥形标和拉绳（带小三角彩旗）进行简单围挡，确保交通有序，施工安全。

12.3.2 施工机械的安全控制措施

① 各种机械操作人员和车辆驾驶员，必须取得操作合格证，不准操作与操作证不相符的机械，不准将机械设备交给无本机操作证的人员操作，对机械操作人员要建立档案，专人管理。

② 操作人员必须按照本机说明书规定，严格执行工作前的检查制度和工作中注意观察及工作后的检查

保养制度。

③ 驾驶室或操作室须保持整洁，严禁存放易燃、易爆物品，严禁酒后操作机械，严禁机械带病运转或超负荷运转。

④ 机械设备在施工现场停放时，须选择安全的停放地点，夜间要有专人看管。

⑤ 用手柄起动的机械须注意手柄倒转伤人。向机械加油时要严禁烟火。

⑥ 严禁对运转中的机械设备进行维修、保养、调整等作业。

⑦ 指挥施工机械作业人员，必须站在可让人瞭望的安全地点并要明确规定指挥联络信号。

⑧ 乱使用钢丝绳的机械，在运行中严禁用手套或其他物件接触钢丝绳。用钢丝绳拖拉机械或重物时，人员远离钢丝绳。

⑨ 起重作业严格按照《建筑机械使用安全技术规程》和《建筑安装工人安全技术操作规程》规定的要求执行。

⑩ 定期组织机电设备、车辆安全大检查，对检查中查出的安全问题，按照“三不放过”的原则进行调查处理，制定防范措施，防止机械事故的发生。

12.3.3 安全技术措施

① 做好技术交底中的安全交底工作，保证施工人员安全。

② 所有参施人员进入施工现场必须戴安全帽。工地安全员均持证上岗，认真负责。

③ 本项目实施过程中，交通导行是龙头项目，必须保证交通导行按时完成，必须保证交通导行期间的交通安全和施工安全。在交通导行路段的两端及沿线，按照国标要求设置交通标志标牌，夜间开放警示灯，并安排专职交通协管员，协助交警指挥、疏导车辆，保障施工安全和交通安全。

④ 沟槽开挖后，沿沟槽两侧搭设符合我公司安全生产规定的防护栏杆，挂安全网；夜间开放警示灯，避免坠落伤人。施工路段进行可靠的围挡与封闭，无关人员严禁入内。

⑤ 各种管道在吊装作业时，由专人指挥，严禁违章作业；在吊装作业区两端设置明显的施工标志，非施工人员谢绝进入；在吊装过程中，起重臂下及吊车回转半径内严禁站人。

⑥ 夜间施工，施工现场设置足够的照明装置。

⑦ 项目经理部设专职安全员，各作业队设义务安全员，负责施工现场的安全巡视检查，随时消灭安全隐患。技术人员做好技术交底中的安全交底工作，保证施工人员安全。

⑧ 所有参施人员进入施工现场必须戴安全帽，与施工无关人员谢绝入内。夜间施工，施工现场设置足够的照明装置。

⑨ 搭设的模板支架必须认真检查，严禁使用不合格的杆件，保证立杆间距小于1.5m，横杆间距小于1.0m；脚手架操作面满铺脚手板，与结构距离小于20cm；并防止有空隙、探头板、飞跳板，操作面外侧设有两道护身栏杆和一道脚手板，立挂安全网，下口封严；禁止使用竹笆作脚手板。

⑩ 吊装作业时，起重臂下及吊车回转半径内严禁站人，并有信号工专人指挥。疏导交通人员合理组织，确保交通安全。

第13章 文明施工、环境保护体系及措施

13.1 文明施工、环境保护管理目标

为做好本工程文明施工管理，保证首都人民正常的生活工作秩序，保证首都的良好国际形象，塑造施工企业的文明风范，我单位确定本工程文明施工目标：北京市文明安全工地。

认真贯彻执行国家、北京市环境保护的法律法规和环境标准，采用清洁工艺，坚持清洁生产，不断提高全体参建员工的环保意识，综合利用各种资源，最大限度地降低各种原材料的消耗，节能、节水、节约原材料；废气、废水、各种废弃物达标排放，从严把握噪声标准，控制施工噪声污染，保护文物古迹，保护名树古木，保护城市绿地，维护城市交通正常秩序，创北京市环保型施工工地。

13.2 文明施工与环境保护管理体系

项目经理部成立以项目经理为组长、项目副经理为副组长、有各部门负责人参加的文明施工管理体系，依照ISO 14001环境管理体系标准要求及北京市相关管理文件建立现场环境保护与文明施工管理体系(详见附图13-1)，将“清洁施工、安静生产”的管理理念贯彻到施工生产的全过程。

13.3 文明施工与环境保护措施

13.3.1 文明施工管理措施

(1) 施工现场管理

① 建立文明施工管理组织，制定文明施工管理制度，对施工人员进行文明施工教育，建立健全岗位责任制，签订文明施工责任书，把文明施工责任落到实处，提高全体施工人员文明施工自觉性，增强文明施工意识，树立企业文明施工形象。各级负责人及工作人员一律挂胸卡上岗。

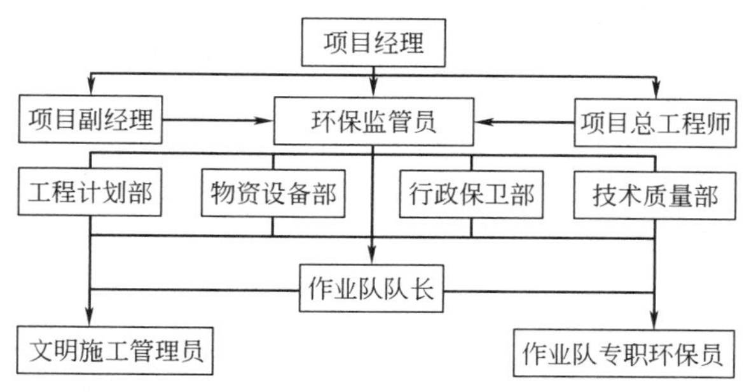

附图 13-1 环境保护与文明施工管理体系框图

② 按照经监理工程师批准的施工组织设计平面布置图，认真搞好施工现场规划，做到布局合理，井然有序，满足消防、施工、环保及当地政府的有关法规的要求。施工平面布置图经监理工程师批准后实施，场内一切物品，严格按图定位设置，做到图物吻合。施工现场的临时用电和排水设施规范、安全、可靠，建成安全标准工地，以创造良好的施工环境，建成文明工地。

③ 施工现场按北京市建设行政主管部门有关规定进行围护，在现场出入口显著位置设立现场施工总平面图及总平面管理、安全生产、文明施工、环境保护、质量控制、材料管理等规章制度，设立标有施工单位名称、工程概况、施工负责人、施工工期等内容的标牌。在围护周围设置照明等警告信号，保证安全。现场出入口设专职门卫，禁止无关人员进入现场。

④ 施工现场及早修建施工污水、生活废水排水设施，保证不因施工、生活污水污染既有排水设施和周围环境；现场的施工用水、用电管线布置合理，安装规范、安全、可靠。

⑤ 施工所用机械设备、材料存放严格限定在施工用地限界以内，且不影响安全运行和交通。

⑥ 大型机械或构件运输、行驶，事先对既有路面宽度、限高及交通管制情况进行调查，合理安排运输时间和走行线路，避开节假日、上下班等高峰期，减少或避免对既有交通秩序的影响。

⑦ 施工机动车辆及设备始终处于完好状态，加强维修保养，减少机械设备噪声和污水排放；机动车辆在驶出场区时保持干净，遵守公安部《交通管理条例》，服从交警部门的管理规定，自觉维护交通秩序，文明驾驶，礼让三先，保证运输畅通。

⑧ 施工期间，合理安排电焊、照明等产生强光或振动的工序作业时间及高噪声设备的作业时间，减少和降低声、光污染。

⑨ 施工期间，保持现场清洁。不必要的障碍物、多余材料、施工废料、建筑和生活垃圾及时清除、运出现场。

⑩ 自觉做好环境保护工作，对施工中产生的废水、固体废弃物，按环保要求进行处理，生活中使用的一次性用品采用易降解的产品，集中堆放，按有关规定处理。施工中临时占用的场地，施工完成后予以恢复。

(2) 施工管理

① 开工前，根据合同要求及投标书的承诺编制实施性施工组织设计，经监理工程师审阅同意后实施。

② 执行开工报告制度。开工前，提出开工报告，报监理工程师批准。各分部工程开工前向监理工程师提出申请，并得到其批准，各分项工程开工实行内部审核制度，并通知监理工程师方可开工。

③ 施工期间实行计划管理，按计划组织施工。接受甲方及监理工程师对计划实施控制。

④ 认真执行分项、分部工程检验评定制度，实行隐蔽工程检查签证制度，对“关键”工序、“特殊”工序，实施全方位、全天候的“旁站”。

⑤ 认真按政府主管部门、甲方、监理的有关技术法规和规章制度施工，杜绝一切违章指挥和违章操作现象，确保工程质量。

(3) 施工安全及卫生管理

① 施工安全管理。“百年大计，质量第一，工程建设，安全为本”。安全生产始终是工程项目管理的头等大事。为了认真贯彻国家的安全方针和北京市有关安全生产的各项规定，加强施工中安全生产的管理，

保证施工人员的安全和健康，促进施工，制定以下措施对现场施工安全进行管理。

a. 工程开工前编制有安全技术的施工组织设计（包括施工用电设计）及技术复杂的施工设计，严格审核、批准程序。

b. 建立健全项目安全生产保证体系，建立和实施安全生产责任制。项目经理是安全生产第一责任人，主管施工生产的副经理是安全生产责任人，项目经理部的技术责任人对劳动保护和安全生产的技术工作负责。工程项目经理部建立安全生产领导小组，各班组设安全员，各作业点设安全监督岗，将安全生产责任制层层落实。

c. 编制和呈报安全计划、安全技术方案和安全措施，组织项目施工的安全教育和技术培训考核，对管理人员和施工操作人员，按其各自的安全职责范围进行教育，建立安全生产奖惩制度，认真贯彻落实。

d. 确保必需的安全投人，购置必需的劳动保护用品，安全设备及设施齐全，满足安全生产的需要。

e. 逐级进行安全技术交底，特种作业人员进行专业培训，持证上岗。结合工地特点和生产的实际情况，进行现场安全教育，采用新工法、新工艺、新设备、新材料及进行技术难度复杂或危险性较大的作业时，有针对性地进行安全教育，并有可靠措施后，再进行作业。

f. 各类脚手架、支架、模板等施工设施经设计计算，按施工图进行搭设、使用和拆除，搭设完后经检查合格，投人使用。定期检查使用情况，专人负责维修。

g. 施工现场临时用电按《施工现场临时用电安全技术规范》的要求进行设计、验收和检查，并落实三项措施：第一，防止误触带电体的措施；第二，防止漏电措施；第三，实行安全电压措施。所有接地和重复接地电阻值，经检验符合规范要求，按时进行复测。

h. 抓好施工现场平面布置和场地设施管理，做到图物相符、井然有序、状况良好。施工现场除设置安全宣传标语牌外，危险地点按照《安全色》和《安全标志》规定悬挂标牌，夜间有行人车辆经过的施工地点设红灯示警。

② 施工卫生管理

a. 工地各种标牌标志统一制作，书写整齐、规范。

b. 工地垃圾随时清理，当天运走，不用材料、工具和机械及时退场，保持施工现场内整洁。

c. 生活区内员工凭企业发放的胸卡出入，在明显位置设防火、安全警示牌及住宿规定。生活区根据人员情况设置厕所、淋浴室及垃圾容器，专人定时清扫，清理水沟，保持路面整洁、干净、无异味。

d. 工地上设卫生所、配专职医生，对工地生活、食堂、饮水进行监控检查，建立特殊工种作业人员的健康档案，定期进行体检。工地落实除“四害”措施，防止各种害虫的滋生。

13.3.2 环境保护措施

(1) 认真学习、贯彻国家、北京市政府、甲方、监理工程师及合同条款有关环保法规及规定，明确本工程的环保要求，健全环境保护体系，把环境保护工作作为一项施工管理内容，制定和落实环境保护措施，修建环保设施，处理好施工与环保的关系。

(2) 实行环保目标责任制。把环保指标以责任书形式层层分解到个人，列入承包合同和岗位责任制，建立环保自我监控体系。项目经理是环境保护的领导者和责任人，所有施工人员与环保领导组签订环保责任书。

(3) 编制施工组织设计时充分考虑环保要求，配置专职环保人员，合理安排各工序作业时间。编制环保手册，加强环保宣传。

(4) 加强检查和监控工作，加强对施工现场粉尘、噪声、振动、废气、强光的监控、监测及检查管理，定期组织有关人员进行环保工作评定。施工现场设置专用料库，库房地面、墙面做好防渗漏处理，材料的储存、使用、保管专人负责。

(5) 保持施工区和生活区的环境卫生，及时清理垃圾，运至指定地点并按规定处理。生活区设置化粪设备，生活污水和大小便经化粪池处理后才能排入污水管道。施工废水、清洗场地、车辆废水经沉淀处理达标排放。

(6) 工程施工完成后，及时进行施工现场清理，拆除临时设施，多余材料及建筑垃圾清运出现场，做到工完场清。

(7) 在施工前做好各类现况管线、文物的调查，施工中做好防护，防止损坏。

（8）噪声、光污染控制

① 严格遵守《建筑施工场界噪声限值》的有关规定，施工前，首先向环保局申报并了解周围单位居民工作生活情况，施工作业严格限定在规定的时间内进行。

② 加强机械设备的维修保养，选用低噪声设备，采取消声措施降低施工过程中的噪声。产生噪声的机械设备按北京市、甲方的有关规定严格限定作业时间。

③ 施工运输车辆慢速行驶，不鸣喇叭。

④ 施工照明灯的悬挂高度和方向合理设置，电焊作业时采取遮挡措施，减少或避免光污染。

⑤ 所有施工围挡及产生噪声的机械都设置吸音设备，最大限度地减少噪声。

（9）水环境保护

① 施工前做好施工驻地、施工场地的布置和临时排水设施，保证生活污水、生产废水不污染水源、不堵塞既有排水设施；生活污水、生产废水经沉淀过滤达标排放；含油污水除油后排放。

② 施工中产生的废泥浆，在排入污水管网前先沉淀过滤，废泥浆和淤泥使用专门的车辆运输，防止遗洒，污染路面。

③ 施工中对弃土场地进行防护，保证弃土不堵塞、不污染既有排水设施。

（10）空气环境保护

① 施工生产、生活区域裸露场地、运输道路，进行场地硬化或经常洒水养护。

② 装卸、运输、储存易产生粉尘、扬尘的材料时，采用专用车辆，采取覆盖措施；易产生粉尘、扬尘的作业面和过程，优化施工工艺，制定操作规程和洒水降尘措施，在旱季和大风天气适当洒水，保持湿度。

③ 工地汽车出入口设置冲洗槽，对外出的汽车用水枪冲洗干净，确认不会对外部环境产生污染后，再让车辆出门，保证行驶中不污染道路和环境。

④ 加强机械设备的维修保养和达标活动，减少机械废气、排烟对空气环境的污染。

⑤ 施工中，由材料管理人员负责对施工用料进行控制，限制对环境、人员健康有危害的材料进入施工场地，防止误用。

⑥ 施工中对弃土场地进行平整、碾压，弃土完毕植草防护或按有关要求进行处理。

（11）固体废弃物处理

① 生产、生活垃圾分类集中堆放，按北京市环保部门要求处理。施工现场设垃圾站，专人负责清理，做到及时清扫、清运，不随意倾倒。

② 施工弃土按设计或北京市环保部门要求运至指定地点堆弃，随弃土随平整、碾压，同时做好防护，保证不因大风下雨污染环境。

③ 加强废旧料、报废材料的回收管理，多余材料及时回收入库。

（12）施工中积极应用新技术、新材料，坚持清洁生产，综合利用各种资源，最大限度地降低各种原材料的消耗，节能、节水、节约原材料，切实做到保护环境。

第 14 章　消防、保卫、健康体系及措施

本工程施工现场拥有较多的机械设备、材料及各种仪器，必须加强施工现场的消防防护和安全保卫工作，建立一套完备的消防保卫管理体系和组织机构。项目经理任消防及保卫负责人，并逐级建立防火责任制，建立健全安全保卫制度，现场设保安联防队，负责工地的保卫和消防工作，职责明确，确保施工安全。

14.1　消防体系及措施

坚决贯彻执行《中华人民共和国消防法》及北京市有关消防的管理规定，坚持消防工作“预防为主，防消结合”的方针，做到专业消防与全员消防相结合，实行防火安全责任制，落实到人，确保本工程不发生火灾事故的消防目标，以保证该工程的顺利完成。

（1）定期对职工进行消防宣传教育，提高职工的消防意识。会同有关部门对特种作业人员进行消防安全考核。

（2）编制季、月消防工作计划和安全管理制度。

（3）工地建立防火责任制，职责明确。按规定设专职防火干部和专职消防员。

(4) 按规定建立义务消防队，有专人负责，制订教育培训计划和管理办法。

(5) 施工现场的平面布置图、施工方法和施工技术，均须符合消防安全要求。

(6) 施工现场根据实际情况总体布置消防设施体系。有条件的地方采用高压给水系统，其次采用低压给水系统，配备足量的消防器材。

(7) 施工现场须明确划分易燃、可燃材料堆放仓库、废品集中站和生活等区域。

(8) 施工现场道路须畅通无阻；夜间按规定设照明灯，并加强值班巡逻。

(9) 重点部位必须建立有关规定，由专人管理，落实责任。按要求设置警告标志，配置相应的消防器材。

(10) 酸碱、泡沫、二氧化碳灭火器由专人检查、维修、保养，定期调换药剂，标明换药时间，确保灭火器效能正常。

(11) 加强电器管理，避免电器火灾发生。

(12) 灭火器材的配备

① 现场内消防水源的进口不少于两处。

② 室外消防栓应沿消防车道或堆料场内交通道路的边缘设置，消防栓之间的距离不应大于50m。

③ 采用低压给水系统，管道内的压力在消防用水量达到最大时，不低于0.1MPa；采用高压给水系统，管道内的压力须保证两支水枪同时布置在最远和最高处的要求，水枪充实水柱不小于13m，每支水枪的流量不应小于5L/s。

④ 仓库和堆料场内，须分组布置酸碱、泡沫、二氧化碳等灭火器。每组灭火器不少于四个，每组灭火器之间的距离不应大于30m。

⑤ 机具间等每25m^2配置一种类合适的灭火器。

⑥ 临时设施区，每100m^2配备两个10L灭火器，总面积超过1200m^2的，备有太平桶、积水桶、黄沙池等器材设施。

14.2 保卫体系及措施

加强职工思想教育，提高职工自保能力，建立工地治安联防队，积极配合当地公安部门，做好工地治安和保卫工作，积极维护好安定的社会环境。

(1) 建立严格的施工现场保卫制度，配备足够训练有素的专职保卫人员。

(2) 制定并实施严格的现场出入管理制度，并报监理工程师批准。

(3) 落实治安保卫责任制，项目经理对治安保卫负全面责任，并与专职保卫人员、门卫人员签订治安保卫责任书，责任明确，落实到人。

(4) 执行治安保卫教育制度，所有施工人员登记造册，对进场施工人员进行治安保卫教育，提高自我保护和维护治安的能力。

(5) 所有施工人员办理进出现场的出入证，出入证的格式、印制经监理工程师审批。出入证标明工程名称、证号、性别、姓名、职务、所属单位及持有人照片等，出入证加盖印章并塑封，防止伪造。出入证每人两张。

(6) 门卫人员24h轮流值班，做好交接班和值班记录；本工程施工人员及车辆进出现场凭出入证，外部人员及车辆进入现场必须经过保卫负责人批准，并严格按要求登记。

(7) 进出现场的材料设备必须经过严格检查，出场设备、材料必须经过现场负责人批准。

(8) 施工人员外出执行请销假制度，说明外出地点和原因、外出时间，经领导同意后外出，外出人员要按期返回，返回后销假。

(9) 建立并执行治安保卫奖罚制度，对预防治安事件发生或有突出表现的人员进行奖励，对造成治安事件的人员进行处罚，充分调动全体人员维护治安的积极性。

(10) 加强施工人员的日常管理，避免酗酒闹事、打架斗殴事件的发生。

(11) 专职保卫人员定期对驻地、施工场地及周围情况进行巡视，发现问题，及时解决，切实做好治安保卫工作。

(12) 保卫部门加强与附近派出所联系，定期汇报现场治安情况，以求得指导和支持，严格按照有关管理部门关于治安保卫要求对施工驻地、施工现场、施工人员进行管理。

14.3　健康体系及措施

14.3.1　健康体系编制依据

(1) 国家经贸委 2001 年第 30 号公告《职业安全健康管理体系审核规范》。

(2) GB/T 28001—2001《职业健康安全管理体系规范》。

(3) GB 6441—86《企业职工伤亡事故分类》。

(4) GB 6721—86《企业职工伤亡事故经济损失统计标准》。

(5) OHSAS 18001:1999《职业健康安全管理体系规范》。

14.3.2　职业安全健康目标

(1) 杜绝死亡事故、重伤和职业病的发生。

(2) 杜绝火灾、爆炸和重大机械事故的发生。

(3) 轻伤事故发生率控制在 3‰以内。

(4) 创建文明安全工地。

14.3.3　健康体系组织机构

按照 GB/T 28001—2001 职业健康与安全保证体系要求，组建由项目经理任组长，项目总工程师、劳动保护、医务人员为副组长，全员参加的本标段健康保护体系，确保全体施工人员的施工安全和身体健康（详见附图 14-1）。

人才是企业发展的根本，职工的身心健康直接关系到企业的生存。保证职工的身体健康，才能使职工有充足的体力参加工作，也会减少单位的医疗开支。因此，保证职工的身体健康、保证职工的心理健康，这样就会提高职工的工作积极性，也体现了单位"以人为本"的企业原则。

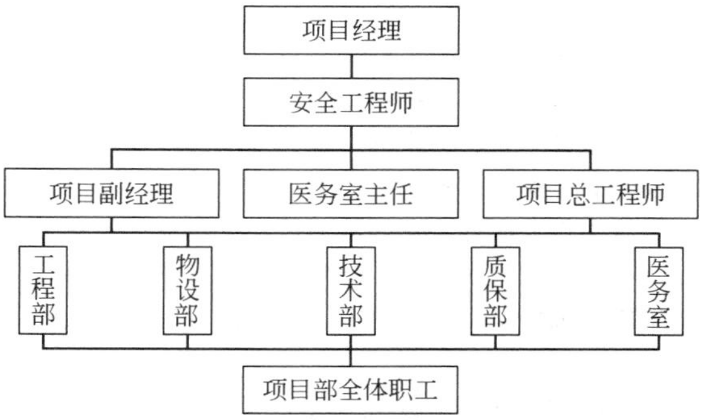

项目经理
安全工程师
项目副经理
医务室主任
项目总工程师
工程部
物设部
技术部
质保部
医务室
项目部全体职工

附图 14-1　健康体系组织机构图

14.3.4　职能分配

为贯彻职业健康安全方针，实现职业健康安全目标、指标，制定了职业健康安全管理方案，并依此进行职责分工和资源配置，落实各项管理措施。

14.3.5　管理措施

(1) 严格执行《中华人民共和国劳动法》、北京市政府有关职业健康与安全的有关规定，对施工人员定期进行岗前、岗后和施工过程中检查，建立健康档案，随时掌握每个人的健康状况。

(2) 按照劳动保护的有关要求，严格控制施工作业时间、劳动条件、劳动强度，为施工人员配备劳动保护用品，并由劳动保护人员检查施工中其使用情况和使用效果。

(3) 劳动保护人员对施工方案、施工工艺的选定及对施工机械状况的使用情况进行检查，对不符合劳保和健康要求的作业有权停止施工。

(4) 医务人员在施工现场准备一定数量的药品和医疗器械，并与附近条件较好的医院签订接诊协议，保证施工人员能及时就诊。

(5) 加强施工人员住宿条件管理，配备必要的娱乐设施，生活区种植花草，保持清洁，创造良好的休息环境，保证人员的休息效果。

(6) 加强高空作业及特殊工种施工人员的健康和职业病检查，对有高血压、心脏病、恐高症等疾病人员，不安排其从事不适应的工作。所有特殊工种施工人员严格进行岗前培训，持证上岗。

(7) 加强施工材料的管理，严格限制对身体、对环境有危害的材料进场，避免误用对人员身体造成伤害。根据作业环境，提供充分的劳动保护用品，保证作业环境达到健康要求。

(8) 加强后勤保障工作，按照营养学的要求，为职工准备花样多、品种全、营养丰富的饭菜，保证职工体能消耗得到及时补充。

(9) 坚决杜绝使用童工，积极保证未成年人的合法权益。

(10) 无特殊原因不得延长职工的工作时间，保证职工的正常休息和休假日。

14.3.6 专项管理措施

（1）施工尘埃控制

① 为降低粉尘浓度，采用湿喷混凝土的施工工艺。

② 施工场地及道路按规定硬化，适时洒水，减轻扬尘污染。

③ 土、石、砂、水泥等材料运输和堆放进行严密遮盖，减少尘埃污染。

（2）施工噪声控制

① 对空压机进行封闭，内墙使用吸音材料。

② 电动葫芦设置隔音罩等消音设施。

③ 在噪声大的设备处设立隔音墙。

（3）体检制度　组织员工进行全面体检，保证员工的身体健康。对患有职业病的，按照有关规定予以积极治疗和妥善处置。

（4）劳保用品发放使用　按时发放劳保用品，指导职工正确使用。经常检查作业工人劳动保护用品的正确使用，如注浆、喷涂防水隔层、振捣、混凝土操作者，要穿胶鞋、戴胶皮手套和特殊口罩。喷射混凝土的操作人员作业时，必须戴防尘口罩、防尘帽等防护用具。

（5）施工场地和生活区卫生环境

① 建立现场各区域的卫生责任人制度，责任人名单上墙，定期搞好环境卫生，清理垃圾保持现场无臭味。

② 保持宿舍清洁、干爽、整洁有序，桌床、衣柜尺寸统一。

③ 工地食堂要有卫生许可证，食堂工作人员须有健康证，食堂生、熟食操作须分开，熟食须设置防蝇罩，禁止将非食用塑料袋用作食品容器。

④ 施工作业面保证良好的通风，设置茶水桶。

⑤ 在现场设置医务室，随时为职工提供医疗服务。

⑥ 施工现场坚持工完料清，施工面的废料必须做到随做随清，集中袋装，及时清运，并倒往有关单位指定的地点。

⑦ 聘请专业的卫生防疫部门定期对现场和工程进行防疫和卫生专业检查和处理。

第15章　与业主、监理、设计及其他相关单位的协调配合措施

质量、工期、安全等各项管理目标的实现是建立在业主、监理、设计、施工及地方有关部门等各方紧密联系的基础之上，而施工单位则在某种程度上起着关键作用，因此，作为施工单位，我们将定期及不定期以工程汇报会、专题讨论会以及恳谈会等形式邀请各有关单位和部门对施工过程中已经出现或可能出现的各种问题进行协商，共同确定解决办法及预防措施。同时，根据业务范畴分别设专人进行对口联系，及时解决施工中出现的问题，从而为施工创造良好的外部环境，确保各项管理目标的实现。

15.1 与业主单位协调配合措施

（1）接到中标通知书后尽快与业主取得联系，办理合同签订等相关事宜，并按照投标承诺做好各项生产资源的调配工作。

（2）合同协议签订后尽快与指挥部取得联系，根据业主在本项目中各管理部门的职能和工作权限，成立相应的组织管理机构，明确职责分工，并将与业主单位的主要接口人员报业主备案，便于施工过程中与业主的联系和沟通。

（3）组织项目部所有人员及各作业队主要管理人员认真学习合同文件，严格履约，保证合同内容的全面贯彻和落实。

（4）及时向业主通报工作情况，并与其协商工作事项，商定议事规则和程序。确立例会制度，同时派专人协助业主办理开工前的各项审批手续及落实现场施工条件，并与其商定因施工场地不足而必须外租场地，解决临时生产及生活用地，确定大型建筑安装设备和临时周转库房场地及大宗材料的加工、运输方案等。

（5）在施工过程中服从业主和监理工程师的统一协调和指挥下，做到与其他相关单位的密切配合，确保顺利完成工程项目的施工。

（6）当发生不可抗力对工程造成重大影响时，积极与业主和监理协商，寻求合理的履约替代方法，并

尽快继续履行双方在合同中的义务，以达到减少双方损失的目的。

15.2　与监理单位协调配合措施

（1）认真学习并严格执行监理程序，使监理工程师的一切指令得到全面执行。

（2）合同生效后28天内向监理工程师提交施工组织设计。并在施工全过程中，严格按照经业主及监理工程师批准的“施工组织设计”进行项目管理和过程控制。

（3）各施工工序均在作业队自检和项目部专检的基础上，接受监理工程师的验收和检查，并按照监理工程师的要求，予以整改。

（4）必须进行检查和检验的施工工序及其工艺，提前48h通知监理工程师时间、地点，并准备好记录表格，完成验收后及时履行签认手续。

（5）所有进入现场使用的成品、半成品、设备、材料、器具，均主动向监理工程师提交产品合格证和质保书。

（6）按部位或分项、工序检验的质量，严格执行“上道工序不合格，下道工序不施工”的准则，使监理工程师能顺利开展工作。对可能出现的工作意见不一的情况，遵循“先执行监理工程师指令，后协商统一”的原则，在现场质量管理工作中，维护好监理工程师的权威性。

（7）保证监理工程师及其授权人员能够在任何时候进入现场及正在为工程制造、装配、准备材料或工程设备的所有车间和场所进行检查，并协助其取得相应的权利或许可。

（8）项目经理部设专职计量工程师负责计量与支付工作，协助监理进行审核或计量并提供监理工程师所要求的一切详细资料。

15.3　与设计单位的协调配合措施

（1）工程中标后立即与设计单位取得联系，详细了解设计意图及工程要求，在认真审图的基础上对设计图纸中存在的问题提出变更意见，协助完善施工图设计。

（2）施工过程中保持与设计单位的联络，对施工中出现的设计问题及时与设计单位沟通，并向业主和监理工程师汇报，未经设计单位同意不得随意变更设计。

15.4　与地下管线管理单位配合

在工程范围内分布有上水、雨水、污水、通信、电力等现况管线，中标后我单位将对现况管线进行详细调查，积极与各管线管理单位取得联系，按经管理单位和监理工程师审批同意的管线拆改方案对管线进行拆改。

15.5　对外关系协调

我单位长期与当地政府、机关保持着良好关系，有利于处理各种社会关系。

我单位计划组建一个工作协调小组，由公司拆迁部有关人员和工程管理部、技术质量部等部室的具有丰富社会经验和生产管理经验的人员组成。该协调小组积极配合业主进行征地、拆迁、地下管网调查、民扰施工等问题，配合交通管理部门解决交通干扰以及维护施工现场交通导流和交通安全问题。充分利用我单位良好的社会形象，以及丰富的施工经验和与当地良好的社会关系，来解决施工前期及施工过程中可能出现的各种有关问题，和各级地方政府行政管理部门建立良好关系，想尽一切办法减少施工扰民与民扰现象，保证施工的顺利进行，从而为业主分忧，最终实现我单位承诺本工程的进度、工期和工程质量。

第16章　技术资料目标设计及管理措施

施工技术资料是评定工程质量，竣工检验的重要依据，是工程竣工档案的基本内容，也是对工程进行检查、维护、管理、使用、改建和扩建的依据，它是随着工程的施工而逐渐形成的。

16.1　编制依据

（1）1999年10月颁发的《北京市编制建筑安装工程竣工档案和资料的具体要求及作法》（修改稿）。

（2）2001年5月1日颁发的《北京市建筑安装工程资料管理规程》DBJ 01-51—2000。

（3）2003年1月27日发布，2003年2月1日实施的《建筑工程资料管理规程》DBJ 01-51—2003。

（4）2003年5月26日发布，2003年8月1日实施的《市政基础设施工程资料管理规程》DBJ 01-71—2003。

（5）有关国家、行业，规范、标准。

（6）设计院所提供的施工图纸。

（7）经有关部门审定、批准的施工组织设计。

16.2 资料管理目标

（1）各种资料及时率100%。

（2）分项工程竣工后15天内将资料整理好上交我单位技术部，工程竣工后20天内将竣工资料整理完毕，送交有关部门归档。

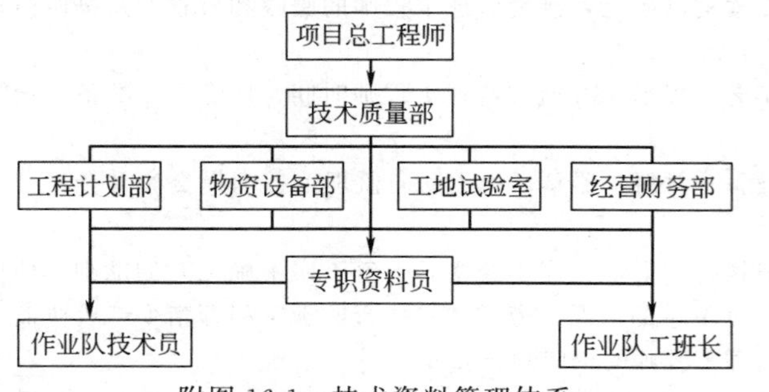

附图16-1 技术资料管理体系

16.3 资料编制数量和标准

（1）档案馆：1套（原件）。

（2）甲方：2套（原件）。

（3）单位档案室：1套（原件）。

若业主有特别要求的，按业主要求进行编制。

16.4 管理体系

见附图16-1。

16.5 资料收集整理要求和保证措施

16.5.1 资料收集整理要求

（1）施工技术资料应随施工进度及时整理，做到字迹清楚、项目齐全、准确、真实，必须杜绝拖欠、涂改、伪造现象发生。

（2）所有资料的填写要求字体整齐、规范，要使用碳素笔书写或计算机打印手写签名，做到内容齐全、数据清楚、签章清楚有效。

（3）资料员每周五、周六收集本周发生的施工技术资料，并及时编目整理。

（4）所有资料要使用专用文件盒，要集中妥善保管，其他人员不得随意抽撤，资料借阅要由主管领导签字办理借阅登记手续，用毕及时登记归还。

16.5.2 资料保证措施

（1）本工程具有规模大、施工复杂、工期紧，对技术资料要求高，资料发生项目多、数量大等特点。各级领导和管理部门必须把施工技术资料管理作为施工管理中一项重要工作完成，建立健全技术资料工作管理系统和目标责任制，并设专职人员负责施工技术资料管理工作。

（2）施工中建立完善的施工技术资料管理责任制和奖励制度，项目部内应明确责任，各负其责，互相配合，积极主动完成资料汇集、编写工作。

（3）资料得分须在90分以上，各种资料及时率不低于95%，其中隐、预检及时率应为100%，试验及时率100%，工程竣工后15天内将资料整理好，工程全部竣工后20天内将竣工资料整理完毕送交有关部门归档。

第17章 突发事件的应急预案及措施

项目部成立以项目经理为组长，包括副经理和各级管理人员组成的突发事件紧急应对小组，对突发事件及时处理并通报上级及有关部门。

（1）制定本单位生产安全事故应急救援预案，建立应急救援组织，配备必要的应急救援器材、设备，并定期组织演练。

（2）对于灾情、疫情、交通、刑事治安、不可抗力造成的突发事故，根据工程施工的特点、范围，对施工现场易发生重大事故的部位、环节进行监控，制定施工现场生产安全事故应急预案。

（3）由项目部统一组织编制建设工程生产安全事故应急救援预案，配备救援器材、设备，并定期组织演练。

（4）若发生事故，应当按照国家有关伤亡事故报告和调查处理的规定，及时、如实地向负责安全生产监督管理的部门、建设行政主管部门或者其他有关部门报告；特种设备发生事故的，还应同时向特种设备安全监督管理部门报告。

（5）发生突发事故后，要采取措施防止事故扩大，保护事故现场。需要移动现场物品时，做出标记和书面记录，妥善保管有关证物。

（6）建立按照有关法律、法规规定的工程生产安全事故调查制度，对事故责任单位和责任人进行处罚。

第 18 章　履约、廉政保证措施

18.1　履约保证措施

我单位是资信等级 AAA 级企业，连续 8 年获“重合同守信用单位”荣誉称号，荣获北京市工商管理局颁发的“重合同守信用单位金牌”。

在本次施工中，我单位将一如既往地把“工程履约”作为整个合同实施过程中的“一根红线”，贯穿始终，并做到：

保证按投标文件中拟定的人员和机械设备投入到工程中去；

保证主要人员专人专职，不兼职，不擅自离岗；

保证项目资金专款专用，资金流向明确合理；

保证不拖欠民工工资和其他材料及设备供应商工程款；

保证工程计量支付工作及时准确；

保证用最短的施工周期交最优的工程。

（1）体系保证　在项目部组建的同时，建立健全本项目的履约自保体系（见附图 18-1）。项目经理对工程履约情况全权负责，接受业主的随时检查。

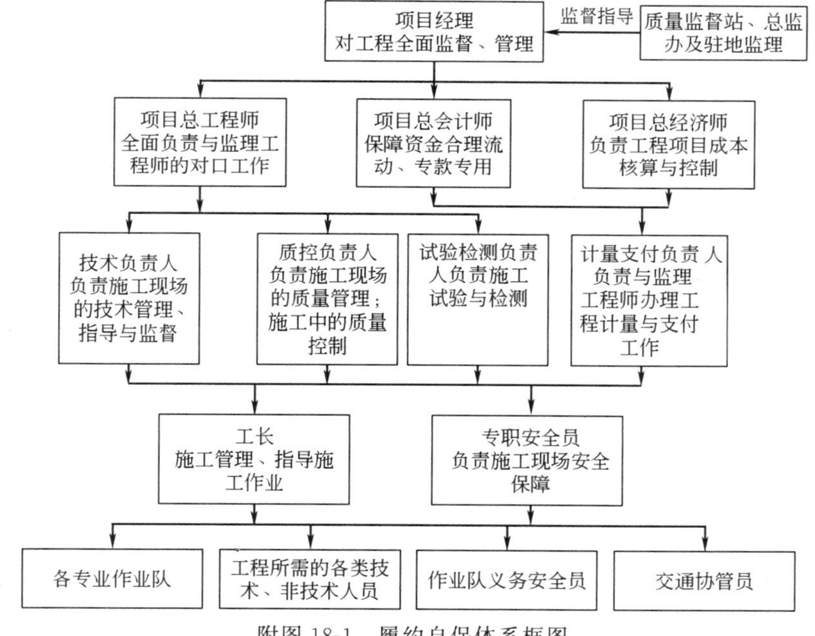

附图 18-1　履约自保体系框图

（2）人员保证　保证项目部班子成员按时就位，保证技术负责人、质控负责人、试验检测负责人和计量支付负责人的数量与素质。施工现场配备充足的技术工人、工长、安全员以及各类专业技术人员，为工程履约提供完善的人员保证。

（3）明确责任　项目经理常驻工地，并保证专人专职，对本工程进行全面监督和管理，是履约第一责任人。

项目总工程师专人专职，全面负责与监理工程师的对口工作，是工程技术、质量第一责任人。

技术负责人、质控负责人、试验检测负责人、计量支付负责人均具有相应的资质，并经业主和监理工程师批准，不得随意撤换。

各类专业技术人员、施工工长、技术工人承担着从工程开工到缺陷责任期满的期限内为实施、完成、维护和保修本工程的重任。

(4) 接受业主和社会各界的监督　本合同工程的履约期限为：从工程开工到缺陷责任期终止。在这一阶段内，本工程的履约自保体系将持续有效地运转，并接受业主、监理和社会各界的监督。

18.2 廉政保证措施

在成立项目经理部的同时，设立本项目的廉政监督办公室。廉政监督办公室独立于项目经理部，受公司纪检委直接领导，独立行使廉政监督权。廉政监督办公室依照党和国家的路线、方针、政策和党纪、政纪法规，结合实际，制定本项目的廉政建设实施细则，其主要内容包括以下几方面。

(1) 工程廉政建设的指导思想、目的、意义和要求。

(2) 本项目部全体人员应当履行的廉政行为规范、权利、义务和责任。

(3) 工程实施各阶段廉政建设的具体实施要求。

(4) 执行廉政规定的管理制度、监督机制以及进行检查的方法、标准。

(5) 实施廉政建设中的责任追究。

在工程实施过程中，确保项目部全体参施人员做到：

(1) 不以任何理由向甲方及其工作人员馈赠礼券、有价证券、贵重礼品；

(2) 不以任何名义为甲方及其工作人员报销应由其个人或单位支付的任何费用；

(3) 不以任何理由安排甲方及其工作人员参加高消费宴请及娱乐活动；

(4) 不为甲方单位或个人购置或提供通讯工具、交通工具或高档办公用品；

(5) 不向劳务单位索取或接受礼金、有价证券和贵重物品，不在劳务单位报销任何应由我方支付的费用。

第19章　计量支付及确保民工工资措施

为保证本工程严格按照合同条款实施，在项目部组建的同时，建立健全本项目的计量支付体系。

19.1 计量支付体系的构成

本合同的计量支付体系由项目经理、项目总经济师、计量支付工程师、项目总工、质检工程师等专业人员构成，负责与业主、监理工程师的对口合同管理工作。

19.2 计量支付管理措施

① 责任到人、分工明确。

项目经理对本合同的计量支付工作全权负责，并接受监理、业主的随时检查。

项目总经济师负责本项目的合同管理，负责日常合同执行情况的审查，负责每个计量周期的材料审核，向项目经理汇报工作。

计量支付工程师负责每个计量周期的具体操作，负责收集汇总上报计量支付文件，负责与业主、监理工程师的对口工作。负责日常变更、索赔等资料的编制、实施。

项目总工、质检工程师负责各种计量支付支持性文件的及时提供。

② 定期召开计量支付及成本分析会议，对前期计量工作进行总结，监督、督促下一个周期的计量支付工作。

③ 经常与业主、监理工程师沟通，及时发现计量支付工作中存在的漏洞，使计量支付工作正常运转，保证按合同有关条款的规定执行。

19.3 保证民工工资承诺

在本项目实施过程中，我单位将严格执行中央、建设部及北京市有关保证民工工资按时足额发放的有关规定，保证按月足额向各个专业施工队发放工资，并监督施工队将工资发到工人手中。

参考文献

[1] 蒲建明. 建筑工程施工项目管理总论. 北京：机械工业出版社，2003.
[2] 王锁荣. 施工项目管理. 北京：高等教育出版社，2006.
[3] 鲁辉. 施工项目管理. 北京：高等教育出版社，2007.
[4] 王幼松. 土木工程项目管理. 广州：华南理工大学出版社，2005.
[5] 于茜薇. 工程项目管理. 成都：四川大学出版社，2004.
[6] 马纯杰. 建筑工程项目管理. 杭州：浙江大学出版社，2000.
[7] 王鉴非. 建筑工程竣工验收备案的法律性质. 建筑，2002.
[8] 弭芳. 工程保修中常见问题及处理方法. 建厂科技交流，2002.
[9] 刁树民. 公路施工技术管理探讨. 中国高新技术企业，2005.
[10] 袁勇. 安装工程施工组织与管理. 北京：中国电力工业出版社，2009.
[11] 曹永先. 道路工程施工. 北京：化学工业出版社，2010.
[12] 成虎. 工程项目管理. 北京：中国建筑工业出版社，2002.
[13] 马敬坤. 公路施工组织设计. 北京：人民交通出版社，2008.
[14] 张润. 路基路面施工及组织管理. 北京：人民交通出版社，2001.
[15] 杨玉衡. 城市道路工程施工与管理. 北京：中国建筑工业出版社，2006.
[16] 筑龙网. 某城市道路桥梁施工组织设计案例.